"十二五"国家计算机技能型紧缺人才培养培训教材

教育部职业教育与成人教育司
全国职业教育与成人教育教学用书行业规划教材

新编中文版

Photoshop CS6 标准教程

编著/张丕军　杨顺花　朱希贵

光盘内容
30个典型范例的视频教学文件、相关练习素材和范例源文件

海洋出版社
2012年·北京

内容简介

本书是专为想在较短时间内学习并掌握图形图像软件 Photoshop CS6 的使用方法和技巧而编写的标准教程。本书语言平实，内容丰富、专业，并采用了由浅入深、图文并茂的叙述方式，从最基本的技能和知识点开始，辅以大量的上机实例作为导引，帮助读者轻松掌握中文版 Photoshop CS6 的基本知识与操作技能，并做到活学活用。

本书内容： 全书共分为 14 章，着重介绍了图像图像的基础知识；选择与辅助功能；移动、对齐和变形对象；图层的应用；绘画工具；文字处理；修复图像；绘图与路径；通道与蒙版；色彩与色调调整；任务自动化；滤镜特效应用；动画制作等知识。最后通过 8 个典型实例的制作过程，详细介绍了 Photoshop CS6 处理图像的方法与技巧。

本书特点： 1. 基础知识讲解与范例操作紧密结合贯穿全书，边讲解边操练，学习轻松，上手容易；2. 提供重点实例设计思路，激发读者动手欲望，注重学生动手能力和实际应用能力的培养；3. 实例典型、任务明确，由浅入深、循序渐进、系统全面，为职业院校和培训班量身打造。4. 每章后都配有练习题，利于巩固所学知识和创新。5.书中重点实例均收录于光盘中，采用视频讲解的方式，一目了然，学习更轻松！

适用范围： 适用于职业院校平面设计专业课教材；社会培训机构平面设计培训教材；用 Photoshop 从事平面设计、美术设计、绘画、平面广告、影视设计等从业人员实用的自学指导书。

图书在版编目(CIP)数据

新编中文版 Photoshop CS6 标准教程/ 张丕军，杨顺花，朱希贵编著. -- 北京 ：海洋出版社，2012.8

ISBN 978-7-5027-8305 -1

Ⅰ. ①新… Ⅱ. ①张…②杨…③朱…Ⅲ. ①图象处理软件—教材 Ⅳ.①TP391.41

中国版本图书馆 CIP 数据核字(2012)第 136571 号

总 策 划：刘斌
责任编辑：刘斌
责任校对：肖新民
责任印制：刘志恒
排　　版：海洋计算机图书输出中心　晓阳
出版发行：海洋出版社
地　　址：北京市海淀区大慧寺路 8 号（707 房间）
　　　　　100081
经　　销：新华书店
技术支持：010-62100055

发 行 部：（010）62174379（传真）（010）62132549
　　　　　（010）62100075（邮购）（010）62173651
网　　址：http://www.oceanpress.com.cn/
承　　印：北京朝阳印刷厂有限责任公司印刷
版　　次：2017 年 4 月第 1 版第 5 次印刷
开　　本：787mm×1092mm　1/16
印　　张：19.25
字　　数：462 千字
印　　数：15001~19000 册
定　　价：32.00 元　（1CD）

“十二五”全国计算机职业资格认证培训教材

编　委　会

前　言

Photoshop 是由 Adobe 公司开发的图形图像软件，它是一款功能强大、使用范围广泛的图像处理和编辑软件，也是世界标准的图像编辑解决方案。Photoshop 因其友好的工作界面、强大的功能、灵活的可扩充性，已成为专业美工人员、电子出版商、摄影师、平面广告设计师、广告策划者、平面设计者、装饰设计者、网页及动画制作者等必备的工具，被广大计算机爱好者所钟爱。

本书是针对最新版本 Photoshop CS6 的初学者和广大平面广告设计爱好者而撰写的教材。书中采用“基础知识+典型范例操作”的方式，全面系统地讲解了 Photoshop CS6 中各种工具和命令的使用方法与技巧。

全书共分 14 章，主要内容介绍如下。

第 1 章介绍图形图像的基础知识与基本操作。

第 2 章至第 8 章结合实例介绍工具箱中工具的使用方法与技巧，同时还讲解了一些与工具相关的面板和命令，图层的概念、创建、编辑、排列、合并以及图层的混合模式等。

第 9 章介绍通道与蒙版的概念及其应用。

第 10 章介绍图像的色彩与色调调整。

第 11 章介绍任务自动化的一些命令，如动作与自动命令等。

第 12 章通过 8 个实例对滤镜进行了操作与应用。

第 13 章通过 3 个典型的实例介绍如何使用 Photoshop CS6 制作动画。

第 14 章通过 10 个典型的实例制作介绍 Photoshop CS6 在图像艺术处理、平面设计等方面的应用。

本书内容全面、语言流畅、结构清晰、实例精彩，突出软件功能与实际操作紧密结合的特点；采用由浅入深的方式介绍 Photoshop CS6 的功能、使用方法及其应用，并通过典型实例对一些重点、难点进行详尽解说。为了方便读者学习，本书配套光盘中提供了练习素材文件、范例源文件与效果图以及重点实例的视频教学文件。

本书由张丕军、朱希贵编著，参与编写的人员还有张声纪、唐小红、杨昌武、杨顺花、龙幸梅、唐帮亮、饶芳、王靖诚、莫振安、杨喜程、韦桂生等。

编　者

目　录

第 1 章　Photoshop CS6 快速入门

教学目标

熟悉 Photoshop CS6 程序的启动及工作环境，了解 Photoshop CS6 程序的常用基本概念与文件格式，掌握图像文件的基本操作、系统优化设置等。

教学重点与难点

- Photoshop CS6 工作环境
- 图像文件的基本操作
- 基本概念与常用文件格式
- Photoshop CS6 中的系统优化

1.1　Photoshop CS6 的启动与工作环境

1.1.1　Photoshop CS6 的启动

开启计算机，进入 Windows XP 界面，单击【开始】→【程序】→【Adobe Photoshop CS6】选项，如图 1-1 所示，即可启动 Photoshop CS6 程序，首先出现的是 Photoshop CS6 的引导画面，如图 1-2 所示；等检测完后即可进入 Photoshop CS6 程序。

图 1-1　启动 Photoshop CS6

图 1-2　Photoshop CS6 启动界面

1.1.2　Photoshop CS6 工作环境

Photoshop CS6 程序的窗口是编辑、处理图形、图像的操作平台，它由菜单栏、选项栏、工具箱、控制面板、图像窗口（工作区）、最小化按钮、最大化按钮、关闭按钮等组成。如

图 1-3 所示。

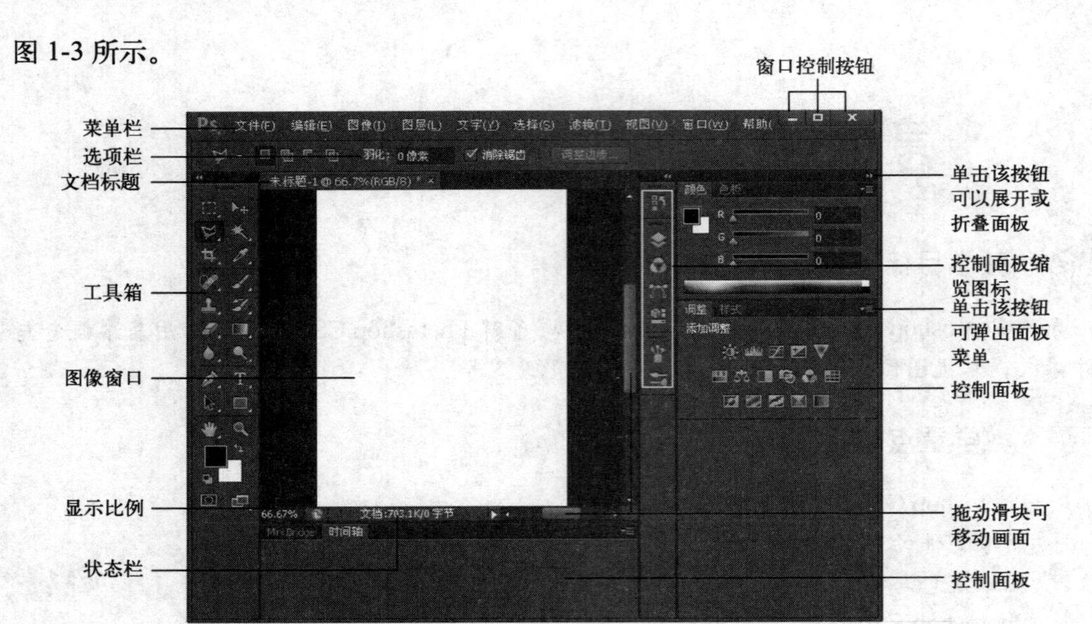

图 1-3 Photoshop CS6 程序窗口

提示：执行【文件】菜单中的【新建】命令，或按【Ctrl+N】键，在弹出的【新建】对话框中根据需要设置所需的参数后，单击【确定】按钮可以建立图像窗口。

1.1.3 菜单栏

菜单栏是Photoshop CS6的重要组成部分，Photoshop CS6将绝大多数功能命令分类后，分别放在10个菜单中。菜单栏提供了文件、编辑、图像、图层、文字、选择、滤镜、视图、窗口、帮助10个菜单与窗口控制按钮，只要单击其中某一菜单，即会弹出一个下拉菜单，如图 1-4 所示，如果命令为浅灰色的话，则表示该命令在目前的状态下不能执行。命令右边的字母组合键表示该命令的键盘快捷键，按下该快捷键即可执行该命令，使用键盘快捷键有助于提高操作的效率。有的命令后面带省略号，则表示有对话框出现。

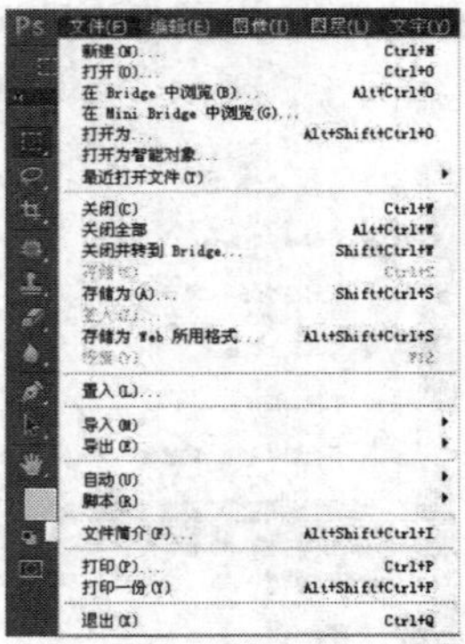

图 1-4 【文件】菜单

提示：在菜单栏文字上方双击可以使 Photoshop CS6 窗口在最大化与还原状态之间切换；当 Photoshop CS6 窗口处于还原状态时，在菜单栏文字上方按下左键拖动，可将 Photoshop 窗口移动到屏幕的任意位置。窗口控制按钮有（最小化）按钮、（还原）按钮、（最大化）按钮和（关闭）按钮。

菜单栏中包括 Photoshop 的绝大部分命令操作，绝大部分的功能都可以在菜单中执行。一般情况下，一个菜单中的命令是固定不变的，但有些菜单可以根据当前环境的变化而添加或减少一些命令。

- 【文件】：包括一些有关图像文件的操作，如文件的新建、打开、保存、关闭、导入、导出、打印等。

- 【编辑】：进行图像文件的纠正、编辑与修改，以及设置预设选项等，其中包括撤消、还原、复制、剪切、粘贴、填充、描边、变换、定义图案、定义画笔等操作。
- 【图像】：对图像文件进行色彩、色调调整与模式更改，以及更改图像大小与画布大小等。
- 【图层】：对图层进行操作，如图层的创建、复制、调整、删除，以及为图层添加一些样式等。
- 【文字】：对文字进行字符格式化、段落格式化，以及对文字进行变形与改变取向等。
- 【选择】：对选区进行操作，如选择图像、取消选择、修改选区、存储与载入选区等操作。
- 【滤镜】：为图像添加一些特殊效果，如云彩、扭曲、水粉画效果、模糊等。
- 【视图】：对程序窗口进行控制与图像的显示，以及显示/隐藏标尺、网格、参考线等。
- 【窗口】：对控制面板与工具箱、选项栏等进行控制。
- 【帮助】：提供程序的帮助信息。

1.1.4　选项栏

选项栏具有非常关键的作用，默认状态下它位于菜单栏的下方，如图 1-5 所示。当在工具箱中点选某工具时，选项栏中就会显示它相应的属性和控制参数（即选项），并且外观也随着工具的改变而变化，有了选项栏就能很方便地利用和设置工具的选项。

图 1-5　选项栏

如果要显示或隐藏选项栏，可以在菜单中执行【窗口】→【选项】命令。

如果要移动选项栏，可以将指针指向选项栏左侧的标题栏上，然后按下左键拖动，即可把选项栏拖动到所需的位置。

如果要使一个工具或所有工具恢复默认设置，可以右击选项栏上的工具图标弹出一下拉菜单，如图 1-6 所示，然后从中选取复位工具或者复位所有工具。

图 1-6　工具的快捷菜单

1.1.5　工具箱

第一次启动应用程序时，工具箱出现在屏幕的左侧。当用指针指向它时呈一个按钮状态，单击该工具后呈更深色按钮时，即表示已经选中了该工具，此时可用它进行工作。

如果在工具右下方有小三角形图标，则表示其中还有其他工具，只要按下它不放或右击该工具即可弹出一个工具组，在其中列有几个工具，如图 1-7 所示，可从中选择所需的工具。如果在工具上稍停留片刻，则会出现工具提示，提示括号中的字母则表示该工具的快捷键（在键盘上按下【A】键，即可选择——路径选择工具）。单列工具箱与所有工具的显示如图 1-8 所示。

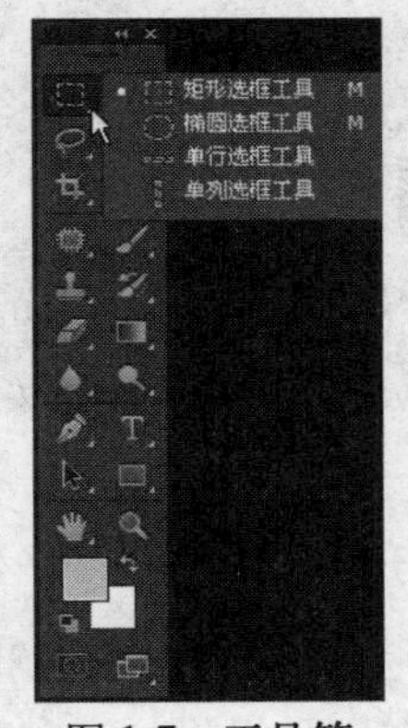

图 1-7　工具箱

提示：按住【Shift】键的同时再按工具的快捷键，可以在这组工具中进行选择，也可在按住【Alt】键的同时单击工具来切换该组中所需的工具。

工具箱中一些工具的选项显示在上下文相关的选项栏内。可以供用户使用文字、选择、绘画、绘图、取样、编辑、移动、注释和查看图像等工具。工具箱内的其他工具还可以更改前景色和背景色、使用不同的模式。

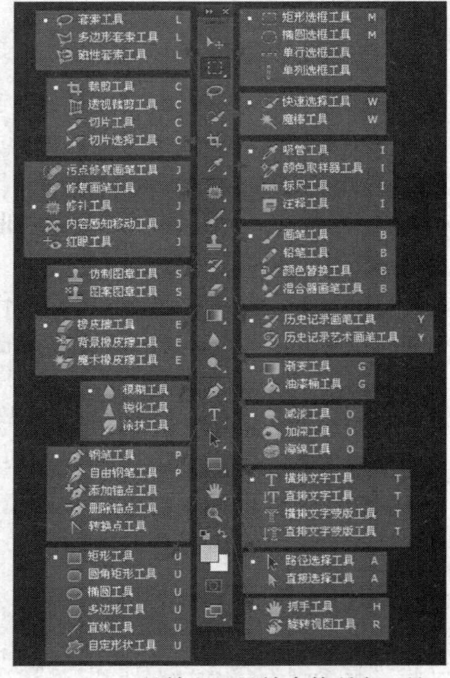

图 1-8　工具箱和工具箱中的所有工具

1.1.6　控制面板

Photoshop CS6 提供了 24 个控制面板，分别以缩略图按钮的形式层叠在程序窗口的右边，如图 1-9 所示；可以通过拖动缩略图按钮看到面板的名称，如图 1-10 所示；可以通过在要打开的控制面板上单击打开该面板，如图 1-11 所示，再次单击则可以将其隐藏。

图 1-9　控制面板的缩览图

图 1-10　改变缩览图的大小

图 1-11　显示【样式】控制面板

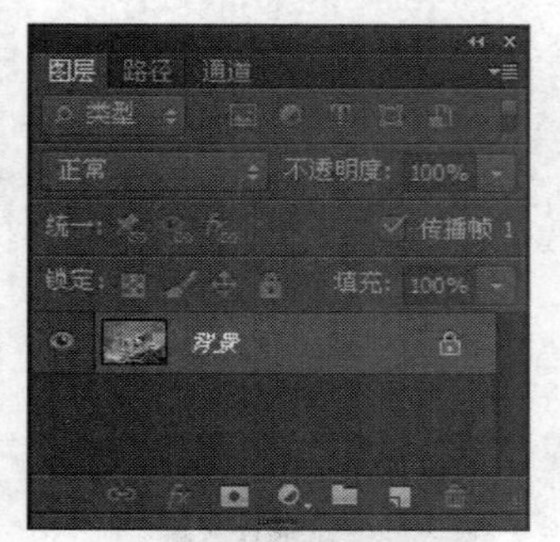

图 1-12　【图层】面板

面板通常浮动在图像的上面，而不会被图像所覆盖，而且常放在屏幕的右边，也可将它拖放到屏幕的任何位置上，只需要将指针指向面板最上面的标题栏，并按下左键不放，将它拖到屏幕所需的位置后松开左键即可。

提示：按【Shift+Tab】键可显示或隐藏所有面板。如果要打开不在程序窗口中显示的控制面板，在【窗口】下拉菜单中直接选择所需的命令即可。

在 Photoshop 中控制面板以 3 组或 4 组或 5 组显示，可以将它们任意组合或分离，如图 1-12 所示为 Photoshop 控制面板的基本组成元素。

1. 分离或群组控制面板

在实际操作时，有时需要对控制面板进行重新组合，有时则需要将它们独立分开。将常用的控制面板群组在一起可以节省屏幕的空间，从而留出更大的绘图、编辑空间，也可以更方便快捷地调出所需要的控制面板。群组后的控制面板只需单击控制面板标签，即可在控制面板之间切换，并且这些控制面板将被一起打开、关闭或最小化。

(1) 分离控制面板

将指针指向要分离控制面板的标签上，并在其上按下左键向控制面板外拖移，如图1-13所示，松开左键后即可将这个控制面板从群组中分离开来，如图1-14所示。

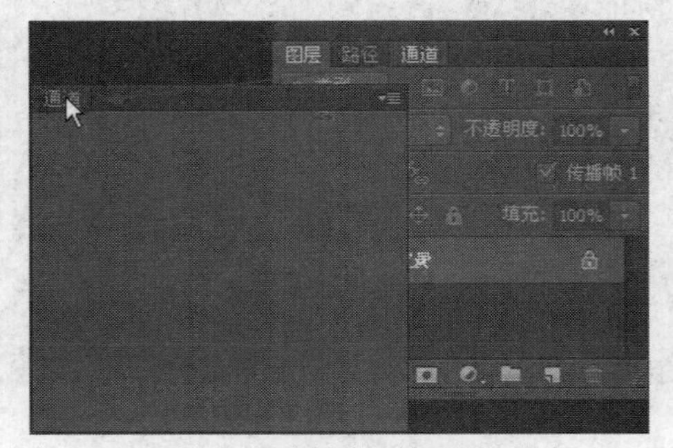

图1-13 拆分控制面板时的状态

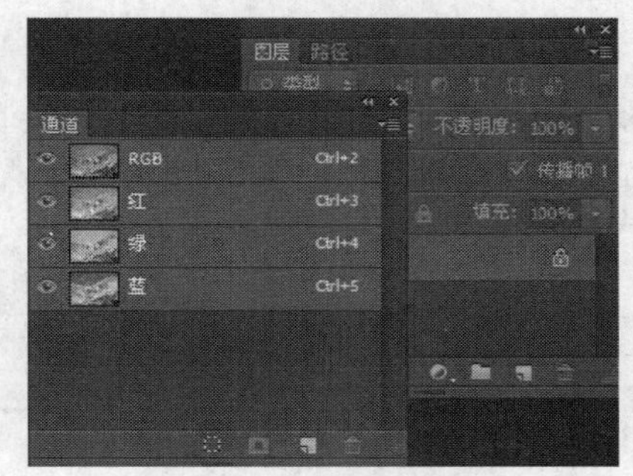

图1-14 拆分后的结果

(2) 群组控制面板

将指针指向控制面板的标签上，并在其上按下左键向需要群组的控制面板拖移，当控制面板上出现蓝色的粗方框，如图1-15所示，松开左键即可将它们群组在一起，如图1-16所示。

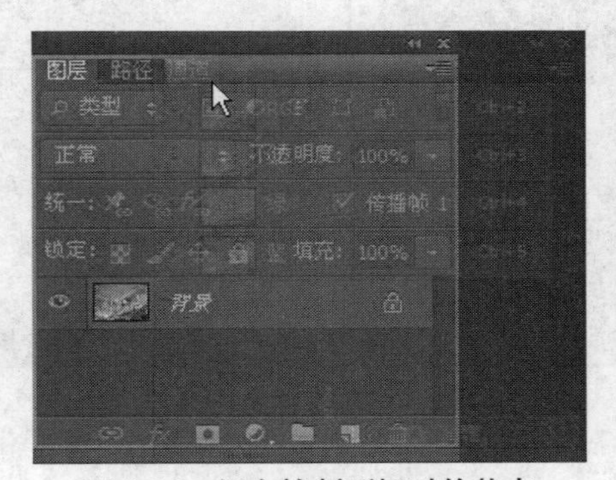

图1-15 组合控制面板时的状态

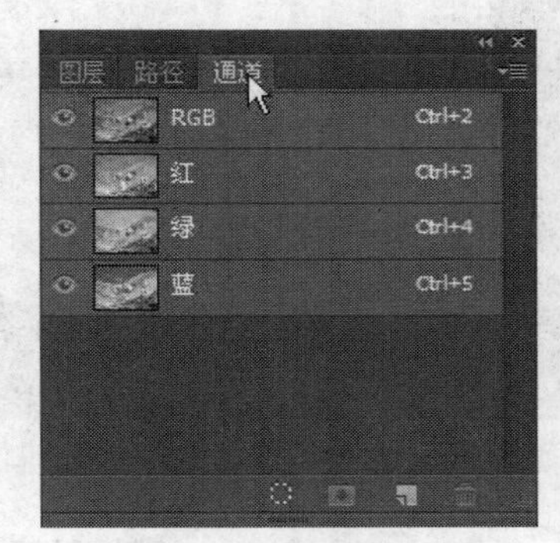

图1-16 组合后的结果

2. 关闭控制面板

单击控制面板窗口右上角的☒（关闭）按钮可以关闭控制面板。

1.2 快速调整曝光不足的图片

上机实战 快速调整曝光不足的图片

1 按【Ctrl+O】键弹出【打开】对话框，在其中选择配套光盘素材库中“1”文件夹中的“2.jpg”文件，如图1-17所示，选择好后单击【打开】按钮，即可将选择的文件打开到程序窗口中，如图1-18所示。

2 在菜单栏中单击【图像】菜单，弹出下拉菜单，在其中单击【色阶】命令，如图1-19所示，在弹出的【色阶】对话框中拖动滑杆上的滑块至所需的位置（也可以直接在文本框中

输入数值），调整图像的高光与暗调，以及中间调，如图 1-20 所示，设置好后单击【确定】按钮，效果如图 1-21 所示。完成对图片的高光与阴影的调整。

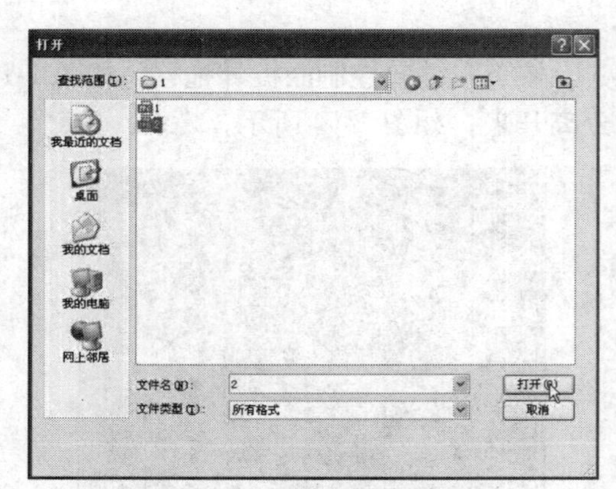

图 1-17 【打开】对话框

图 1-18 打开的图像文件

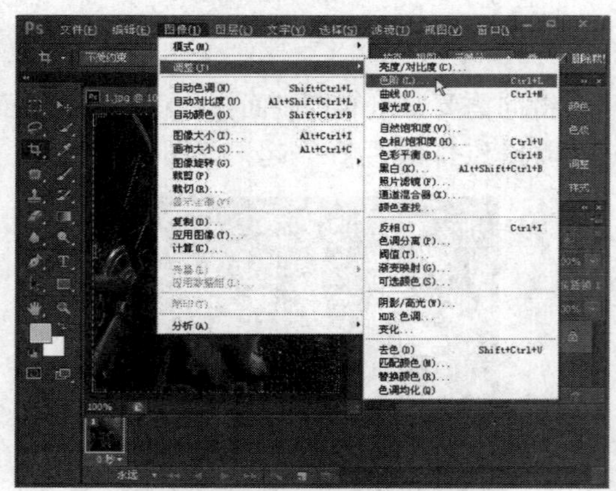

图 1-19 单击【色阶】命令

图 1-20 【色阶】对话框

图 1-21 调整后的图像

1.3　图像文件的基本操作

1.3.1　图像文件的创建

可以在菜单中执行【文件】→【新建】命令，或按【Ctrl+N】快捷键，弹出如图 1-22 所示的【新建】对话框，在此对话框中可以设置新建文件的名称、大小、分辨率、颜色模式、背景内容和颜色配置文件等。

- 【名称】：在【名称】文本框中可以输入新建的文件名称，中英文均可；如果不输入自定的名称，则程序将使用默认文件名；如果建立多个文件，则文件按未标题-1、未标题-2、未标题-3......依次给文件命名。
- 【预设】：可以在如图 1-23 所示的【预设】下拉列表中选择所需的画布大小（如美国标准纸张、国际标准纸张、照片等）。

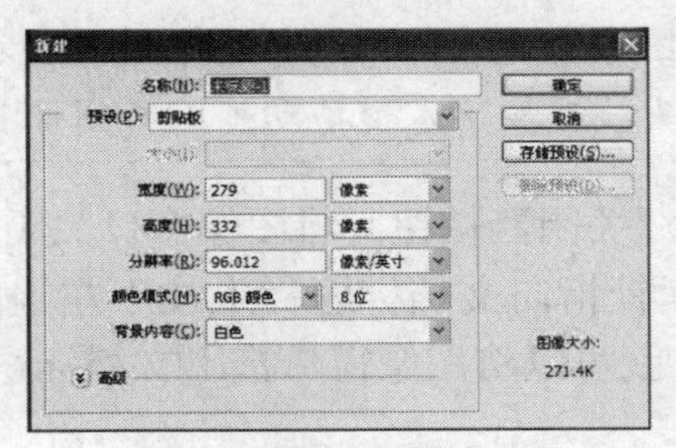

图 1-22　【新建】对话框

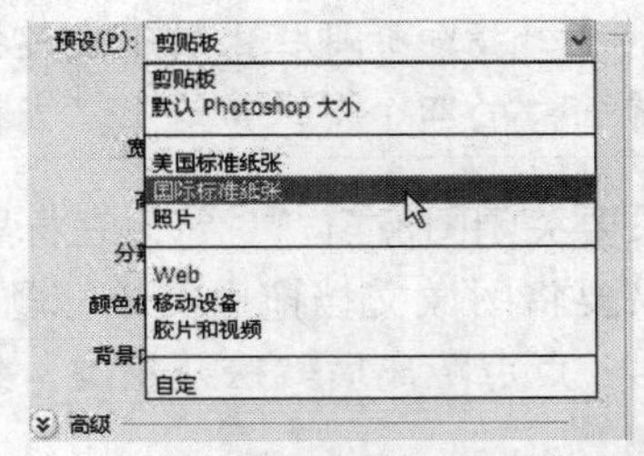

图 1-23　【预设】下拉列表

> 【宽度】/【高度】：可以自定图像大小（也就是画布大小），即在【宽度】和【高度】文本框中输入图像的宽度和高度，还可以根据需要在其后的下拉列表中选择所需的单位，如英寸、厘米、派卡和点等。
> 【分辨率】：在此可设置文件的分辨率，分辨率单位通常使用的为“像素/英寸”和“像素/厘米”。
> 【颜色模式】：在其下拉列表中，可以选择图像的颜色模式，通常提供的图像颜色模式有位图、灰度、RGB 颜色、CMYK 颜色及 Lab 颜色 5 种。
> 【背景内容】：也称背景，也就是画布颜色，通常选择白色。也可以设置为透明色与背景色。

- 【高级】：单击【高级】前的按钮，可显示或隐藏高级选项栏，显示的高级选项如图 1-24 所示。

图 1-24　【高级】选项

> 【颜色配置文件】：在其下拉列表中可选择所需的颜色配置文件。
> 【像素长宽比】：在其下拉列表中可选择所需的像素纵横比。

确认所输入的内容无误后，单击【确定】按钮，或按【Tab】键选中【确定】按钮，然后按【Enter】键，这样就建立了一个空白的新图像文件，如图 1-25 所示，可以在其中绘制所需的图像。

图像窗口是图像文件的显示区域，也是编辑或处理图像的区域，如图 1-26 所示。在图像的标题栏中显示文件的名称、格式、显示比例、色彩模式和图层状态。如果该文件是新建的文件并未自己命名与保存过，则文件名称以“未标题加上连续的数字”来当作文件的名称。

在图像窗口中可以实现所有的编辑功能，也可以对图像窗口进行多种操作，如改变窗口大小和位置、对窗口进行缩放、最大化与最小化窗口等。还可以在图像窗口左下角的文本框中输入所需的显示比例。在其后单击▶按钮，弹出如图1-26所示的菜单，可在其中选择所需的选项。

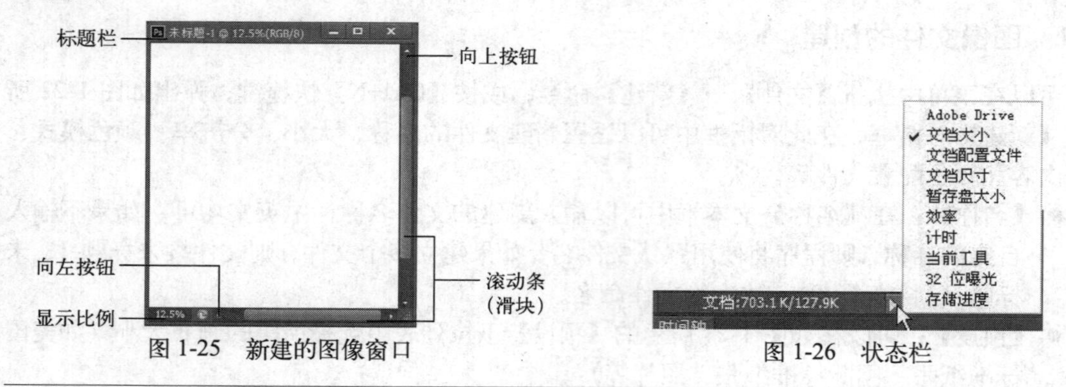

图1-25 新建的图像窗口　　图1-26 状态栏

提示：将指针指向标题栏上按下左键拖动，即可拖动图像窗口到所需的位置。将指针指向图像窗口的四个角或四边上，当指针变成双向箭头状时按下左键拖动可缩放图像窗口。

如果要关闭图像窗口，可以在标题栏的右侧单击【关闭】按钮，将图像窗口关闭。

如果要将图像文档拖出文档标题栏，可以先将指针指向文档标题栏上按下左键向外拖移，拖出一点点距离后就松开左键，如图1-27所示，就可以将图像窗口拖出文档标题栏了，如图1-28所示。

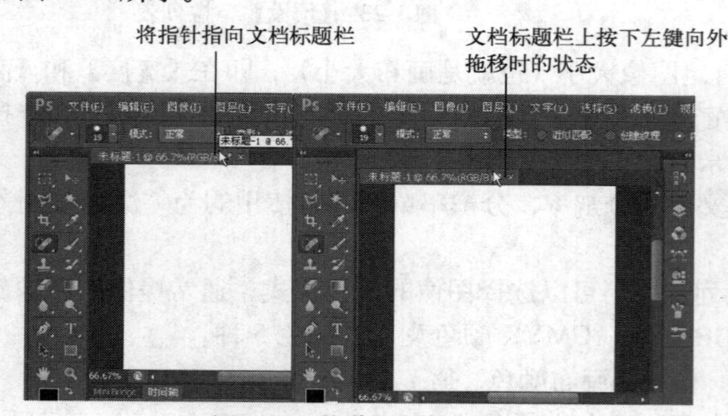

图1-27 拖移文档标题栏

图1-28 将图像窗口拖出文档标题栏

1.3.2 图像文件的打开

如果需要对已经编辑过或编辑好的文件（它们不在程序窗口）重新编辑，或者需要打开一些以前的绘图资料，或者需要打开一些图片进行处理等，都可以使用【打开】命令来打开文件。

上机实战　利用【打开】命令打开图像文件

1 在菜单中执行【文件】→【打开】命令（按【Ctrl+O】键或在Photoshop的灰色区双击），便会弹出如图1-29所示的【打开】对话框。

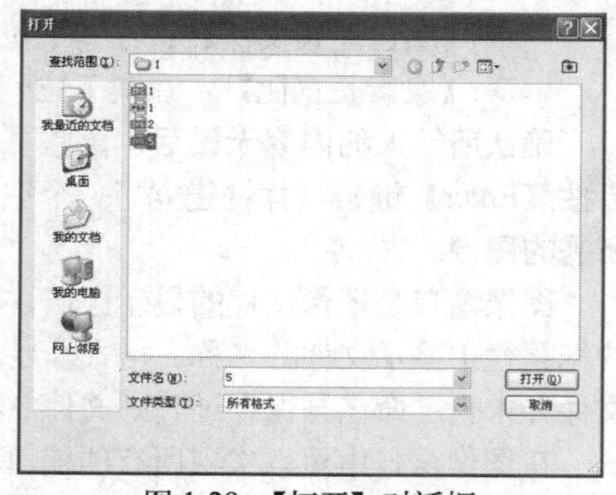

图1-29 【打开】对话框

提示：对话框中小图标说明：单击图标可向上一级；单击图标后图标呈活动可用状态，再单击图标可转到已访问的上一个文件夹；单击（创建新文件夹）按钮可新增一个新文件夹，可直接输入所需的名称对该新建文件夹进行命名，也可采用默认名称；单击列表图标出现一个下拉菜单，可以点选其中的任何一项，如果点选【详细资料】则在下面的文件窗口中就会以详细资料显示，如图 1-30 所示；单击（收藏夹）按钮，弹出一个下拉菜单，可以把所选的文件夹或文件添加到收藏夹或移去收藏夹，也可直接选择。

在【查找范围】下拉列表中可以选择所需打开的文件所在的磁盘或文件夹名称，也可以单击左边栏中的相关图标，直接进入所需的文件夹或窗口或网上邻居。

在【文件类型】下拉列表中选择所要打开文件的格式。如果选择"所有格式"，则会显示该文件夹中的所有文件，如果只选择任意一种格式，则只会显示以此格式存储的文件。

2　在文件窗口中选择需要打开的文件，则该文件的文件名就会自动显示在【文件名】文本框中，单击【打开】按钮或双击该文件，即可在程序窗口中打开所选文件，如图 1-31 所示。

图 1-30　【打开】对话框

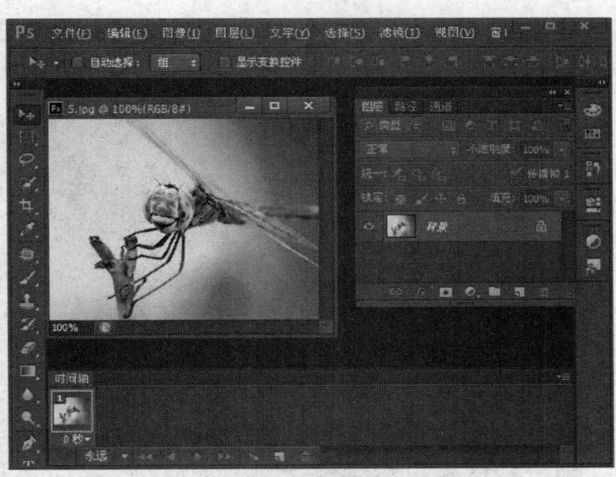

图 1-31　打开的图像文件

如果要同时打开多个文件，则需在【打开】对话框中按【Shift】键或【Ctrl】键不放，用鼠标点选所需打开的文件，再单击【打开】按钮；如果不需要打开任何文件则单击【取消】按钮即可。

上机实战　利用【打开为】命令以某种格式打开文件

1　在菜单中执行【文件】→【打开为】命令（或按【Alt+Ctrl+O】快捷键），弹出如图 1-32 所示的对话框。

2　在【文件类型】下拉列表中选择所需的文件格式，如 Photoshop（*.PSD），再在文件窗口中选择好所需的文件后单击【打开】按钮（或双击），即可将该文件打开到程序窗口中，如图 1-33 所示。

与【打开】命令不同的是，【打开为】命令所要打开的文件类型要与【打开为】下拉列表中的文件类型要一致，否则就不能打开此文件。

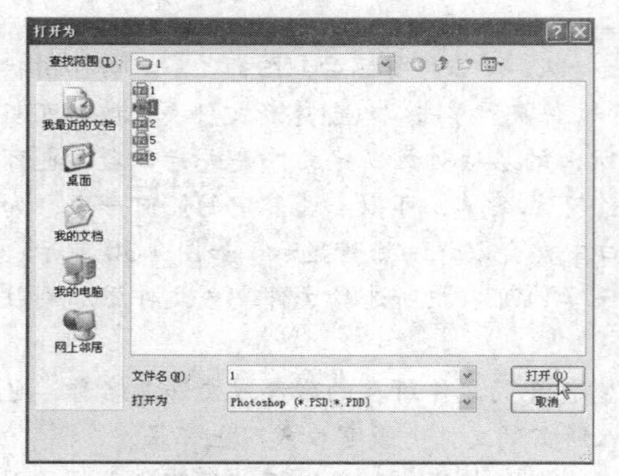

图 1-32 【打开为】对话框

图 1-33 打开的图像文件

1.3.3 图像文件的保存

如果不想对原图像进行编辑与修改，或者对所做的编辑与修改满意，如图 1-34 所示，需要将其保存，这时就需要用【存储为】命令来将其另存为一个副本，原图像不被破坏，而且自动关闭。

在菜单中执行【文件】→【存储为】命令或按快捷键【Ctrl+Alt+S】，弹出如图 1-35 所示的对话框，它的作用在于对保存过的文件另外保存为其他文件或其他格式。

图 1-34 编辑后的文件

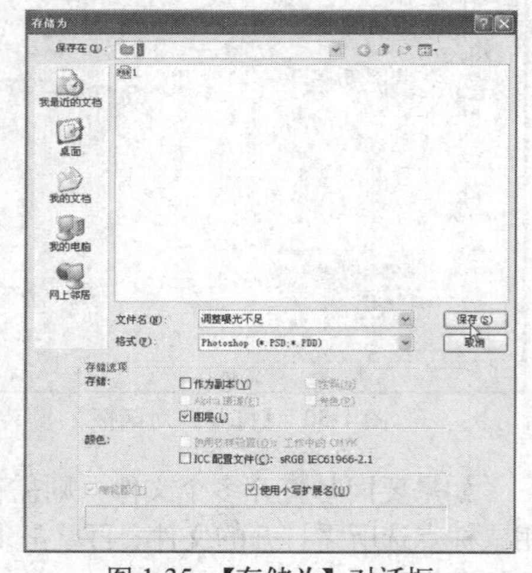

图 1-35 【存储为】对话框

如果在存储时该文件名与前面保存过的文件重名，则会弹出一个警告对话框，如果确实要进行替换，单击【是】按钮，如果不替换原文件，则单击【否】按钮，然后对其进行另外命名或选择另一个保存位置。

【存储】命令经常用于存储对当前文件所做的更改，每一次存储都将会替换前面的内容。在 Photoshop 中，以当前格式存储文件。

1.3.4 关闭文件

当编辑和绘制好一幅作品后需要存储并关闭该图像窗口。

1 如果该文件已经存储好了，则在图像窗口标题栏上单击 ✕ （关闭）按钮，或在菜

单中执行【文件】→【关闭】命令或按快捷键【Ctrl+W】，即可将存储过的图像文件直接关闭。

2 如果该文件还没有存储过或是存储后又更改过，就会弹出一个如图1-36所示的警告对话框，问您是否要在关闭之前对该文档进行存储，如果要存储，单击【是】按钮，如果不存储，则单击【否】按钮，如果不关闭该文档就单击【取消】按钮。

图1-36 警告对话框

提示： 如果程序窗口中有多个文件，并且需要全部关闭，可以在菜单中执行【文件】→【关闭全部】命令。值得注意的是如果还有文件没有保存，那么它会弹出一个对话框，问是否要在关闭之前对该文档进行存储，可以根据需要单击相关按钮进行存储或不保存而直接关闭。

1.4 基本概念与常用文件格式

在操作过程中经常会提到一些专用术语，为了能够更好地学习 Photoshop CS6，本节将对一些基本概念和常用文件格式进行简单的介绍。

1.4.1 基本概念

1. 位图图像和矢量图形

Photoshop 文件既可以包含位图，又可以包含矢量数据。了解两类图形间的差异，对创建、编辑和导入图片很有帮助。

（1）位图图像（也称为点阵图像）是由许多点组成的，其中每一个点称为像素，而每个像素都有一个明确的颜色，如图1-37所示。在处理位图图像时，所编辑的是像素，而不是对象或形状。

原图像

将原图像放大400%后的效果

图1-37 位图图像放大前后的效果对比

位图图像是连续色调图像（如照片或数字绘画）最常用的电子媒介，因为它们可以表现阴影和颜色的细微层次。位图图像与分辨率有关，也就是说它们包含固定数量的像素。因此，如果在屏幕上对它们进行缩放或以低于创建时的分辨率来打印它们，将丢失其中的细节，并会呈现锯齿状。

（2）矢量图形（也称为向量图形）是由被称为矢量的数学对象定义的线条和曲线组成。矢量根据图像的几何特性描绘图像。

矢量图形与分辨率无关，可以将它们缩放到任意尺寸，也可以按任意分辨率打印，而不会丢失细节或降低清晰度。因此，矢量图形在标志设计、插图设计及工程绘图上占有很大的优势。如图 1-38 所示。

图形 100%显示时的效果　　图形 400%显示时的效果

图 1-38　矢量图形放大前后的效果对比

由于计算机显示器呈现图像的方式是在网格上显示图像，因此，矢量数据和位图数据在屏幕上都会显示为像素。

2. 像素和分辨率

要制作高质量的图像，就需要掌握图像大小和分辨率。

图像以多大尺寸在屏幕上显示取决于多种因素——图像的像素大小、显示器大小和显示器分辨率设置。

像素大小为位图图像的高度和宽度的像素数量。图像在屏幕上的显示尺寸由图像的像素尺寸和显示器的大小与设置决定。如典型的 17 英寸显示器水平显示 1280×1024 个像素，尺寸为 1280×1024 像素的图像将充满此屏幕。在像素设置为 1280×1024 的更大的显示器上，同样大小的图像仍将充满屏幕，但每个像素会更大。

当制作用于联机显示的图像时（如在不同显示器上查看的 Web 页），像素大小就尤其重要。由于可能在 17 英寸的显示器上查看图像，因此，可以将图像大小限制为 1280×1024 像素，以便为 Web 浏览器窗口控制留出空间。

分辨率是指在单位长度内所含有的点（像素）的多少，其单位为像素/英寸或是像素/厘米，例如，分辨率为 200dpi 的图像，表示该图像每英寸含有 200 个点或像素。了解分辨率对于处理数字图像是非常重要的。

提示： 分辨率的高低直接影响到图像的输出质量和清晰度。分辨率越高，图像输出的质量与清晰度越好，图像文件占用的存储空间和内存需求越大。对于低分辨率扫描或创建的图像，提高图像的分辨率只能提高单位面积内像素的数量，并不能提高图像的输出品质。

1.4.2 常用文件格式

在 Photoshop CS6 中，能够支持 20 多种格式的图像文件，可以打开不同格式的图像进行编辑并存储，也可以根据需要将图像另存为其他的格式。

下面介绍几种常用的文件格式：

PSD;PDD：是 Adobe Photoshop 的文件格式，Photoshop 格式（PSD）是新建图像的默认文件格式；而且是唯一支持所有可用图像模式、参考线、Alpha 通道、专色通道和图层的格式。

PSD 格式在保存时会将文件压缩，以减少占用磁盘空间，但 PSD 格式所包含的图像数据信息较多（如图层、通道、剪贴路径、参考线等），因此比其他格式的文件要大得多。由于 PSD 格式的文件保留所有原图像数据信息，因而修改起来较为方便，这也就是它的最大优点。在编辑的过程中最好使用 PSD 格式存储文件，但是大多数排版软件不支持 PSD 格式的文件，所以到图像处理完以后，就必须将其转换为其他占用空间小而且存储质量好的文件格式。

BMP：图形文件的一种记录格式。BMP 是 DOS 和 Windows 兼容计算机上的标准 Windows 图像格式。BMP 格式支持 RGB 索引颜色、灰度和位图颜色模式，但不支持 alpha 通道。可以为图像指定 Microsoft Windows 或 OS/2 格式以及位深度。对于使用 Windows 格式的 4 位和 8 位图像，还可以指定 RLE 压缩，这种压缩不会损失数据，是一种非常稳定的格式。BMP 格式不支持 CMYK 模式的图像。

GIF：图形交换格式（GIF）是在 World Wide Web 及其他联机服务上常用的一种文件格式，用于显示超文本标记语言（HTML）文档中的索引颜色图形和图像。GIF 是一种用 LZW 压缩的格式，目的在于最小化文件大小和电子传输时间。GIF 格式保留索引颜色图像中的透明度，但不支持 Alpha 通道。

JPEG：联合图片专家组（JPEG）格式是在 World Wide Web 及其他联机服务上常用的一种格式，用于显示超文本标记语言（HTML）文档中的照片和其他连续色调图像。JPEG 格式支持 CMYK、RGB 和灰度颜色模式，但不支持 Alpha 通道。与 GIF 格式不同，JPEG 保留 RGB 图像中的所有颜色信息，但通过有选择地扔掉数据来压缩文件大小。

JPEG 图像在打开时自动解压缩。压缩级别越高，得到的图像品质越低；压缩级别越低，得到的图像品质越高。在大多数情况下，【最佳】品质选项产生的结果与原图像几乎无分别。

TIFF：TIFF 是英文 Tag Image File Format（标记图像文件格式）缩写，用于在应用程序和计算机平台之间交换文件。TIFF 是一种灵活的位图图像格式，受几乎所有的绘画、图像编辑和页面排版应用程序的支持。而且，几乎所有的桌面扫描仪都可以产生 TIFF 图像。

TIFF 格式支持具有 Alpha 通道的 CMYK、RGB、Lab、索引颜色和灰度图像以及无 Alpha 通道的位图模式图像。Photoshop 可以在 TIFF 文件中存储图层；但是，如果在其他应用程序中打开此文件，则只有拼合图像是可见的。Photoshop 也可以用 TIFF 格式存储注释、透明度和多分辨率金字塔数据。

在 Photoshop 中保存为 TIF 格式会让用户选择是 PC 机还是苹果机格式，并可选择是否使用压缩处理，它采用的是 LZW Compression 压缩方式，这是一种几乎无损的压缩方式。

Photoshop EPS：压缩 PostScript（EPS）语言文件格式可以同时包含矢量图形和位图图形，并且几乎所有的图形、图表和页面排版程序都支持该格式。EPS 格式用于在应用程序之间传递 PostScript 语言图片。当打开包含矢量图形的 EPS 文件时，Photoshop 栅格化图像，将矢量图形转换为像素。

EPS 格式支持 Lab、CMYK、RGB、索引颜色、双色调、灰度和位图颜色模式，但不支持 Alpha 通道。EPS 确实支持剪贴路径。桌面分色（DCS）格式是标准 EPS 格式的一个版本，可以存储 CMYK 图像的分色。使用 DCS 2.0 格式可以导出包含专色通道的图像。若要打印

EPS 文件，必须使用 PostScript 打印机。

TGA：TGA（Targa）格式专门用于使用 Truevision 视频卡的系统，并且通常受 MS-DOS 色彩应用程序的支持。Targa 格式支持 16 位 RGB 图像（5 位×3 种颜色通道，加上一个未使用的位）、24 位 RGB 图像（8 位×3 种颜色通道）和 32 位 RGB 图像（8 位×3 种颜色通道，加上一个 8 位 Alpha 通道）。Targa 格式也支持无 Alpha 通道的索引颜色和灰度图像。当以这种格式存储 RGB 图像时，可以选取像素深度，并选择使用 RLE 编码来压缩图像。

PCX：PCX 格式通常用于 IBM PC 兼容计算机。PCX 格式支持 RGB、索引颜色、灰度和位图颜色模式，但不支持 Alpha 通道。PCX 支持 RLE 压缩方法。图像的位深度可以是 1、4、8 或 24。

PICT 文件：是英文 Macintosh Picture 的简称。PICT 格式作为在应用程序之间传递图像的中间文件格式，广泛应用于 Mac OS 图形和页面排版应用程序中。PICT 格式支持具有单个 Alpha 通道的 RGB 图像和不带 Alpha 通道的索引颜色、灰度和位图模式的图像。PICT 格式在压缩包含大面积纯色区域的图像时特别有效。对于包含大面积黑色和白色区域的 Alpha 通道，这种压缩的效果惊人。

以 PICT 格式存储 RGB 图像时，可以选取 16 位或 32 位像素的分辨率。对于灰度图像，可以选取每像素 2 位、4 位或 8 位。在安装了 QuickTime 的 Mac OS 中，有 4 个可用的 JPEG 压缩选项。

1.5 系统的优化

将 Photoshop CS6 程序合理地进行优化设置，可以提高图像处理的运算速度，所以系统优化是非常有必要的。

在 Adobe Photoshop CS6 的预设文件中包括许多程序设置，具体有常规选项、界面选项、文件处理选项、性能选项、光标选项、透明度与色域选项、单位与标尺选项、文字选项以及用于增效工具项等。其中大多数选项都是在【首选项】对话框中设置的。每次退出应用程序时都会存储首选项设置。

如果出现异常现象，可能是因为首选项已被损坏。如果怀疑首选项已损坏，可以通过单击【复位所有警告对话框】按钮将首选项恢复为它们的默认设置。

1.5.1 常规

在菜单中执行【编辑】→【首选项】→【常规】命令，或按【Ctrl+K】键，弹出【首选项】对话框，如图 1-39 所示，可以在其中对一些常规进行设置，一般采用默认值。

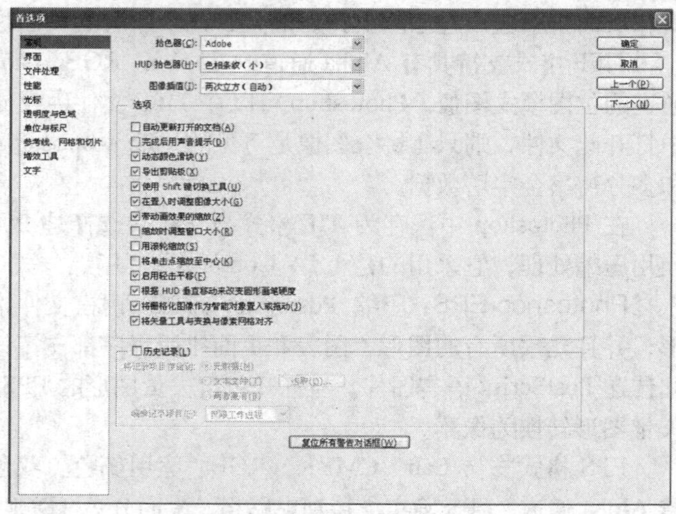

图 1-39 【首选项】对话框

1.5.2　界面

在【首选项】对话框中单击【界面】按钮，进入界面优化设置，如图 1-40 所示，在其中可以对界面的颜色、是否自动显示隐藏面板、是否自动折叠图标面板以及用户界面语言等进行设置。

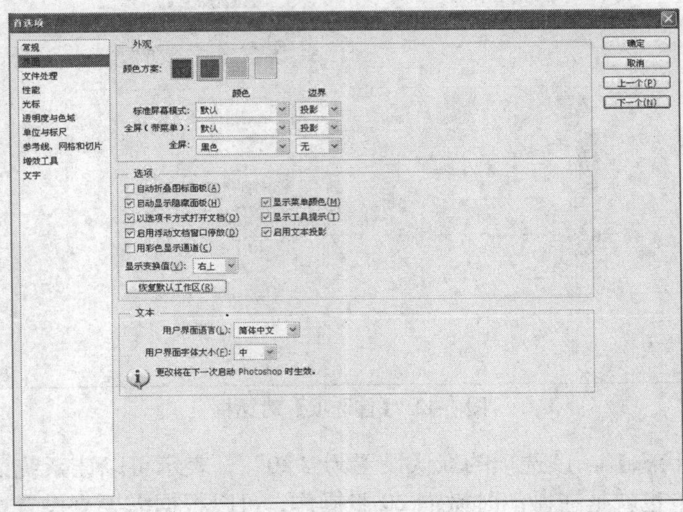

图 1-40　【首选项】对话框

1.5.3　文件处理

在【首选项】对话框中单击【文件处理】按钮，可以进入文件处理优化设置，如显示多少个近期文件、是否是总是询问最大兼容 PSD 和 PSB 文件等，如图 1-41 所示。

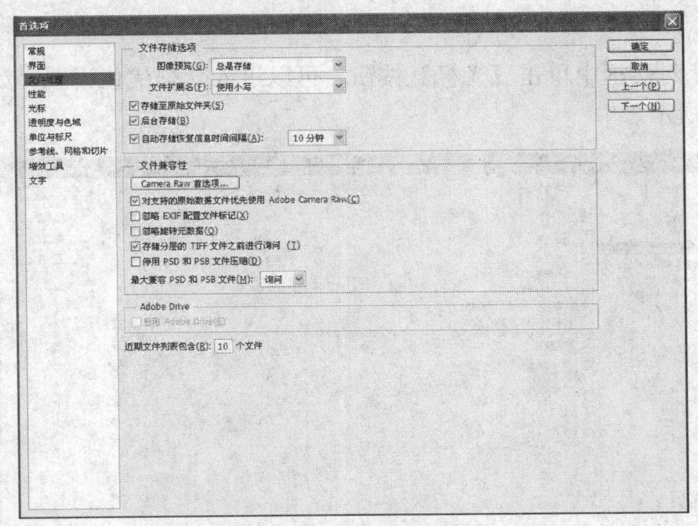

图 1-41　【首选项】对话框

1.5.4　性能

在【首选项】对话框中单击【性能】按钮，可以进入性能优化设置，如记录操作的步骤、高速缓存的级别、内存使用大小等，如图 1-42 所示。

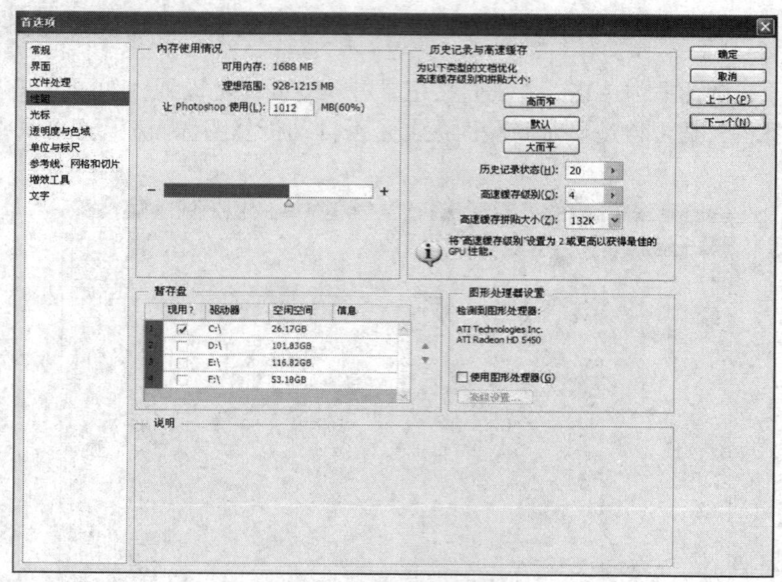

图 1-42 【首选项】对话框

- 【历史记录状态】：该选项的默认设置为"20"，表示可以让系统记录图像处理时的 20 步操作，也就是在撤消时撤消 20 步操作。可以根据需要来设置这个参数，不过建议使用默认值。
- 【高速缓存级别】：可以根据计算机的内存配置与硬件配置来决定该参数的设置，一般设置为"6"。选择的高速缓存级别越多则速度越快，选择的高速缓存级别越少则品质越高。更改会在下一次启动 Photoshop 时生效。

1.5.5 光标

在【首选项】对话框中单击【光标】按钮，可以进入光标优化设置，如光标的形状与颜色等，如图 1-43 所示。

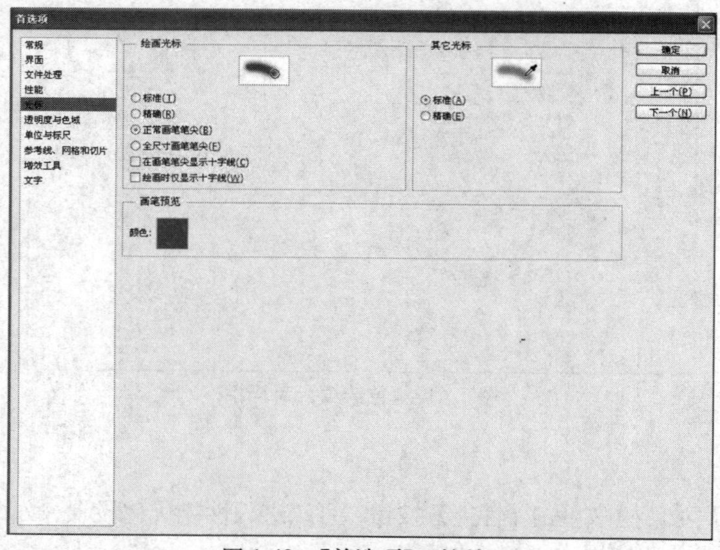

图 1-43 【首选项】对话框

1.5.6 透明度与色域

在【首选项】对话框中单击【透明度与色域】按钮，可以进入透明度与色域优化设置，如对网格的大小与颜色以及色域警告颜色进行设置，如图 1-44 所示。

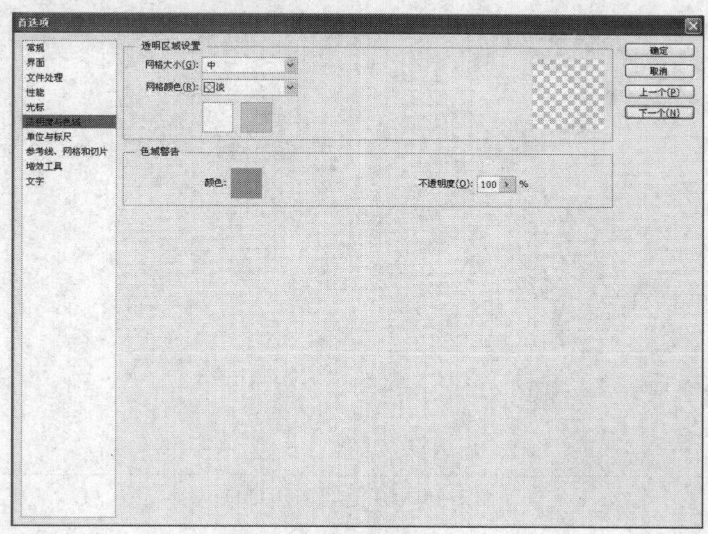

图 1-44 【首选项】对话框

1.5.7 单位与标尺

在【首选项】对话框中单击【单位与标尺】按钮，进入单位与标尺优化设置，可以在其中根据需要设置所需的单位、新文档打印的分辨率等，如图 1-45 所示。

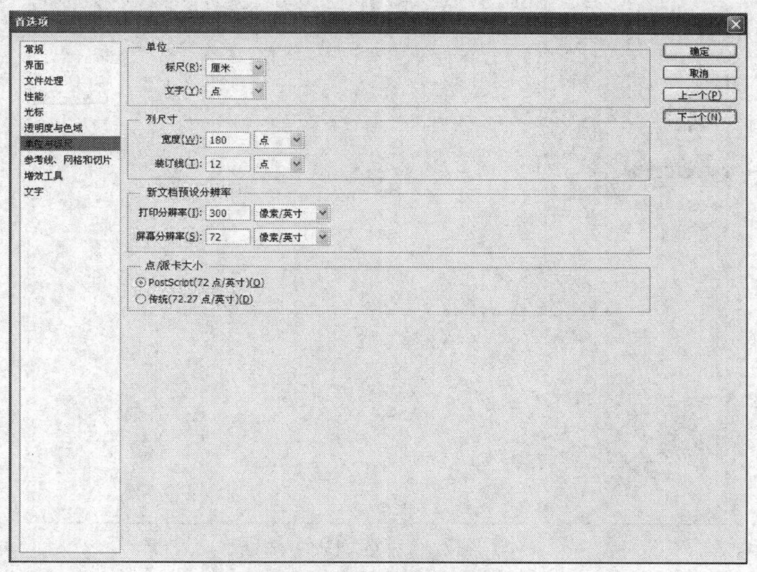

图 1-45 【首选项】对话框

1.5.8 参考线、网格和切片

在【首选项】对话框中单击【参考线、网格和切片】按钮，进入参考线、网格和切片优化设置，在其中可以对参考线的颜色与样式、网格的颜色与样式、切片的颜色与样式等进行设置，如图 1-46 所示。

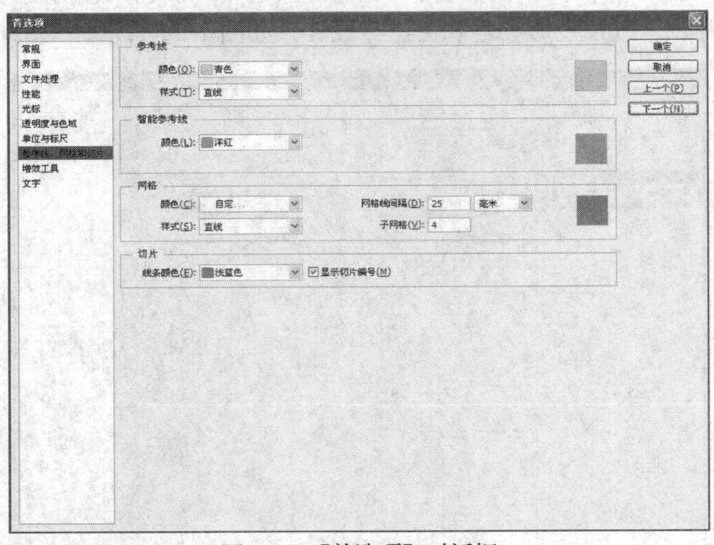

图 1-46 【首选项】对话框

1.5.9 文字

在【首选项】对话框中单击【文字】按钮，进入文字优化设置，如图 1-47 所示，一般情况下采用默认值，设置好后单击【确定】按钮即可。

- 【使用智能引号】：选择该选项可以在用文字工具时自动替换左右引号。

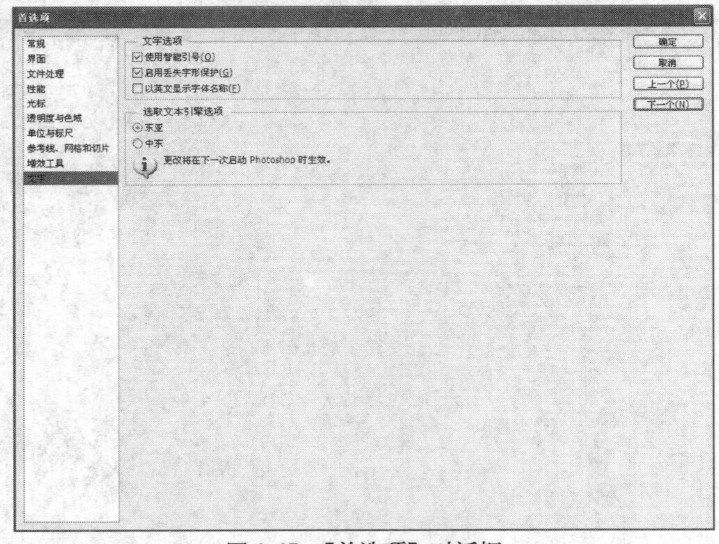

图 1-47 【首选项】对话框

1.6 Photoshop CS6 的退出

在菜单中执行【文件】→【退出】命令；单击程序窗口菜单栏上的 × （关闭）按钮；

按【Alt+F4】键，或按【Ctrl+Q】键，都可退出 Photoshop CS6 程序，并且程序中的所有文件将随着一起退出程序。如果有文件没有存储，就会弹出一个警告对话框，提示是否要存储该文件，可以根据需要单击【是】、【否】与【取消】按钮。

1.7 本章小结

本章对 Photoshop CS6 的启动、退出与窗口环境进行了简要介绍，其中重点并详细地介绍了文件的新建、打开、存储与关闭，控制面板和图像窗口等功能的操作与相关选项说明。此外，对基本概念与常用文件格式，以及系统优化也进行了介绍。

1.8 本章习题

一、填空题

1. 位图图像（也称为__________）是由__________组成的，其中每一个点称为像素，而每个像素都有一个明确的颜色。在处理位图图像时，用户所编辑的是__________，而不是__________或__________。

2. 矢量图形（也称为__________），它是由__________定义的线条和曲线组成。矢量根据图像的__________描绘图像。

3. 矢量图形与__________无关，可以将它们缩放到__________，也可以按__________打印，而不会丢失细节或降低清晰度。

二、选择题

1. 按以下哪个快捷键可以打开文件？（ ）

A. Ctrl+A　B. Ctrl+S　C. Ctrl+O　D. Ctrl+C

2. 按以下哪个快捷键可以创建新文件？（ ）

A. Ctrl+E　B. Ctrl+N　C. Ctrl+R　D. Ctrl+G

3. 按以下哪两个快捷键可以保存文件？（ ）

A. Ctrl+W　B. Ctrl+O　C. Ctrl+Shift+S　D. Ctrl+S

三、简答题

1. 简述像素大小与分辨率的含义？

2. 简述位图图像与矢量图形的含义？

第2章　选择与辅助功能

教学目标

学习图像的缩放、平移、选取等操作，以及标尺、参考线与网格的使用。

教学重点与难点

- 缩放图像
- 图像的选取
- 标尺、参考线与网格的使用

2.1　缩放图像

在编辑与处理图像时，通常需要将图像放大、缩小或平移，以便编辑、处理与查看。在Photoshop CS6程序中主要使用（缩放工具）与（抓手工具）来缩放与平移图像，不过为了方便快捷，通常配合快捷键（缩放工具按【Z】键，抓手工具按空格键）来使用它们。

2.1.1　缩放工具

利用缩放工具，可将图像缩小或放大，以便查看或修改。将缩放工具移入图像后指针变为放大镜，中心有一个“+”号，如图2-1所示，如果在图层上单击一下，则图像就会放大一级，如图2-2所示，单击两下就会放大两级。如果按下【Alt】键的同时（或在选项栏中点选缩小按钮）指针为放大镜，中心为一个“-”号，在图像上单击两次则可将图像缩小两级（即单击几次则缩小几级），如图2-3所示。

图2-1　打开的图像文件

图 2-2　放大图像

图 2-3　缩小图像

缩放工具的选项栏如图 2-4 所示。

图 2-4　选项栏

缩放工具选项栏说明如下：

- （放大）：点选它时可将图像放大。
- （缩小）：点选它时可将图像缩小。
- 【调整窗口大小以满屏显示】：勾选该选项可以在缩放的同时调整窗口以适合显示。默认情况下它不适用于快捷键，如【Ctrl++】、【Ctrl+−】。
- 【缩放所有窗口】：勾选该选项则以固定窗口缩放图像。
- 【细微缩放】：选择细微缩放时在图像中向左拖动缩小图像，或向右拖动放大图像。
- 【实际像素】：单击它可以将图像以实际像素显示。
- 【适合屏幕】：单击它可以将图像适合于屏幕显示。
- 【填充屏幕】：单击它可以将图像充满当前的整个屏幕。
- 【打印尺寸】：单击它可以以打印尺寸显示。

上机实战　将指定区域（即局部）放大

1　按【Ctrl+O】键从光盘的素材库中打开 02.jpg 文件，如图 2-5 所示，需对某一局部进行修改或查看。

图 2-5　打开的文件

2 在工具箱中点选缩放工具，如图 2-6 所示，在画面中按下左键从一点向另一点拖动，拖出一个虚线框，如图 2-7 所示，松开左键后即可将图像放大并且所选区域正位于窗口中，如图 2-8 所示。

图 2-6　选择缩放工具

图 2-7　拖出一个虚线框

图 2-8　图像放大后的效果

2.1.2 抓手工具

当图像窗口不能全部显示整幅图像时，可以利用（抓手工具）在图像窗口内上下、左右移动图像，观察图像的目标位置，如图 2-9 所示。在图像上右击，可弹出快捷菜单，可以按照需要在其中选择所需的方式来调整图像的大小。如选择【按屏幕大小缩放】命令，则当前的图像在屏幕中以最合适的大小显示，如图 2-10 所示。也可用于局部修改，只要把整个图像放大很多倍，然后利用它来上下、左右移动图像到所需修改的位置。

图 2-9　移动画面

图 2-10　【按屏幕大小缩放】后的效果

在工具箱中点选（抓手工具），如图 2-11 所示，选项栏就会显示如图 2-12 所示的选项。

图 2-11　选择抓手工具

滚动所有窗口　实际像素　适合屏幕　填充屏幕　打印尺寸

图 2-12　抓手工具选项栏

2.1.3　缩放命令

在菜单中执行【视图】→【放大】命令或按【Ctrl++】键，可以将图像放大；在菜单中执行【视图】→【缩小】命令或按【Ctrl+−】键，可以将图像缩小。

2.2　使用标尺、参考线与网格

Photoshop CS6 提供了“标尺、参考线与网格”等功能，在绘制图形时可以迅速、准确的定位标点。参考线可以设置成垂直、水平或倾斜，还可以在屏幕上任意移动以及改变它的方向。

上机实战　调整标尺、参考线与网格

（1）改变标尺原点

1　按【Ctrl+O】键从配套光盘的素材库中打开 03.jpg 文件，按【Ctrl+R】键显示标尺栏，将光标移动到标尺栏的左上角交点处，如图 2-13 所示，在其上按下左键向所需的方向拖移，如图 2-14 所示。

图 2-13　显示标尺栏

图 2-14　拖移标尺原点

2　到达所需的位置后松开左键，即可将该点设为标尺原点，如图 2-15 所示。

提示： 在标尺栏的左上角交点处双击可以将标尺原点还原为默认值。

（2）创建参考线

3　在菜单中执行【视图】→【新建参考线】命令，弹出【新建参考线】对话框，在其中设置【取向】为“水平”，【位置】为“5 厘米”，如图 2-16 所示，单击【确定】按钮，即可在图像窗口中创建了一条参考线，如图 2-17 所示。

图 2-15　改变标尺原点后的结果

（3）移动参考线

4 在工具箱中点选移动工具，如图 2-18 所示，再移动光标到参考线上，当指针呈状时，按下左键向下拖动至壶底，如图 2-19 所示，到达所需的位置后松开左键，即可将参考线移至松开左键的位置，结果如图 2-20 所示。

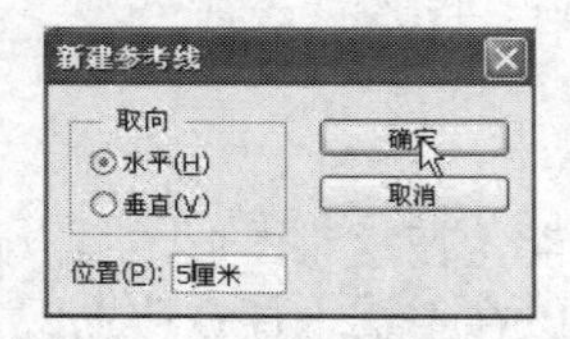

图 2-16 【新建参考线】对话框

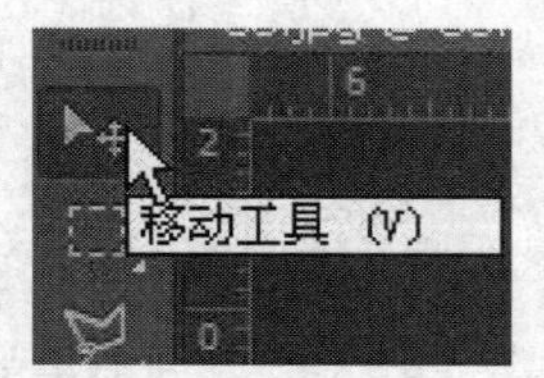

图 2-18 选择移动工具

图 2-17 创建参考线

图 2-19 按下左键拖移参考线时的状态

图 2-20 松开左键后的结果

（4）清除参考线

5 如果要清除某条参考线，可以直接拖动参考线向标尺栏上或外，如图 2-21 所示，松开左键后即可将参考线删除了，结果如图 2-22 所示。如果要将所有参考线清除，在菜单中执行【视图】→【清除参考线】命令，即可将所有参考线清除。

（5）显示或隐藏网格

6 在菜单中执行【视图】→【显示】→【网格】命令或按【Ctrl+'】键，即可在图像窗口中显示网格，如图 2-23 所示。如果要隐藏网格，同样也可以执行【视图】→【显示】→【网格】命令或按【Ctrl+'】键。

图 2-21 拖动参考线时的状态

图 2-22　清除参考线

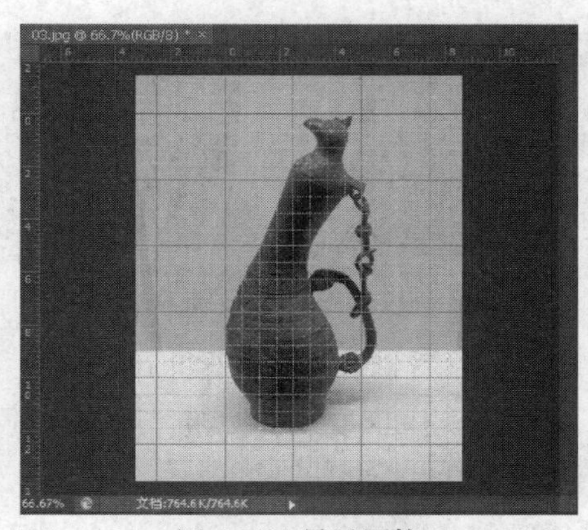

图 2-23　显示网格

2.3　创建与编辑选区

如果要对图像部分应用更改，首先需要选择构成这些部分的像素。可以使用选择工具或通过在蒙版上绘画并将此蒙版作为选区载入的方式选择像素。如果要选择并处理矢量对象，可以使用钢笔工具和直接选择工具。

Photoshop CS6 提供了 9 种选择工具，使用选择工具可以创建矩形、多边形、椭圆、1 个像素宽的行和列的选区，以及任一形状的选区。创建选区后只能对选区进行工作，比如填充颜色、填充图案、渐变填充、复制选区内容、描边和绘画等。

2.3.1　选框工具

Photoshop CS6 提供了 4 种选框工具，包括矩形选框工具、椭圆选框工具、单行选框工具和单列选框工具。在英文输入法状态下，按【M】键可选择矩形选框工具或椭圆选框工具，按【Shift+L】键可以在矩形选框工具与椭圆选框工具之间进行切换选择。

1. 矩形选框工具

使用矩形选框工具可以绘制矩形选区，如果按下【Shift】键再拖动矩形选框工具可以向已有选区添加选区，按【Alt】键可以从选区中减去选区。

在工具箱中点选矩形选框工具，它的选项栏就会显示它的相关选项，如图 2-24 所示，可以直接在画面中从一点向另一点拖动，以绘制出一个矩形框（也称选区），如图 2-25 所示。

图 2-24　矩形选框工具选项栏

矩形选框工具选项栏说明如下：

- （新选区）按钮：点选它时，可以创建新的选区，如果已经存在选区，则会去掉旧选区，而创建新的选区；在选区外单击，则取消选择。
- （添加到选区）按钮：点选它时可以创建新的选区，也可在原来选区的基础上添加新的选区，相交部分选区的滑动框将去除，同时形成一个选区，如图 2-26 所示。
- （从选区减去）按钮：点选它时可以创建新的选区，也可在原来选区的基础上减去不需要的选区，如图 2-27 所示。

按下左键拖移时的状态　松开左键后创建的选框

图 2-25　绘制矩形框

按下左键拖移时的状态　松开左键后的结果

图 2-26　添加新的选区

● （与选区交叉）按钮：点选它时可以创建新的选区，也可以创建出与原来选区相交的选区，如图 2-28 所示。

按下左键拖移时的状态　松开左键后的结果

图 2-27　减去不需要的选区

按下左键拖移时的状态　松开左键后的结果

图 2-28　创建与原来选区相交的选区

●【羽化】：在文本框中输入相应的数值可以软化硬边缘，也可使选区填充的颜色（如白色）向其周围逐步扩散，如图 2-29 所示。在【羽化】文本框中输入数据（其取值范围为：0～255）可设置羽化半径。

按下左键拖移时的状态　松开左键后的结果　填充白色后的效果

图 2-29　羽化与填充选区

●【样式】：在【样式】下拉列表中可选择所需的样式，如图 2-30 所示。

图 2-30　样式选项

➢【正常】：为 Photoshop 默认的选择方式，也是通常用的方式。在选择这种方式的情况下，可以拖出任意大小的矩形选区。

➢【固定比例】：选择这种方式，则【样式】后的选项由不可用状态变为活动可用状态，在其文本框中输入所需的数值来设置矩形选区的长宽比，它和正常方式一样，都是需要拖动来选取矩形选区，不同的是它拖出约束了长宽比的矩形选区。

➢【固定大小】：选择这种方式，可以通过在其中输入所需的数值，从而直接在画面中单击便可得到固定大小的矩形选区。

提示： 在这一节中详细讲解了选框工具选项栏中的各选项的作用。而在 Photoshop 程序中，一些工具的选项栏有许多相同的选项，因此在介绍其他工具时就不再重复介绍相同的选项。

2. 椭圆选框工具

使用椭圆选框工具可以绘制椭圆选区。

图 2-31　选框工具组

上机实战　使用椭圆选框工具绘制椭圆选区

1　在工具箱中点选椭圆选框工具，如图 2-31 所示，其操作方法与矩形选框工具的操作方法一样，不过在椭圆选框工具的选项栏中【消除锯齿】选项成为可用状态，如图 2-32 所示。

图 2-32　选项栏

提示： 消除锯齿：在 Photoshop 中生成的图像为位图图像，而位图图像使用颜色网格（像素）来表现图像。每个像素都有自己特定的位置和颜色值。在进行椭圆、圆形选取或其他不规则的选取时就会产生锯齿边缘。所以 Photoshop 就提供了【消除锯齿】选项来在锯齿之间填入中间色调，并从视觉上消除锯齿现象。

2　在椭圆选框工具的选项栏中勾选【消除锯齿】选项，在画面中从一点向另一点拖动，绘制出一个椭圆选区，如图 2-33 所示。再在选项栏中选择按钮，取消【消除锯齿】选项的勾选，然后在画面中再绘制一个椭圆选区，如图 2-34 所示。

3　按【Alt+Delete】键用前景色（黑色）填充选区，按【Ctrl+D】键取消选择，再按【Ctrl++】键将画面放大，即可看到选择与不选择【消除锯齿】选项的区别，如图 2-35 所示。

图 2-33　绘制椭圆选区

图 2-34　绘制椭圆选区

3. 单行、单列选框工具

使用单行选框工具可以创建一个像素宽的水平选框。使用单列选框工具可以创建一个像素宽的垂直选框。

在工具箱中点选单行选框工具，选项栏中就会显示它的相关选项，单行选框工具的选项栏与矩形选框工具选项栏相同，只是样式已不可用，而羽化只能为 0 像素。在图像窗口中单击，即可得到一个像素的选区，如图 2-36 所示。如果在选项栏中点选（添加到选区）按钮，并在图像上多次单击，即可得到多条选区，可以对单行选区进行填充、删除与移动等操作。

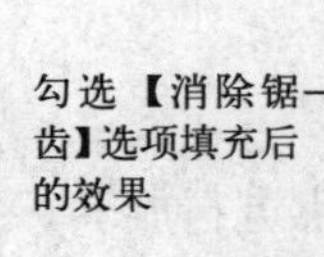

图 2-35　选择与不选择【消除锯齿】选项的对比图

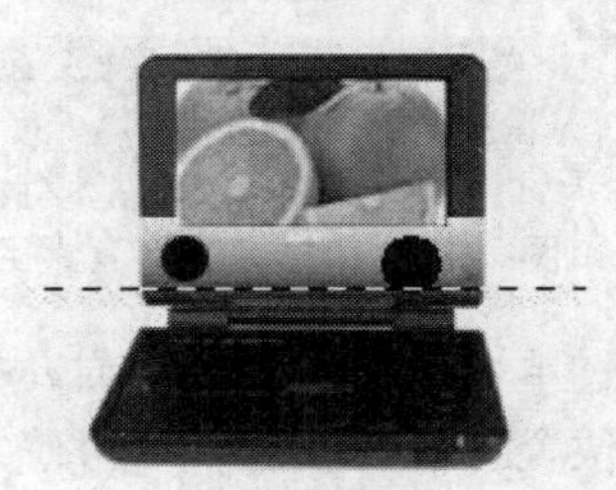

图 2-36　绘制选区

2.3.2 套索工具

Photoshop CS6 提供了 3 种套索工具——套索工具、多边形套索工具与磁性套索工具。在英文输入法状态下，按【L】键可选择套索工具、多边形套索工具或磁性套索工具，按【Shift+L】键可以在这组套索工具之间进行切换选择。

1. 套索工具

使用套索工具可以选取任一形状的选区。

在工具箱中点选套索工具，选项栏就会显示它的相关选项，如图 2-37 所示，其中的选项与矩形选框工具中的选项相同，作用与用法一样，这里就不重复了。

图 2-37 套索工具选项栏

在使用套索工具时，可以通过任意拖动来绘制所需的选区。

(1) 当从起点处向终点处拖移鼠标，并且起点与终点不重合时，松开左键后，系统会自动在起点与终点之间用直线连接，从而得到一个封闭的选区，如图 2-38 所示。

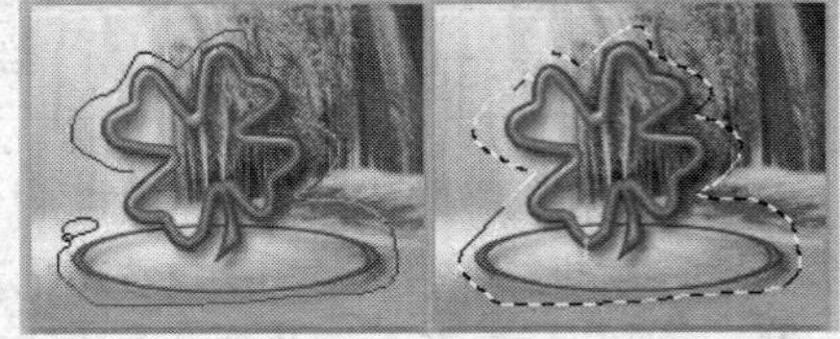

按下左键拖移时的状态　　松开左键后的结果

图 2-38 绘制选区

(2) 从起点处按下左键向所需的方向拖移，直至返回到起点处才松开左键，即可得到一个封闭的曲线选框。

(3) 如果要在曲线中绘制直线选框，可以按下【Alt】键后松开左键，然后移动指针到所需的点单击。

提示： 实际上在使用套索工具创建选区时，按下【Alt】键就是切换到多边形套索工具。

2. 多边形套索工具

使用多边形套索工具可以选取任一多边形选区。

在工具箱中点选多边形套索工具，如图 2-39 所示，选项栏就会显示它的相关选项，它的选项栏与套索工具的选项栏一样。它是通过单击来确定点，直至返回到起点，当指针呈状时单击完成，从而选取所需的多边形选区，如图 2-40 所示。

图 2-39 选择多边形套索工具

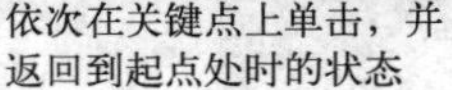

依次在关键点上单击，并返回到起点处时的状态

在起点处单击后得到的选框

图 2-40 绘制选区

通过单击确定了一个点或几个点后，可按下左键移动指针，来围绕这个点进行旋转，到所需的位置时松开左键，即可确定该直线段的位置和长度。也可在确定一个点后，松开左键再移动指针到一定位置后单击，同样可以确定该直线段的位置和长度。

3. 磁性套索工具

磁性套索工具具有识别边缘的作用。利用它可以从图像中选取所需的部分。

上机实战　使用磁性套索工具选择图像

1　按【Ctrl+O】键从配套光盘的素材库中打开 07.jpg 文件。

2　在工具箱中点选磁性套索工具，选项栏就会显示如图 2-41 所示的选项。

图 2-41　磁性套索工具选项栏

磁性套索工具选项栏说明如下：

- 【宽度】：在其文本框中可输入 1～256 之间的数值，确定选取时探查的距离，数值越大探查的范围就越大。
- 【对比度】选项：在其文本框中可输入 1%～100%之间的数值，设置套索的敏感度，数值大可用来探查对比度高的边缘，数值小可用来探查对比度底的边缘。
- 【频率】：在其文本框中可输入 0～100 之间的数值，设置以什么频度设置紧固点，数值越大选取外框紧固点的速率越快——较高的数值会更快地固定选区边框。
- （使用绘图板压力更改钢笔宽度）按钮：如果使用光笔绘图板来绘制与编辑图像，并且选择了该选项，则在增大光笔压力时将导致边缘宽度减小。

3　在画面中单击确定起点，再移动指针，然后在一个关键点处单击，接着移动指针，这样反复操作，直至返回到起点处，当指针呈状时单击，即可完成图像的选择，如图 2-42 所示。

1. 在边缘处单击确定起点

2. 确定起点后在边缘移动指针时的状态

3. 在一些关键点处可以单击，以固定点，再继续移动指针到起点后指针右下角显示一个句号

4. 在起点处单击完成区域的选择

图 2-42　绘制选区

2.3.3　快速选择工具

利用快速选择工具在画面中单击目标画面，可以准确而快速地选择需要被勾选到的地方；也可以在画面中拖动指针来选择所需的区域。

上机实战　使用快速选择工具选择图像

1　按【Ctrl+O】键从配套光盘的素材库中打开 08.jpg 文件，在工具箱中点选快速选择工具，选项栏就会显示如图 2-43 所示的选项。

图 2-43　快速选择工具选项栏

2 移动指针到画面中要选择的地方单击，即可选择与所单击点相邻的区域，如图 2-44 所示。

快速选择工具选项栏说明如下：

- （新选区）按钮：选择它时可以创建新的选区，如果已经存在选区，则会去掉旧选区而创建新的选区。
- （添加到选区）按钮：选择它时可以创建新的选区，也可在原来选区的基础上添加新的选区。
- （从选区减去）按钮：选择它时可以创建新的选区，也可在原来选区的基础上减去不需要的选区。
- （画笔）按钮：在选项栏中单击按钮，弹出如图 2-45 所示的【画笔】弹出式面板，在其中可设置画笔的直径、硬度、间距、角度、圆度和大小。

图 2-44　选择区域

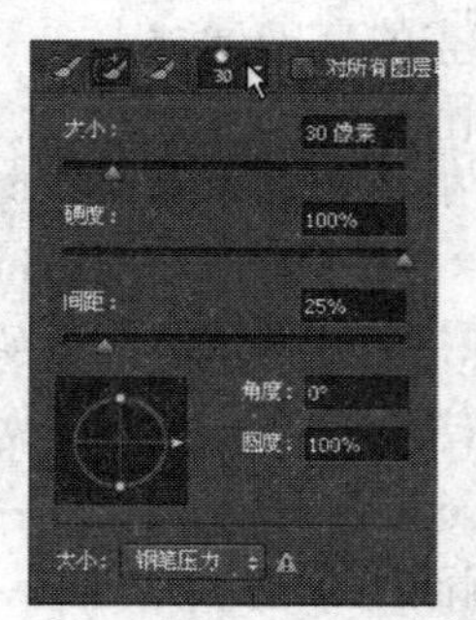

图 2-45　【画笔】弹出式面板

- 【对所有图层取样】：基于所有图层（而不是仅基于当前选定图层）创建一个选区。
- 【自动增强】：减少选区边界的粗糙度和块效应。选择【自动增强】选项会自动将选区向图像边缘进一步流动并应用一些边缘调整，也可以通过在【调整边缘】对话框中使用【平滑】、【对比度】和【半径】选项手动应用这些边缘调整。

2.3.4　魔棒工具

利用魔棒工具可以选择颜色一致的区域，而不必跟踪其轮廓。通过在图像上单击来指定魔棒工具选区的颜色，在选项栏中设置它的容差值来确定它选取的色彩范围。

提示：不能在位图模式的图像中使用魔棒工具。

上机实战　使用魔棒工具选择图像

1 从配套光盘的素材库中打开 09.jpg 文件，在工具箱中点选魔棒工具，选项栏就会显示如图 2-46 所示的选项。

图 2-46　魔棒工具选项栏

2 移向画面要选取的地方如图 2-47 所示中的圆圈内单击，即可选取出与所单击处相同或相似的区域，如图 2-47 所示。

魔棒工具选项栏说明如下：

- 【取样大小】：在取样大小后单击上下箭头，可以在其列表中选择所需的取样大小，如取样点、3×3 平均、5×5 平均、11×11 平均、31×31 平均等，如图 2-48 所示，默认状态下只选取与光标下一个像素范围内相似颜色的区域，也可以选择 3×3 平均、5×5 平均、11×11 平均、31×31 平均等个像素的颜色平均值相似的区域。

图 2-47　选择区域

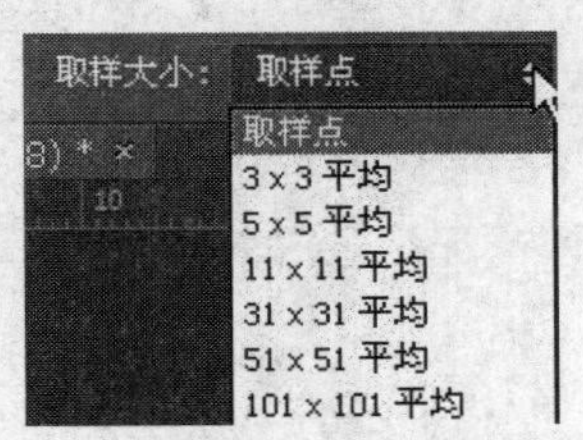

图 2-48　【取样大小】列表

- 【容差】：在其文本框中可以输入 0～255 之间的像素值。输入较小值将选择与所点按的像素非常相似的颜色，输入较高值将选择更宽的色彩范围。
- 【连续】：勾选该选项，只能选择色彩相近的连续区域；不勾选该选项，则可以选择图像上所有色彩相近的区域。
- 【对所有图层取样】：勾选该选项，可以在所有可见图层上选取相近的颜色；如果不勾选该选项，则只能在当前可见图层上选取颜色。

2.4　选择命令

可以使用【选择】菜单中的命令选择全部像素、取消选择、反选、色彩范围、修改选区、羽化选区、扩大选取、变换选区、载入选区、存储选区和重新选择等。

在菜单中执行【选择】→【取消选择】命令或按【Ctrl+D】键，可以取消当前图像窗口中的选择。

在菜单中执行【选择】→【全部】命令或按【Ctrl+A】键，即可将当前可用图层的内容全部选定。

2.4.1　色彩范围

使用【色彩范围】命令可以在整个图像内选择所需的颜色或色彩范围，它不可用于 32 位/通道的图像。如果要精细选择某种颜色，可以在【色彩范围】对话框的选择列表中选择所需的颜色。

上机实战　使用色彩范围命令选择图像

1　从配套光盘中打开 10.jpg 文件。

2　在【选择】菜单执行【色彩范围】命令，并在弹出的【色彩范围】对话框中设置【颜色容差】为“77”。

3　使用吸管工具在画面中单击要选择的颜色，如图 2-49 所示，然后单击【确定】按钮，即可将与所单击颜色相同或相似的区域选择，如图 2-50 所示。

4　如果只想选择画面中的红色，则只需在【选择】列表中选择红色，如图 2-51 所示，单击【确定】按钮，即可选择画面中的红色，如图 2-52 所示。

图 2-49　吸取要选择的颜色

图 2-50　选择的选区

图 2-51　【色彩范围】对话框

图 2-52　选择的选区

2.4.2　修改选区

利用【修改】命令中的【边界】、【平滑】、【扩展】、【收缩】与【羽化】命令，可以对选区进行修改。

上机实战　利用修改命令修改图像

1　在菜单中执行【选择】→【取消选择】命令或按【Ctrl+D】键，取消选择，再显示【图层】面板，并在其中单击（创建新图层）按钮，新建图层 1，如图 2-53 所示，接着从工具箱中点选椭圆选框工具，在画面中绘制出一个椭圆选区，如图 2-54 所示。

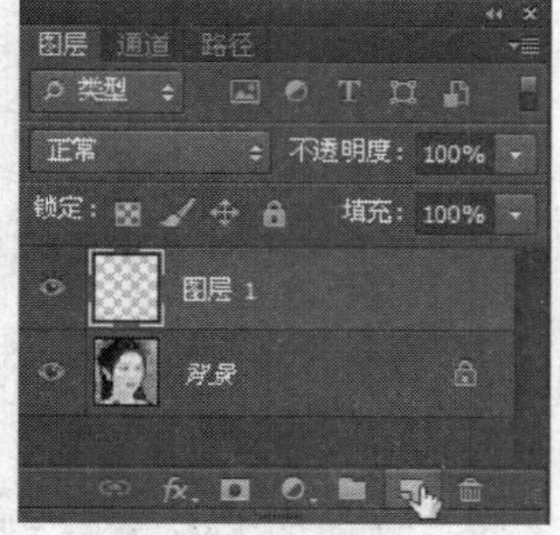

图 2-53　【图层】面板

图 2-54　绘制椭圆选区

2　在菜单中执行【编辑】→【描边】命令，弹出【描边】对话框，并在其中设置【宽度】为“2px”，【颜色】为“R97、 G53、B5”，【位置】为“居外”，如图 2-55 所示，设置好后单击【确定】按钮，即可为选区进行描边，描边后的效果如图 2-56 所示。

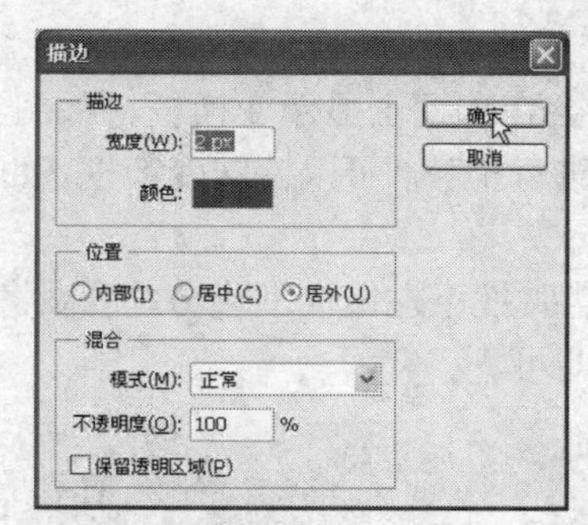

图 2-55　【描边】对话框

图 2-56　描边后的效果

3　设置前景色为白色，在【图层】面板中单击（创建新图层）按钮，新建图层 2，然后按【Alt+Delete】键将选区填充为白色，填充颜色后的效果如图 2-57 所示。

4　在菜单中执行【选择】→【修改】→【收缩】命令，弹出【收缩选区】对话框，在其中设置【收缩量】为“3 像素”，如图 2-58 所示，设置好后单击【确定】按钮，将选区缩小，缩小后的选区如图 2-59 所示。

图 2-57　填充颜色

图 2-58　【收缩选区】对话框

图 2-59　缩小后的选区

5　在菜单中执行【选择】→【修改】→【羽化】命令或按【Shift+F6】键，弹出【羽化选区】对话框，在其中设置【羽化半径】为“10 像素”，如图 2-60 所示，设置好后单击【确定】按钮，将选区羽化。

6　按【Delete】键将选区中的内容删除，删除后的效果如图 2-61 所示。

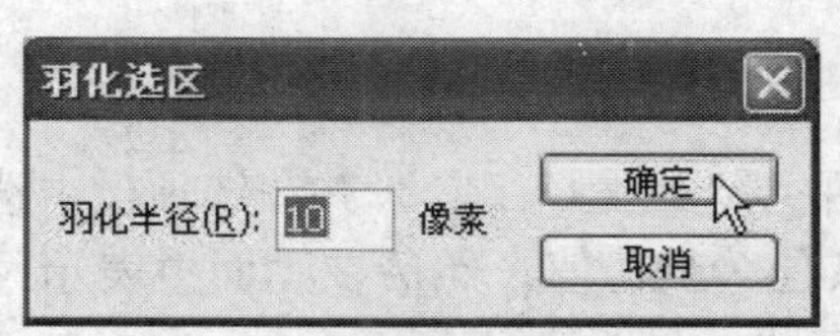

图 2-60　【羽化选区】对话框

图 2-61　删除内容后的效果

2.4.3 变换选区

利用【变换选区】命令可以对选择区域进行自由变换调整。

上机实战　利用变换选区命令修改图像

1 在菜单中执行【选择】→【变换选区】命令，会在选框上显示变换框，如图2-62所示，将指针指向对角，当控制柄指针呈↷状时按下左键进行拖移，可以旋转变换框，如图2-63所示，旋转到指定位置后松开左键即可。

2 移动指针到变换框中间，当控制柄上指针呈↗状时按下左键向右上方拖移，将变换框放大，如图2-64所示，放大到所需的大小后松开左键即可。

图2-62　显示变换框

图2-63　旋转变换框

图2-64　调整变换框

3 按住【Ctrl】键，当控制柄指针呈▶状时按下左键进行拖移，如图2-65所示，将变换框进行扭曲，拖移到所需的位置后松开左键，即可将变换框进行扭曲与缩小，结果如图2-66所示，在变换框中双击确认变换即可。

图2-65　调整变换框

图2-66　调整变换框

2.5 调整边缘

使用【调整边缘】命令可以对已有的复杂选区进行精细的边缘调整，以使其更自然。

上机实战　使用调整边缘命令修改图像

1 从配套光盘中打开 11.jpg 文件，在工具箱中点选魔棒工具，并在选项栏中选择(添加到选区）按钮，取消【连续】选项的勾选，其他为默认值，然后在画面中表示天空的区域单击，即可选择与所单击处颜色相同或相似的区域，如图2-67所示。

2　使用魔棒工具在画面中表示天空的区域单击，将其他的区域添加到选区，如图 2-68 所示。

图 2-67　选择背景区域

图 2-68　添加其他背景到选区

3　在【选择】菜单中执行【反向】命令，或按【Shift+Ctrl+I】键，将选区反选，结果如图 2-69 所示。

4　在【选择】菜单中执行【调整边缘】命令（或按【Alt+Ctrl+R】）键，或在选项栏中单击【调整边缘】按钮），便会弹出【调整边缘】对话框，同时在画面中也以白底方式预览选区，如图 2-70 所示。

图 2-69　反向后的选区

图 2-70　【调整边缘】对话框

【调整边缘】对话框中部分选项说明：

- 【半径】：决定选区边界周围的区域大小，将在此区域中进行边缘调整。增加半径可以在包含柔化过渡或细节的区域中创建更加精确的选区边界，如短的毛发中的边界，或模糊边界。
- 【对比度】：锐化选区边缘并去除模糊的不自然感。增加对比度可以移去由于“半径”设置过高而导致在选区边缘附近产生的过多杂色。
- 【平滑】：减少选区边界中的不规则区域（“山峰和低谷”），创建更加平滑的轮廓。输入一个值或将滑块在 0～100 之间移动。
- 【羽化】：在选区及其周围像素之间创建柔化边缘过渡。输入一个值或移动滑块以定义羽化边缘的宽度（从 0～250 像素）。

5 在【调整边缘】对话框中选择调整半径工具，然后在画面中的树枝上进行涂抹，显示出边缘没有选择的树枝，如图 2-71 所示，在对话框中单击【确定】按钮，即可准确的将树枝从画面中选择出来了，如图 2-72 所示，然后按【Ctrl+C】键进行复制，按【Ctrl+V】键将复制的内容粘贴到自动新建的图层中。

图 2-71　用调整半径工具涂抹时的状态

图 2-72　选择好的选区

6 在【图层】面板中单击背景层前面的眼睛图标，将其隐藏，如图 2-73 所示，便可看到已经将整个树枝都抠出来了，如图 2-74 所示。

图 2-73　【图层】面板

图 2-74　抠出的树枝

2.6　标志设计——选框工具的应用

实例效果如图 2-75 所示。

图 2-75　绘制好的标志效果图

上机实战　标志设计

1　按【Ctrl+N】键弹出【新建】对话框，在其中设置【宽度】为“500”像素，【高度】为“500”像素，【分辨率】为“72”像素/英寸，【背景内容】为“白色”，如图 2-76 所示，单击【确定】按钮，即可新建一个文件。

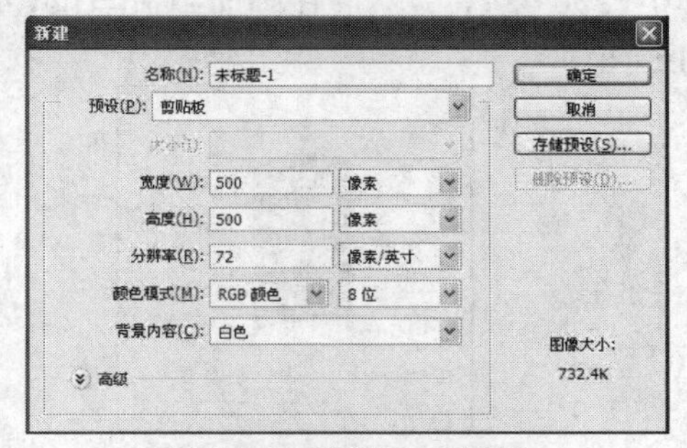

图 2-76　【新建】对话框

2　在【图层】面板中单击【创建新图层】按钮，新建图层 1，如图 2-77 所示，在工具箱中点选矩形选框工具，并在选项栏中设置【样式】为“固定大小”，【宽度】为“145 像素”，【高度】为“250 像素”，然后在画面的适当位置单击，即可得到所需大小的矩形，如图 2-78 所示。

3　设置前景色为#017a52，按【Alt+Delete】键填充前景色，即可得到如图 2-79 所示的效果。

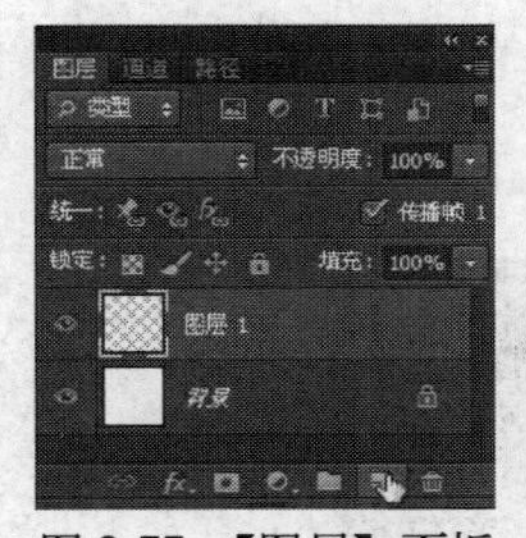

图 2-77　【图层】面板

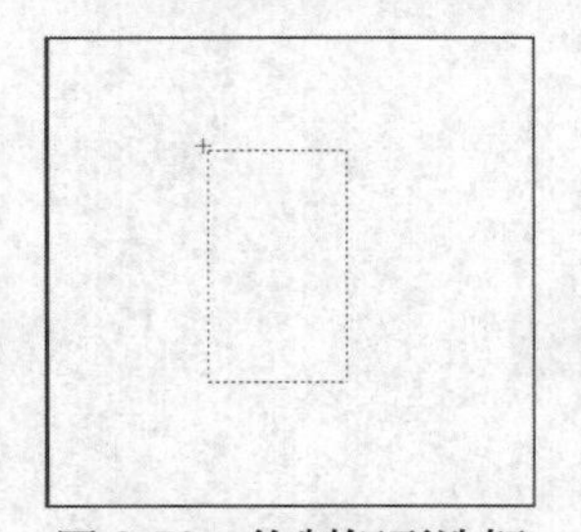

图 2-78　绘制矩形选框

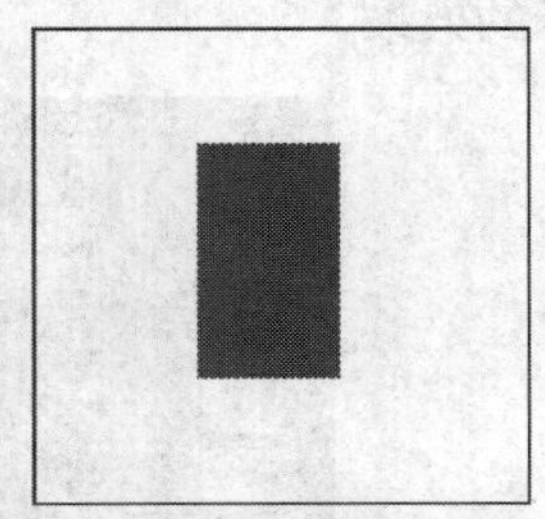

图 2-79　填充颜色后的效果

4　按【Ctrl++】键将画面放大，再在工具箱中点选椭圆选框工具，在画面中矩形的上方绘制一个椭圆选框，如图 2-80 所示，将椭圆选框向上移动与矩形上方的两个顶点对齐，如图 2-81 所示，然后按【Alt+D】键填充前景色，即可得到如图 2-82 所示的效果。

图 2-80　绘制椭圆选框

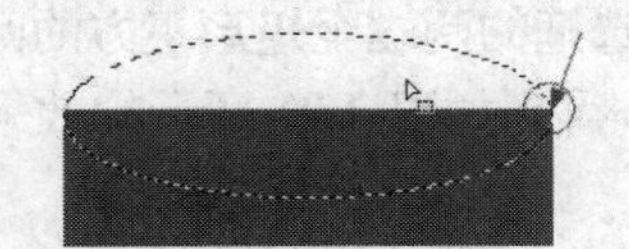

图 2-81　将选框对齐相应点

图 2-82　填充颜色后的效果

5　按【Shift】键将椭圆选框向下移动矩形底部，并使左右两端点与矩形下方的两个顶点对齐，然后按【Delete】键将选框内的内容删除，删除后的效果如图 2-83 所示。在【选择】菜单中执行【存储选区】命令，弹出【存储选区】对话框，在其中给它命名，如图 2-84 所示，单击【确定】按钮，即可将其保存起来，以备后用。按【Ctrl+D】键取消选择，再按【Ctrl+−】键将画面缩小，画面效果如图 2-85 所示。

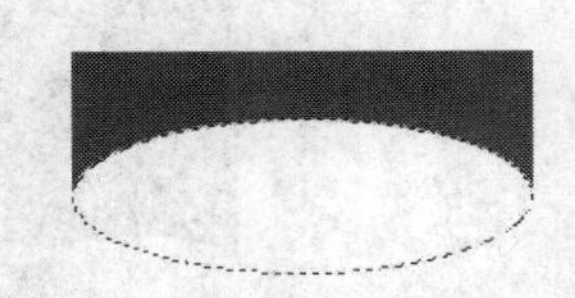

图 2-83　移动选区并删除后的效果

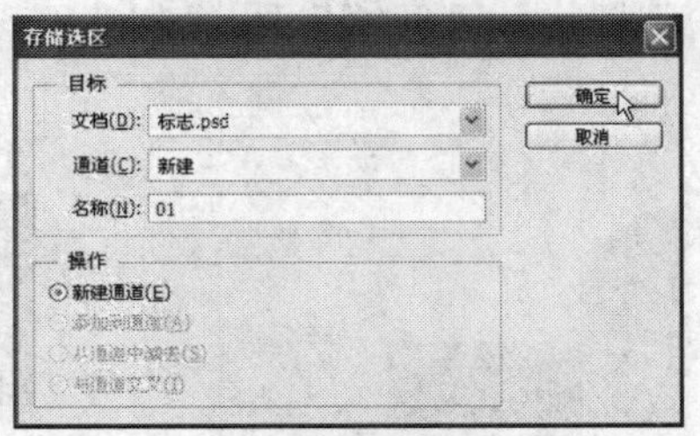

图 2-84　【存储选区】对话框

6 在工具箱中点选▭矩形选框工具，并在选项栏中设置【宽度】为“56像素”，【高度】为“250像素”，然后在画面中适当位置单击，即可得到一个固定大小的矩形选框，如图2-86所示。

图2-85 取消选择后的效果

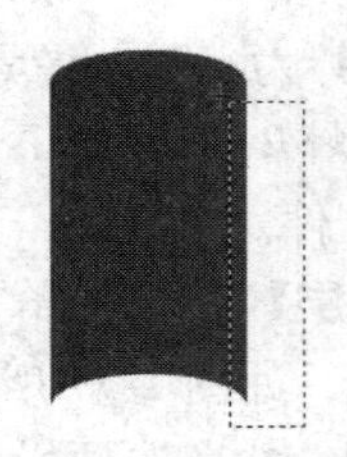
图2-86 绘制矩形选框

7 在【图层】面板中激活背景层，再单击【创建新图层】按钮，新建一个图层为图层2，如图2-87所示。按【Alt+Delete】键填充前景色，按【Ctrl+D】键取消选择，得到如图2-88所示的效果。

图2-87 【图层】面板

图2-88 填充颜色后的效果

8 使用椭圆选框工具在小矩形的下方绘制一个椭圆选框，如图2-89所示，按【↓】(向下)键将椭圆选框向下移使椭圆选框的两端至矩形下方的两个顶点对齐，如图2-90所示；再按【Alt+Delete】键填充前景色，得到如图2-91所示的效果。

图2-89 绘制椭圆选框

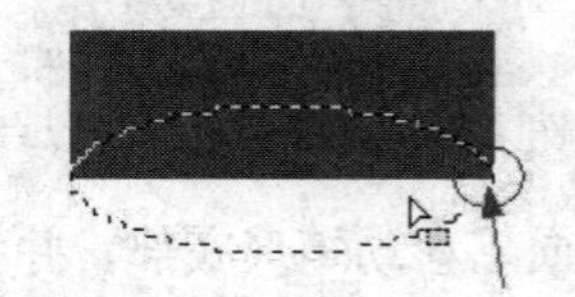
图2-90 将选框对齐相应点

图2-91 填充颜色后的效果

9 按【↑】(向上)键将椭圆选框的两端移至矩形上方的两个顶点上，如图2-92所示，再按【Delete】键将选区内容删除，删除并取消选择后的效果如图2-93所示。按【Ctrl+−】键缩小画面，其画面效果如图2-94所示。

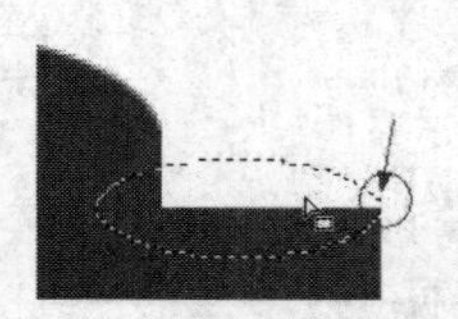
图2-92 将选框对齐相应点

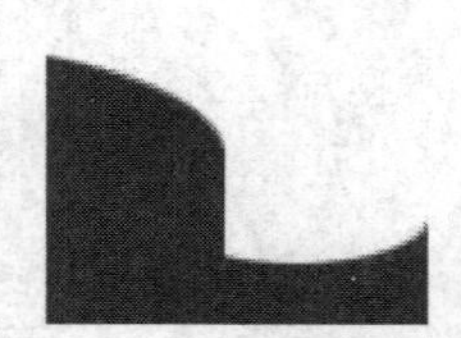
图2-93 删除选区内容后的效果

图2-94 取消选择后的效果

10 在【图层】面板中双击图层 1，弹出【图层样式】对话框，在其中选择【描边】选项，再在右边栏中设置【大小】为“2”像素，【颜色】为“白色”，其他不变，如图 2-95 所示，设置好后单击【确定】按钮，即可得到如图 2-96 所示的效果。

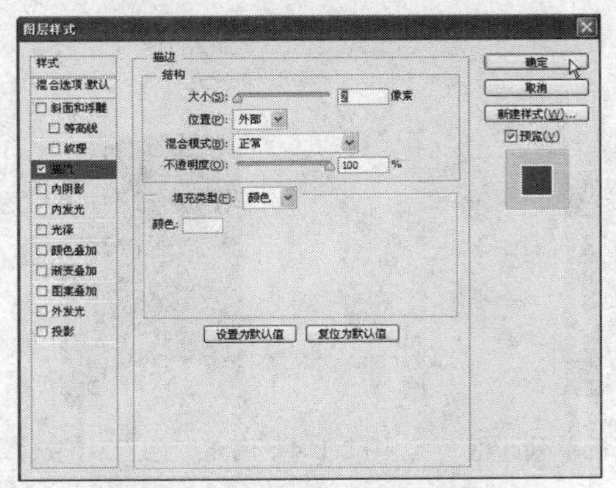

图 2-95　【图层样式】对话框

图 2-96　描边后的效果

11 在【选择】菜单中执行【载入选区】命令，弹出【载入选区】对话框，在其中的【通道】列表选择前面保存的“01”通道（即 01 选区），其他不变，如图 2-97 所示，单击【确定】按钮，即可将保存的选区重新载入到画面中，如图 2-98 所示。

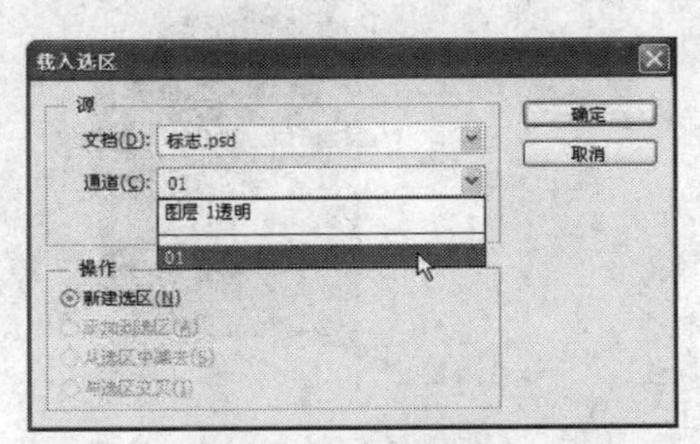

图 2-97　【载入选区】对话框

图 2-98　载入的选区

12 在【图层】面板中单击【创建新图层】按钮，新建图层 3，如图 2-99 所示，在【编辑】菜单中执行【描边】命令，弹出【描边】对话框，在其中设置【宽度】为“2”像素，【颜色】为“白色”，【位置】为“居中”，其他不变，如图 2-100 所示，设置好后单击【确定】按钮，按【Ctrl+D】键取消选择，即可得到如图 2-101 所示的效果。

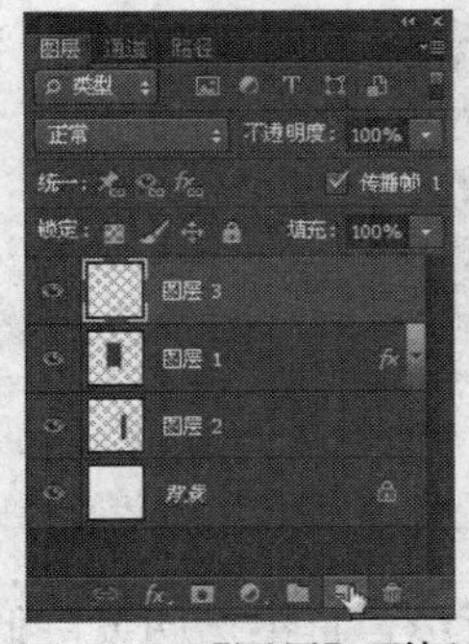

图 2-99　【图层】面板

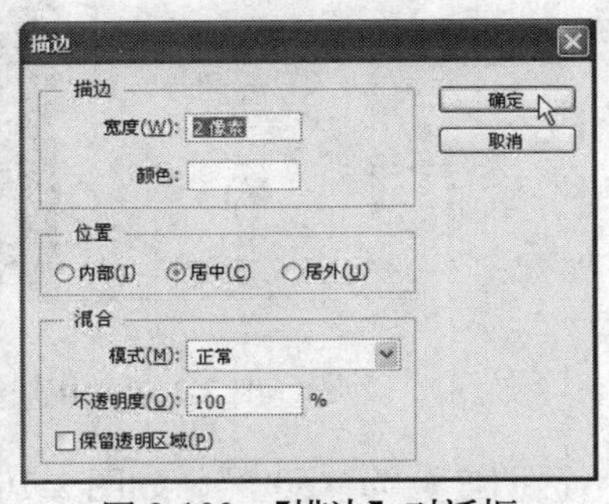

图 2-100　【描边】对话框

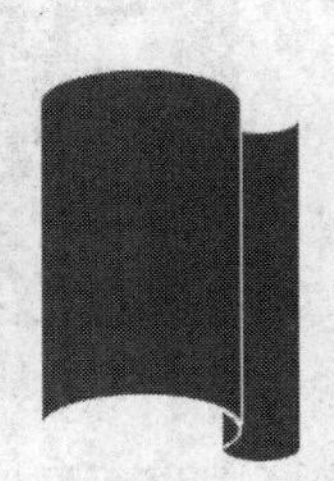

图 2-101　描边后取消选择的效果

13 在【图层】面板中单击【创建新图层】按钮，新建图层 4，如图 2-102 所示。

14 在工具箱中点选单列选框工具，并在选项栏中选择【添加到选区】按钮，然后在画面中不同位置依次单击三次，得到三条选框，如图 2-103 所示。

15 设置背景色为白色，按【Ctrl+Delete】键填充背景色，再按【Ctrl+D】键取消选择，得到如图 2-104 所示的效果。

图 2-102 【图层】面板

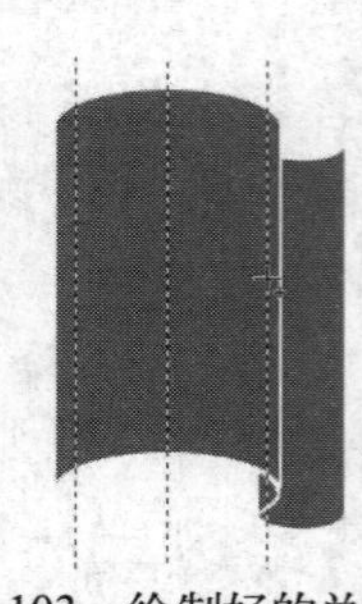
图 2-103 绘制好的单列选框

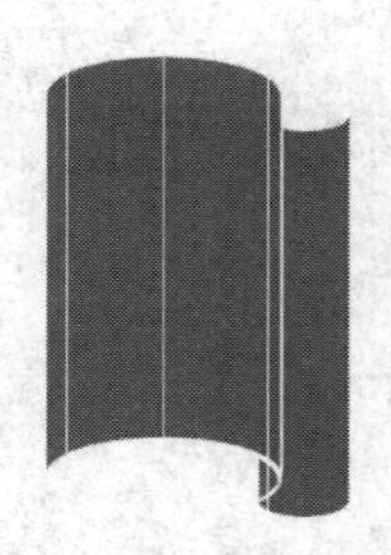
图 2-104 填充颜色后取消选择的效果

16 按【Ctrl】键单击图层 1 的图层缩览图，如图 2-105 所示，使图层 1 的内容载入选区，得到如图 2-106 所示的选区。

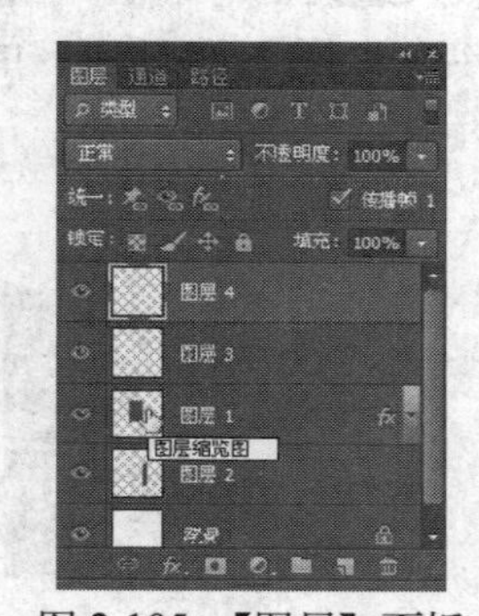

图 2-105 【图层】面板

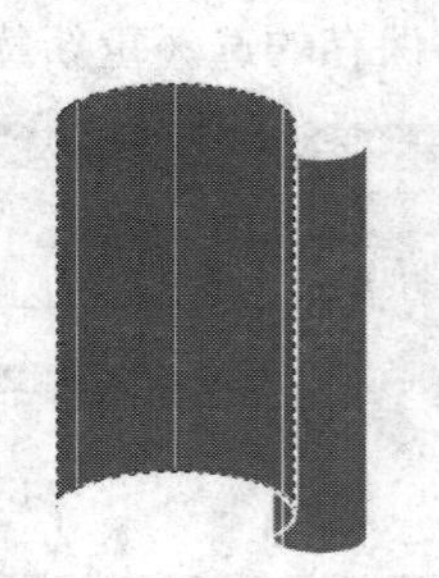
图 2-106 载入的选区

17 在【图层】面板的底部单击【添加图层蒙版】按钮，给图层 4 添加蒙版，如图 2-107 所示，从而将多余的线条隐藏，隐藏后的效果如图 2-108 所示。

图 2-107 【图层】面板

图 2-108 由选区建立图层蒙版后的效果

18 在【图层面】板中设置【不透明度】为“50%”，如图 2-109 所示，将不透明度降低，其画面效果如图 2-110 所示。

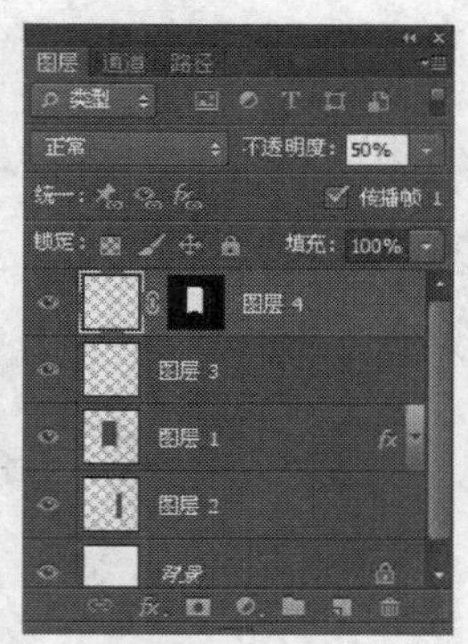

图 2-109　【图层】面板

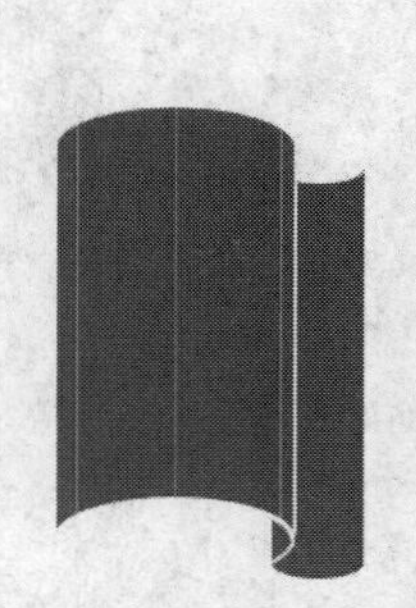
图 2-110　设置不透明度后的效果

19 在【图层】面板中新建图层 5，如图 2-111 所示，在工具箱中点选（椭圆选框工具），并在选项栏中设置【宽度】与【高度】均为“420”像素，然后在画面中单击得到一个圆形选框，如图 2-112 所示。

图 2-111　【图层】面板

图 2-112　用椭圆选框工具绘制圆选框

20 先按【Alt+Delete】键填充前景色，再按【Ctrl+D】键取消选择，得到如图 2-113 所示的效果。接着点选椭圆选框工具，在选项栏中设置【宽度】为“390”像素，【高度】为“390”像素，再在画面中适当位置单击，得到一个圆形选框，如图 2-114 所示。

21 按【Delete】键将选区内容删除，再按【Ctrl+D】键取消选择，得到如图 2-115 所示的效果。

图 2-113　填充颜色后的效果

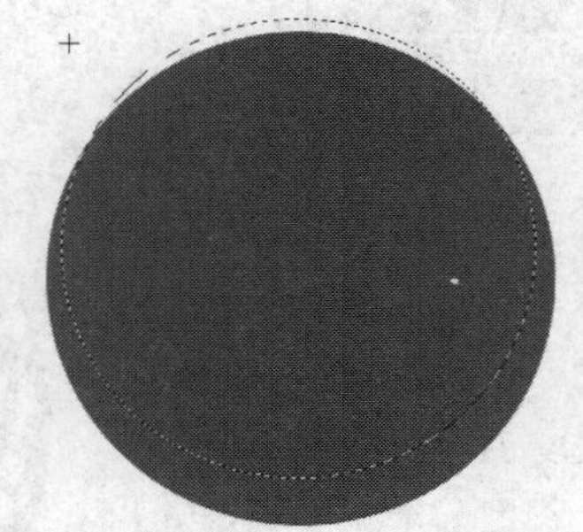
图 2-114　用椭圆选框工具绘制圆选框

图 2-115　删除选区内容后的效果

22 按【Ctrl+J】键复制一个副本，如图 2-116 所示，画面没有什么变化。在【编辑】菜单中执行【变换】→【垂直翻转】命令，将副本进行垂直翻转，画面效果如图 2-117 所示。

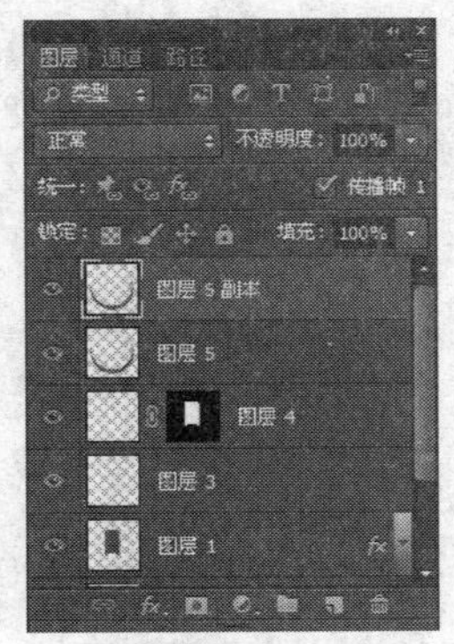

图 2-116 复制图层

图 2-117 翻转副本后的效果

23 按【Ctrl+T】键执行【自由变换】命令，显示变换框，再对变换框进行大小调整，然后移至所需的位置，如图 2-118 所示，调整好后在变换框中双击确认变换。

24 在工具箱中点选T横排文字工具，在画面的中间位置单击并输入所需的文字，根据需要在选项栏中设置所需的字体与字体大小，如图 2-119 所示。

图 2-118 对副本进行变换调整

图 2-119 用横排文字工具输入的文字

25 在【图层】面板中双击文字图层，弹出【图层样式】对话框，在其中选择【描边】选项，设置【描边大小】为“3”像素，【颜色】为“白色”，其他不变，如图 2-120 所示，单击【确定】按钮，即可给文字进行白色描边，画面效果如图 2-121 所示。这样，标志就绘制完成了。

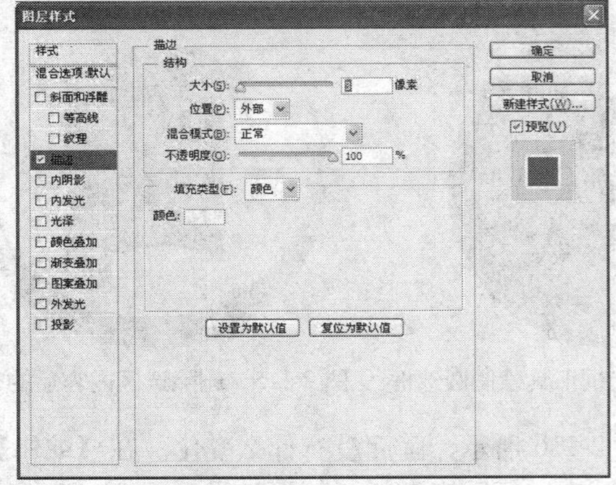

图 2-120 【图层样式】对话框

图 2-121 最终效果图

2.7　本章小结

本章主要介绍了 Photoshop 程序中最常用的【缩放】、【选择】命令，以及标尺、参考线与网格等辅助功能。并结合效果图和实例对缩放工具、抓手工具、选框工具、套索工具、魔棒工具等工具的使用方法与应用进行了详细的介绍。灵活应用这些工具将会大大提高我们的工作效率，对图像的处理将更加灵活快捷。

2.8　本章习题

一、填空题

1. Photoshop CS6 提供了 9 种选择工具，使用选择工具可以选取出矩形、__________、__________、__________和__________的选区，以及任一形状的选区。

2. Photoshop CS6 提供了 4 种选框工具，如矩形选框工具、__________、__________和__________。

二、选择题

1. 按以下哪个快捷键可以显示或隐藏标尺栏?　(　　)

A. Ctrl+'　　B. Ctrl +;　　C. Ctrl+E　　D. Ctrl+R

2. 利用以下哪个工具可以选择颜色一致的区域，而不必跟踪其轮廓?　(　　)

A. 套索工具　　B. 椭圆选框工具

C. 魔棒工具　　D. 矩形选框工具

3. Photoshop CS6 提供了几种套索工具?　(　　)

A. 2 种　　B. 3 种　　C. 4 种　　D. 5 种

第 3 章　移动、对齐与变形对象

教学目标

学习图像的移动、对齐、分布、复制与变形等操作。

教学重点与难点

- ➢ 移动与复制选定的像素
- ➢ 对齐与分布对象
- ➢ 变形图像

3.1　移动与复制选定的像素

3.1.1　移动工具选项说明

移动工具可以将选区或图层移动到同一图像的新位置或其他图像中。还可以使用移动工具在图像内对齐选区和图层并分布图层。

在工具箱中点选移动工具，选项栏中就会显示它的相关选项，如图 3-1 所示。

图 3-1　移动工具选项栏

移动工具选项栏说明如下：

- 【自动选择】：如果勾选它，并在其后的下拉列表中选择“图层”或“组”，在图像上单击后，即可直接选中指针所指的非透明图像所在的图层或组。
- 【显示变换控件】：可在选中对象的周围显示定界框，对准四个对角的小方块控制点单击，此时的定界框变为变换框。
- （对齐）按钮与（分布）按钮：如果图像中有多个图层，并在【图层】面板中选择要对齐的图层，对齐按钮与分布按钮成活动可用状态，单击（顶对齐）按钮、（垂直居中对齐）按钮、（底对齐）按钮、（左对齐）按钮、（水平居中对齐）按钮和（右对齐）按钮，可在图像内对齐选区或图层。单击（按顶分布）按钮、（垂直居中分布）按钮、（按底分布）按钮、（按左分布）按钮、（水平居中分布）按钮和（按右分布）按钮，可在图像内分布图层。
- （自动对齐图层）：如果在【图层】面板中选择了两个或两个以上的图层，则该按钮为活动可用状态，单击该按钮，弹出【自动对齐图层】对话框，在其中有一些选项，可以根据需要进行选择，选择好后单击【确定】按钮，即可将选择的两个或多个图层的内容进行自动对齐。

上机实战　使用自动对齐命令调整图像

1　打开在同一时间拍摄的两个图像文件“01.jpg”和“01.jpg”，如图 3-2 所示。

图 3-2　打开的图片

2　以“01.jpg”文件为当前文件，按【Ctrl+A】键全选，再按【Ctrl+C】键进行复制，然后激活“01a.jpg”文件，并按【Ctrl+V】键进行粘贴，以将“01.jpg”文件中的内容复制到“01a.jpg”文件中，如图 3-3 所示。

图 3-3　复制图片

3　在【窗口】菜单中执行【排列】→【将所有内容合并到选项卡中】命令，即可将“01a.jpg”文件在当前窗口中只显示当前文件，再显示【图层】面板，如图 3-4 所示。

图 3-4　在窗口中只显示一个图像文档

4 按【Shift】键在【图层】面板中单击背景层，同时选择这两个图层，并然后在选项栏中单击▣（自动对齐图层）按钮，弹出如图 3-5 所示的对话框，直接采用默认选项，单击【确定】按钮，即可将两个图层中相同的内容合并在一起，多余的内容自动显示在它需要的地方，效果如图 3-6 所示。

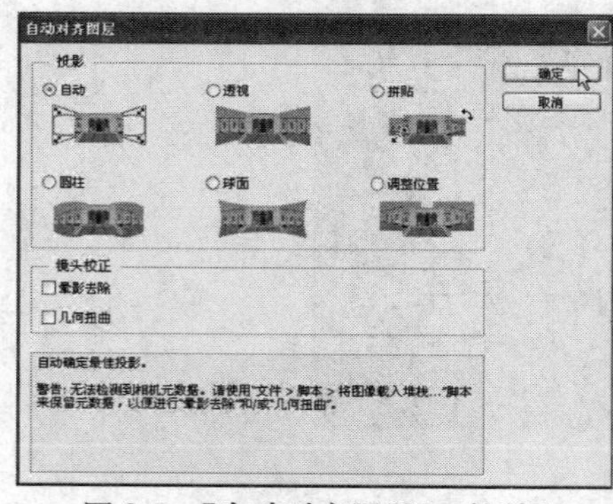

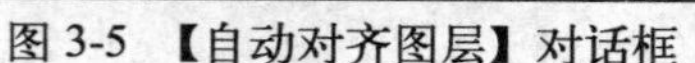
图 3-5 【自动对齐图层】对话框

图 3-6 自动对齐、合并后的效果

【自动对齐图层】对话框选项说明：

- 【自动】：Photoshop 将分析源图像并应用“透视”或“圆柱”版面（取决于哪一种版面能够生成更好的复合图像）。
- 【透视】：通过将源图像中的一个图像（默认情况下为中间的图像）指定为参考图像来创建一致的复合图像。然后将变换其他图像（必要时，进行位置调整、伸展或斜切），以便匹配图层的重叠内容。
- 【圆柱】：通过在展开的圆柱上显示各个图像来减少在“透视”版面中会出现的“领结”扭曲。图层的重叠内容仍匹配。将参考图像居中放置。最适合于创建宽全景图。
- 【调整位置】：对齐图层并匹配重叠内容，但不会变换（伸展或斜切）任何源图层。

3.1.2 移动选区内容

有时需要将选区的内容移动到其他位置，以改变图层中的内容。

上机实战 移动选区内容

1 从配套光盘的素材库中打开 02.psd 文件，在工具箱中点选▣（矩形选框工具），并在画面中框选出移动位置的内容，如图 3-7 所示。

2 在工具箱中点选▣移动工具，移动指针到选区内，当指针呈▣状时按下左键向指定位置移动，到达所需的位置后松开左键，即可将选区的内容移动到松开左键的位置，再按【Ctrl+D】键取消选择，结果如图 3-8 所示。

图 3-7 框选出所需的内容

图 3-8 移动后的结果

提示：按【Alt】键将选区内容向指定位置拖动，同样可以复制副本；如果要复制多个副本，按【Alt】键拖动多次即可。

3.1.3　复制选区

在图像内或图像间拖动选区时，可以使用移动工具复制选区，或者使用【拷贝】、【合并拷贝】、【剪切】、【粘贴】与【选择性粘贴】命令来复制和移动选区。使用移动工具拖动可节省内存，这是因为此时没有使用剪贴板，而【拷贝】、【合并拷贝】、【剪切】、【粘贴】与【选择性粘贴】命令使用剪贴板。

- 【拷贝】：拷贝现用图层上的选中区域。
- 【合并拷贝】：建立选中区域中所有可见图层的合并副本。
- 【粘贴】：将剪切或拷贝的对象（也就是选中的区域）粘贴到图像的另一个部分，或将其作为新图层粘贴到另一个图像。如果有一个选区，则【粘贴】命令将复制的选区放到当前的选区上。如果没有现用选区，则【粘贴】命令会将拷贝的对象放到视图区域的中央。
- 【选择性粘贴】：拷贝或剪切对象后，可以有选择的选择粘贴方式，如贴入、原位粘贴或者外部粘贴。
  - 【贴入】：将剪切或拷贝的选区粘贴到同一图像或不同图像的另一个选区内。源选区粘贴到新图层，而目标选区边框将转换为图层蒙版。
  - 【原位粘贴】：将剪切或拷贝的对象粘贴到原来的位置。
  - 【外部粘贴】：将剪切或拷贝的对象粘贴到选区的外部。

在不同分辨率的图像中粘贴选区或图层时，粘贴的数据将保持像素尺寸。这可能会使粘贴的部分与新图像不成比例。在拷贝和粘贴图像之前，使用【图像大小】命令可以使源图像和目标图像的分辨率相同；也可以使用【自由变换】命令调整粘贴内容的大小。

1. 拷贝与粘贴选区内容

上机实战　拷贝与粘贴选区内容

1　按【Ctrl+O】键从配套光盘的素材库中打开03.jpg文件，在工具箱中点选（磁性套索工具），在画面中沿着蝴蝶的边缘进行拖动，到达一些关键点时可单击确定这些关键点，直至勾选到起点，当指针呈状时单击，即可勾选出这只蝴蝶，再使用多边形套索工具，并在选项栏中根据需要选择按钮，对选区进行修改，修改后的选区如图3-9所示。

2　按【Shift+F6】键显示【羽化选区】对话框，在其中设置【羽化半径】为“2”像素，单击【确定】按钮，如图3-10所示。

图3-9　在打开的图像文件勾选出对象

图3-10　【羽化选区】对话框

3 在菜单中执行【编辑】→【拷贝】命令或按【Ctrl+C】键，将选区内容拷贝到剪贴板，再按【Ctrl+D】键取消选择（如果没有取消选择，则粘贴的内容将复制到原来的位置），然后在菜单中执行【编辑】→【粘贴】命令或按【Ctrl+V】键，将拷贝到剪贴板中的内容粘贴到图像的中央，结果如图 3-11 所示。

图 3-11　复制蝴蝶

4 按【Ctrl+T】键执行【自由变换】命令，显示变换框，然后按【Alt+Shift】键将变换框调整到所需的大小，如图 3-12 所示，在变换框中双击确认变换，即可将蝴蝶缩小，然后将其移动到适当位置，调整好后的画面效果如图 3-13 所示。

图 3-12　调整大小

图 3-13　调整后的结果

提示：剪切与粘贴选区内容的方法，和拷贝与粘贴选区内容的操作方法相同，只是在剪切过后选区的内容被剪掉并存放到剪贴板中。

2. 选择性粘贴

上机实战　选择性粘贴选区内容

1 按【Ctrl+O】键从配套光盘的素材库中打开 003.psd 和 004.jpg 文件，并从文档标题栏中拖出成浮停状态，如图 3-14 所示。

2 以 003.psd 文件为当前文件，并按【Ctrl】键在【图层】面板中单击人物所在的图层，使人物载入选区，如图 3-15 所示，再按【Ctrl+C】键进行拷贝。

图 3-14　打开的图像文件

图 3-15　选择内容并进行拷贝

3 在工具箱中点选魔棒工具，以 004.psd 文档为当前文档，在画面中心形内单击，选择心形内的区域，如图 3-16 所示。

4　在菜单中执行【编辑】→【选择性粘贴】→【贴入】命令，或按【Alt+Shift+Ctrl+V】键，即可将拷贝到剪贴板的内容粘贴到选区中，结果如图 3-17 所示，同时【图层】面板中也自动生成了一个图层，而且还添加了图层蒙版，如图 3-18 所示。

图 3-16　选择要放置图片的区域

图 3-17　将剪贴板的内容粘贴入选区

5　在工具箱中点选（移动工具），在画面中拖动人物图像到适当位置，再在【图层】面板中单击图层 2 的图层蒙版缩览图图标，进入蒙版编辑，设置前景色为白色，并用画笔工具对人物的头部位置进行涂抹，显示出一部分头部，如图 3-19 所示。

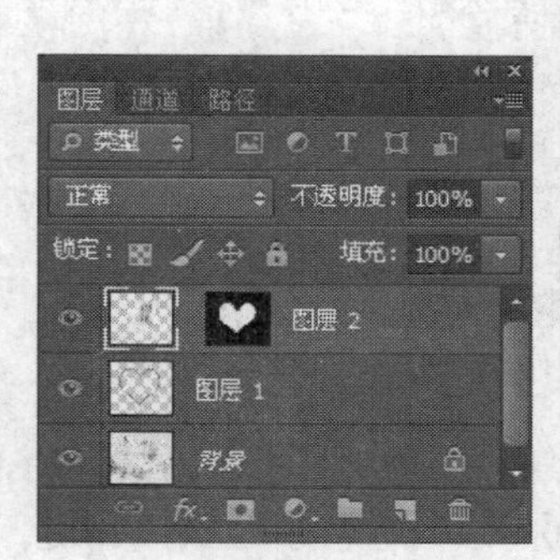

图 3-18　【图层】面板

图 3-19　对蒙版进行编辑

6　在【图层】面板中激活图层 1，使用魔棒工具在画面中心形内单击，选择心形内的区域，如图 3-20 所示。

7　在菜单中执行【编辑】→【选择性粘贴】→【外部粘贴】命令，即可将拷贝到剪贴板的内容粘贴到选区外，同时【图层】面板中也自动生成了一个图层，而且还添加了图层蒙版，如图 3-21 所示。

图 3-20　用魔棒工具选择区域

图 3-21　外部粘贴后的结果

8 在工具箱中点选移动工具，在画面中拖动人物图像到适当位置，并在【图层】面板中设置它的【不透明度】为“50%”，如图3-22所示，即可得到如图3-23所示的效果。

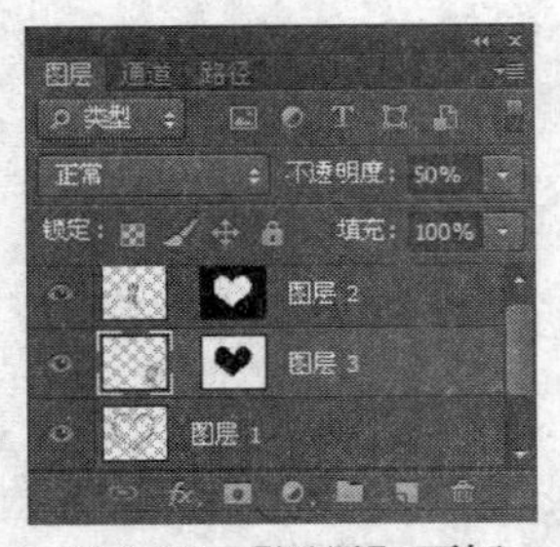

图3-22 【图层】面板

图3-23 设置不透明度后的效果

3.1.4 在不同文件中复制选定的对象

上机实战 在不同文件中复制选定的对象

1 按【Ctrl+O】键从配套光盘的素材库中打开005.jpg和006.psd文件，分别将它们从文档标题栏中拖出成浮停状态，如图3-24所示。

图3-24 打开的图像文件

2 激活006.psd文件，以它为当前文件，再在工具箱中点选移动工具，将006.psd文件中的自行车拖到005.jpg文件中，当指针呈状（如图3-25所示）时松开左键，即可将自行车复制到005.jpg文件中，然后对其位置进行适当调整，调整后的结果如图3-26所示，同时在005.jpg文件的【图层】面板中自动生成了一个图层。

图3-25 复制对象时的状态

图3-26 复制后的效果

3.2 图像对齐与分布

3.2.1 对齐图像

在图像窗口中选择多个对象或在【图层】面板中选择多个图层后，在工具箱中点选移动工具，在移动工具的选项栏中单击（顶对齐）按钮、（垂直居中对齐）按钮、（底对齐）按钮、（左对齐）按钮、（水平居中对齐）按钮或（右对齐）按钮，或在【图层】菜单中执行【将图层与选区对齐】子菜单中执行【顶边】、【垂直居中】、【底边】、【左边】、【水平居中】与【右边】命令来对齐图层。

上机实战 对齐图像

1 按【Ctrl+O】键从配套光盘的素材库中打开007.psd文件，如图3-27所示，【图层】面板如图3-28所示。

图3-27 打开的图像文件

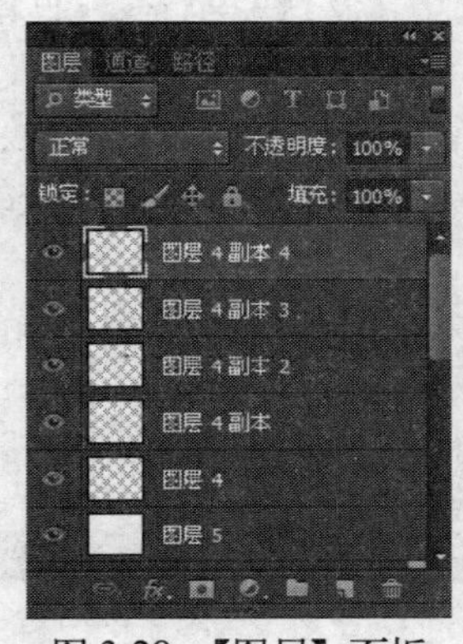

图3-28 【图层】面板

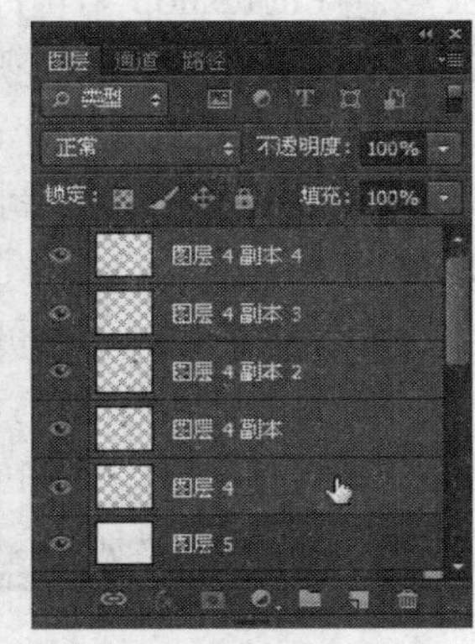

图3-29 【图层】面板

2 按住【Shift】键，再用鼠标单击“图层4”图层，同时选择“图层4”至“图层4副本4”图层，如图3-29所示，在菜单中执行【图层】→【对齐】→【垂直居中】命令，或在移动工具的选项栏中单击按钮，将选择的图层以图像窗口的水平中间对齐，结果如图3-30所示。

图3-30 水平中间对齐的结果

提示：按【Ctrl】键在【图层】面板中分别单击可以选择不相邻的图层。

3.2.2 分布图像

将要分布的图层选择后，在菜单中执行【图层】→【分布】命令，会弹出一个子菜单，可以根据需要在其中执行所需的命令，或在工具箱中点选（移动工具），并在移动工具的选项栏中单击（按顶分布）按钮、（垂直居中分布）按钮、（按底分布）按钮、（按左分布）按钮、（水平居中分布）按钮或（按右分布）按钮来分布图层。

可以在菜单中执行【图层】→【分布】→【左边】命令，或在移动工具的选项栏中单击按钮，将所有选择的图层以前后两个对象为基准进行均匀分布，均匀分布后的结果如图3-31所示。

图 3-31　均匀分布后的结果

3.3　变形图像

在 Photoshop 中可以使用【变换】命令、【自由变换】命令或移动工具中的【显示变换控制】选项对图像进行变形。

使用【自由变换】命令可以对图像进行缩放、倾斜、扭曲、变形等操作。【自由变换】命令可用于在一个连续的操作中应用变换（如旋转、缩放、斜切、扭曲和透视），而不必选取其他命令。

【自由变换】命令可以对选区、图层、路径和形状进行变换。

在图像中选择要调整的对象，在菜单中执行【编辑】→【自由变换】命令，或按 Ctrl+T 键，显示变换框，自由变换命令的选项栏如图 3-32 所示。其中各选项说明如下：

X: 248.00 像素 △ Y: 225.00 像素 W: 100.00% H: 100.00% △ 0.00 度 H: 0.00 度 V: 0.00 度 插值: 两次立方

图 3-32　选项栏

- X: 248.00 像素 △ Y: 225.00 像素（移动）：在此处输入所需的数值来准确移动图像。也可以移动鼠标指针到变换框中按住鼠标左键进行拖移，将选择的图像移动到指定位置。如果要确保图像在水平、垂直或 45 度角的倍数上移动，可以在拖动的同时在键盘按住【Shift】键。
- W: 100.00% H: 100.00%（缩放）：在此处输入所需的数值来准确缩放图像。也可以将指针移至变换框四边的任一控制点上，指针呈双向箭头状时按下左键进行拖移，可以放大或缩小选择的图像。如果要等比缩放，可以在拖动对角控制点时按住【Shift】键。如果要等比例对称缩放，可以在拖动控制点时按住【Shift+Alt】键。
- △ 0.00 度（旋转）：在此处输入所需的角度就可以将变换的对象进行指定角度的旋转。
- H: 0.00 度 V: 0.00 度（斜切）：在此处输入所需的数值对图像进行准确斜切。也可以在键盘上按住【Ctrl】键并拖动变换框四边任一中间的控制点对图像进行斜切变形。如果要确保图像在水平或垂直方向上进行斜切变形，可以在拖动四边任一中间控制点时按住【Shift+Ctrl】键。
- 【扭曲】：在键盘上按住【Ctrl】键并拖动变换框四边任一角控制点，可以将图像进行扭曲变形。如果要确保图像在水平或垂直方向上进行扭曲变形，可以在拖动四边任一角控制点时按住【Shift+Ctrl】键。
- 【透视】：在键盘上按住【Shift+Ctrl+Alt】键并拖动变换框四边任一角控制点，可以将图像进行透视变形。

提示：可以在菜单中执行【编辑】→【变换】命令下的子菜单，来完成以上这些操作。

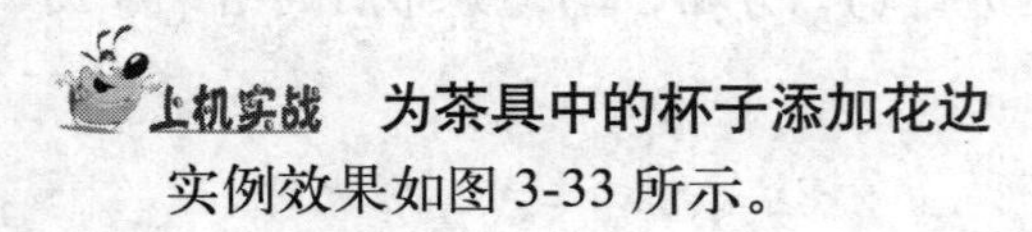

为茶具中的杯子添加花边

实例效果如图 3-33 所示。

图 3-33　添加花边后的效果图

1　按【Ctrl+O】键打开要添加花边的茶具（茶具.psd）与花边（009.psd），如图 3-34、图 3-35 所示，花边是另在一个图层的，【图层】面板如图 3-36 所示。

图 3-34　打开的图片

图 3-35　打开的图片

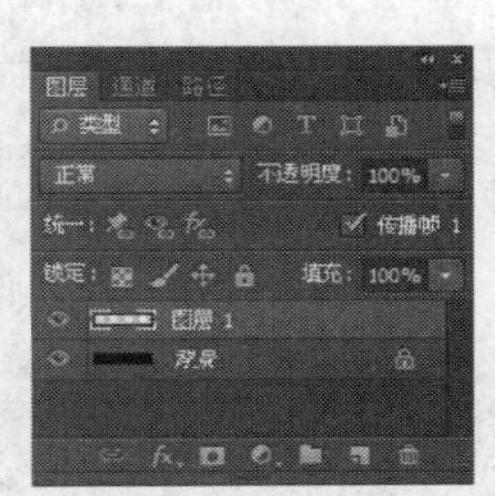

图 3-36　【图层】面板

2　将花边文档从文档标题栏中拖出，如图 3-37 所示，再用移动工具将花边拖动到茶具所在的文档中，如图 3-38 所示，并排放到所需的位置，排放好后的效果如图 3-39 所示。

图 3-37　将文档拖离文档标题栏

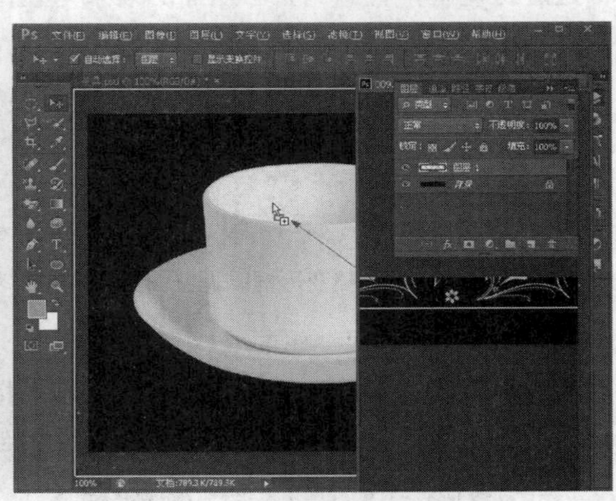

图 3-38　复制对象

3　按【Ctrl+T】键执行【自由变换】命令，将花边缩小，如图 3-40 所示。

图 3-39　复制好后移动对象

图 3-40　给对象进行变换调整

4 在选项栏中单击按钮，显示变形框，如图3-41所示，然后拖动右上角锚点上的控制点向下至适当位置，如图3-42所示，对花边进行变形调整。

图3-41 显示变形框时的状态

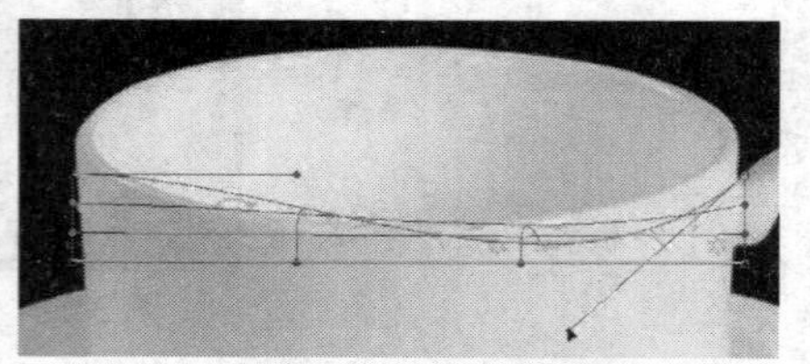
图3-42 调整变形框以调整图案

5 拖动左上角锚点上的控制点向下至适当位置，对花边进行变形调整，如图3-43所示；然后对左右两边的控制点进行调整，使花边的上边线与杯子边缘距离相等，如图3-44所示。

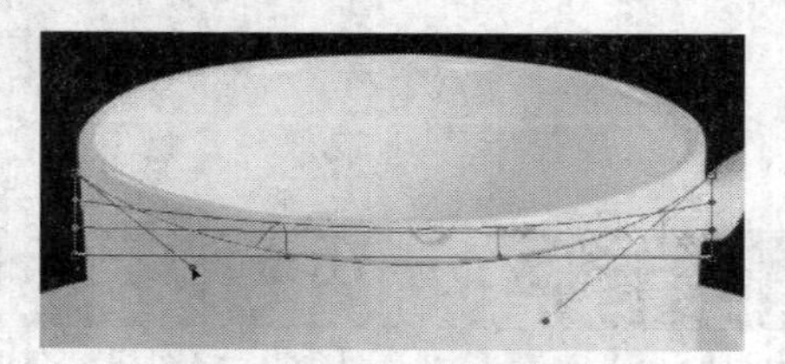
图3-43 调整变形框以调整图案

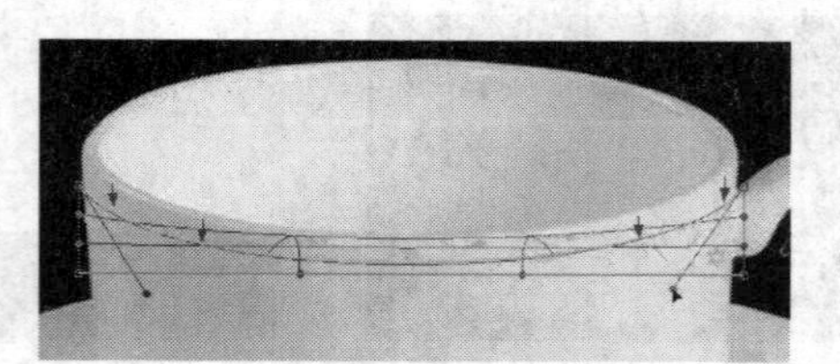
图3-44 调整变形框以调整图案

6 拖动右下角锚点上的控制点向下至适当位置，如图3-45所示；然后用同样的方法对下边进行调整，直到调整出所需的效果为止，调整后的效果如图3-46所示。

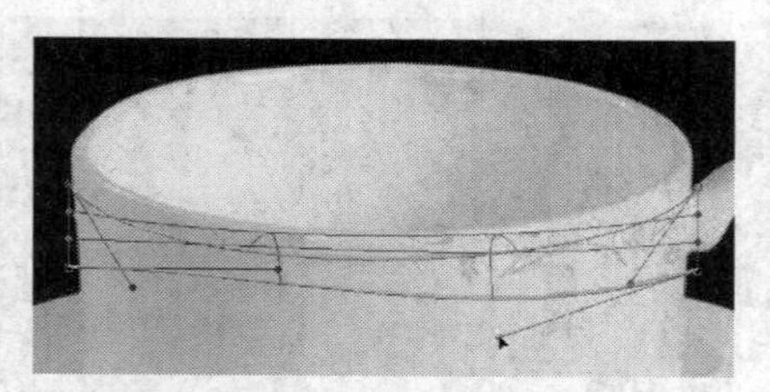
图3-45 调整变形框以调整图案

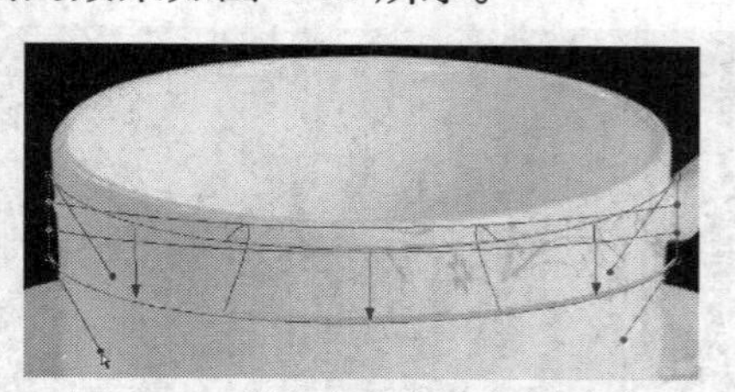
图3-46 调整变形框以调整图案

7 移动指针到变形框第3条水平线上，按下左键向下拖动成曲线，使这条线与最上方的线成平行状态，如图3-47所示。再次移动指针到变形框第2条水平线上，按下左键向下拖动成曲线，使这条线与最上方的线成平行状态，如图3-48所示。

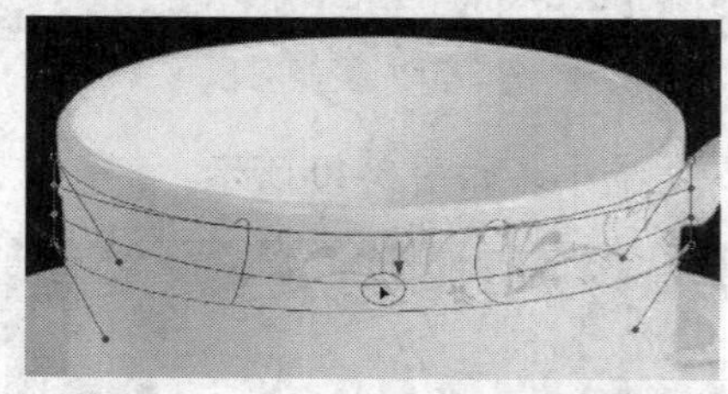
图3-47 调整变形框以调整图案

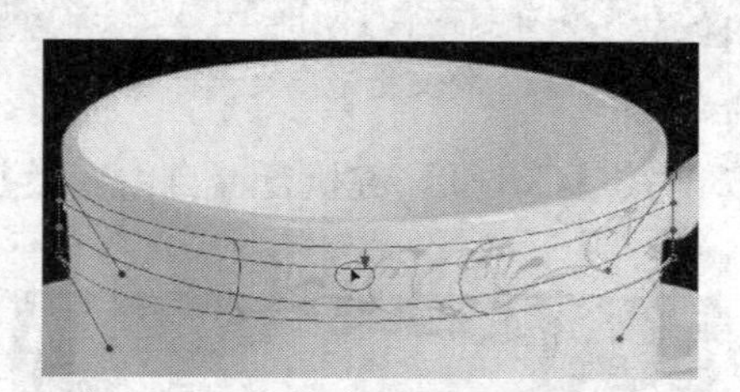
图3-48 调整变形框以调整图案

8 移动指针到变形框垂直方向上的第3条曲线上，按下左键向右拖动成直线，使这条线与最右边的线成平行状态，如图3-49所示。移动指针到变形框垂直方向上的第2条曲线上，按下左键向左拖动成直线，使这条线与最左边的线成平行状态，如图3-50所示，调整好后单击按钮，即可使花边适合杯子，画面效果如图3-51所示。

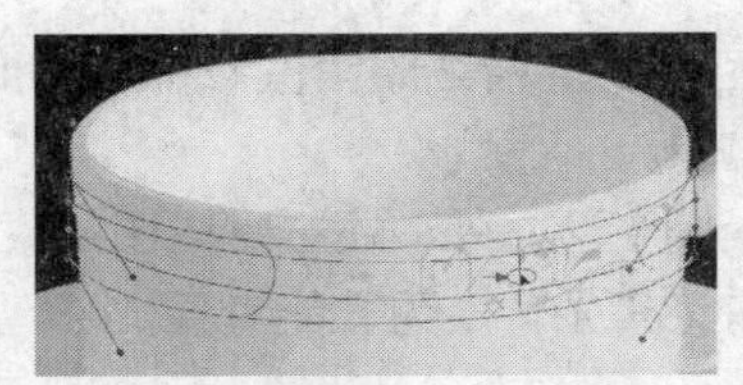

图3-49 调整变形框以调整图案

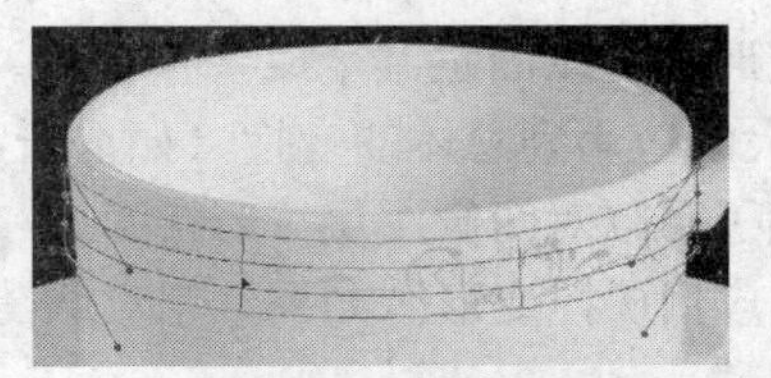

图3-50 调整变形框以调整图案

9 观察图像后发现两边还有多余的部分，如图3-51所示，需要对其进行处理。在【图层】面板中单击【添加图层蒙版】按钮，如图3-52所示，再点选画笔工具，在选项栏中设置画笔为柔边圆，【不透明度】为“50%”，然后在画面中不需要的内容上进行涂抹，将其隐藏，隐藏后的效果如图3-53所示。

图3-51 调整好的图案

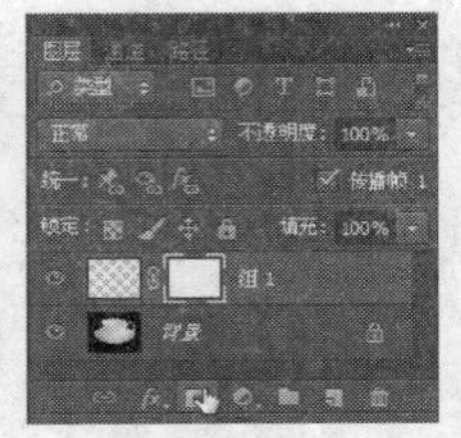

图3-52 添加图层蒙版

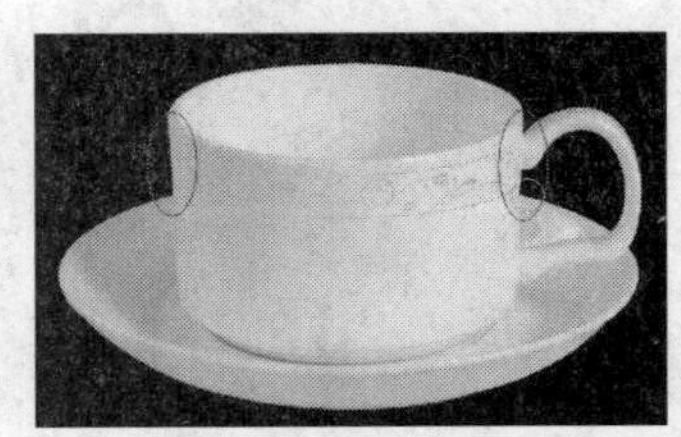

图3-53 用画笔工具将多余的部分隐藏

10 在【图层】面板中设置其混合模式为“正片叠底”，如图3-54所示，得到如图3-55所示的效果。

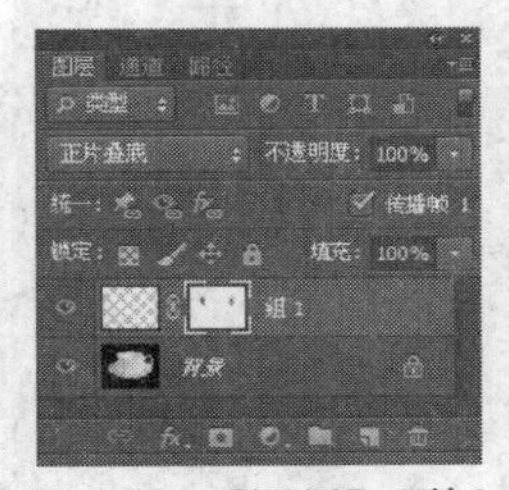

图3-54 【图层】面板

图3-55 设置了混合模式后的效果

11 按【Ctrl+J】键4次复制4个副本图层，如图3-56所示，加强花边效果，从而得到如图3-57所示的效果。

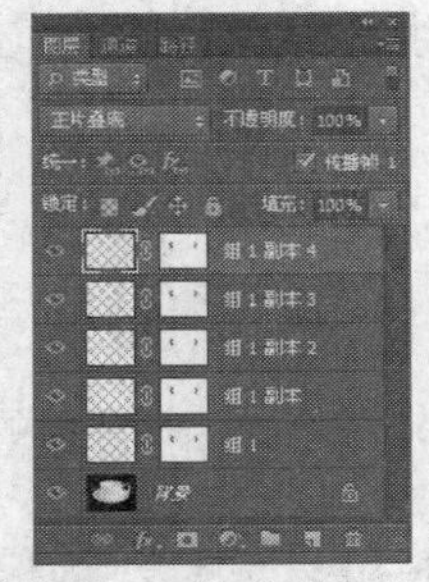

图3-56 【图层】面板

图3-57 最终效果图

3.4 操控变形

使用【操控变形】命令可以对图像中需要进行变形的对象进行任一形状与势态变形，并且在变形时可以固定某个或多个位置。可以将其应用范围小至精细的图像修饰（如发型设计），大的应用到总体的变换（如重新定位手臂或下肢）等。

除了可以对图像图层、形状图层和文本图层进行操控变形之外，还可以向图层蒙版和矢量蒙版应用操控变形。如果不想对原图像进行破坏，需将其先转换为智能对象。

上机实战 使用操控变形命令调整图像

1 按【Ctrl+O】键从光盘中打开010.psd文件，如图3-58所示，其中的人物已经单独放在一层了，如图3-59所示。

图3-58 打开的图像

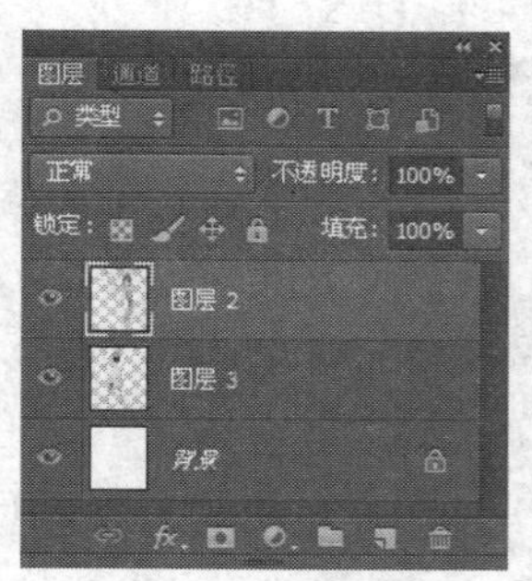

图3-59 【图层】面板

2 以图层2为当前图层，按【Ctrl+J】键两次复制两个副本，结果如图3-60所示，再以图层2为当前图层，在菜单中执行【编辑】→【操控变形】命令，即可在人物上显示了可变形的网格，如图3-61所示，同时选项栏也发生了变化，如图3-62所示。

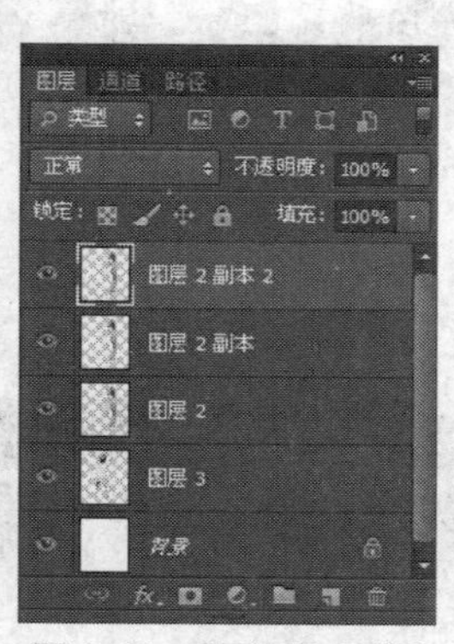

图3-60 【图层】面板

图3-61 操控变形对象时的状态

图3-62 选项栏

选项栏中选项说明：

- 【模式】：在其列表中选择所需的模式（如正常、刚性或扭曲）来确定网格的整体弹性。如果要广角图像或纹理映射进行极具弹性的变形，可以选择“扭曲”选项。

- 【浓度】：在其列表中选择所需的浓度（如正常、较少点、较多点）来确定网格点的间距。较多的网格点可以提高精度，但需要较多的处理时间；较少的网格点则反之。
- 【扩展】：扩展或收缩网格的外边缘。
- 【显示网格】：取消选中可以只显示调整图钉，从而显示更清晰的变换预览。
- 【图钉深度】：在画面中添加图钉后，选项栏中的图钉深度：旋转：自动 0 度就呈可用状态，可以直接对选中的图钉进行角度设置（需要有两个图钉以上才起作用）。
- （移去所有图钉）按钮：如果没有选中图钉，单击该按钮会将所有的图钉移除；如果有选中的图钉，单击该按钮会将选中的图钉移除。

3 在人物的脸上单击，添加一个图钉，如图 3-63 所示；接着在一些关键点上单击，添加多个可调整的图钉，如图 3-64 所示。

图 3-63　操控变形对象时的状态

图 3-64　操控变形对象时的状态

4 移动指针到脸上的图钉上，按下左键向左下方拖至适当位置，再拖动手部的图钉向左下方到适当位置，给人物进行变形，如图 3-65 所示，调整后单击按钮确认变形，结果如图 3-66 所示。

图 3-65　操控变形对象时的状态

图 3-66　操控变形后的效果

5 在【图层】面板中激活图层 2 副本，以它为当前图层，在菜单中执行【编辑】→【操控变形】命令，用上面同样的方法在人物上设定多个图钉，如图 3-67 所示，再对人物进行变形，变形后的效果如图 3-68 所示，然后单击按钮确认变形。

图 3-67 操控变形对象时的状态

图 3-68 变形后的效果

3.5 本章小结

本章主要介绍了 Photoshop CS6 中最常用的移动工具与复制功能。并结合实例对自由变换、变形、复制等命令的使用方法与应用进行了详细的介绍。灵活应用这些工具与命令将会大大提高工作效率，使图像的处理更加灵活快捷。

3.6 本章习题

一、填空题

1. 用移动工具拖动可节省内存，因为它没有使用剪贴板，而【拷贝】、______、______和【粘贴】命令使用剪贴板。

2. 在图像内或图像间拖动选区时，用户可以使用________复制选区，或者使用________、__________、__________、__________和__________命令来复制和移动选区。

3. 在【图层】菜单中执行【分布】子菜单中的________、________、【底边】、________、【水平居中】与__________命令可以分布图层。

二、选择题

1. 以下哪种工具可以将选区或图层移动到同一图像的新位置或其他图像中？ (　　)

A.【变换】命令　　B.【缩放】命令

C.【自由变换】命令　　D. 移动工具

2. 在 Photoshop 中可以使用以下哪几个命令与工具中的显示变换控制选项可以对图像进行变形？ (　　)

A.【变换】命令　　B. 移动工具

C.【自由变换】命令　　D.【缩放】命令

3. 使用以下哪个快捷键可以执行【贴入】命令？ (　　)

A. Shift+Ctrl+V　　B. Ctrl+C

C. Ctrl+V　　D. Alt+Ctrl+V

第 4 章　图层的应用

教学目标

理解图层的含义，认识【图层】面板，学习有关图层的基本操作与应用。

教学重点与难点

- 【图层】面板
- 图层的混合模式
- 排列图层
- 对齐与分布图层
- 合并图层

4.1　关于图层

在 Photoshop CS6 中对图层的操作是非常频繁的工作。可以通过建立图层、调整图层、处理图层、分布与排列图层、复制图层等工作编辑和处理图像中的各个元素，从而达到富有层次、整个关联的图像效果。

所谓图层，通过在纸上的图像与计算机上画的图像作一比较，就可以更深入的了解图层的概念。通常纸上的图像是一张一个图，而计算机上的图像是可以将它画在多张如透明的塑料薄膜上画上图像的一部分，最后将这多张的塑料薄膜叠加在一起，就可浏览到最终的效果，每一张塑料膜被称为所谓的图层，如图 4-1 所示。

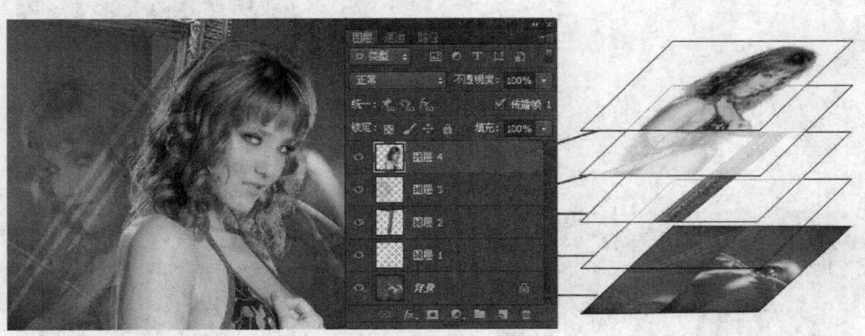

图 4-1　图层分析

如果图层上没有任何像素，则该图层是完全透明的，就可以一直看到底下的图层。通过更改图层的顺序和属性，可以改变图像的合成。另外利用调整图层、填充图层和图层样式等特殊功能可创建出复杂效果。

使用图层可以在不影响图像中其他图素的情况下处理某一图素。可以使用图层来执行多种任务，如复合多个图像、向图像添加文本或添加矢量图形形状。可以应用图层样式来添加特殊效果，如投影或发光。

1. 非破坏性工作

有时，图层不会包含任何显而易见的内容。例如，调整图层包含可对其下面的图层产生影响的颜色或色调调整。可以编辑调整图层并保持下层像素不变，而不是直接编辑图像像素。

智能对象是一种特殊类型的图层，它包含一个或多个内容图层。可以变换（缩放、斜切或整形）智能对象，而无须直接编辑图像像素。也可以将智能对象作为单独的图像进行编辑，即使在将智能对象置入到 Photoshop 图像中之后也是如此。智能对象也可以包含智能滤镜效果，在对图像应用滤镜时不造成任何破坏，便于以后能够调整或移去滤镜效果。

2. 组织图层

新图像一般包含一个图层。可以添加到图像中的附加图层、图层效果和图层组的数目只受计算机内存的限制。

可以在【图层】面板中使用图层。图层组可以帮助用户组织和管理图层。可以使用组按逻辑顺序排列图层，并减轻【图层】面板中的杂乱情况。可以将组嵌套在其他组内。还可以使用组将属性和蒙版同时应用到多个图层。

4.2 【图层】面板

Photoshop 中的新图像只有一个图层，该图层称为背景层。既不能更改背景层在堆叠顺序中的位置（它总是在堆叠顺序的最底层），也不能将混合模式或不透明度直接应用于背景层（除非先将其转换为普通图层）。可以添加到图像中的附加图层、图层组和图层效果，如图 4-2 所示，【图层】面板如图 4-3 所示。而可添加的图层的数目只受计算机内存的限制。

图 4-2 打开的图像

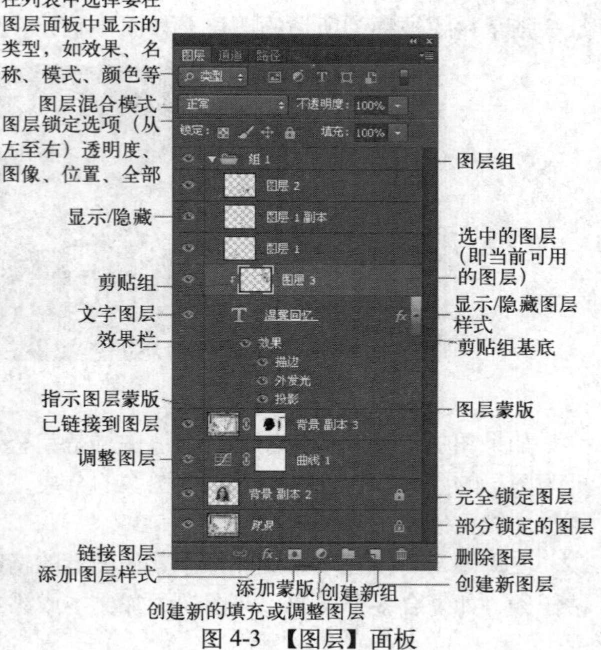

图 4-3 【图层】面板

4.3　图层操作

4.3.1　复制副本

在编辑和绘制图像时，有时需要一些相同的内容，或者需要在副本中进行编辑与绘制，这时就可以使用【复制图层】、【通过拷贝的图层】、【创建通过剪切的图层】或直接在【图层】面板中拖动来复制副本。

1. 利用【复制图层】命令来复制副本

上机实战　利用复制图层命令复制副本

1　打开光盘中的 03.psd 和 04.psd 文件，并从文档标题栏中将它们拖出成浮停状态，如图 4-4 所示。

2　以 03.psd 文档为当前图层，在菜单中执行【图层】→【复制图层】命令，弹出如图 4-5 所示的对话框，在其中为副本命名，也可采用默认名称，在【目标】栏中的【文档】列表中选择要复制到的文档（如 04.psd），单击【确定】按钮，即可将 03.psd 文档中的人物复制到 04.psd 文档中，再用移动工具将人物排放到所需的位置，如图 4-6 所示，同时在【图层】面板中也会自动生成一个图层如图 4-7 所示。

图 4-4　打开的文件

图 4-5　【复制图层】对话框

图 4-6　复制图层后的效果

图 4-7　【图层】面板

2. 通过拖动来复制副本

在【图层】面板中先激活要复制的图层，如图层 1，再在其上按下左键向（创建新图层）按钮拖动，当按钮呈凹下状态时松开左键，即可复制一个图层，如图 4-8 所示；然后将其移动到右边的适当位置，并在【图层】面板中设置它的【不透明度】为“30%”，即可得到如图 4-9 所示的效果。

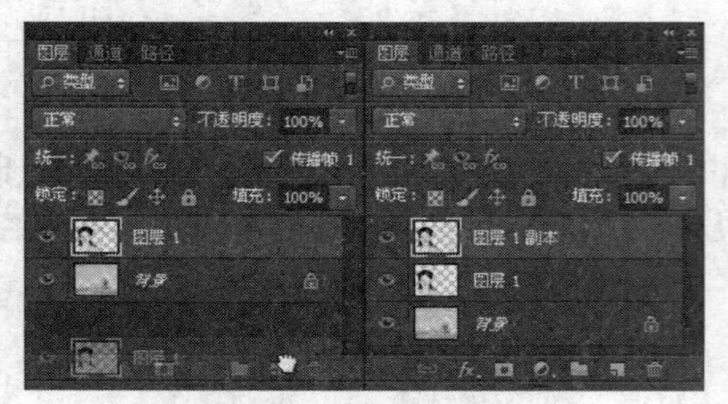

图 4-8 【图层】面板

图 4-9 移动与设置了不透明度后的效果

3. 通过拷贝或剪切图像创建图层

一般情况下，在一个图层上所做的操作都不会影响其他图层，如“创建通过拷贝的图层”或“创建通过剪切的图层”都是选中要处理的图层作为当前可用图层，再通过拷贝或剪切直接创建新图层；而【拷贝】或【剪切】命令，则是通过【粘贴】命令将复制到剪贴板中的内容粘贴到新图层中。

上机实战 创建通过拷贝的图层

1 以图层 1 副本为当前图层。

2 在菜单中执行【图层】→【新建】→【通过拷贝的图层】命令，或直接按【Ctrl+J】键，即可得到一个副本，如图 4-10 所示，由于图层 1 副本设置了不透明度，因此画面中效果也就加强了，如图 4-11 所示。

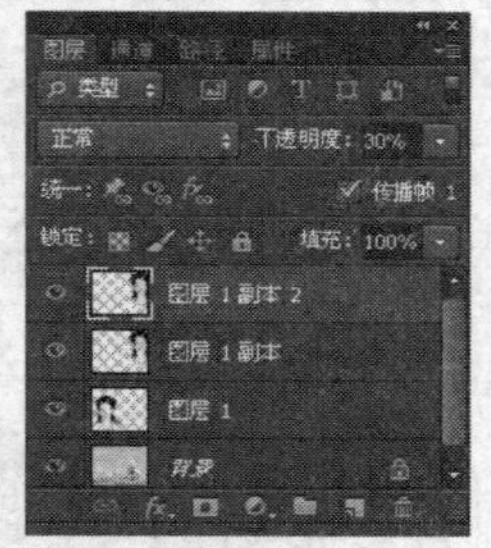

图 4-10 【图层】面板

图 4-11 复制一个副本后的效果

提示：也可以在菜单中执行【图层】→【新建】→【通过剪切的图层】命令或按【Shift+Ctrl+J】键，从选区建立一个新图层。不过值得注意的是剪切过后原来选择的图层中选区的内容将被剪掉。

如果只需要复制图层中的某一对象，可以先将该对象选取或载入选区，再按【Ctrl+J】键便可由选区建立一个新图层。

4.3.2 改变图层顺序

当图像含有多个图层时，Photoshop 是按一定的先后顺序来排列图层的，即最后创建的图层将位于所有图层的上面。可以通过【排列】命令来改变图层的堆放次序，指定具体的一个图层到底应堆放到哪个位置，还可以通过手动的方式改变图层顺序。

在菜单中执行【图层】→【排列】命令，弹出如图 4-12 所示的子菜单，可以在其中选择所需的命令排列图层顺序。

图 4-12 【排列】的子菜单

- 【置为顶层】：使用该命令可以将选择的图层移动到所有图层的最上面，也可以按【Shift+Ctrl+]】键执行该命令。
- 【前移一层】：使用该命令可以将选择的图层移动到所选图层的上一层（即前一层），也可以按【Ctrl+]】键执行该命令。
- 【后移一层】：使用该命令可以将选择的图层移动到所选图层的下一层（即后一层），也可以按 Ctrl+[键执行该命令。
- 【置为底层】：使用该命令可以将选择的图层移动到所有图层的最下面（如果有背景层，则放在背景层的上层），也可以按【Shift+Ctrl+[】键执行该命令。
- 【反向】：如果在【图层】面板中选择了多个图层，则该命令呈可用状态，使用该命令可以改变选择图层的排列顺序。

一般在多图层的图像中操作时，都习惯手动操作，也就是直接在【图层】面板中拖动图层到指定位置。

在【图层】面板中图层 1 上按下左键，向上拖至图层 1 副本的上方松开左键，即可将图层 1 移至顶层，如图 4-13 所示，然后激活图层 1 副本 2，将【不透明度】改为“100%”，用移动工具将其移至适当位置，画面效果如图 4-14 所示。

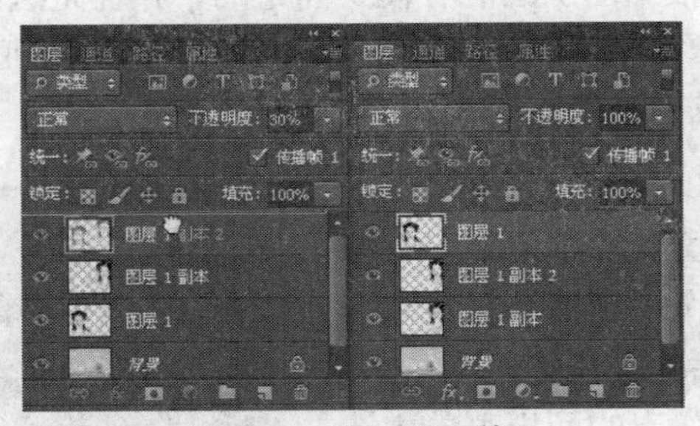

图 4-13 【图层】面板

图 4-14 改变图层顺序与不透明度后的效果

提示： 如果要想移动背景层，可以先将其转为普通图层——在背景层上双击，并在弹出的对话框中单击【确定】按钮，即可将背景层转换为普通图层。

4.3.3 创建图层

可以创建空图层，然后向其中添加内容，也可以利用现有的内容来创建新图层。创建新图层时，它在【图层】面板中显示在所选图层的上面或所选图层组内。

创建一个图层有多种方法，可利用菜单命令，也可利用【图层】面板底部的 （创建新图层）按钮，或者利用【图层】面板的弹出式菜单命令。

1. 利用菜单命令创建图层

按【Ctrl+O】键打开 04.jpg 文件，如图 4-15 所示，在菜单中执行【图层】→【新建】→【图层】命令，弹出【新建图层】对话框，在其中根据自己的需要进行设置，如图 4-16 所示，设置好后单击【确定】按钮，即可新建一个图层，如图 4-17 所示。

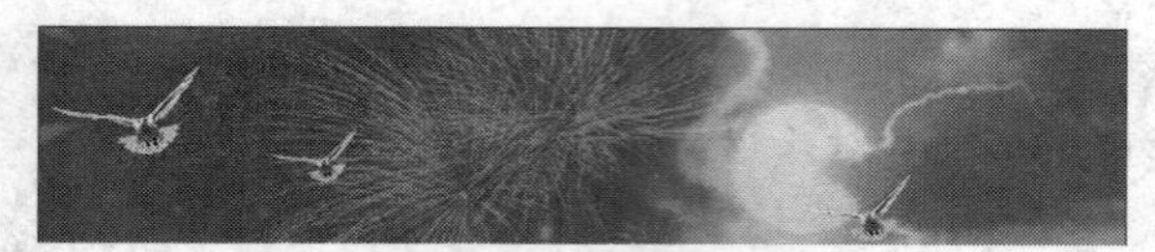

图 4-15　打开的图片

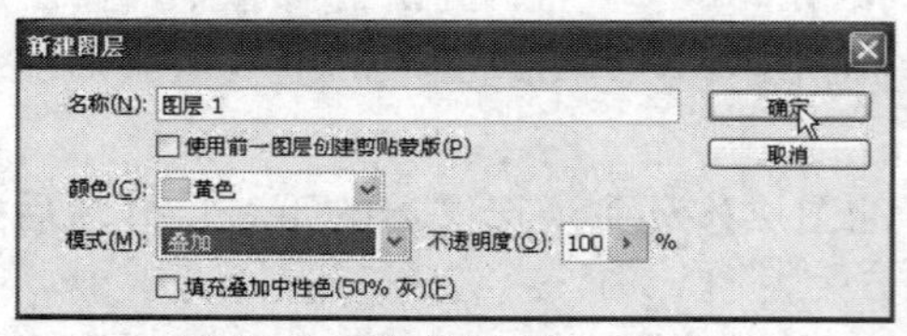

图 4-16　【新建图层】对话框

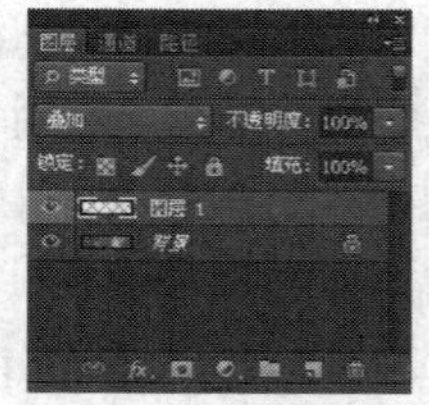

图 4-17　【图层】面板

【新建图层】对话框选项说明如下：

- 【名称】：在【名称】文本框中可以输入所需的图层名称，也可以采用默认名称。
- 【使用前一图层创建剪贴蒙版】：勾选该项可与前一图层（即它下面的图层）进行编组，从而构成剪贴组。
- 【颜色】：在此下拉列表中可以选择新建图层在【图层】面板中的显示颜色。
- 【模式】：在此下拉列表中选择所需的混合模式。
- 【不透明度】：在此设置图层的不透明度，0%为完全透明，100%为完全不透明。
- 【填充叠加中性色（50%灰）】：中性色是根据图层的混合模式而定的，并且无法看到。如果不应用效果，用中性色填充对其余图层没有任何影响。它不适用于使用“正常”、“溶解”、“色相”、“饱和度”、“颜色”或“亮度”等模式的图层。

2. 利用【图层】面板创建图层

在【图层】面板的底部单击（创建新图层）按钮，即可直接新建一个图层，如图 4-18 所示，而不会弹出一个对话框。在只需要一个图层而不需要其他的设置时，利用这种方法比较快捷。

也可以在【图层】面板中单击按钮，在弹出的面板菜单中选择【新建图层】命令，会弹出一个【新建图层】对话框，在对话框中根据需要设置所需的参数，设置好后单击【确定】按钮新建一个图层。

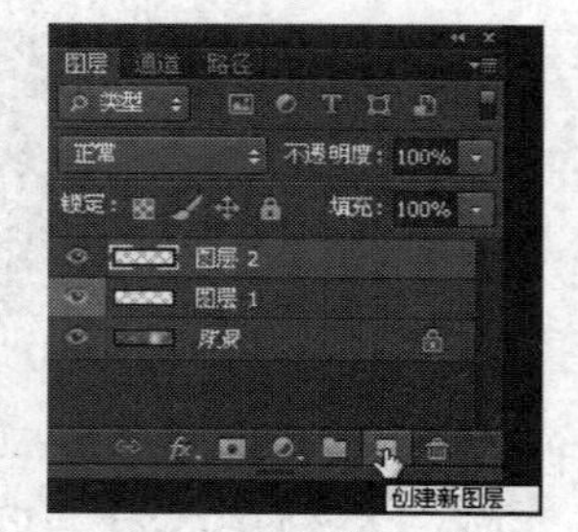

图 4-18　【图层】面板

3. 给新图层添加内容

在工具箱中设置前景色为 R：243、G：235、B：25，再点选（画笔工具），在选项栏的画笔弹出式面板中选择所需的画笔笔触，如图 4-19 所示，其他为默认值。接着在【图层】面板中激活图层 1，然后在图像窗口中有烟花的地方或需要加强颜色的地方进行涂抹，加强烟花效果与画面颜色，画面效果如图 4-20 所示。

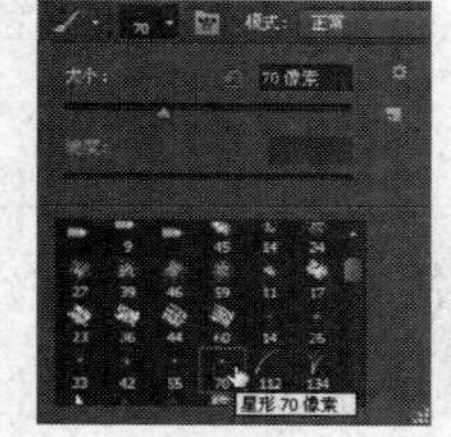

图 4-19　选择画笔笔触

图 4-20　加强烟花效果

4. 新建文字图层

上机实战　新建文字图层

1　显示【色板】面板，在其中选择“黄色”，如图4-21所示，在工具箱中点选T（横排文字工具），或按【T】键选择横排文字工具，接着在画面中单击并输入“中秋节快乐！”文字，如图4-22所示。

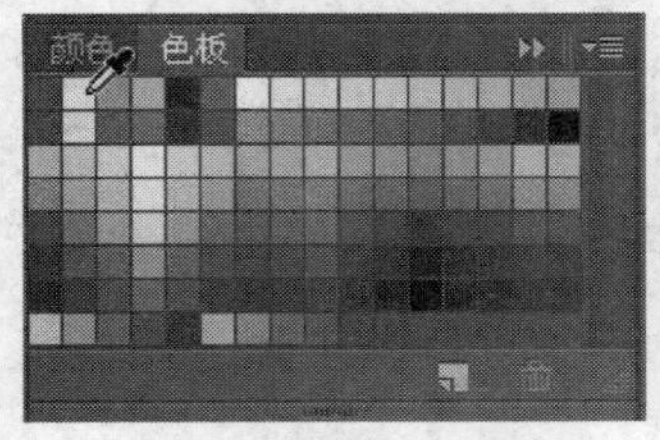

图4-21　【色板】面板

图4-22　输入文字

2　按【Ctrl+A】键选择刚输入的文字，在选项栏中设置【字体】为“Adobe 黑体 Std”，【字体大小】为“80 点”，设置好后单击✓按钮，确认文字输入，得到如图4-23所示的文字效果，【图层】面板中也自动新建了一个文字图层，如图4-24所示。

图4-23　输入的文字

图4-24　【图层】面板

4.3.4　给图层添加图层样式

可以为图层添加各种各样的效果，如投影、内阴影、内发光、外发光、斜面和浮雕、光泽、颜色叠加、渐变叠加、图案叠加和描边等效果。

上机实战　给图层添加图层样式

1　保持“中秋节快乐！”文字图层为当前图层，在菜单中执行【图层】→【图层样式】→【斜面和浮雕】命令，弹出【图层样式】对话框，在其中设定【样式】为“外斜面”，其他不变，如图4-25所示。

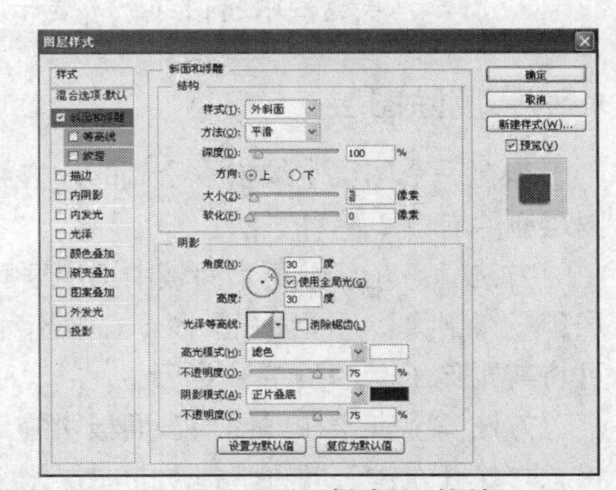

图4-25　【图层样式】对话框

2　在【图层样式】对话框中选择【投影】选项，并在右边栏中设置【距离】为“5”像素，【大小】为“5”像素，其他不变，如图4-26所示，单击【确定】按钮，即可为文字添加了样式，画面效果如图4-27所示。其【图层】面板如图4-28所示。

图 4-27　添加图层样式后的效果

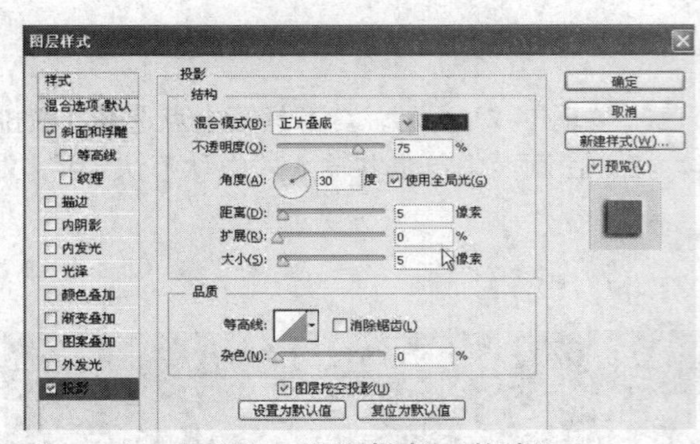

图 4-26　【图层样式】对话框

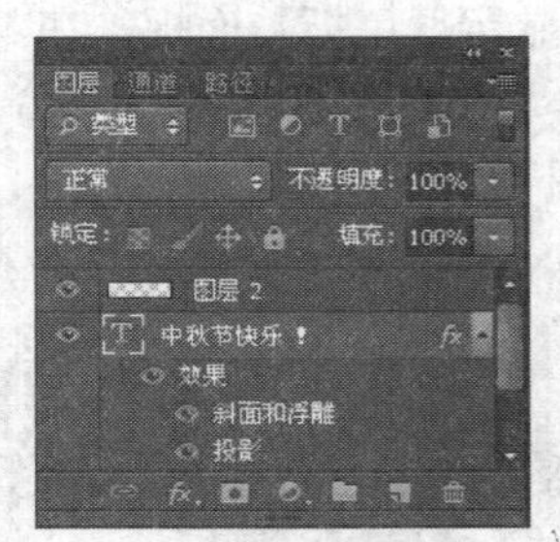

图 4-28　【图层】面板

4.3.5　显示与隐藏图层

在处理图像时，常常需要显示或隐藏图层来查看效果。特别是在制作动画时，一个图层需要显示，另一个图层需要隐藏，或者同时隐藏多个图层，然后逐一显示每个图层，同时在【动画】面板中添加相应的帧，以制作出动画效果。

在【图层】面板中单击“中秋节快乐!”文字图层前面的眼睛图标，使它不可见，即可隐藏该图层的显示，如图 4-29 所示，再次单击便会重新显示。

图 4-29　隐藏文字图层

提示： 在图层缩览图前面的方框（或眼睛图标）上按下左键向上或向下拖动，可显示眼睛图标（或隐藏眼睛图标）来显示/隐藏多个图层。

4.3.6　删除图层

当在一个图层上编辑或绘制的内容并不是自己所要的效果，可以将其删除。将不需要的图层删除有以下两种方法：

方法 1　在【图层】面板中选中要删除的图层，如“图层 2”图层，在菜单中执行【图层】→【删除】→【图层】命令，弹出如图 4-30 所示的对话框，在其中单击【是】按钮，即可将其删除了，如图 4-31 所示。

方法 2　直接在【图层】面板中拖动要删除的图层到 （删除图层）按钮上，当呈凹下状态时松开左键，即可将拖动的图层删除。操作方法与复制图层一样。

图 4-30　警告对话框

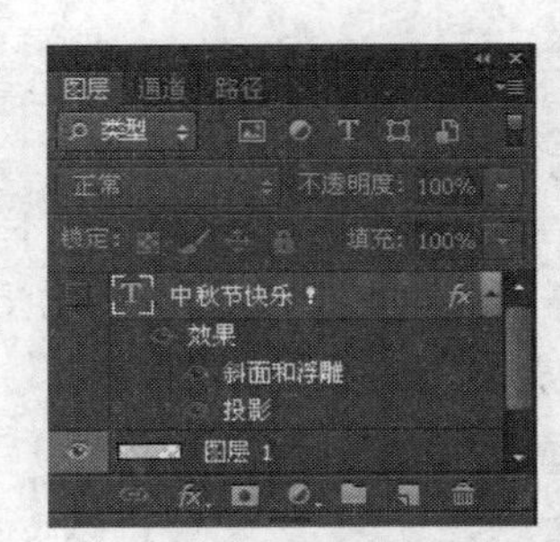

图 4-31　【图层】面板

4.3.7　创建剪贴蒙版

使用剪贴蒙版可让某个图层的内容遮盖其上方的图层。遮盖效果由底部图层或基底图层决定的内容。基底图层的非透明内容将在剪贴蒙版中裁剪（显示）它上方的图层的内容。剪贴图层中的所有其他内容将被遮盖掉。

可以在剪贴蒙版中使用多个图层，但它们必须是连续的图层。蒙版中的基底图层名称带下划线，上层图层的缩览图是缩进的。叠加图层将显示一个剪贴蒙版图标。

在制作流光字时常用到创建剪贴蒙版功能，因此，在此讲解如何使用剪贴蒙版制作流光字。

上机实战　使用剪贴蒙版制作流光字

1　按【Ctrl+O】键从配套光盘的素材库中打开 05.jpg 文件，如图 4-32 所示。

图 4-32　打开的图像文件

2　在工具箱中点选（横排文字工具），或按【T】键选择横排文字工具，接着在画面中单击，显示光标后在选项栏中设置【字体】为“文鼎特粗黑简”，【字体大小】为“18 点”，再输入“新年快乐!”文字，在选项栏中单击按钮确认文字输入，即可得到如图 4-33 所示的文字。

3　设置前景色为黄色，在【图层】面板的底部单击（创建新图层）按钮，即可直接新建一个图层，如图 4-34 所示。

图 4-33　输入文字

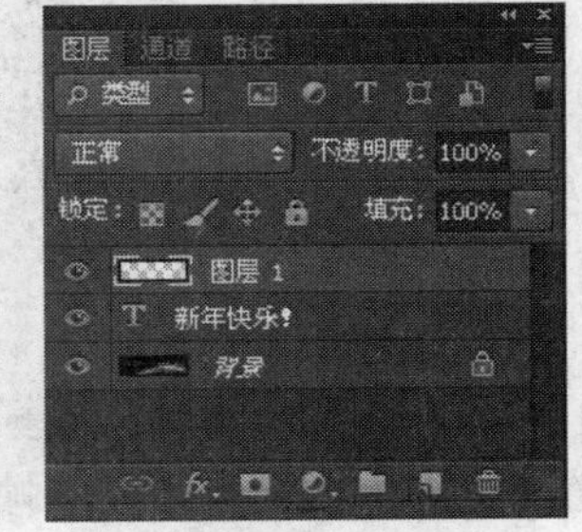

图 4-34　【图层】面板

4 在工具箱中点选▇（渐变工具），并在选项栏中单击渐变条，在弹出的【渐变编辑器】对话框中选择“前景色到透明渐变”，再将左边的色标与不透明度色标移至中间，在渐变条的左边下方单击添加一个色标，在上方单击添加一个不透明度色标，并设置不透明度色标的【不透明度】为“0%”，如图 4-35 所示，然后在画面中左边拖动，给画面进行渐变填充，填充渐变颜色后的效果如图 4-36 所示。

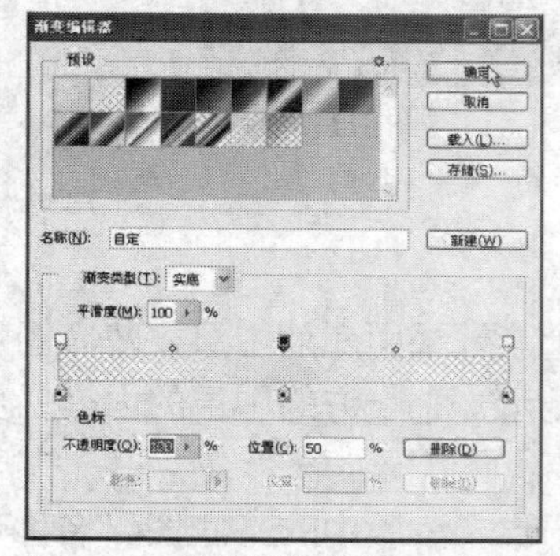

图 4-35 【渐变编辑器】对话框

图 4-36 填充渐变颜色后的效果

5 在菜单中执行【图层】→【创建剪贴蒙版】命令，或按【Alt+Ctrl+G】键，即可给图层创建剪贴蒙版，由于基底层是文字图层，而渐变颜色所在的区域是在“新”字左边的一点点，因此，该渐变颜色就只在“新”字的左边显示了一点点，如图 4-37 所示。

图 4-37 创建剪贴蒙版后的效果

6 在【窗口】菜单中执行【时间轴】命令，显示【时间轴】面板，在其中单击▇（复制所选帧）按钮，复制一帧，再在工具箱中点选移动工具，并按着【Shift】键将渐变颜色向右拖至适当位置，如图 4-38 所示。

图 4-38 复制帧

7 在【时间轴】面板中单击▇（过渡动画帧）按钮，弹出【过渡】对话框，在其中设置【过渡方式】为“上一帧”，【要添加的帧数】为“3”，其他不变，如图 4-39 所示，单击【确定】按钮，即在【动画】面板中添加了 3 帧，如图 4-40 所示。

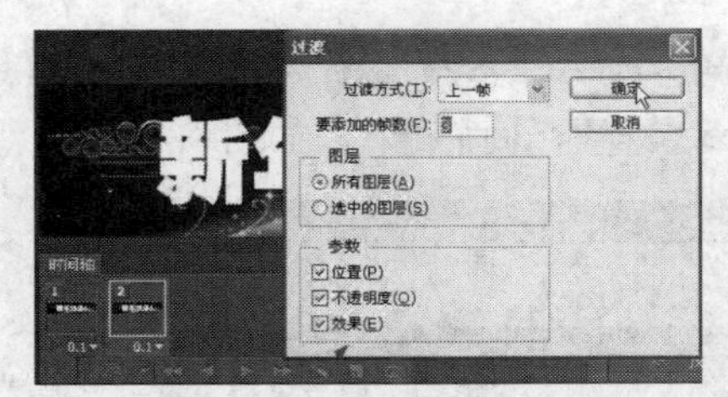

图 4-39 【过渡】对话框

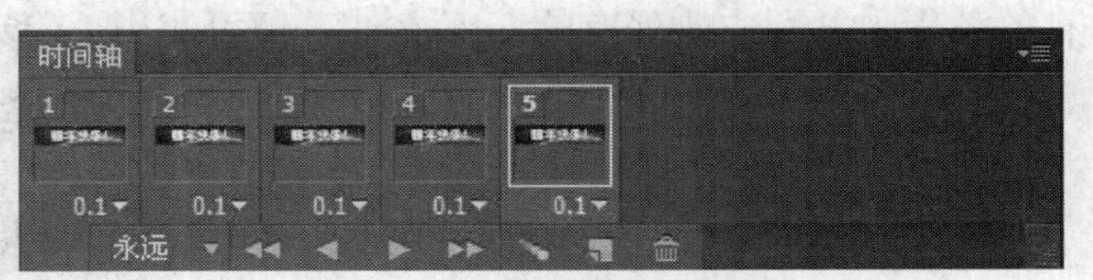

图 4-40　创建的过渡动画帧

提示： 如果在【动画】面板中显示的延迟时间不是 0.1 秒，则需要单击 0.1 按钮，在弹出的菜单中选择所需的时间；如果循环选项不是永远，同样需要单击 永远 按钮，在弹出的菜单中选择“永远”。

8 在【动画】面板中单击 ▶ （播放动画）按钮，如图 4-41 所示，即可在程序窗口中预览制作好的动画了。

图 4-41　播放动画

9 如果需要在其他浏览器中观看动画，需要在【文件】菜单中执行【存储为 Web 所用格式】命令或按【Alt+Shift+Ctrl+S】键，弹出【存储为 Web 所用格式】对话框，在其中选择“GIF”格式，其他不变，如图 4-42 所示，单击【存储】按钮，弹出【将优化结果存储为】对话框，在其中选择要保存的位置，并给文件命名，命好名后单击【保存】按钮，如图 4-43 所示，会弹出一个警告对话框，如图 4-44 所示，直接单击【确定】按钮即可将制作好的动画保存为 GIF 动画了。

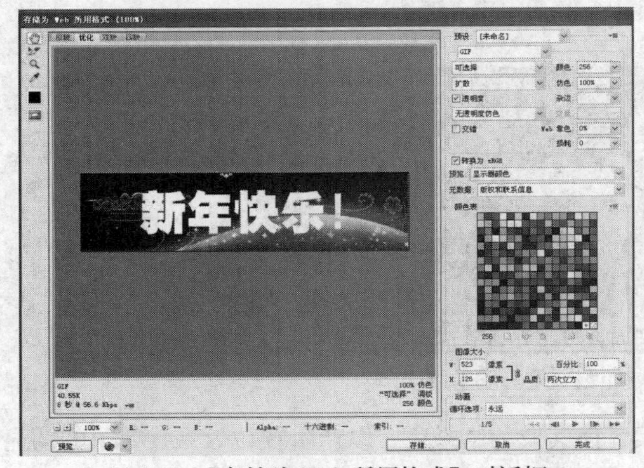

图 4-42 【存储为 Web 所用格式】对话框

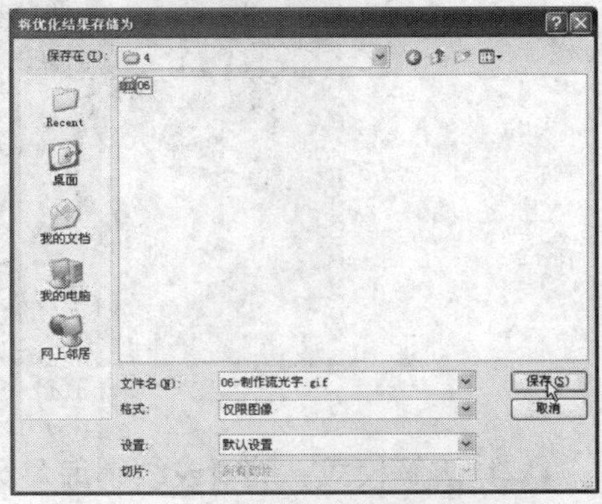

图 4-43 【将优化结果存储为】对话框

10 如果要查看制作好的GIF动画，可以使用IE浏览器或ACDSee查看。先找到文件保存的位置，并双击刚保存的GIF文件，便可使用ACDSee来查看动画效果，如图4-45所示。

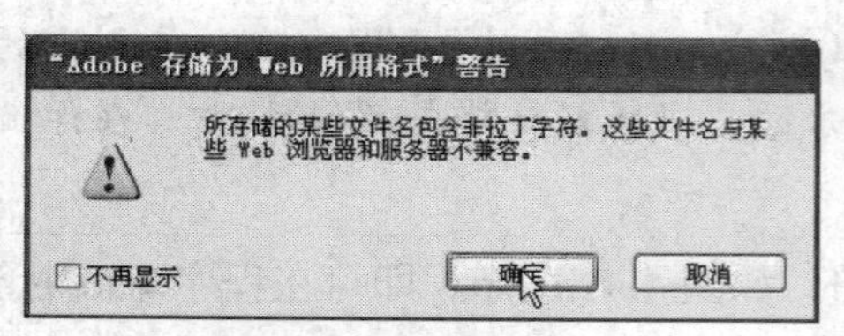

图4-44 警告对话框

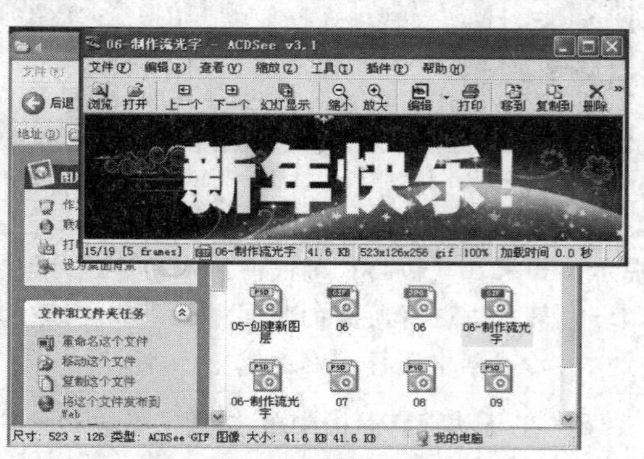

图4-45 预览动画

4.4 图层的混合模式

图层的混合模式决定图层中的像素与其下面图层中的像素如何混合，以创建出各种特殊的效果。在【图层】面板中单击“不透明度”前面的按钮，弹出下拉列表，如图4-46所示，可以根据需要选择所需的混合模式。

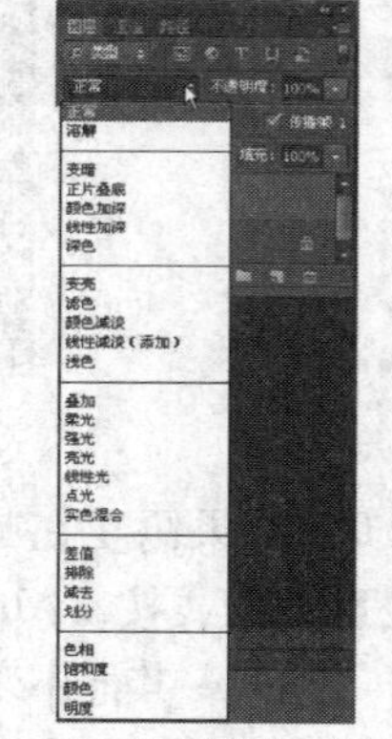

图4-46 混合模式下拉列表

（1）正常模式：正常模式是Photoshop中的默认模式。可以编辑或绘制每个像素，使其成为结果色。当右边的不透明度为100%时，当前图层中的图像会把下面的图层中的图像覆盖；当不透明度小于100%时，透过当前图层可以看到下一图层中的内容。不透明度越低，当前图层中的图像就越透明，显示下一图层中的图像就越清楚。如图4-47所示为设置不同不透明度的效果对比图。

提示：*在处理位图图像或索引颜色图像时，“正常”模式也称为阈值。*

图4-47 不同不透明度的效果对比图

（2）溶解模式：编辑或绘制每个像素，使其成为结果色，以产生颗粒效果，效果的明显程度与右边的不透明度有直接的关系，当不透明度越低时，溶解的颗粒效果越明显，但是不透明度为“0%”时，颗粒不可见。如图 4-48 所示为设置溶解模式与不同的不透明度所编辑的效果对比图。

(3) 变暗模式：选择基色或混合色中较暗的颜色作为结果色，也就是使图像的颜色变暗，原图像中较亮的区域将被替换成暗区。比混合色亮的像素被替换，比混合色暗的像素保持不变。

(4) 正片叠底模式：将基色与混合色相加。结果色总是较暗的颜色。任何颜色与黑色相加产生黑色。任何颜色与白色相加保持不变。当用黑色或白色以外的颜色绘画时，绘画工具绘制的连续描边产生逐渐变暗的颜色。如图 4-49 所示为变暗模式与正片叠底模式的效果对比图。

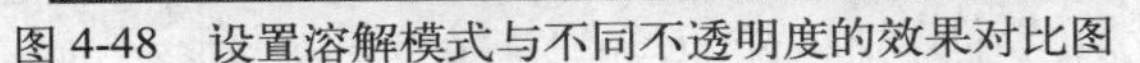

图 4-48　设置溶解模式与不同不透明度的效果对比图

图 4-49　变暗模式与正片叠底模式的效果对比图

(5) 颜色加深模式：通过增加对比度使基色变暗以反映混合色。与白色混合后不产生变化。

(6) 线性加深模式：通过减小亮度使基色变暗以反映混合色。与白色混合后不产生变化。如图 4-50 所示为颜色加深与线性加深模式的效果对比图。

(7) 深色模式：比较混合色和基色的所有通道值的总和并显示值较小的颜色。“深色”不会生成第三种颜色（可以通过“变暗”混合获得），因为它将从基色和混合色中选择最小的通道值来创建结果颜色。

(8) 变亮模式：选择基色或混合色中较亮的颜色作为结果色。比混合色暗的像素被替换，比混合色亮的像素保持不变，如图 4-51 所示为深色与变亮模式的效果对比图。

图 4-50　颜色加深与线性加深模式的效果对比图

图 4-51　深色与变亮模式的效果对比图

(9) 滤色模式：将混合色的互补色与基色复合。结果色总是较亮的颜色。用黑色过滤时颜色保持不变。用白色过滤将产生白色。此效果类似于多个摄影幻灯片在彼此之上投影。

(10) 颜色减淡模式：通过减小对比度使基色变亮以反映混合色。与黑色混合则不发生变化。

(11) 线性减淡（添加）模式：通过增加亮度使基色变亮以反映混合色。与黑色混合则不发生变化。

（12）浅色模式：比较混合色和基色的所有通道值的总和并显示值较大的颜色。“浅色”不会生成第三种颜色（可以通过“变亮”混合获得），因为它将从基色和混合色中选择最大的通道值来创建结果颜色。如图4-52所示为设置不同混合模式的效果对比图。

图4-52　不同混合模式的效果对比图

（13）叠加模式：叠加复合或过滤颜色取决于基色。图案或颜色在现有像素上叠加，同时保留基色的明暗对比。不替换基色，但基色与混合色相混以反映原色的亮度或暗度。

（14）柔光模式：使颜色变亮或变暗取决于混合色。此效果与发散的聚光灯照在图像上相似。

（15）强光模式：复合或过滤颜色取决于混合色。此效果与耀眼的聚光灯照在图像上相似。

（16）亮光模式：通过增加或减小对比度来加深或减淡颜色，加深或减淡颜色的程度取决于混合色。如果混合色（光源）比50%灰色亮，则通过减小对比度使图像变亮。如果混合色比50%灰色暗，则通过增加对比度使图像变暗。如图4-53所示为设置不同混合模式的效果对比图。

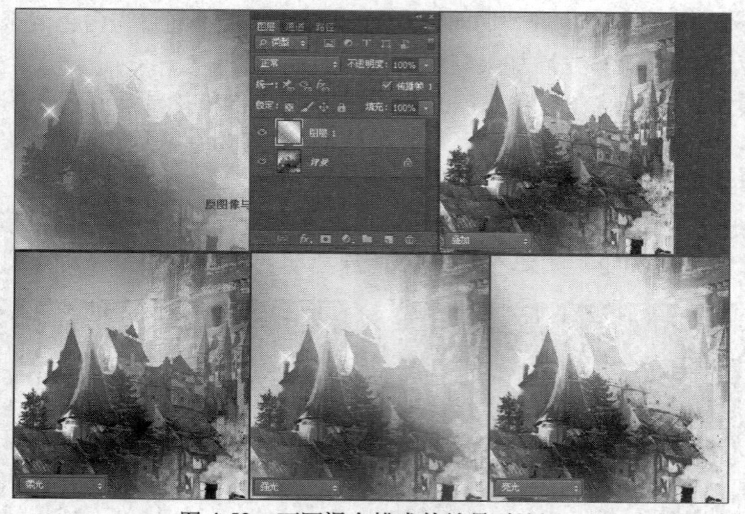

图4-53　不同混合模式的效果对比图

（17）线性光模式：通过减小或增加亮度来加深或减淡颜色，加深或减淡颜色的程度取决于混合色。

（18）点光模式：替换颜色，它取决于混合色。如果混合色（光源）比50%灰色亮，则替换比混合色暗的像素，而不改变比混合色亮的像素。如果混合色比50%灰色暗，则替换比混合色亮的像素，而不改变比混合色暗的像素。这对向图像添加特殊效果非常有用。

（19）实色混合模式：该混合模式可以产生招贴画式的混合效果，混合结果由红、绿、蓝、青、品红、黄、黑和白8种颜色组成。混合的颜色由底层颜色与混合图层亮度决定。

（20）差值模式：查看每个通道中的颜色信息，并从基色中减去混合色，或从混合色中减去基色，它具体取决于哪一个颜色的亮度值更大。与白色混合将反转基色值；与黑色混合则不产生变化。

（21）排除模式：创建一种与“差值”模式相似但对比度更低的效果。与白色混合将反转基色值。与黑色混合则不发生变化。

（22）减去模式：查看每个通道中的颜色信息，并从基色中减去混合色。在 8 位和 16 位图像中，任何生成的负片值都会剪切为零。如图 4-54 所示为设置不同混合模式的效果对比图。

图 4-54 不同混合模式的效果对比图

（23）划分模式：查看每个通道中的颜色信息，并从基色中分割混合色。

（24）色相模式：用基色的亮度和饱和度以及混合色的色相创建结果色。

（25）饱和度模式：用基色的亮度和色相以及混合色的饱和度创建结果色。在无（0）饱和度（灰色）的区域上用此模式绘画不会产生变化。

（26）颜色模式：用基色的亮度以及混合色的色相和饱和度创建结果色。这样可以保留图像中的灰阶，并且对给单色图像上色和给彩色图像着色都会非常有用。如图 4-55 所示为原图像与设置划分、色相、饱和度、颜色模式的效果对比图。

（27）明度模式：用基色的色相和饱和度以及混合色的亮度创建结果色，如图 4-56 所示。此模式创建与“颜色”模式相反的效果。

图 4-55 原图像与设置色相、饱和度、颜色模式的效果对比图

图 4-56 明度模式效果图

4.5 图层合并

确定了图层的内容后，可以合并图层创建复合图像的局部版本；在合并后的图层中，所有透明区域的交迭部分都会保持透明；合并图层有助于管理图像文件的大小。

提示：不能将调整图层或填充图层用作合并的目标图层。

1. 合并所有可见图层为一个新图层

从配套光盘的素材库中打开 09.psd 文件，如图 4-57 所示，【图层】面板如图 4-58 所示，按【Alt+Ctrl+Shift+E】键由所有可见图层的内容新建一个图层，通常称为盖印图层，结果如图 4-59 所示。

图 4-57　打开的图像文件

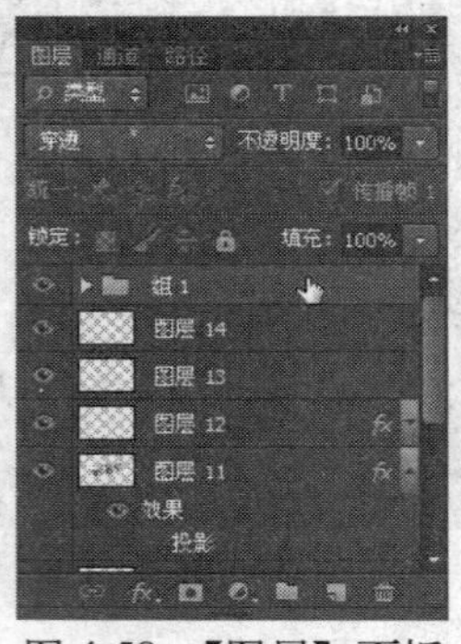

图 4-58　【图层】面板

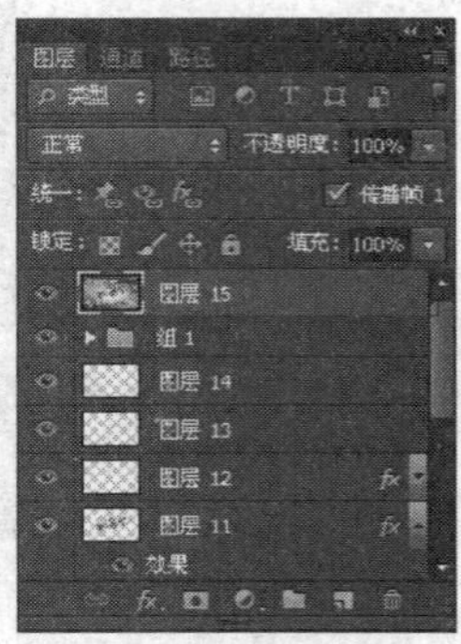

图 4-59　【图层】面板

2. 合并图层

在菜单中执行【图层】→【合并图层】命令或按【Ctrl+E】键，可将图像中选定的图层合并为一个图层，图层名称以最上图层的名称而命名，如果选择了背景图层，则该图层就替换背景层。

在【图层】面板中激活图层 14，再按【Shift】键单击图层 8，同时选择图层 8～图层 14，如图 4-60 所示，按【Ctrl+E】键即可将选择的图层合并为一个图层，结果如图 4-61 所示。

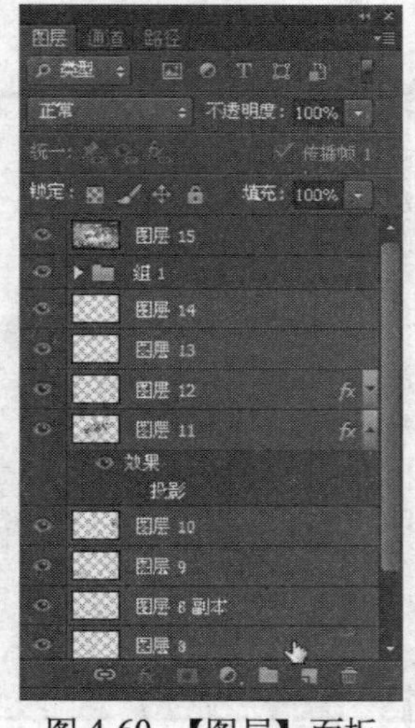

图 4-60　【图层】面板

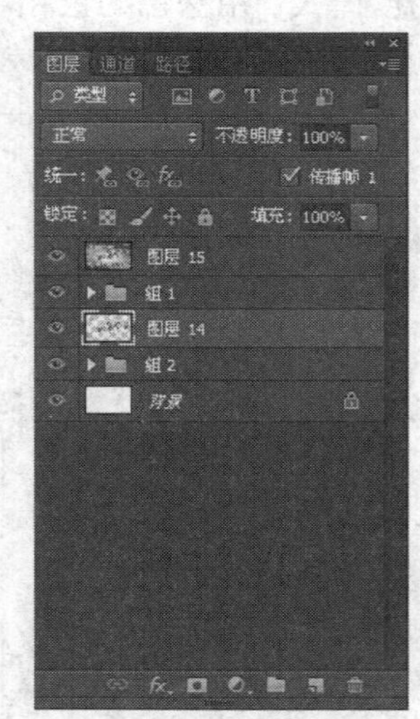

图 4-61　【图层】面板

3. 合并可见图层

在菜单中执行【图层】→【合并可见图层】命令或按【Shift+Ctrl+E】键，可将图像中所有可见的图层合并为一个图层，图层名称以当前图层的名称而命名，如果背景图层是可见的，则会以合并图层替换背景层。

4. 拼合图像

在菜单中执行【图层】→【拼合图像】命令，可将图像中所有图层合并为一个图层，并以合并图层作为背景层。

4.6　艺术化照片——图层的综合应用

本例先用【打开】命令新建一个图像文件，接着用【打开】命令打开所需的图像，再用移动工具、【混合模式】、【不透明度】、图层蒙版、画笔工具等工具与命令将图像进行排放与组合，以组合出美丽的画面。实例效果如图 4-62 所示。

图 4-62　艺术化照片效果图

上机实战　艺术化照片

1　按【Ctrl+N】键弹出【新建】对话框，在其中设置【宽度】为“460”像素，【高度】为“600”像素，【分辨率】为“72”像素/英寸，【背景内容】为“白色”，如图 4-63 所示，单击【确定】按钮，即可新建一个空白的文件。

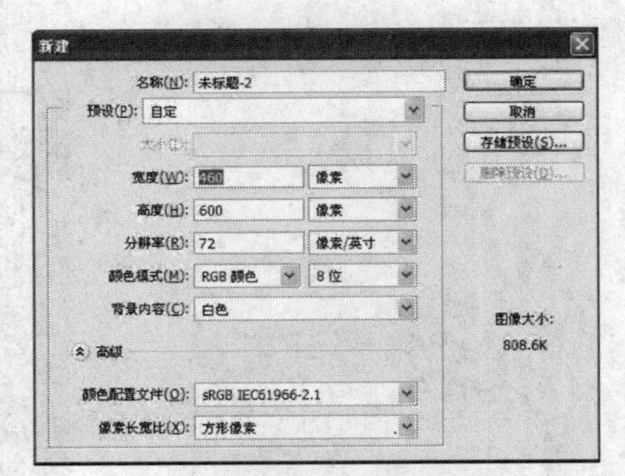

图 4-63　【新建】对话框

2　按【Ctrl+O】键从配套光盘的素材库中打开一张风景图片，再将其从文档标题栏中拖出成浮停状态，如图 4-64 所示；然后用移动工具将风景图片拖动到新建的文件中，并排放到左边，如图 4-65 所示。

3　用同样的方法再打开一张图片，将其复制到新建的文件中并排放好，如图 4-66 所示，同时在【图层】面板中自动生成一个图层，如图 4-67 所示。

图 4-64　将文档拖出文档标题栏

图 4-65　复制图片后的效果

4　在【图层】面板中单击（添加图层蒙版）按钮，给图层2添加蒙版，如图4-68所示，接着点选画笔工具，在选项栏中设置画笔为23像素柔边圆，【不透明度】为"80%"，然后在画面中有树的空隙处进行涂抹，显示出下图内容，涂抹后的效果如图4-69所示。

图 4-66　复制图片到所需的位置

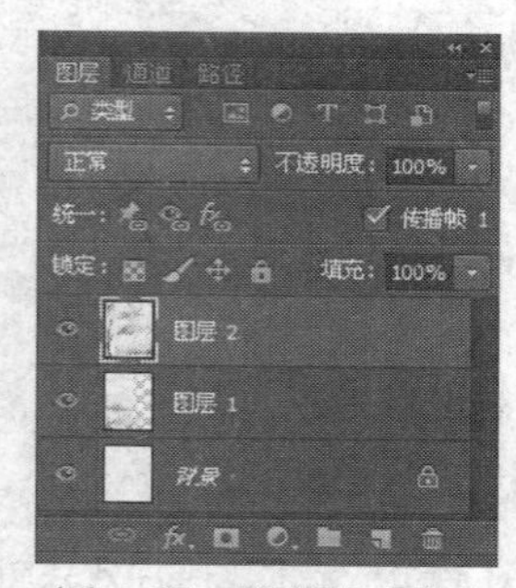

图 4-67　【图层】面板

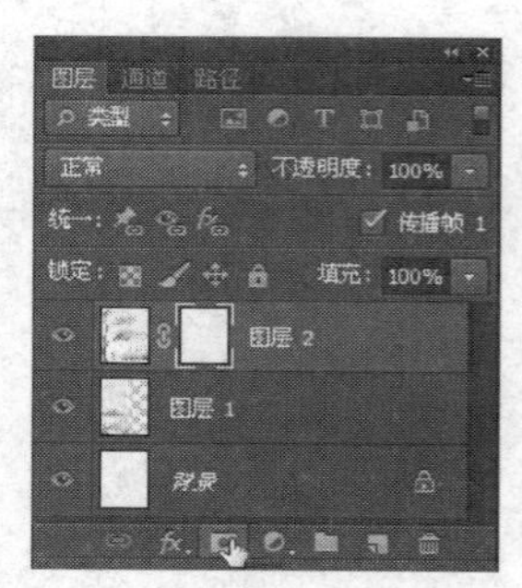

图 4-68　【图层】面板

5　按【Ctrl+O】键打开已经准备好的人物照片，如图4-70所示，用同样的方法将其复制到画面中来，并排放到画面的右边，如图4-71所示。

图 4-69　用画笔工具将不需要的部分隐藏后的效果

图 4-70　打开的人物照片

图 4-71　复制到我们的画面中

6　在【图层】面板中为刚复制的图层添加图层蒙版，如图 4-72 所示，再点选画笔工具，在选项栏中设置画笔为 45 像素柔边圆，【不透明度】为“100%”，然后在人物的背景上进行涂抹，涂抹后的效果如图 4-73 所示。

7　按【[】键将画笔分别缩小至 10 像素与 5 像素，再对画面中人物的背景进行涂抹，以将其隐藏，隐藏背景后的效果如图 4-74 所示。

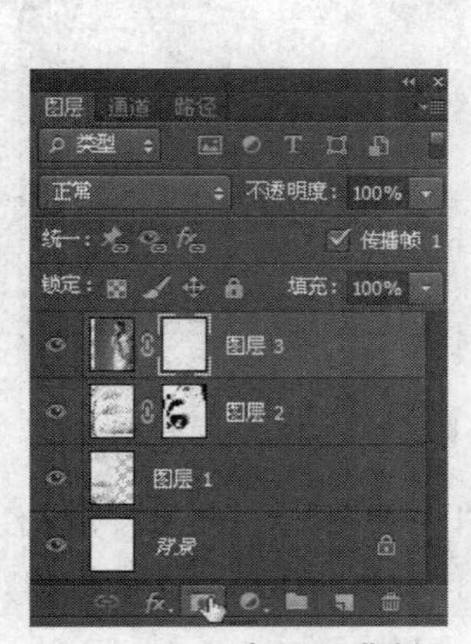

图 4-72　添加图层蒙版

图 4-73　用画笔工具在人物背景上进行涂抹

图 4-74　用画笔工具将人物背景隐藏后的效果

8　用同样的方法打开一张有蜻蜓的图片，如图 4-75 所示，将其复制到画面中，并排放到所需的位置，如图 4-76 所示。

9　同样在【图层】面板中单击【添加图层蒙版】按钮，给刚复制的图层添加图层蒙版，如图 4-77 所示，再在画笔工具的选项栏中设置画笔大小为 39 像素柔边圆，然后在蜻蜓的背景上进行涂抹，以将其隐藏，隐藏后的效果如图 4-78 所示。

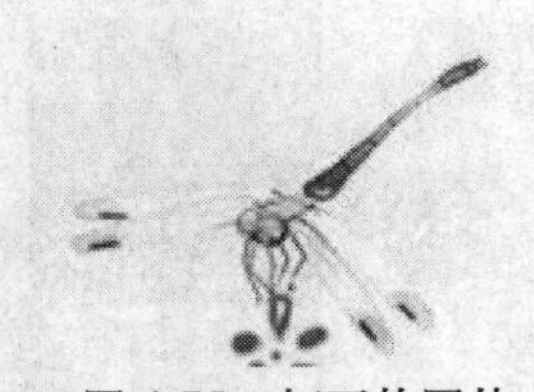
图 4-75　打开的图片

图 4-76　复制与摆放图片

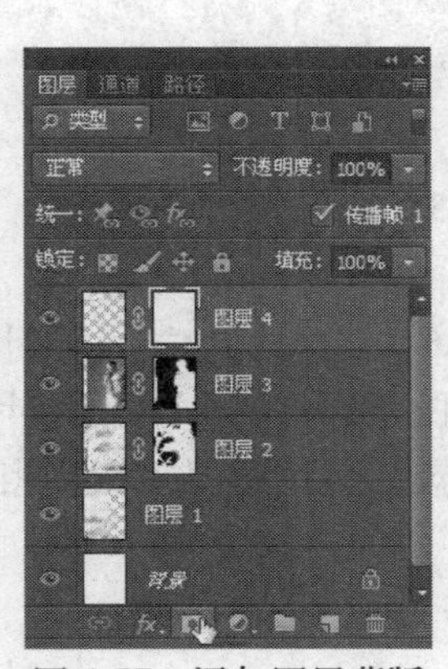

图 4-77　添加图层蒙版

图 4-78　用画笔工具将蜻蜓背景隐藏后的效果

10 在工具箱中点选 T（横排文字工具），在选项栏中设置【字体】为“文鼎特粗黑简”，【字体大小】为“19 点”，然后在画面的底部单击并输入所需的文字，如图 4-79 所示。

11 在【图层】面板中双击添加的文字图层，弹出【图层样式】对话框，在其中选择【描边】选项，设置其【大小】为“2”像素，其他不变，如图4-80所示，单击【确定】按钮，即可得到如图4-81所示的效果。

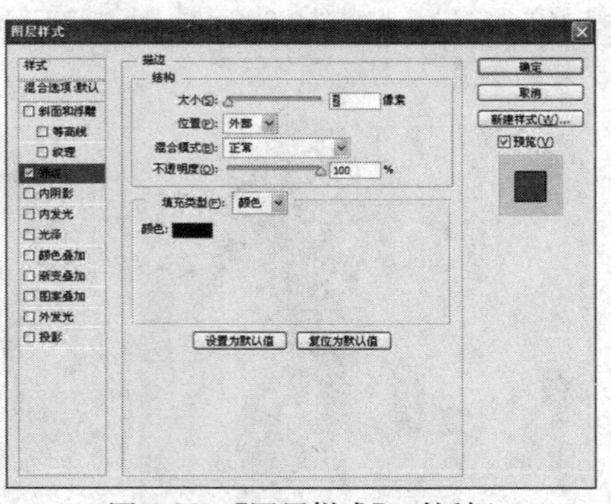

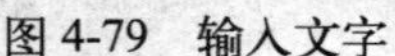
图4-79　输入文字　　图4-80　【图层样式】对话框　　图4-81　添加描边后的效果

12 在【图层】面板中设置文字图层的混合模式为“柔光”，如图4-82所示，使文字应用背景图案，从而得到如图4-83所示的效果。这样，为照片进行艺术化处理就完成了。

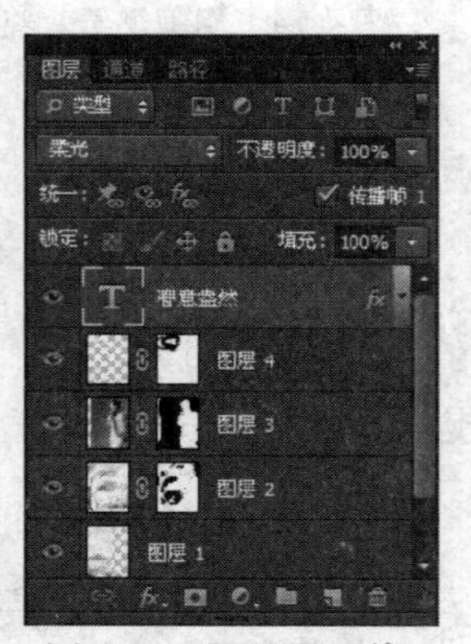

图4-82　【图层】面板

图4-83　最终效果图

4.7　本章小结

本章主要介绍了Photoshop CS6中的图层功能。并对【图层】面板、图层的混合模式、排列图层、合并图层、图层蒙版等做了详细的介绍。同时结合实例重点介绍了图层功能的应用。希望读者在学习的过程中能够灵活运用图层及一些相关命令，为今后的学习与工作打下坚固的基础。

4.8　本章习题

一、填空题

1. 可以为图层添加各种各样的效果，如投影、__________、__________、__________、

__________、__________、__________、__________和描边等效果。

2. Photoshop 中的新图像只有一个图层，该图层称为________。既不能更改__________在堆叠顺序中的位置，也不能将混合模式或不透明度直接应用于______。

二、选择题

1. 使用以下哪个功能可让某个图层的内容来遮盖其上方的图层？（　　）

A. 矢量蒙版　　B. 剪贴蒙版　　C. 临时蒙版　　D. 图层蒙版

2. 按以下哪个快捷键可以将选择的图层置为顶层？（　　）

A. 按 Shift+Ctrl+[键　　B. 按 Ctrl+]键

C. 按 Shift+Ctrl+]键　　D. 按 Ctrl+[键

3. 按以下哪个快捷键可以将选择的图层前移一层？（　　）

A. 按 Ctrl+]键　　B. 按 Ctrl+[键

C. 按 Shift+Ctrl+]键　　D. 按 Shift+Ctrl+[键

4. 以下哪种模式决定图层中的像素与其下面图层中的像素如何混合，以创建出各种特殊的效果？（　　）

A. 颜色模式　　B. 图层的混合模式

C. RGB 颜色模式　　D. CMYK 颜色模式

第5章　绘 画 工 具

教学目标

学习颜色与画笔笔尖的设置，学会使用画笔工具、铅笔工具、历史记录画笔工具、历史记录艺术画笔、渐变工具、油漆桶工具。能够自定义画笔与图案。

教学重点与难点

- 设置颜色
- 画笔工具与铅笔工具
- 使用画笔面板
- 自定义画笔与图案
- 历史记录画笔工具与历史记录艺术画笔
- 渐变工具与油漆桶工具

5.1　设置颜色

要绘制一幅好的作品，首先要色彩用得好。如何设置颜色，成为绘画的首要任务。

利用工具箱中的色彩控制图标可以设置前景色与背景色。单击“设置前景色”或“设置背景色”图标会弹出如图 5-1 所示的【拾色器】对话框，在其中可以设置所需的颜色。也可以用吸管工具在图像上或【色板】面板中直接吸取所需的颜色，如图 5-2、图 5-3 所示。或者在【颜色】面板中设置或吸取所需的颜色，如图 5-4 所示。单击（切换前景色与背景色）图标或按【X】键，可以转换前景色与背景色。单击（默认前景色与背景色）图标或按【D】键，可以将前景色与背景色设置为默认值（简称复位色板）。

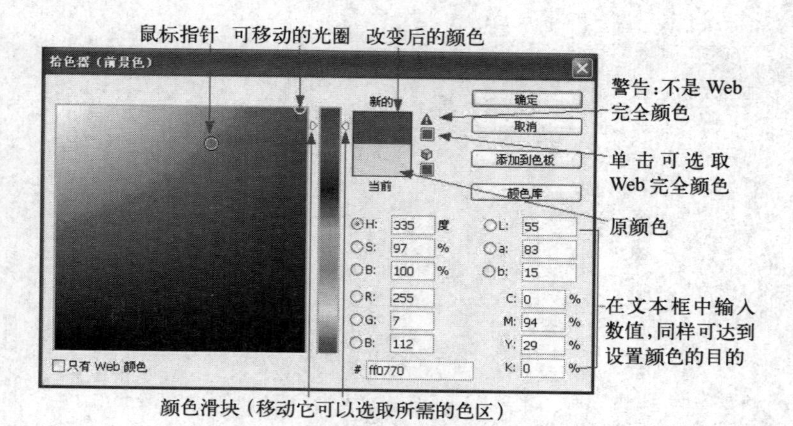

图 5-1　【拾色器】对话框

图 5-2　用吸管工具在图像上吸取颜色

图 5-3　在【色板】面板上吸取颜色

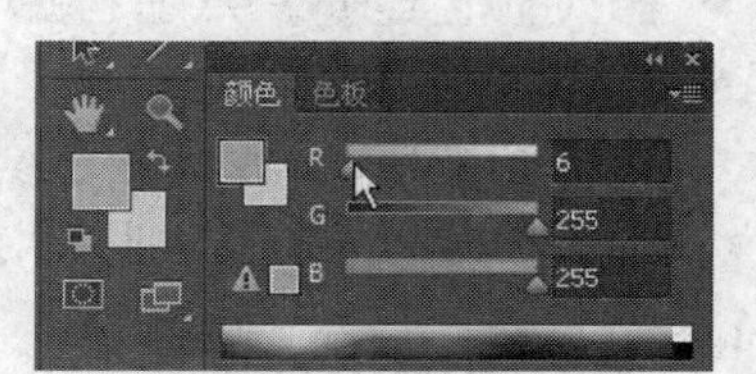

图 5-4　【颜色】面板

5.2　画笔与铅笔工具

画笔是绘画和编辑工具的重要部分。选择的画笔决定着描边效果的许多特性。在 Photoshop 中提供了各种预设画笔，以满足广泛的用途。也可以使用【画笔】面板来创建自定画笔。

可以画笔工具绘出彩色的柔边，勾选【喷枪工具】选项即可模拟传统的喷枪手法，将渐变色调（如彩色喷雾）应用于图像。用它绘出的描边比用画笔工具绘出的描边更发散。喷枪工具的压力设置可控制应用的油墨喷洒的速度，按下左键不动可加深颜色。

铅笔工具的工作原理和生活中的铅笔绘画一样，绘出来的曲线是硬的、有棱角的。

5.2.1　画笔与铅笔工具的属性

画笔工具与铅笔工具的选项栏如图 5-5、图 5-6 所示。通过属性栏的比较，可以看出它们有很多相同的选项，在此一并进行介绍。

提示： 按【B】键可以选择画笔工具、铅笔工具、颜色替换工具或混合器画笔工具，如果当前的是画笔工具，而要选择铅笔工具，可以按【Shift+B】键切换到铅笔工具。

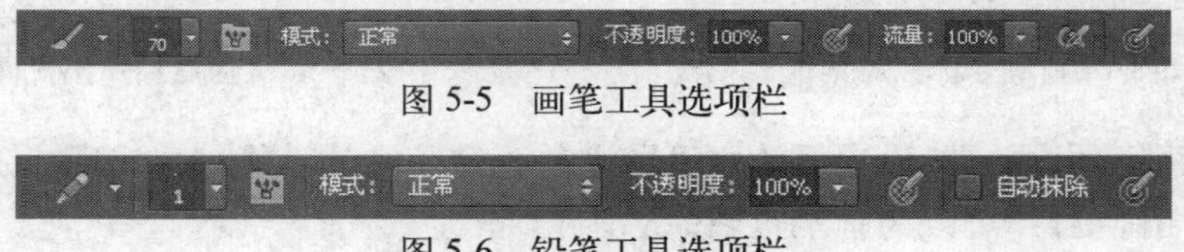

图 5-5　画笔工具选项栏

图 5-6　铅笔工具选项栏

选项栏说明如下：

- （画笔）：可以在其弹出式面板中选择所需的画笔笔尖与设置笔触大小、硬度等参数。
- （切换画笔面板按钮）：单击该按钮，可以显示或关闭【画笔】面板。
- 【模式】：在该下拉列表中可以选择以哪种的混合模式对图像中的像素产生影响。
- 【不透明度】：指定画笔、铅笔、仿制图章、图案图章、历史记录画笔、历史记录艺术画笔、渐变和油漆桶工具应用的最大油彩覆盖量。

- （画笔不透明度压力）按钮：选择它时始终对“不透明度”使用压力，不选择它时将使用“画笔预设”的控制压力。
- 【流量】：指定画笔工具应用油彩的速度，数值越小，绘制的颜色越浅。
- （画笔大小压力）按钮：选择它时始终对“大小”使用压力，不选择它时将使用“画笔预设”的控制压力。
- （喷枪工具）：点选它就可以应用喷枪的属性。
- 【自动抹除】：它是铅笔工具的特别选项。如果勾选【自动抹除】选项，并在前景色上开始拖移，则用背景色绘画，在背景色上开始拖移，则用前景色绘画。如果不勾选【自动抹除】选项，则只用前景色绘画。

5.2.2 画笔弹出式面板

在画笔工具的【画笔】选项后单击按钮，会弹出如图5-7所示的面板，其中的【大小】用来设置画笔笔尖的大小，【硬度】用来改变画笔笔尖的软硬度——也就是使画笔笔尖的边缘软化或硬化。设置好一个画笔笔尖后，可以单击按钮，并在弹出的【画笔名称】对话框中命名，如图5-8所示，单击【确定】按钮，可以将设置的画笔储存起来。同时可以设置所需的前景色和背景色，然后在画面中进行绘制。

在【画笔】弹出式面板中单击按钮，可弹出如图5-9所示的下拉式菜单，可以在其中点选所需的命令和画笔组。

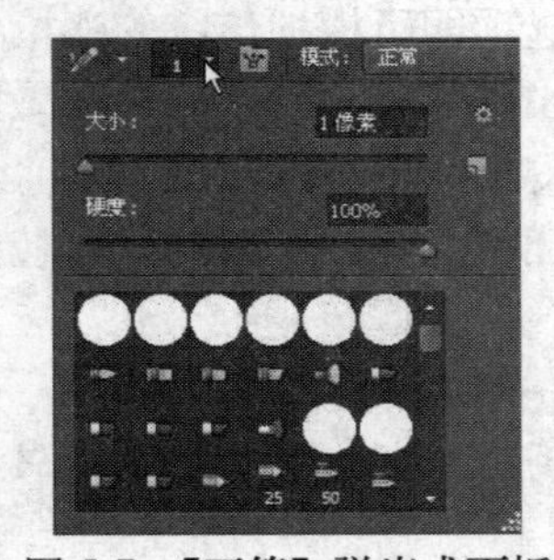

图5-7 【画笔】弹出式面板

图5-8 【画笔名称】对话框

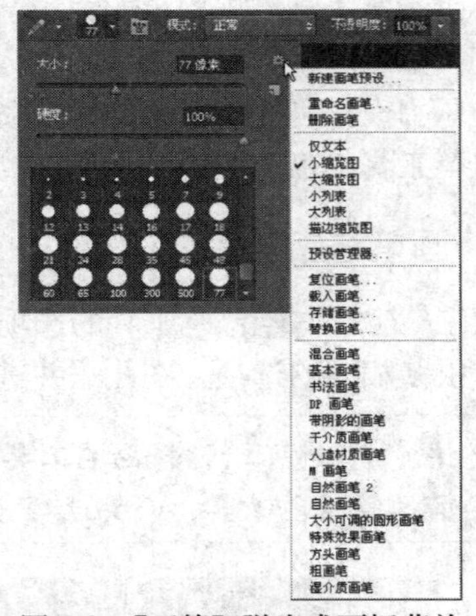

图5-9 【画笔】弹出式面板菜单

- 【新建画笔预设】：为设置好的画笔取名并存储。它的功能与单击按钮一样。
- 【重命名画笔】：可以为画笔重新命名。
- 【删除画笔】：删除选中的画笔。
- 【纯文本】/【小缩览图】/【大缩览图】/【小列表】/【大列表】/【描边缩览图】：此6种选项都是面板中画笔样式的显示方式。默认情况下使用描边缩览图，因为它既能显示画笔的形状，又能显示在实际绘画时画笔的效果。
- 【预设管理器】：可以使用“预设管理器”更改当前的预设项目集和创建新库。
- 【复位画笔】：可以将设置过的画笔还原到默认状态。
- 【载入画笔】：可以从【载入】对话框中调入储存的画笔，其文件类型为*.ABR。

- 【存储画笔】：可以将设置好的画笔存储起来。
- 【替换画笔】：用调入的画笔替换当前【画笔】面板中的画笔。
- 【混合画笔】/【基本画笔】/【书法画笔】/【DP 画笔】/【带阴影的画笔】/【干介质画笔】/【人造材质画笔】/【M 画笔】/【方头画笔】/【自然画笔 2】/【自然画笔】/【大小可调的圆形画笔】/【特殊效果画笔】/【方头画笔】/【粗画笔】/【湿介质画笔】：画笔组的名称。选择它们后，可分别将它们添加或替换到【画笔】面板中。

提示： 在使用画笔工具、铅笔工具、颜色替换工具、混合器画笔工具、仿制图章工具、图案图章工具、历史记录画笔工具、历史记录艺术画笔、橡皮擦工具、涂抹工具、减淡工具、加深工具、模糊工具、锐化工具或海绵工具等工具绘画时，按键盘中的[或]键，可以改变画笔笔尖大小；按Shift+[或Shift+]键，可以改变画笔笔尖的硬度。

5.2.3 【画笔】面板

在画笔工具、铅笔工具、颜色替换工具、混合器画笔工具、仿制图章工具、图案图章工具、历史记录画笔工具、历史记录艺术画笔、橡皮擦工具、涂抹工具、减淡工具、加深工具、模糊工具、锐化工具或海绵工具的选项栏中单击按钮，或者在菜单中执行【窗口】→【画笔】命令或按【F5】键，都会显示【画笔】面板，使用【画笔】面板可以调整画笔笔尖的形状、分布、纹理等属性。这里以选择画笔工具为例来进行进解，在画笔工具的选项栏中单击按钮，弹出如图 5-10 所示的【画笔】面板。

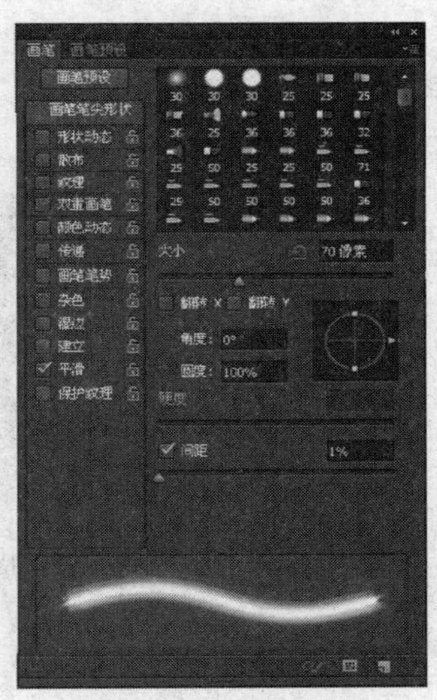

图 5-10 【画笔】面板

【画笔】面板中选项说明如下：

- 【画笔预设】：单击该按钮可以在面板中选择各种预设的画笔。每种预设对应于一系列的画笔参数。单击右下角的按钮，可以创建新的画笔预设；单击按钮，可以将不要的画笔预设删除。
- 【画笔笔尖形状】：画笔描边由许多单独的画笔笔迹组成。所选的画笔笔尖决定了画笔笔迹的形状、直径和其他特性。可以通过编辑其选项来自定画笔笔尖，并通过采集图像中的像素样本来创建新的画笔笔尖形状。
- 【形状动态】：决定描边中画笔笔迹的变化。在【画笔】面板的左边单击【形状动态】项目，它的右边就会显示相关的选项，可以在其中进行属性设置。
- 【散布】：选择该项目，可确定描边中笔迹的数目和位置。
- 【纹理】：先在【画笔】面板的画笔预设中选择所需的画笔笔尖，再在左边单击【纹理】项目，其右边就会显示它的相关选项，纹理画笔利用图案使描边就像是在带纹理的画布上绘制的一样。
- 【双重画笔】：使用两个笔尖创建画笔笔迹从而创造出两种画笔的混合效果。在【画笔】面板的【画笔笔尖形状】部分可以设置主要笔尖的选项。在【画笔】面板的【双重画笔】部分可以设置次要笔尖的选项。
- 【颜色动态】：决定描边路线中油彩颜色的变化方式。

- 【传递】：确定油彩在描边路线中的改变方式。其中的“不透明度抖动和控制”指定画笔描边中油彩不透明度；“流量抖动和控制”指定画笔描边中流量大小。
- 【画笔笔势】：选择该选项可以设置画笔的倾斜率、旋转角度与压力等。
- 【杂色】：可向个别的画笔笔尖添加额外的随机性。当应用于柔画笔笔尖（包含灰度值的画笔笔尖）时，此选项最有效。
- 【湿边】：选项可沿画笔描边的边缘增大油彩量，从而创建水彩效果。
- 【建立】：可用于对图像应用渐变色调，模拟传统的喷枪手法。
- 【平滑】：可在画笔描边中产生较平滑的曲线。
- 【保护纹理】：可对所有具有纹理的画笔预设应用相同的图案和比例。

5.2.4 使用画笔与铅笔工具

上机实战　画笔与铅笔工具的实用

1 按【Ctrl+N】键新建一个文件，在工具箱中设置前景色为“#fbee16”，背景色为红色，再点选画笔工具，在【画笔】弹出式面板中将特殊效果画笔追加到当前的【画笔】面板中，如图5-11所示。

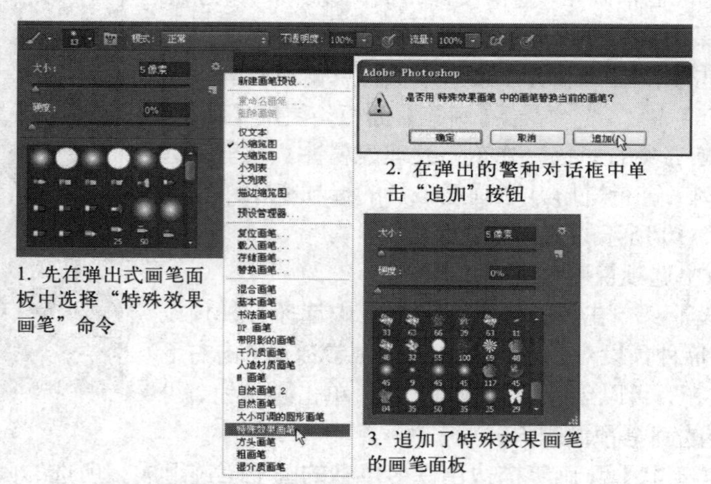

图5-11　添加预设画笔到当前的【画笔】面板中

2 在【画笔】弹出式面板中选择所需的画笔，如图5-12所示。在画布的右边适当位置按下左键向底边的左下角拖移，一边拖移一边就会显示画笔笔触效果，绘制好所需的效果后松开左键即可，画面效果如图5-13所示。

图5-12　【画笔】弹出式面板

图5-13　用画笔工具绘制花

3 在【色板】面板中选择“RGB 红”，如图 5-14 所示，在【画笔】弹出式面板中选择所需的画笔，如图 5-15 所示，然后在画面的上方写一个“福”字，写好后的效果如图 5-16 所示。

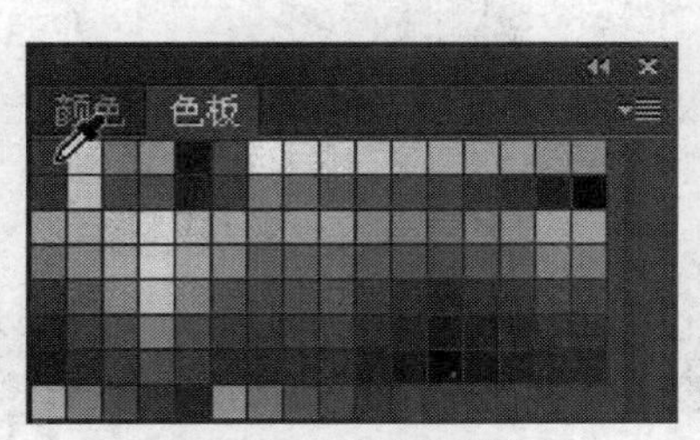

图 5-14 【色板】面板

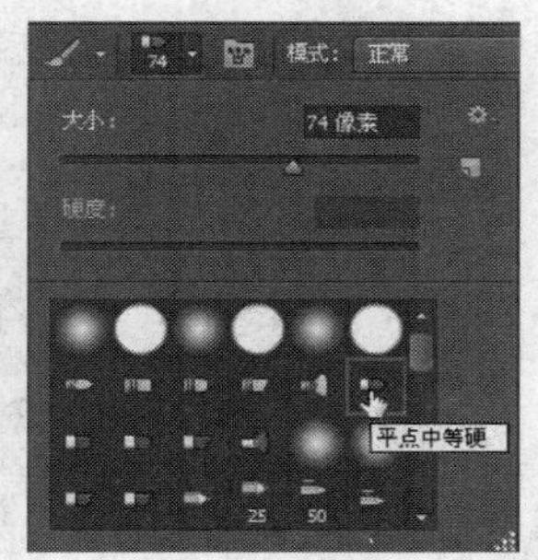

图 5-15 【画笔】弹出式面板

图 5-16 写一个“福”字

4 在【色板】面板中选择“RGB 黄”，在工具箱中点选（铅笔工具），在选项栏中单击按钮，显示【画笔】面板，并在其中选择画笔，并设置【间距】为“128%”，如图 5-17 所示，然后在画面中“福”字边缘进行拖动，给文字添加描边，拖动几次后的效果如图 5-18 所示。

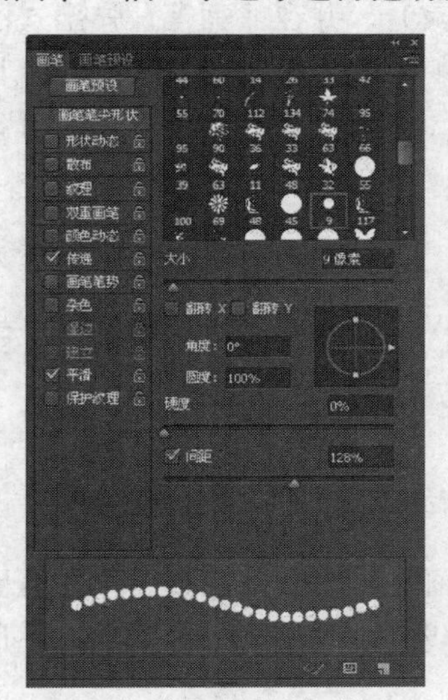
图 5-17 【画笔】面板

图 5-18 用铅笔绘制“福”字边缘后的效果

5.2.5 自定义画笔

在 Photoshop 中可定义整个图像或部分选区图像为画笔。如果要使画笔形状更明显，可以使它显示在纯白色的背景上；如果要想定义带柔边的画笔，可以选择包含灰度值的像素组成的画笔形状（彩色画笔的形状显示为灰度值）。

上机实战 利用【自定义画笔】命令定义画笔

1 按【Ctrl+O】键从配套光盘的素材库中打开 03.jpg 文件，如图 5-19 所示。

2 在工具箱中点选（快速选择工具），采用默认值，在画面中花朵上按下左键进行拖移，直至选择整朵花为止，如图 5-20 所示。

3 在工具箱中点选（多边形套索工具），在选项栏中选择按钮，再在画面中将多余

的选区减去，然后按【Shift】键将没有选择的区域选择，修改好的选区如图 5-21 所示。

图 5-19　打开的图像文件

图 5-20　选择对象

图 5-21　修改选区

4　在菜单中执行【编辑】→【定义画笔预设】命令，弹出如图 5-22 所示的对话框，在【名称】文本框中输入所需的画笔名称，也可采用默认值，单击【确定】按钮，即可将选区的内容定义为画笔。

图 5-22　【画笔名称】对话框

5　按【Ctrl+N】键新建一个空白的图像文件，大小视需而定，在【色板】面板中选择“纯洋红色”，如图 5-23 所示。在工具箱中点选（画笔工具），并在【画笔】弹出式面板中找到刚定义的画笔并选择它，如图 5-24 所示，使它成为当前画笔笔尖，然后在图像窗口中单击，得到如图 5-25 所示的效果。

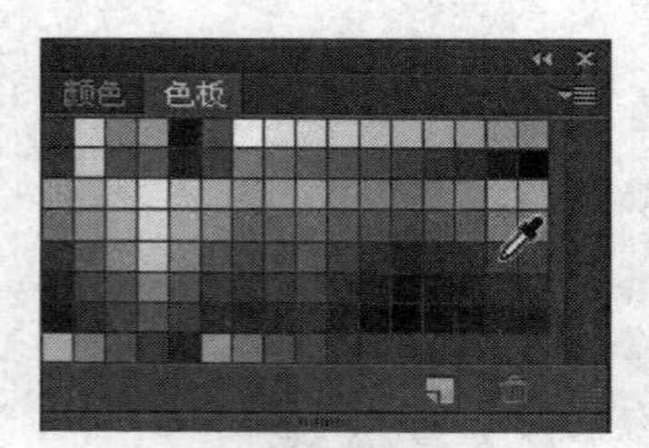

图 5-23　【色板】面板

图 5-24　【画笔】弹出式面板

图 5-25　绘制出的画笔效果

6　按【[】键将画笔笔尖缩小到“56px”，显示【画笔】面板，在其中选择【画笔笔尖形状】与勾选【形状动态】项目，设置【间距】为“118%”，如图 5-26 所示，然后在图像窗口的空白处中拖动，得到如图 5-27 所示的效果。

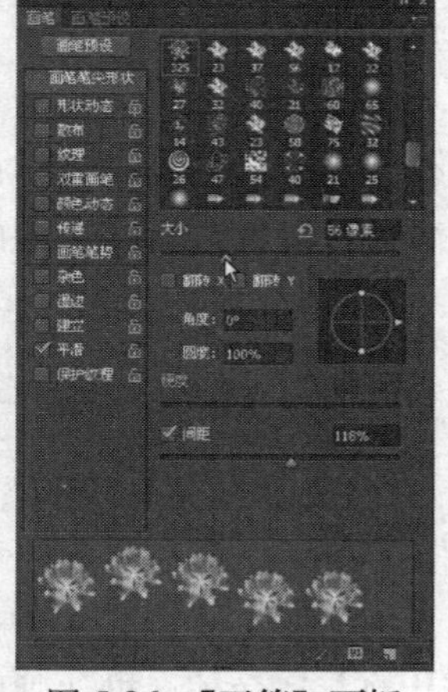

图 5-26　【画笔】面板

图 5-27　绘制的画笔效果

5.3　颜色替换工具

使用颜色替换工具可以改变图像中的颜色。可以使用校正颜色在目标颜色上绘画。颜色替换工具不适用于“位图”、“索引”或“多通道”颜色模式的图像。

上机实战　使用颜色替换工具改变图像颜色

1　按【Ctrl+O】键从配套光盘的素材库中打开 04.psd 文件，如图 5-28 所示。

2　按【Ctrl+J】键复制一层，在工具箱中设定前景色为“#deb618”，点选颜色替换工具，在选项栏的画笔选取器中设置【大小】为“13px”，【硬度】为“0%”，其他不变，如图 5-29 所示，然后在画面中左边的半边水果上进行涂抹，改变其颜色，如图 5-30 所示。

图 5-28　打开的文件

图 5-29　设置画笔

3　在【图层】面板中单击按钮，给图层 1 添加图层蒙版，再按【B】键选择画笔工具，设置画笔笔尖为 50px 柔边圆，然后在画面中被多涂颜色的地方进行涂抹，将其颜色擦除，擦除好后的效果如图 5-31 所示，其【图层】面板如图 5-32 所示。

图 5-30　用颜色替换工具替换颜色

图 5-31　添加图层蒙版并修改后的效果

图 5-32　【图层】面板

5.4　混合器画笔工具

使用混合器画笔工具可以混合画布上的颜色并模拟硬毛刷，以产生媲美传统绘画介质的结果。

上机实战　使用混合器画笔工具绘制图像

1　按【Ctrl+O】键打开 05.jpg 文件，如图 5-33 所示，再按【Ctrl+J】键复制一个副本，将在副本上进行绘制。

图 5-33　打开的风景图片

2　在工具箱中设置前景色为“# eeae15”，点选 （混合器画笔工具），在选项栏中设置画笔的笔尖为【自然画笔】组中的“点刻12像素画笔”，【潮湿】为“10%”，【混合】为“25%”，其他不变，如图5-34所示，然后在画面中房子的墙壁上按着纹路进行绘制，直到将墙壁绘制完成为止，绘制好后的效果如图5-35所示。

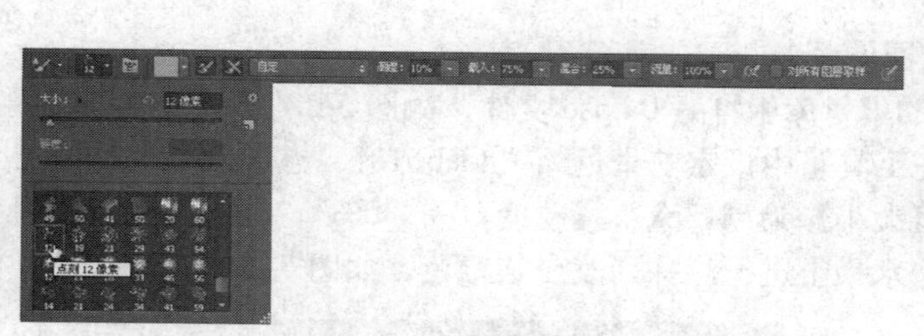

图5-34　设置画笔

图5-35　用混合器画笔工具绘制后的效果

3　使用 吸管工具在画面中吸取所需的颜色，如图5-36所示；接着点选 （混合器画笔工具），在选项栏中设置【混合】为“40%”，其他不变，在画面中需要进行混合的地方涂抹，多次涂抹后的效果如图5-37所示。

图5-36　吸取所需的颜色

图5-37　用混合器画笔工具绘制后的效果

5.5　历史记录画笔工具和历史记录艺术画笔

历史记录画笔工具可以将图像的一个状态或快照的拷贝绘制到当前图像窗口中。该工具创建图像的样本，然后用它来绘画。在Photoshop中，也可以用历史记录艺术画笔绘画，以创建特殊效果。

历史记录艺术画笔可以使用指定历史记录状态或快照中的源数据，以风格化描边进行绘画。通过尝试使用不同的绘画样式、大小和容差选项，可以用不同的色彩和艺术风格模拟绘画的纹理。

与历史记录画笔一样，历史记录艺术画笔也是用指定的历史记录状态或快照作为源数据。但是，历史记录画笔通过重新创建指定的源数据来绘画，而历史记录艺术画笔在使用这些数据的同时，还使用为创建不同的色彩和艺术风格设置的选项。

5.5.1　历史记录艺术画笔的属性

在工具箱中点选 （历史记录艺术画笔），选项栏中就会显示它的相关选项，如图5-38所示。

图 5-38　历史记录艺术画笔选项栏

历史记录艺术画笔选项栏说明如下：

- 【样式】：在【样式】下拉列表中可以选择绘画描边的形状，如绷紧短、绷紧中、绷紧长、松散中等、松散长、轻涂、绷紧卷曲、绷紧卷曲长、松散卷曲与松散卷曲长。
- 【区域】：在文本框中可以输入 0 像素～500 像素之间数值设定绘画描边所覆盖的区域。输入值越大，覆盖的区域越大，描边的数量也越多。
- 【容差】：在文本框中输入数值或拖移滑块限定可以应用绘画描边的区域。低容差可用于在图像中的任何地方绘制无数条描边。高容差将绘画描边限定在与源状态或快照中的颜色明显不同的区域。

5.5.2　使用历史记录画笔工具

上机实战　使用历史记录画笔工具绘制图像

1　按【Ctrl+O】键从配套光盘的素材库中打开 004.jpg 和 005.jpg 文件，如图 5-39、图 5-40 所示。

图 5-39　打开的文件

图 5-40　打开的文件

2　使用移动工具将 005.jpg 文件中的图像拖动到 004.jpg 文件中来，并排放到适当位置，如图 5-41 所示，以 004.jpg 文件为当前文件，再显示【历史记录】面板，在“打开”操作前面的方框中单击，如图 5-42 所示，以打开 004.jpg 文件时的图像效果为源。

图 5-41　拖动并复制图片

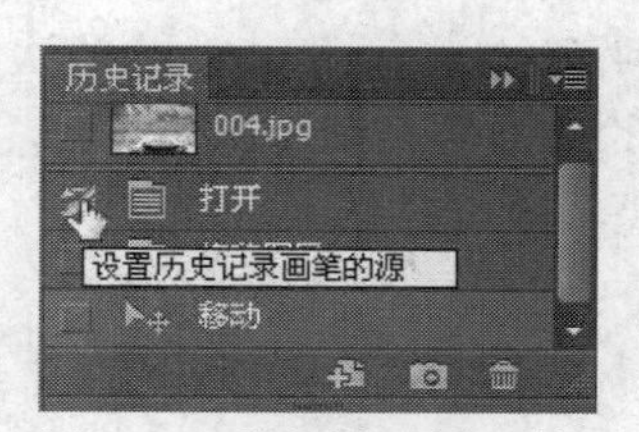

图 5-42　【历史记录】面板

3　在工具箱中点选（历史记录画笔工具），在选项栏的【画笔】弹出式面板中选择柔边圆画笔，并设定【大小】为“85 像素”，其他为默认值，如图 5-43 所示，然后在画面中仙人掌的背景上来回拖动一次，用历史记录源中的内容进行绘制，从而绘制出所需的效果，如图 5-44 所示。

图 5-43 【画笔】弹出式面板

图 5-44 来回拖动后的效果

4 在工具箱中点选（历史记录艺术画笔），在选项栏中设置【样式】为“轻涂”，【区域】为“10 像素”，在【画笔】弹出式面板中选择“干毛巾画笔”，其他为默认值，如图 5-45 所示，然后在画面中仙人掌的边缘进行涂抹，将不需要的颜色改为所需的颜色（也就是使用历史记录源中的内容进行绘制），精细涂抹后的效果如图 5-46 所示。

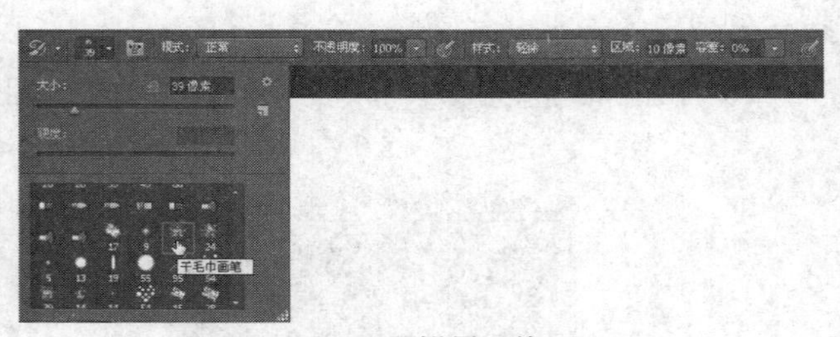

图 5-45 设置画笔

图 5-46 用历史记录艺术画笔绘制后的效果

5.6 渐变工具

渐变工具可以创建多种颜色间的逐渐混合。可以从预设渐变填充中选取或创建自己的渐变。

提示：渐变工具不能用于位图、索引颜色的图像。

5.6.1 渐变工具的属性

在工具箱中点选（渐变工具），在选项栏中就会显示它的相关选项，在渐变拾色器中选择“透明条纹渐变”，其他为默认值，如图 5-47 所示，在图像窗口的下方中拖动鼠标，即可给画面的下方进行渐变填充，如图 5-48 所示，如果图像窗口中有选区，则只给选区进行渐变填充。

图 5-47 渐变工具选项栏

图 5-48 渐变填充后的效果

渐变工具选项栏说明如下：

- （可编辑渐变）按钮：单击该按钮可弹出如图 5-49 所示的【渐变编辑器】对话框，可在【预设】框中直接单击所需的渐变；在【渐变类型】栏中可以编辑自定的渐变；编辑好的渐变可以存储到【预设】框中，只需单击【新建】按钮即可；单击【存储】按钮，可以将设置好的渐变组存储起来，在弹出的【存储】对话框中可以给这组渐变命名；单击【载入】按钮，可以将已存储的渐变组调入到【预设】框中，以便直接调用。

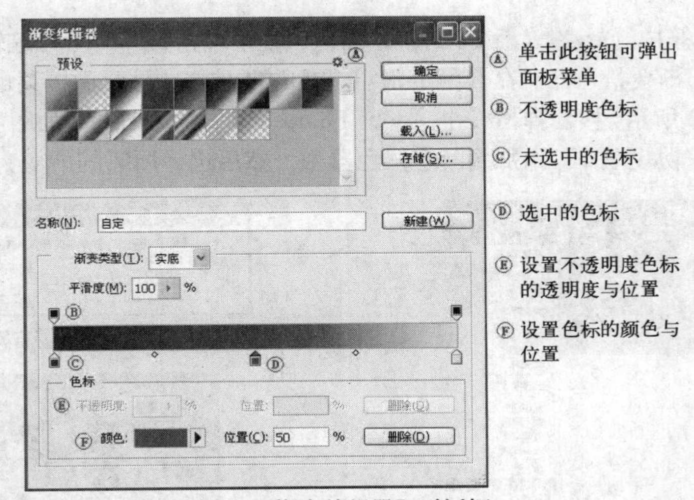

图 5-49 【渐变编辑器】对话框

- （线性渐变）：从起点（按下左键处）到终点（松开左键处）做线性渐变。
- （径向渐变）：从起点到终点做圆形图案渐变。
- （角度渐变）：从起点到终点做逆时针环绕渐变。
- （对称渐变）：从起点处向两侧逐渐展开。
- （菱形渐变）：从起点处向外以菱形图案逐渐改变，终点定义菱形的一角。
- 【反向】：勾选它可反转渐变填充中颜色的顺序。
- 【仿色】：勾选它可用较小的带宽创建较平滑的混合。
- 【透明区域】：勾选它可对渐变填充使用透明蒙版。

5.6.2 应用预设渐变

在 Photoshop 中提供了许多预设的渐变，可以直接采用这些预设的渐变，也可以将自己编辑的渐变保存为预设的渐变。

上机实战 应用预设渐变

1 从工具箱中选择（横排文字蒙版工具），在图像窗口中的适当位置单击并输入“秀丽风景”文字，按【Ctrl+A】键全选刚输入的文字，在【字符】面板中设置【字体】为“文鼎特粗黑简”，【字体大小】为“100 点”，【垂直缩放】为“200%”，【水平缩放】为“130%”，【所选字距】为“75”，如图 5-50 所示，然后在选项栏中单击按钮，确认文字输入，得到如图 5-51 所示的文字选区。

图 5-50　输入文字

图 5-51　文字选区

2　在工具箱中选择 （渐变工具），在选项栏中单击 （可编辑渐变）按钮后的 下拉按钮，弹出渐变拾色器，在其中单击右上角的 按钮，显示面板菜单，选择“协调色 2”命令，如图 5-52 所示，接着弹出一个 Adobe Photoshop 警告对话框，如图 5-53 所示，单击【追加】按钮，将“协调色 2”添加到渐变拾色器中，然后选择所需的渐变，如图 5-54 所示。

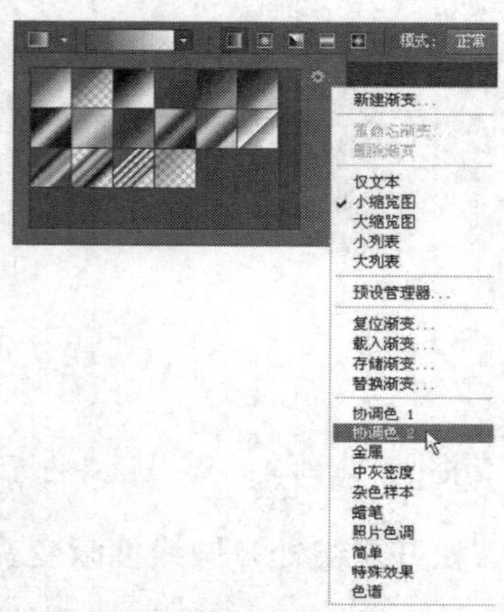

图 5-52　渐变拾色器面板菜单

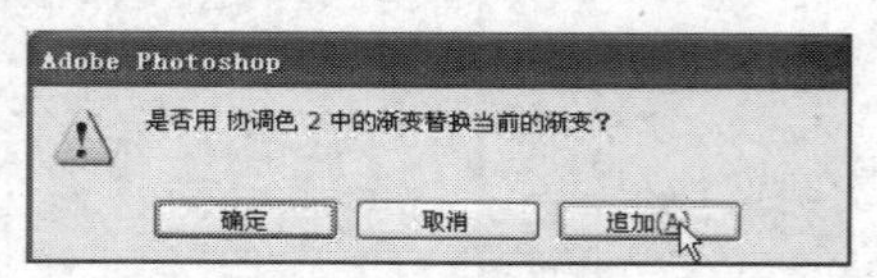

图 5-53　警告对话框

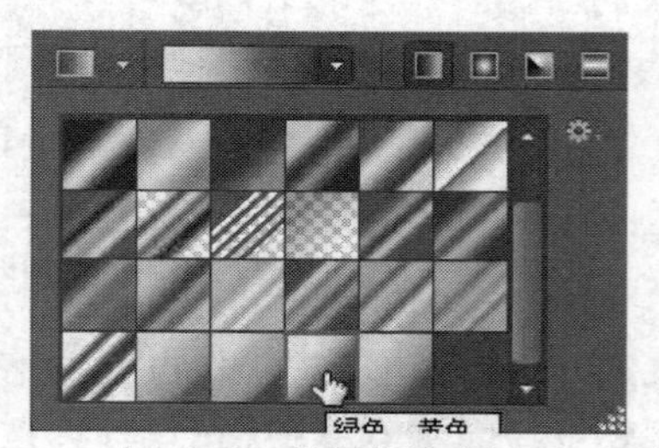

图 5-54　选择渐变颜色

3　移动指针到画面中的选框上边，按【Shift】键从选区的上边向下边拖动，给选区进行渐变填充，进行渐变填充后的效果如图 5-55 所示。

图 5-55　渐变填充后的效果

5.6.3　自定渐变

在【渐变编辑器】对话框中可以创建所需的渐变色，如添加、移动或删除色标，并根据需要对添加的色标进行颜色设置。

1. 添加色标

在工具箱中选择 （渐变工具），并在选项栏中单击 （可编辑渐变）按钮，弹出

【渐变编辑器】对话框，移动指针到渐变条下方适当位置单击，即可添加一个的色标，其颜色为当前前景色。

2. 移动色标

如果所添加色标的位置不是所需的位置，可以将其移动到所需的位置。在要移动的色标上按下左键，向所需的方向拖移或在【位置】文本框中输入所需的数字，即可将该色标移至所需的位置了。

3. 设置色标的颜色和不透明度

选中要更改颜色的色标，在【颜色】选项后单击色块按钮或双击该色标，弹出【选择色标颜色】对话框，可以在其中选择所需的色标颜色，选择好后单击【确定】按钮，即可将选择色标的颜色改为所选择的颜色。

在绘画时有时需要透明渐变，因此需要设置色标的不透明度。可以在渐变条上方选择要更改不透明度的色标，在下方色标栏中设置所需的不透明度与位置。也可以直接拖动不透明度色标来改变其位置。

4. 删除色标

在编辑渐变时，通常会有一些色标需要删除。可以在【渐变编辑器】对话框中选择要删除的色标，再在【色标】栏中单击【删除】按钮即可；也可将色标拖离渐变条外，直接将其删除。

5.6.4 应用渐变工具制作按钮

在制作按钮时，先用创建新图层、椭圆选框工具、渐变工具、变换选区等工具与命令制作出按钮的形状，再用打开、拷贝、贴入等命令贴入一张图片，然后用椭圆选框工具与渐变工具制作玻璃效果，如图5-56所示。

图5-56 实例效果图

上机实战 应用渐变工具制作按钮

1 在工具箱中设置背景色为黑色，新建一个宽度与高度均为“500”像素，【分辨率】为“150”像素/英寸，【背景内容】为“背景色”的图像文件。

2 显示【图层】面板，在其中单击 （创建新图层）按钮，新建图层1，如图5-57所示，再在工具箱中点选 （椭圆选框工具），并在图像窗口中绘制一个椭圆选框，如图5-58所示。

3 设置前景色为R：250、G：250、B：250，背景色为R：65、G：65、B：65，再在

工具箱中点选（渐变工具），并在选项栏的渐变拾色器中选择“前景色到背景色渐变”，如图5-59所示，然后按【Shift】键从选框的上边向下边拖动，给选框进行渐变填充，填充渐变后的效果如图5-60所示。

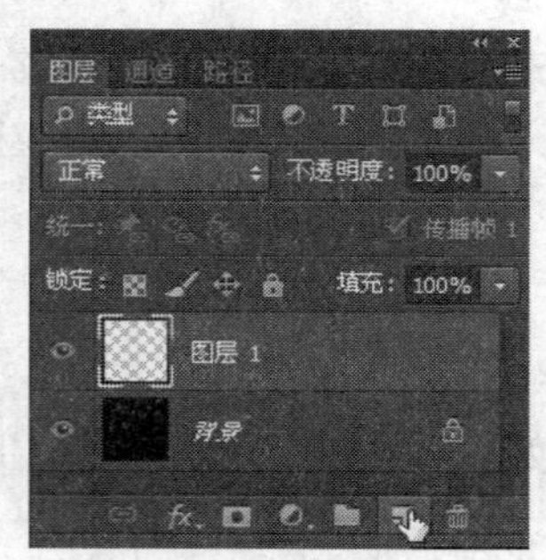

图5-57 【图层】面板

图5-58 绘制椭圆选框

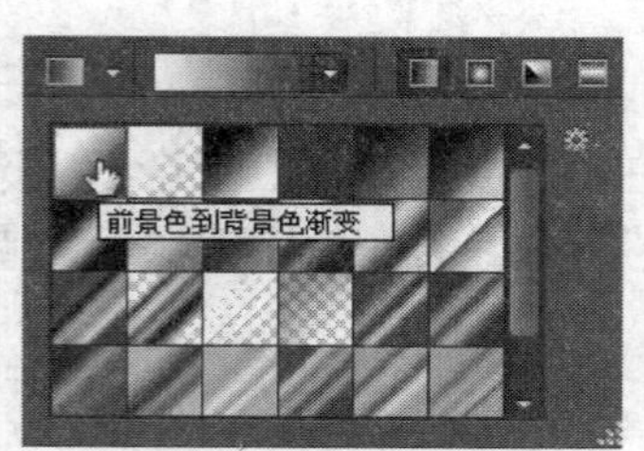

图5-59 渐变拾色器

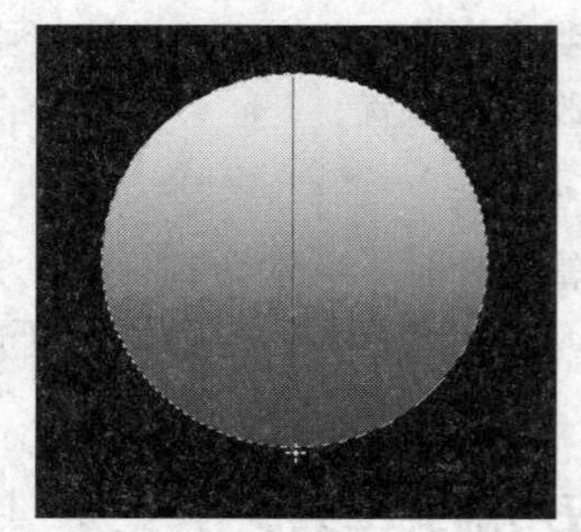
图5-60 填充渐变后的效果

4 在【选择】菜单中执行【变换选区】命令，显示变换框，在选项栏的中输入90%，将选框缩小，如图5-61所示，然后在选项栏中单击按钮，确认变换，再用渐变工具从选框的下边向上边拖动，给选框进行渐变填充，填充颜色后的效果如图5-62所示。

5 在【选择】菜单中执行【变换选区】命令，显示变换框，再在选项栏的中输入96%，将选框缩小，如图5-63所示，然后在选项栏中单击按钮，确认变换。

图5-61 将选框缩小

图5-62 进行渐变填充

图5-63 将选框缩小

6 在【图层】面板中单击（创建新图层）按钮，新建图层2，如图5-64所示。

7 在渐变工具的选项栏中单击按钮，显示【渐变编辑器】对话框，在渐变条下方设置右边色标为R：20、G：40、B：200，在渐变条下方中间位置单击添加一个色标，再用吸管工具在渐变条上单击吸取所需的颜色，接着选择左边色标，同样用吸管工具在渐变条上吸取所需的颜色，如图5-65所示，设置好后单击【确定】按钮，接着从选框的下边向上

边拖动，给选框进行渐变填充，填充颜色后的效果如图5-66所示。

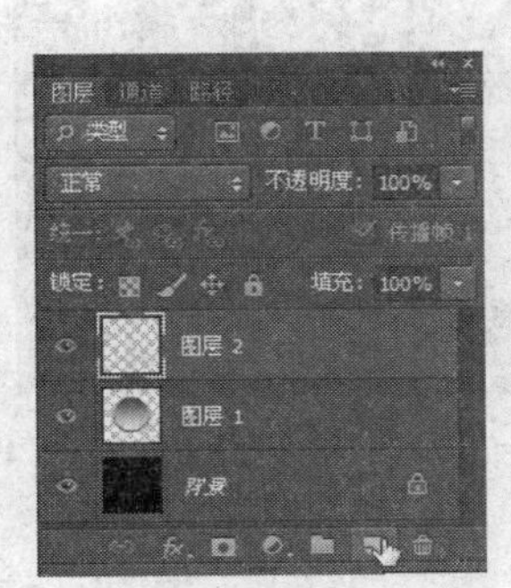
图5-64 【图层】面板

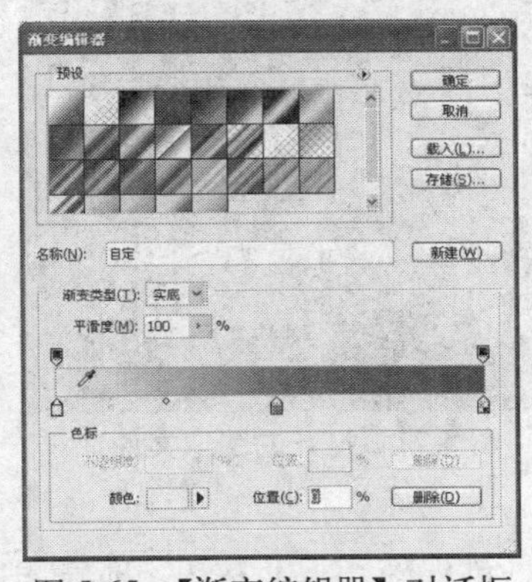
图5-65 【渐变编辑器】对话框

图5-66 进行渐变填充

8 同样在【选择】菜单中执行【变换选区】命令，显示变换框，再在选项栏的W: 95.00% H: 95.00%中输入95%，将选框缩小，然后在选项栏中单击✓按钮，确认变换，得到如图5-67所示的选区。

9 在渐变工具的选项栏中单击按钮，显示【渐变编辑器】对话框，在渐变条下方双击左边色标，并在弹出的【选择色标颜色】对话框中设置颜色为白色，用同样的方法分别双击中间与右边的色标，并设置它们的颜色分别为R：224、G：250、B：255，R：21、G：180、B：246，如图5-68所示，设置好后单击【确定】按钮，然后按【Shift】键从选框的上边向下边拖动，给选框进行渐变填充，填充渐变后的效果如图5-69所示。

图5-67 将选框缩小

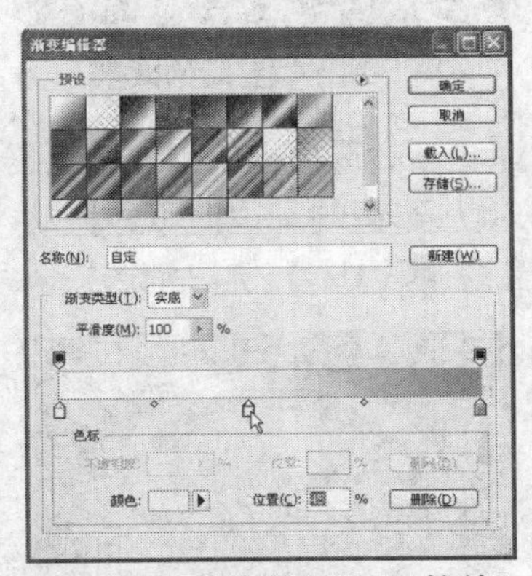
图5-68 【渐变编辑器】对话框

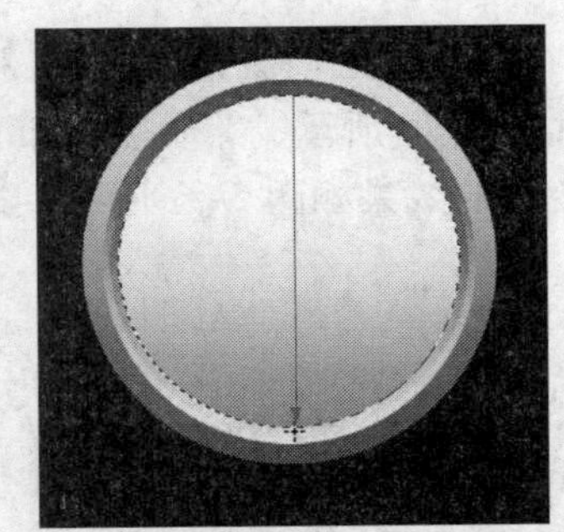
图5-69 进行渐变填充

10 同样在【选择】菜单中执行【变换选区】命令，显示变换框，再在选项栏的W: 98.00% H: 98.00%中输入98%，将选框缩小，在选项栏中单击✓按钮，确认变换。按【Shift】键从选框的下边向上边拖动，给选框进行渐变填充，填充渐变后的效果如图5-70所示。

11 按【Ctrl+O】键从配套光盘中的素材库中打开09.jpg文件，如图5-71所示，按【Ctrl+A】键全选，再按【Ctrl+C】键执行【拷贝】命令，将其拷贝到剪贴板中。

12 激活刚绘制的按钮文件，在【编辑】菜单中执行【选择性粘贴】→【贴入】命令，即可将拷贝的内容贴入圆形选框中，同时取消选择，结果如图5-72所示。

13 在【图层】面板中设置图层3的【不透明度】为“50%”，如图5-73所示，得到如图5-74所示的效果。

图 5-70　变换选区并填充渐变颜色后的效果

图 5-71　打开的图像文件

图 5-72　将拷贝的内容贴入椭圆选框

14 在【图层】面板中单击（创建新图层）按钮，新建图层 4，在工具箱中点选（椭圆选框工具），并在画面的按钮中绘制一个椭圆选框，如图 5-75 所示。

图 5-73　【图层】面板

图 5-74　调整后的效果

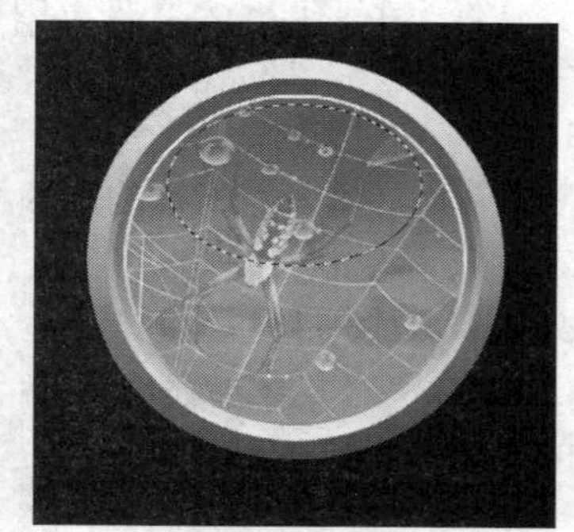

图 5-75　绘制椭圆选框

15 设置前景色为白色，在渐变工具选项栏的渐变拾色器中选择“前景色到透明渐变”，如图 5-76 所示，然后按【Shift】键从选框的上边向下边拖动，给选框进行渐变填充，填充渐变后的效果如图 5-77 所示，接着按【Ctrl+D】键取消选择，得到如图 5-78 所示的效果。

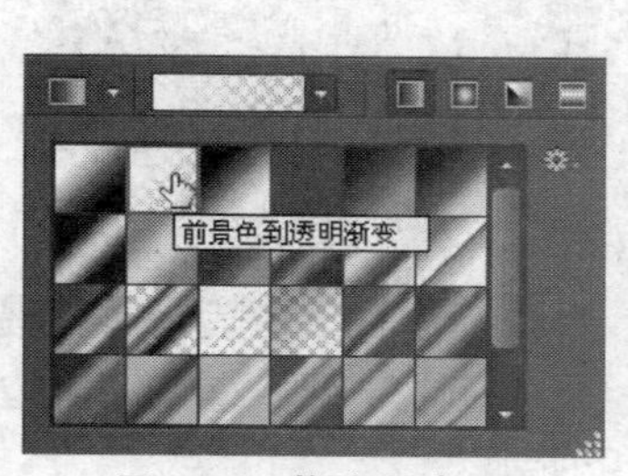

图 5-76　渐变拾色器

图 5-77　进行渐变填充

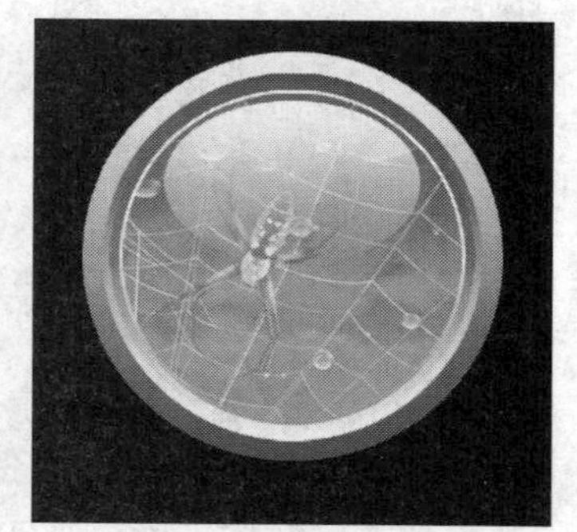

图 5-78　取消选择后的效果

5.7　油漆桶工具

使用油漆桶工具可以为图像填充颜色值与点按像素相似的相邻像素，但是它不能用于位图模式的图像。

5.7.1　使用油漆桶工具

上机实战　使用油漆桶工具填充图像

1　从配套光盘的素材库中打开 010.jpg 文件，如图 5-79 所示，在工具箱中点选（直排文字蒙版工具），在刚打开的图片中单击并输入所需的文字，按【Ctrl+A】键全选文字后在【字符】面板中设置【字体】为“华文行楷”，【字体大小】为“60 点”，【行距】为“60 点”，【所选字符的字距】为“10”，选择【仿粗体】按钮，如图 5-80 所示，设置好后在选项栏中单击按钮，确认文字输入，得到如图 5-81 所示的选区。

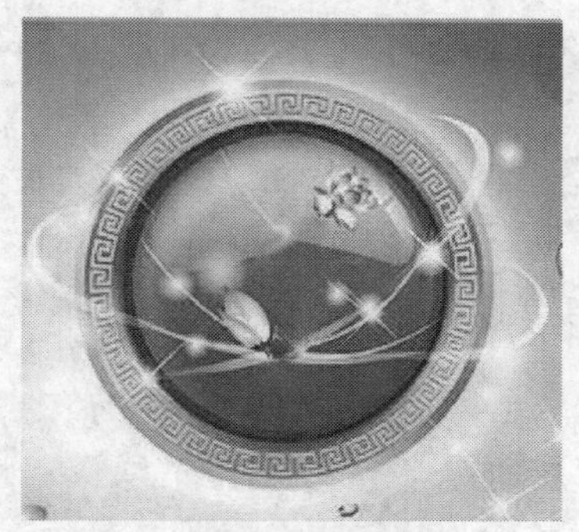

图 5-79　打开的图片

字符
段落
华文行楷
60 点
60 点
0
10
0%
100%
100%
0 点
颜色：
美国英语
锐利

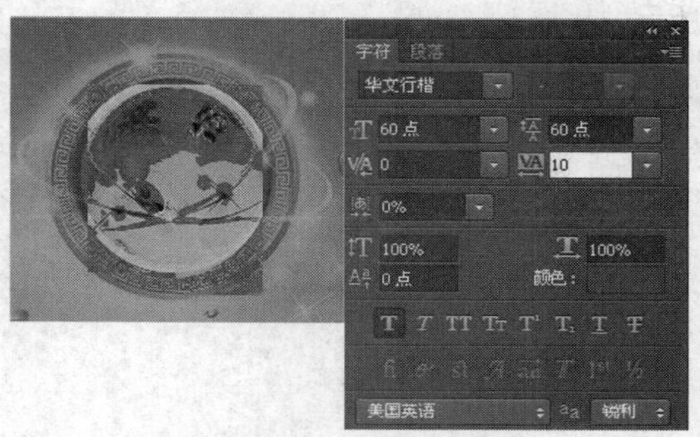

图 5-80　设置字符格式

2　设置前景色为红色，在【图层】面板中单击【创建新图层】按钮，新建一个图层为图层 1，如图 5-82 所示。

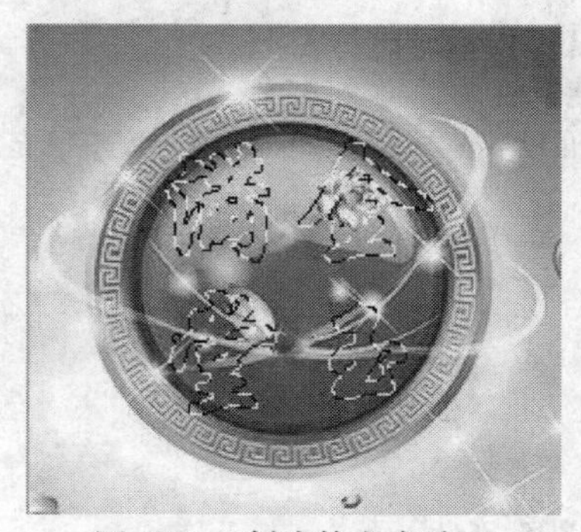

图 5-81　创建的文字选区

图层
通道
路径
类型
正常
不透明度：
100%
统一：
传播帧 1
锁定：
填充：
100%
图层 1
背景

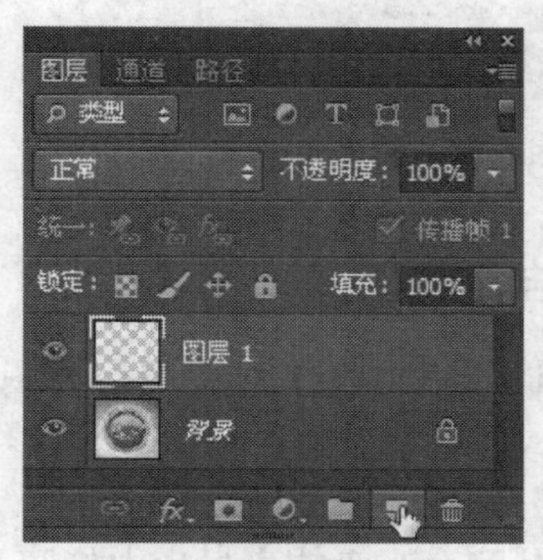

图 5-82　【图层】面板

3　在工具箱中点选（油漆桶工具），选项栏中就会显示它的相关选项，如图 5-83 所示，采用默认值，在画面中的选区内单击，即可用前景色填充选区，效果如图 5-84 所示。

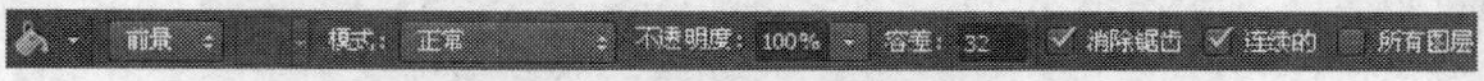

前景
模式：
正常
不透明度：
100%
容差：
32
消除锯齿
连续的
所有图层

图 5-83　油漆桶工具选项栏

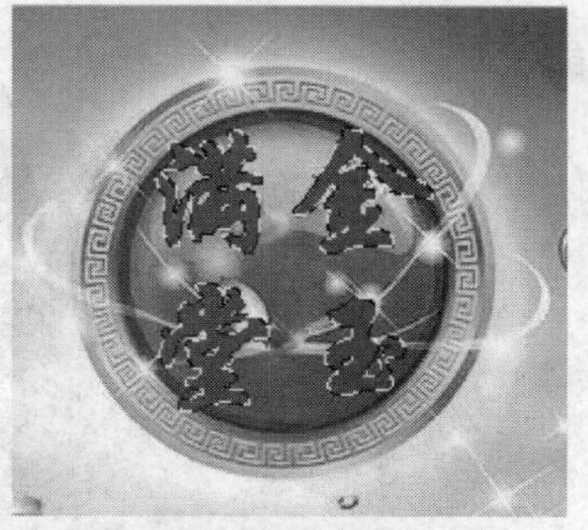

图 5-84　填充颜色后的效果

4 在油漆桶工具的选项栏的 （设置填充区域的源）列表中选择“图案”，则图案后的按钮成为活动可用状态，单击下拉按钮，在弹出的【图案】面板中单击按钮，弹出下拉菜单，在其中选择【彩色纸】命令，如图 5-85 所示。

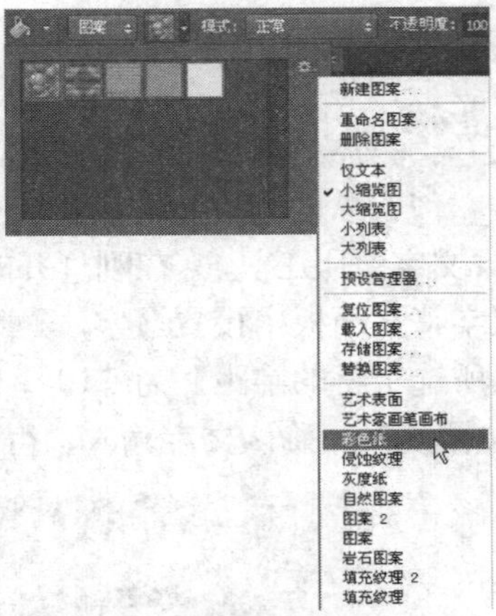

图 5-85 【图案】面板菜单

5 弹出一个警告对话框，单击【追加】按钮，如图 5-86 所示，即可将彩色纸添加到当前面板中，再在其中选择所需的图案，并设置【模式】为“强光”，如图 5-87 所示，然后在“金”字选区中单击，即可用所选图案填充选区，如图 5-88 所示。

油漆桶工具选项栏说明如下：

- （设置填充区域的源）：在【设置填充区域的源】列表中可以选择“前景”或“图案”来填充图像或选区。
- 所有图层：勾选该选项可以基于所有可见图层中的合并颜色数据填充像素。

图 5-86 警告对话框

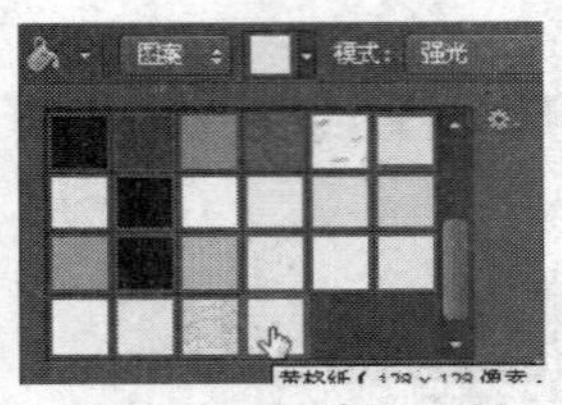

图 5-87 【图案】面板

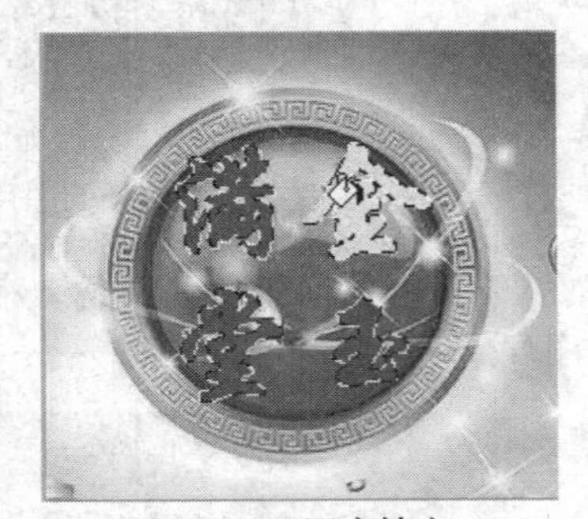

图 5-88 图案填充

5.7.2 自定义图案

利用【定义图案】命令可以将图像中选中的一部分或全图像来创建新图案。

上机实战 自定义图案

1 从配套光盘的素材库中打开 011.jpg 文件，如图 5-89 所示。

2 在工具箱中点选（矩形选框工具），在画面中框选出所要定义为图案的部分，如图 5-90 所示。

图 5-89 打开的图像文件

图 5-90 框选出所要定义为图案的部分

3　在菜单中执行【编辑】→【定义图案】命令，弹出如图5-91所示的【图案名称】对话框，可在其中输入图案名称，也可使用默认名称，单击【确定】按钮，即可将选区内的内容定义为图案，并存入图案面板中。

图5-91　【图案名称】对话框

4　激活上节有文字选区的文件，按【Ctrl+Shift+I】键反选选区，在工具箱中点选（油漆桶工具），并在选项栏的【图案】弹出式面板中选择刚定义的图案，如图5-92所示，移动指针到选区内单击，用刚定义的图案填充画面，填充后的效果如图5-93所示。

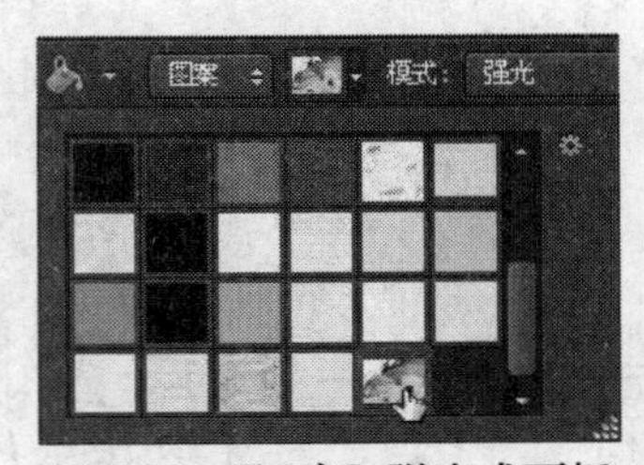

图5-92　【图案】弹出式面板

图5-93　图案填充后的效果

5.8　艺术字设计

本例先用【打开】命令打开两个图像文件，再用【图层样式】等命令来突出艺术字，然后用画笔工具绘制一些图形来装饰画面。实例效果如图5-94所示。

图5-94　实例效果图

上机实战　艺术字设计

1　从配套光盘的素材库中打开一个有艺术字的文件（古之韵01.psd），如图5-95所示，其中的文字单独在一层，并隐藏了背景层，【图层】面板如图5-96所示。

2　在【图层】面板中双击图层1，弹出【图层样式】对话框，在其中选择【描边】选项，再设置【大小】为“2”像素，其他不变，如图5-97所示，画面效果如图5-98所示。

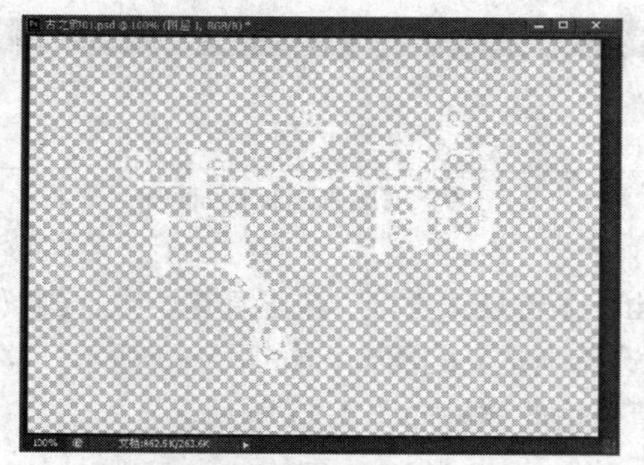

图 5-95　打开的文件

图 5-96　【图层】面板

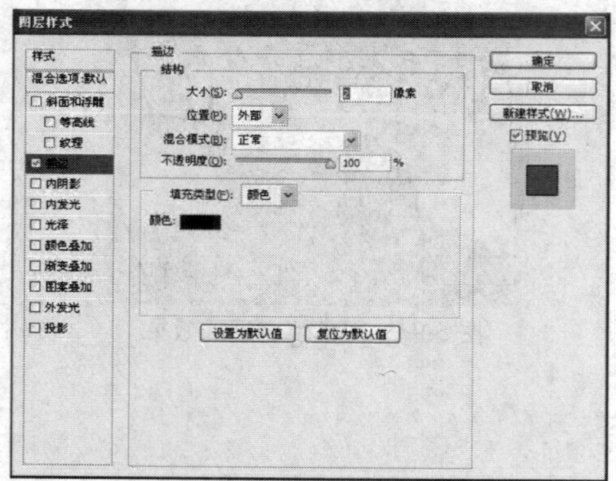

图 5-97　【图层样式】对话框

图 5-98　描边后的效果

3　在【图层样式】对话框中选择【图案叠加】选项，再在右边栏中选择所需的图案，并设置【不透明度】为“60%”，其他不变，如图 5-99 所示，此时的画面效果如图 5-100 所示。

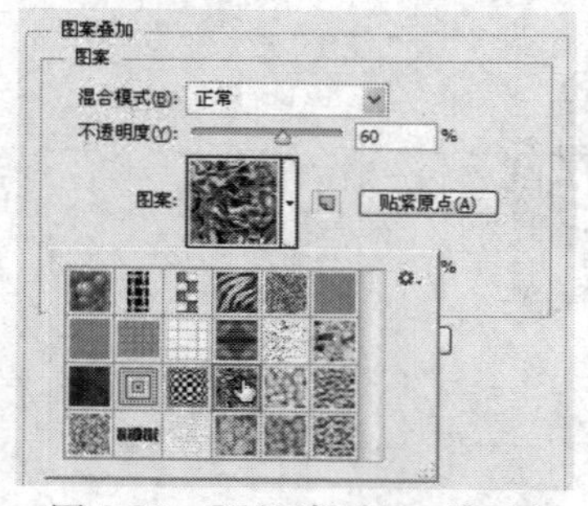

图 5-99　【图层样式】对话框

图 5-100　添加图案样式后的效果

4　在【图层样式】对话框中选择【斜面和浮雕】选项，再在右边栏中设置【大小】为“2”像素，其他不变，如图 5-101 所示，此时的画面效果如图 5-102 所示。

5　在【图层样式】对话框中选择【投影】选项，再在右边栏中设置【不透明度】为“50%”，【距离】为“8”像素，【大小】为“8”像素，其他不变，如图 5-103 所示，单击【确定】按钮，即可得到如图 5-104 所示的效果。

6　在【图层】面板中显示背景层，如图 5-105 所示，此时的画面背景就是白色了，如图 5-106 所示。

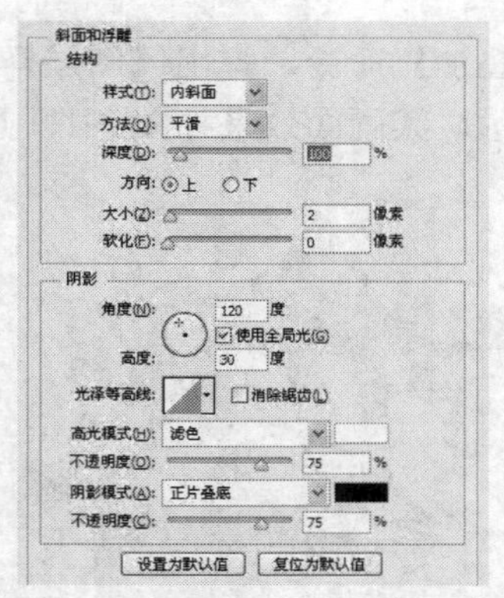

图 5-101　【图层样式】对话框

图 5-102　添加斜面与浮雕样式的效果

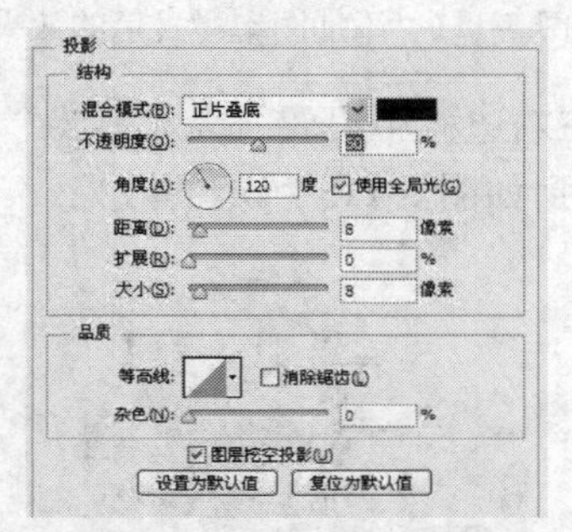

图 5-103　【图层样式】对话框

图 5-104　添加投影后的效果

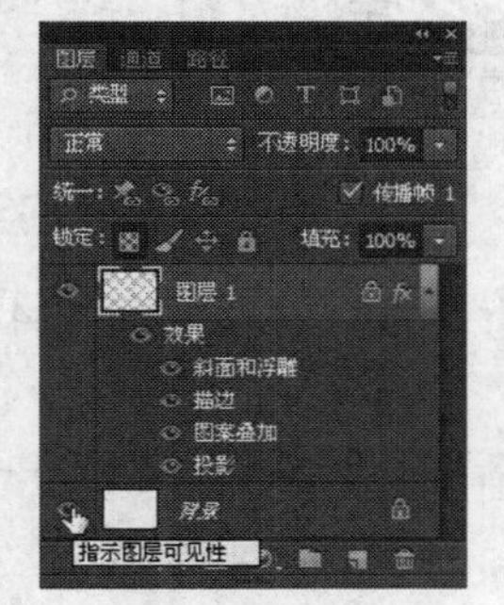

图 5-105　【图层】面板

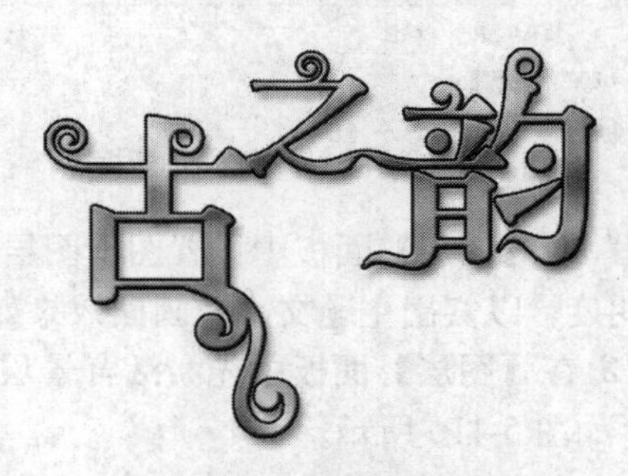

图 5-106　显示背景后的效果

7　按【Ctrl+O】键打开 013.psd 文件，如图 5-107 所示，将其拖出文档标题栏，成浮停状态。

8　使用移动工具将其复制到艺术字的文档中并排放到图层 1 的下面，如图 5-108 所示，其画面效果如图 5-109 所示。

图 5-107　打开的文件

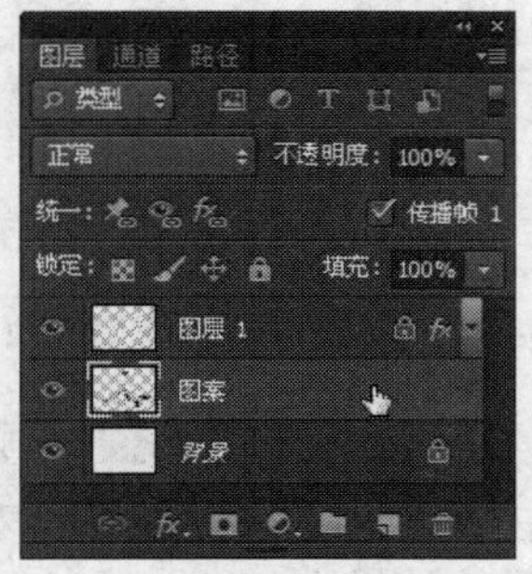

图 5-108　调整图层顺序

图 5-109　改变图层顺序后的效果

9 在【图层】菜单中执行【图层样式】→【图案叠加】命令，弹出【图层样式】对话框，在其中选择所需的图案，其他不变，如图 5-110 所示，其画面效果如图 5-111 所示。

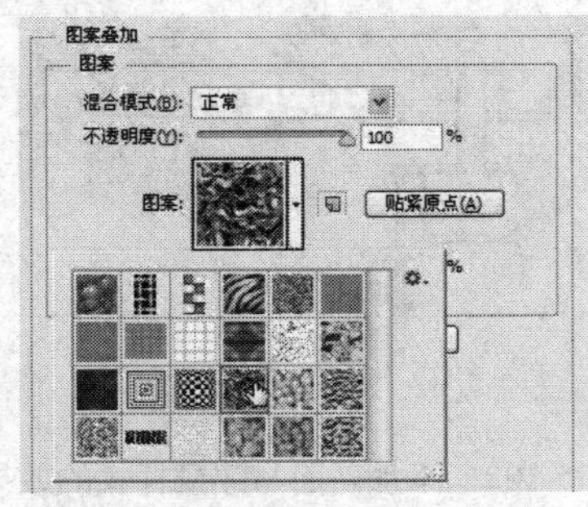

图 5-110 【图层样式】对话框

图 5-111 添加图案样式后的效果

10 在【图层样式】对话框中选择【描边】选项，在右边栏中设置【大小】为“2”像素，其他不变，如图 5-112 所示，单击【确定】按钮，即得到如图 5-113 所示的效果。

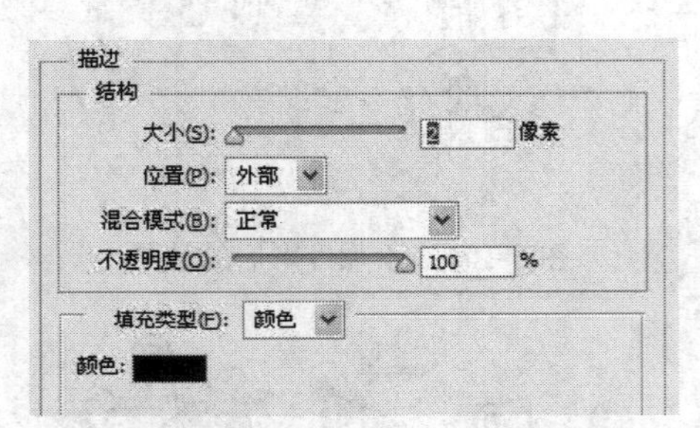

图 5-112 【图层样式】对话框

图 5-113 添加描边后的效果

11 在【图层】面板中设置图案图层的【不透明度】为“20%”，如图 5-114 所示，降低不透明度，以突出主题文字，画面效果如图 5-115 所示。

12 在【图层】面板中先激活背景层，再单击【创建新图层】按钮，新建一个图层为图层 2，如图 5-116 所示。

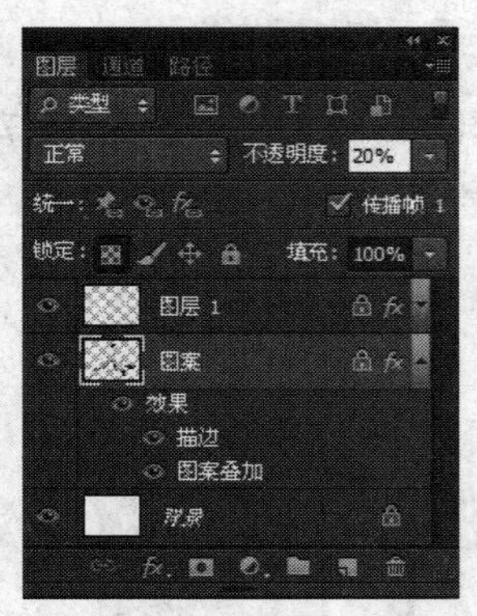

图 5-114 【图层】面板

图 5-115 降低不透明度后的效果

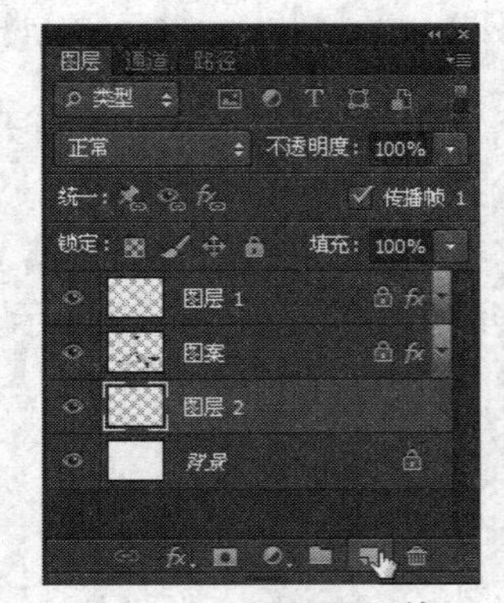

图 5-116 【图层】面板

13 设置前景色为“#536f7c”，在工具箱中点选（画笔工具），并在选项栏的画笔弹出式面板中选择所需的画笔，设置【大小】为“85 像素”，如图 5-117 所示，然后在画面中拖动或单击几次，得到如图 5-118 所示的效果。

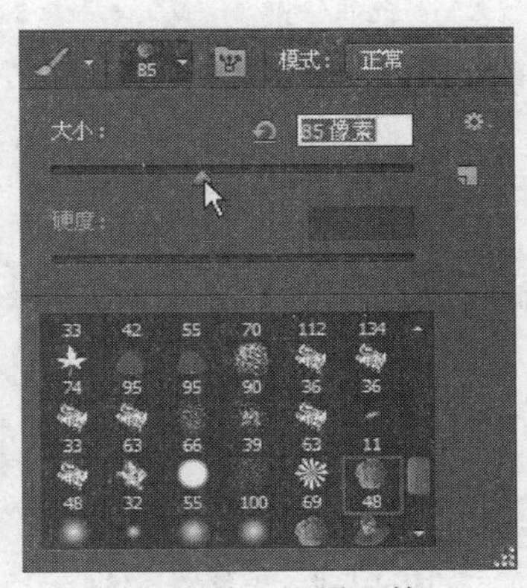

图 5-117　设置画笔

图 5-118　用画笔工具绘制后的效果

14 在【图层】面板中设置它的【不透明度】为“20%”，如图 5-119 所示，将图案的不透明度降低，画面效果如图 5-120 所示。

15 在【图层】面板中单击【创建新图层】按钮，新建图层 3，如图 5-121 所示。

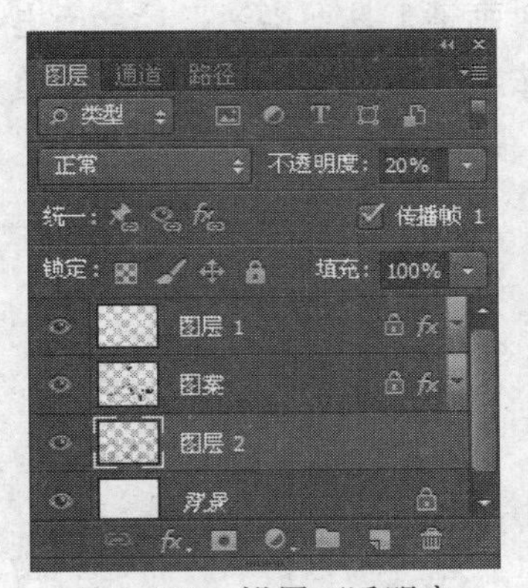

图 5-119　设置不透明度

图 5-120　设置不透明度后的效果

图 5-121　【图层】面板

16 设置前景色为“#28a770”，点选（画笔工具），并在选项栏的【画笔】弹出式面板中选择所需的画笔，设置【大小】为“129 像素”，如图 5-122 所示，然后在画面中拖动或单击几次，得到如图 5-123 所示的效果。

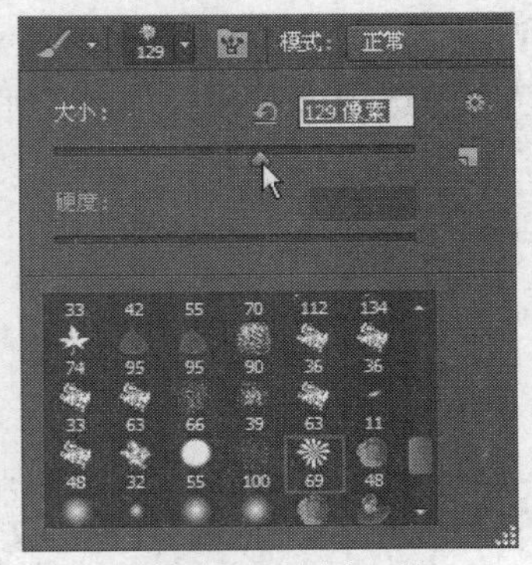

图 5-122　设置画笔

图 5-123　用画笔工具绘制后的效果

17 在【图层】面板中设置它的【不透明度】为“20%”，如图 5-124 所示，将图案的不透明度降低，画面效果如图 5-125 所示。这样艺术字效果就设计完成了。

图 5-124 设置不透明度

图 5-125 最终效果图

5.9 本章小结

本章主要介绍了绘画工具的使用方法与应用。并结合实例对画笔工具、铅笔工具、历史记录画笔工具、历史记录艺术画笔、渐变工具等工具的使用方法与应用进行了重点讲述。通过本章的学习，希望能够掌握各种绘画工具的使用方法与技巧，以便在日后的工作或设计中能够灵活熟练的应用。

5.10 本章习题

一、简答题

1. 历史记录艺术画笔的属性有哪些？
2. 画笔工具的属性有哪些？

二、选择题

1. 使用以下哪个工具可以将图像的一个状态或快照的拷贝绘制到当前图像窗口中？（　　）

A. 画笔工具　　B. 历史记录画笔工具

C. 铅笔工具　　D. 历史记录艺术画笔

2. 以下哪个工具可以绘出彩色的柔边，勾选【喷枪工具】选项即可模拟传统的喷枪手法，将渐变色调（如彩色喷雾）应用于图像？（　　）

A. 铅笔工具　　B. 渐变工具　　C. 画笔工具　　D. 油漆桶工具

3. 以下哪个工具可以创建多种颜色间的逐渐混合？（　　）

A. 画笔工具　　B. 铅笔工具　　C. 渐变工具　　D. 油漆桶工具

第6章 文字处理

教学目标

学会使用文字工具输入和编辑各种各样的文字。能够为文字添加各种效果，并将文字应用到生活中。

教学重点与难点

- 创建文字
- 编辑文字及文字图层
- 创建变形文字
- 创建路径文字

一般为图像添加文字时，字符是由像素组成，且与图像文件具有相同的分辨率，字符放大后会显示锯齿状边缘。但是，Photoshop 保留基于矢量的文字轮廓，可在缩放文字、调整文字大小或将图像打印到打印机时使用它们。因此，生成的文字可以带有清晰的、与分辨率无关的边缘。

6.1 使用文字工具

在图像中的任何位置都可创建横排文字或竖排文字。根据使用文字工具的不同，可以输入点文字或段落文字。点文字用于输入一个字或一行字符，段落文字用于以一个或多个段落的形式输入文字。

当创建文字时，【图层】面板中会添加一个新的文字图层；可以按文字的形状创建选框。

文字工具包括T（横排文字工具）与IT（直排文字工具）、T（横排文字蒙版工具）和T（直排文字蒙版工具）。

6.1.1 创建点文字

输入点文字时，每行文字都是独立的，行的长度随编辑增加或缩短，但不能自动换行。不过可以在键盘上按【Enter】键来另起一行。

上机实战 创建点文字

1 从配套光盘的素材库中打开 01.jpg 文件，在工具箱中点选文字工具（如T横排文字工具），选项栏中就会显示它的相关属性（也就是相关选项），如图 6-1 所示。

T IT 文鼎霹雳体 30点 aa 平滑

图 6-1 横排文字工具选项栏

横排文字工具选项栏说明如下：

- （切换文本取向）：单击该按钮可以将横排文字改为直排文字，也可将直排文字改为横排文字。
- （设置字体系列）：在该列表中可以选择所需的字体。
- （设置字体大小）：在该列表中可以选择所需的字体大小。
- （设置消除锯齿方法）：在该列表中可以选择消除锯齿的方法。
- （设置字体样式）：如果在字体列表中选择一些字体，它为可用状态，在其列表中可以选择所需的字体样式。
- （左对齐文本）/（居中对齐文本）/（右对齐文本）：分别单击这三个按钮，可以将选择的文字进行左对齐、居中对齐或右对齐。
- （设置文本颜色）：单击该按钮可以在弹出的【选择文本颜色】对话框中设置文本的颜色。
- （创建文字变形）：单击该按钮会弹出【变形文字】对话框，可以在其中根据需要选择变形样式，如图 6-2 所示，也可以根据需要设置弯曲或扭曲的程度。
- （切换字符与段落面板）：单击该按钮，可以显示/隐藏【字符】或【段落】面板。

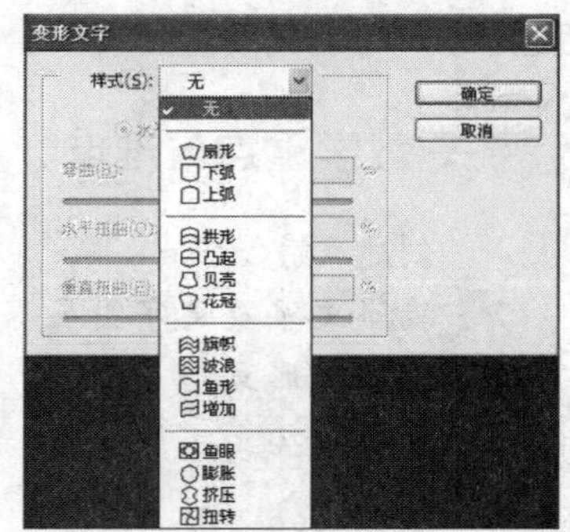

图 6-2 【变形文字】对话框

2 移动指针到画面的适当位置单击，显示一闪一闪的光标后，在选项栏中设置【字体】为“华文行楷”，【字体大小】为“30 点”，设置好后在键盘上输入所需的文字，如“美好世界”，如图 6-3 所示，再在选项栏中单击（提交所有当前编辑）按钮，确认文字输入，如图 6-4 所示。这样，点文字就创建完成。如果要取消文字的输入或更改，可单击选项栏中的（取消当前编辑）按钮。

图 6-3 输入文字

图 6-4 输入文字

如果要对文字进行编辑，可以选择需要格式化的文字或段落，在选项栏中修改所选文字的字体、字体大小与文本颜色，以及文字对齐等。也可以在【字符】与【段落】控制面板中设置所需的字体、字体大小、字符缩放、字符间距、行距、文本对齐和缩进等。

提示： 可以在工具箱中单击其他工具确认文字输入。使用直排文字工具可以在画面中创建直排文字，其操作方法与横排文字工具相同，只是所创建的文字为直排文字而已。如果要在直排与横排文字之间切换，可以在选项栏中单击按钮。

如果输入完一行后，需要输入第二行，可以移动光标至刚输入完的一行最后按【Enter】键进行换行。对于输入的点文字（也称美术字）可以自由设置其格式，在设置间距与换行时不受文本框大小与形状的限制。

6.1.2　创建文字选区

上机实战　创建文字选区

1　从配套光盘的素材库中打开 02.jpg 文件，再在工具箱中点选 (横排文字蒙版工具)，在画面中单击，显示一闪一闪的光标后，在选项栏中设置【字体】为“文鼎特粗黑简”，【字体大小】为“90 点”，然后在键盘上输入所需的文字，如“山水画”文字，如图 6-5 所示，在选项栏中单击按钮，确认文字输入，即可得到如图 6-6 所示的文字选区。

图 6-5　输入文字

图 6-6　文字选区

提示：使用直排文字蒙版工具可以在画面中创建直排文字选区。其操作方法与横排文字蒙版工具相同。

2　在菜单中执行【编辑】→【描边】命令，弹出【描边】对话框，在其中设置【宽度】为“3 像素”，【颜色】为“#18b2fa”，【位置】为“内部”，其他不变，如图 6-7 所示，单击【确定】按钮，即可为选区描边，画面效果如图 6-8 所示；然后按【Ctrl+D】键取消选择，得到如图 6-9 所示的效果。

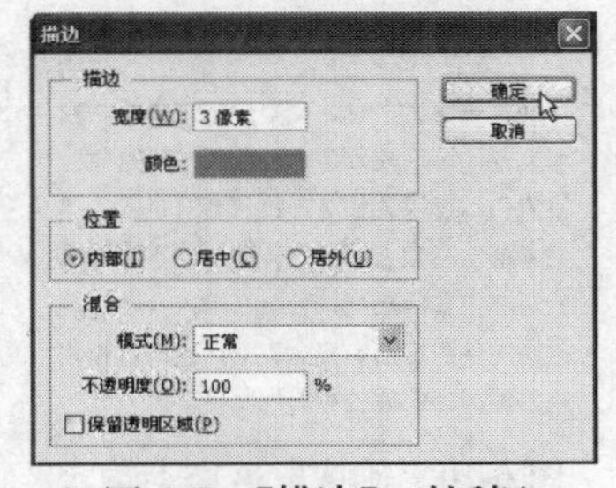

图 6-7　【描边】对话框

图 6-8　描边效果

图 6-9　取消选择后的效果

提示：如果当前图层为文字图层与形状图层，则无法直接进行颜色填充与描边；但可以新建一个图层或选择背景层来填充与描边。

6.1.3　创建段落文本

在创建段落文字时，文字基于定界框的尺寸换行；可以输入多个段落并对段落进行格式化。可以调整定界框（有时也称为“文本框”）的大小，这将使文字在调整后的矩形中重新排列；可以在输入文字时或创建文字图层后调整定界框，也可以使用定界框旋转、缩放和斜切文字。

上机实战 创建段落文本

1 按【Ctrl+N】键新建一个文件，从工具箱中选择T（横排文字工具），在画面上适当的位置按下左键并沿着对角线方向下拖移出现一个框，到达所需的大小后松开左键，即可创建一个文本框，如图 6-10 所示，在选项栏中设置 14点 字体大小为 14 点，【字体】为“新宋体”，然后在文本框中输入所需的文字，如图 6-11 所示。

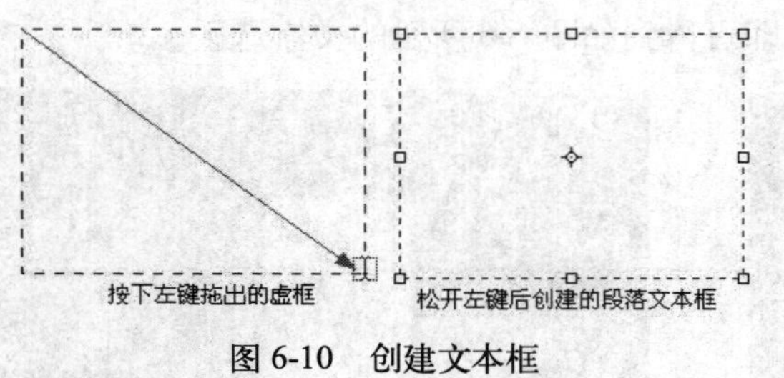

图 6-10 创建文本框

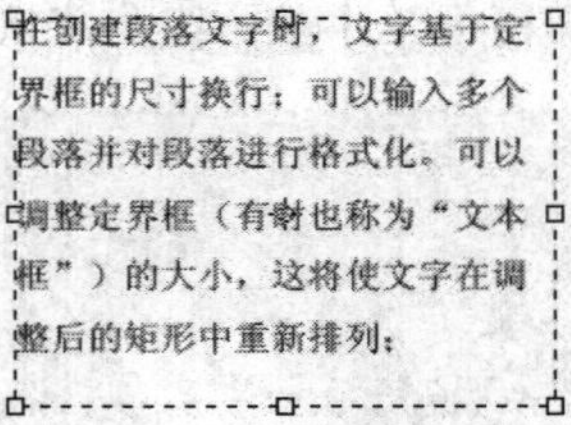

在创建段落文字时，文字基于定界框的尺寸换行；可以输入多个段落并对段落进行格式化。可以调整定界框（有射也称为“文本框”）的大小，这将使文字在调整后的矩形中重新排列；

图 6-11 输入文字

提示： 如果输入完一段后，需要输入第二段，可以移动光标至刚输入完的一段最后按【Enter】键进行换段。

---

2 如果继续输入所需的文字，文本框将无法显示下段要输入的内容，并且会在右下角显示⊞图标，如图 6-12 所示，表示已经有文字溢出了文本框。

3 这时需要调整定界框的大小，可以将指针定位在定界框的控制点上，当指针变为↖（双向箭头）或↕与↗时如图 6-13 所示，向所需的方向拖移更改定界框的大小，到达所需的大小后松开左键，可以得到所需大小的文本框，如图 6-13 所示。如果按住【Shift】键并拖移可保持定界框的比例进行缩放。

4 输入完所需的文字，在选项栏中单击✓按钮，确认段落文本输入，输入好文本后的画面效果如图 6-14 所示。这样，段落文本就创建完成了。

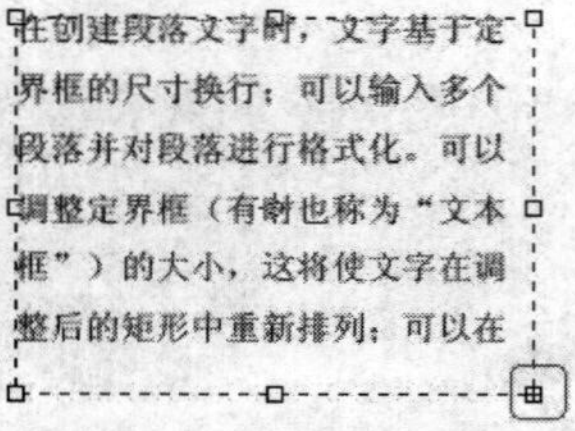

在创建段落文字时，文字基于定界框的尺寸换行；可以输入多个段落并对段落进行格式化。可以调整定界框（有射也称为“文本框”）的大小，这将使文字在调整后的矩形中重新排列；可以在

图 6-12 输入文字

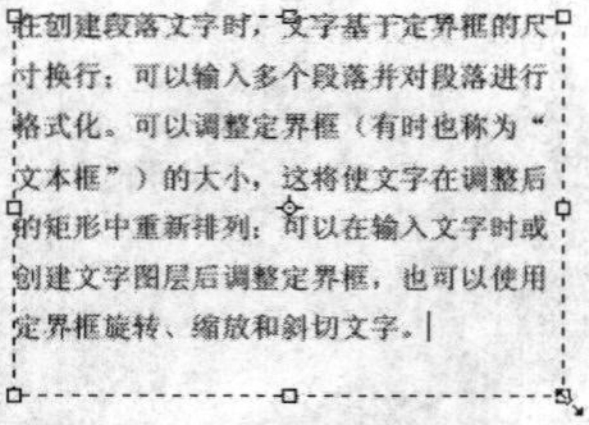

在创建段落文字时，文字基于定界框的尺寸换行；可以输入多个段落并对段落进行格式化。可以调整定界框（有时也称为“文本框”）的大小，这将使文字在调整后的矩形中重新排列；可以在输入文字时或创建文字图层后调整定界框，也可以使用定界框旋转、缩放和斜切文字。

图 6-13 调整定界框

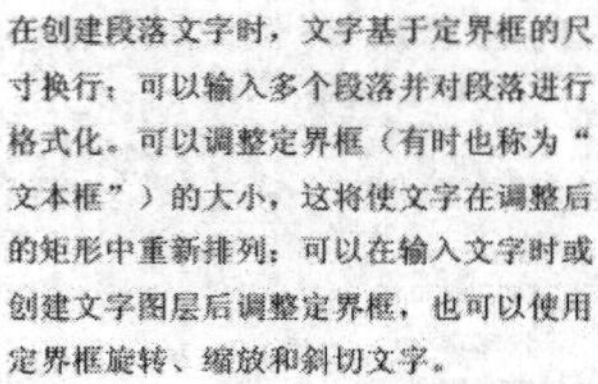

在创建段落文字时，文字基于定界框的尺寸换行；可以输入多个段落并对段落进行格式化。可以调整定界框（有时也称为“文本框”）的大小，这将使文字在调整后的矩形中重新排列；可以在输入文字时或创建文字图层后调整定界框，也可以使用定界框旋转、缩放和斜切文字。

图 6-14 确认段落文本输入

6.1.4 调整定界框

在 Photoshop CS6 中可以自由旋转与缩放定界框（即文本框），也可以按住【Ctrl】键的同时，拖动鼠标来倾斜文字与定界框或调整文字的大小。

上机实战 调整定界框

1 如果要旋转定界框，可以先选择要旋转的定界框，将指针定位在控制点下方或上方或旁边，当指针变为弯曲的双向箭头（如↰）时，按下左键移动即可将定界框进行旋转，旋转到所需的角度时松开左键即可，如图 6-15 所示。如果按住【Shift】键并拖动可将旋转角度

限制为 15 度的增量。

2 如果要围绕一条轴（即定界框的某一边）进行水平或垂直移动（也称为斜切）时，可以按住【Ctrl】键，当指针指向定界框的控制点上并呈▸状时，可拖动控制点向所需的方向移动，使定界框左右倾斜或上下倾斜，同时文字也随着定界框变大而变大，缩小而缩小，如图 6-16 所示。

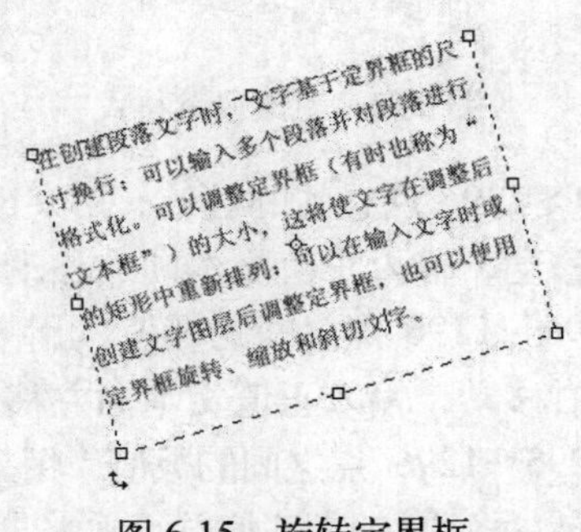

图 6-15　旋转定界框

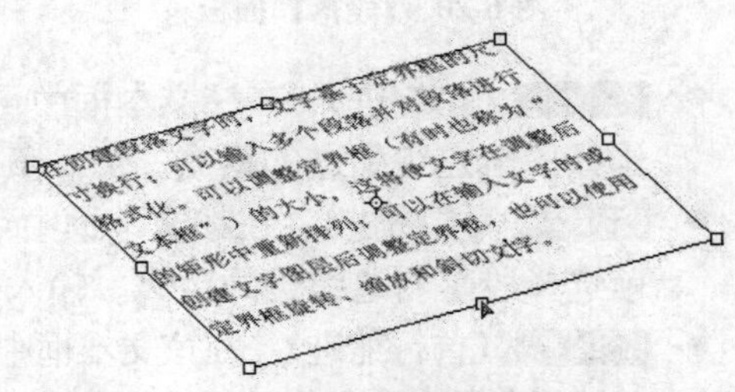

图 6-16　倾斜定界框

6.2　段落面板

【段落】面板主要用于设置段落文本的对齐、缩进、段前/段后间距等属性。可以在菜单中执行【窗口】→【段落】命令显示/隐藏【段落】面板。

上机实战　创建段落文本

1 接着上节进行操作，先移动指针到第 1 个文字前单击，显示光标后按【Enter】键，另起一段，再按向上键将光标移至第一行，然后输入所需的标题文字，如"段落文本"文字，如图 6-17 所示。

2 输入好文字后在【段落】面板中单击▤按钮，如图 6-18 所示，将选中的标题文字居中对齐，结果如图 6-19 所示。

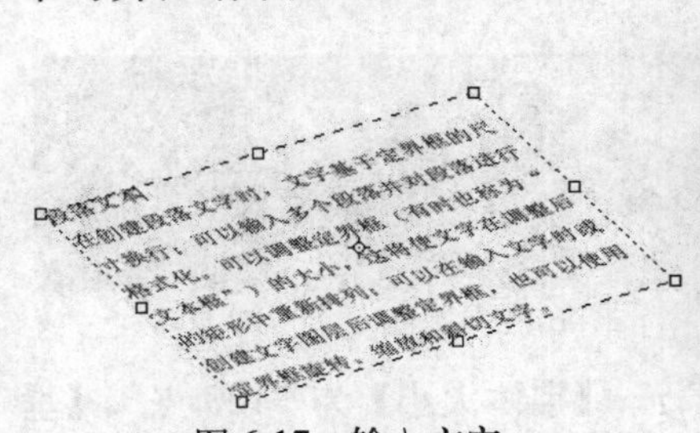

图 6-17　输入文字

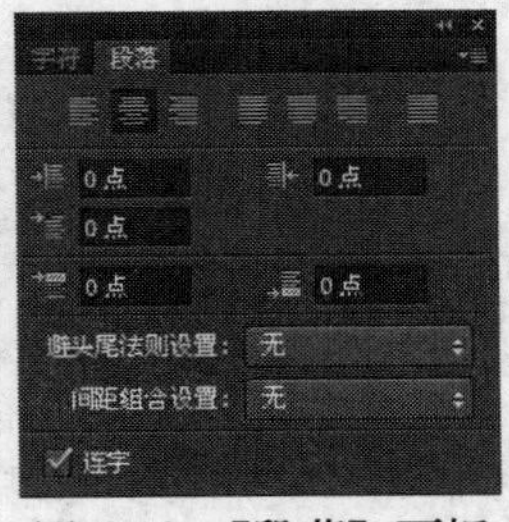

图 6-18　【段落】面板

图 6-19　将文字居中对齐

3 在"段落文本"标题文字的下方单击，选择第 1 段，再在【段落】面板中设置【左缩进】为 10 点，【首行缩进】为"20 点"，如图 6-20 所示，即可将选择的第 1 段文本整体向右缩进 10 点，首行缩进 20 点，画面效果如图 6-21 所示。

【段落】面板说明如下：

- ▤（最后一行左对齐）/ ▤（最后一行居中对齐）/ ▤（最后一行右对齐）/ ▤（全部对齐）：主要用于设置段落文本的对齐方式。

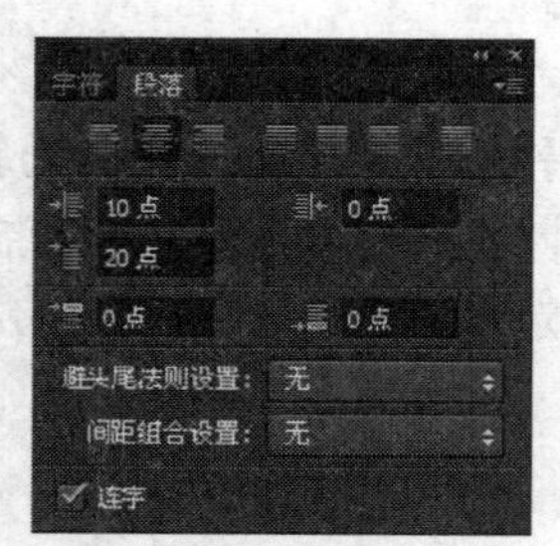
图 6-20 【段落】面板

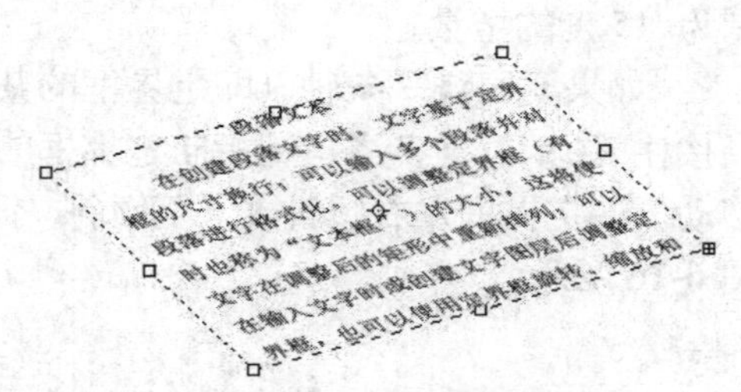
图 6-21 更改段落格式

- (左缩进)：在该文本框中可以输入-129～1296 点之间的数值，用来设置当前选择段落左边缩进的距离。输入负值文本向左移动，输入正值文本向右移动。
- (右缩进)：在该文本框中可以输入-1296～1296 点之间的数值，用来设置当前选择段落右边缩进的距离。输入负值文本向右移动，输入正值文本向左移动。
- (首行缩进)：在该文本框中可以输入-1296～1296 点之间的数值，用来设置当前选择段落首行缩进的距离。输入负值首行文本向左移动，输入正值首行文本向右移动。
- (段前添加空格)：在该文本框中可以输入-1296～1296 点之间的数值，用来设置所选段落向下移动的距离。输入负值所选段落及其下方的段落文本向上移动，输入正值所选段落及其下方的段落文本向下移动。
- (段后添加空格)：在该文本框中可以输入-1296～1296 点之间的数值，用来设置所选段落向下移动的距离。输入负值所选段落下方的段落文本向上移动，输入正值所选段落下方的段落文本向下移动。

6.3 字符面板

【字符】面板主要用于设置文本的字体、字体大小、字间距、行距、缩放、颜色等属性。可以在菜单中执行【窗口】→【字符】命令或在选项栏中单击按钮显示/隐藏【字符】面板。

上机实战 使用【字符】面板设置字符格式

1 选择要设置格式的文字，如在文字的最后一个字后，如“日”字。

2 按下左键向前拖动，将“冰爽夏日”选择，如果要全部选择，可以按【Ctrl+A】键，如图 6-22 所示。

图 6-22 选择文字

3 在【字符】面板中设置【字体】为“文鼎 CS 大隶书”，【字体大小】为“120 点”，【垂直缩放】为“150%”，【水平缩放】为“140%”，【所选字符的字距】为“10”，如图 6-23 所示，即可将字符的格式进行更改，结果如图 6-24 所示。

【字符】面板说明如下：

- (设置行距)：在该下拉列表中可以为选择的文字设置行距，数值越大，行距越宽。
- (垂直缩放) / (水平缩放)：可以在文本框中输入百分比来调整选择文字的纵向与横向比例。

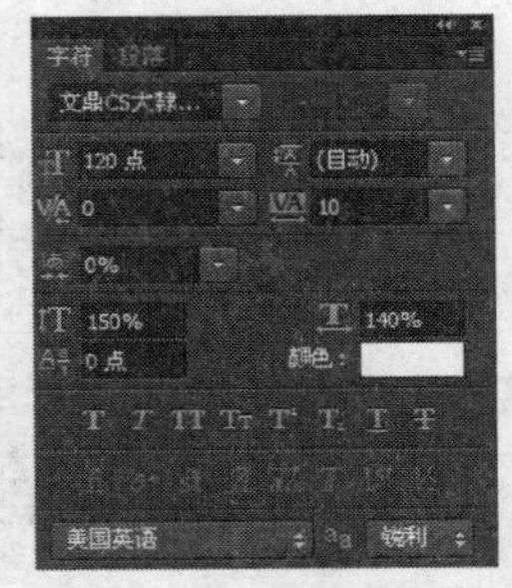

图 6-23 【字符】面板

图 6-24 更改字符格式

- (设置所选字符的比例间距)：在该下拉列表选择或直接输入所需的百分比来调整选择文字之间的比例间距。
- (设置所选字符的字距调整)：在该下拉列表选择或直接输入所需的数值来调整选择文字之间的字距。
- (设置两个字符间的字距微调)：在该下拉列表选择或直接输入所需的数值来设置要输入文字与已有文字之间的字距。
- (设置基线偏移)：在该文本框中可以输入-569.35 点～569.35 点之间的数值设置选择文字偏离基线的距离。数值为正时，选择的文字将向上偏移，数值为负时，选择的文字将向下偏移。
- (仿粗体)：选择该按钮可以将选择的文字加粗，取消选择该按钮，则将加粗的文字还原。
- (仿斜体)：选择该按钮可以将选择的文字倾斜，取消选择该按钮，则将倾斜的文字还原。
- (全部大写字母)：选择该按钮可以将选择的小写字母改为大写字母，取消选择该按钮，则将大写字母还原。
- (小型大写字母)：选择该按钮可以将选择的小写字母改为小型大写字母，取消选择该按钮，则将小型大写字母还原。
- (上标)：选择该按钮可以将选择的文字上标，取消选择该按钮，则将上标的文字还原。
- (下标)：选择该按钮可以将选择的文字下标，取消选择该按钮，则将下标的文字还原。
- (下划线)：选择该按钮可以将选择的文字标上下划线，取消选择该按钮，则将下划线取消。
- (删除线)：选择该按钮可以将选择的文字标上删除线，取消选择该按钮，则将删除线取消。

6.4 给文字添加图层样式

上机实战 给文字添加图层样式

1 以“冰爽夏日”文字图层为当前图层，在菜单中执行【图层】→【图层样式】→【颜色叠加】命令，弹出【图层样式】对话框，设置颜色为“#288dcd”，再勾选【投影】与【外

发光】选项，如图 6-25 所示。

2　在【图层样式】对话框中单击【描边】项目，在右边栏中设置【大小】为“3”像素，【颜色】为“白色”，其他为默认值，如图 6-26 所示，设置好后单击【确定】按钮，得到如图 6-27 所示的效果。

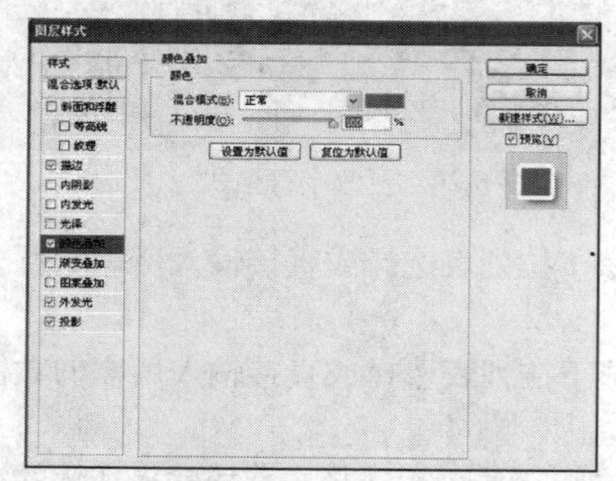
图 6-25　【图层样式】对话框

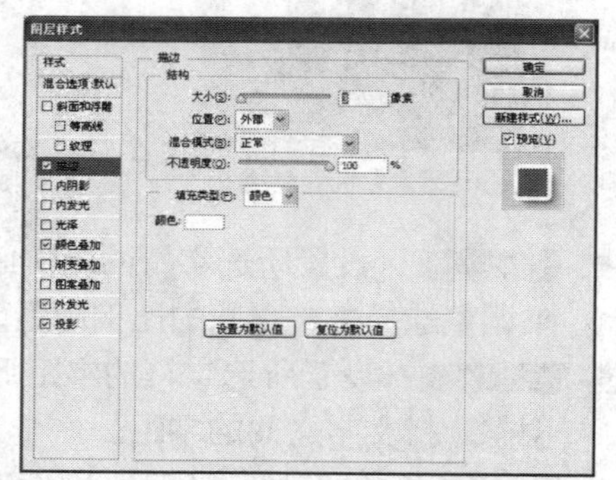
图 6-26　【图层样式】对话框

图 6-27　添加图层样式后的效果

6.5　编辑文字及文字图层

创建文字图层后，可以编辑文字并对其应用图层命令。可以更改文字方向、在点文字与段落文字之间转换、基于文字创建工作路径或将文字转换为形状。可以像处理正常图层那样移动、重新叠放、拷贝和更改文字图层的图层选项等。

6.5.1　编辑文本

在文字图层中可以插入新文本、更改现有文本和删除文本。

上机实战　编辑文本

1　从配套光盘的素材库中打开 05.psd 文件，如图 6-28 所示，在工具箱中点选（横排文字工具），移动指针到要编辑的文字中，当指针呈I状态按下左键向前或向后拖动，选择要编辑的文字，如图 6-29 所示。

图 6-28　打开的文件

图 6-29　文字处于编辑状态

2 在键盘上输入所需的文字“6”，即可将5改为6，如图6-30所示，单击✓按钮完成文字编辑，结果如图6-31所示。

图6-30 输入文字

图6-31 编辑后的文字

如果光标不在要插入文字的地方，可在键盘上单击【←】（向左箭头）和【→】（向右箭头）来移动光标到所需的位置后，再输入文字。如果要删除文字中的某个文字或几个文字，可将光标移到该文字的前面按【Delete】键，或将光标移到该文字的后面并按键盘上的←（取消）键。

6.5.2 点文本与段落文本转换

可以将点文本转换为段落文本，在定界框中调整字符排列；也可以将段落文本转换为点文本，使各文本行彼此独立排列。

首先在【图层】面板中选择要转换为点文本或段落文本的文字图层，然后在菜单中执行【图层】→【文字】→【转换为点文本】命令，或在菜单中执行【图层】→【文字】→【转换为段落文本】命令即可。

6.5.3 将文字转换为形状

将文字转换为形状时，文字图层由包含基于矢量的图层剪贴路径的图层所替换；可以编辑图层剪贴路径并将样式应用于图层，但是，无法在图层中将字符作为文本进行编辑。

在【图层】面板中选择要转换为形状的文字图层，再在菜单中执行【图层】→【文字】→【转换为形状】命令，即可将文字转换为形状，可以像编辑路径一样来编辑文字了。

6.5.4 栅格化文字图层

在Photoshop中某些命令和工具不适用于文字图层，例如滤镜效果和绘画工具。如果要使用这些命令或工具，必须先将文字图层栅格化；栅格化文字是将文字图层转换为普通图层，并使其内容成为不可编辑的文本。

上机实战 栅格化文字图层

1 以6.5.1小节的实例为例，在【图层】面板中可看到刚输入文字的图层的图层缩略图为T，表示现在的图层是文字图层，如图6-32所示。在菜单中执行【图层】→【栅格化】→【文字】命令，即可将文字图层转换为普通图层，同时图层缩览图已变为▨，结果如图6-33所示。

2 设置前景色为R：255、G：255、B：0，在工具箱中点选▢（自定形状工具），在选项栏中选择“像素”，接着在【形状】弹出式面板中选择所需的形状，如图6-34所示，然后在画面中绘制出一个圆环，同时它也应用了该图层的图层样式，画面效果如图6-35所示。

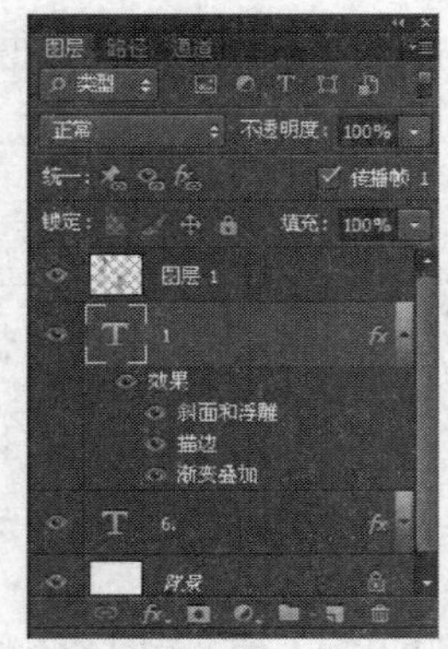
图 6-32 【图层】面板

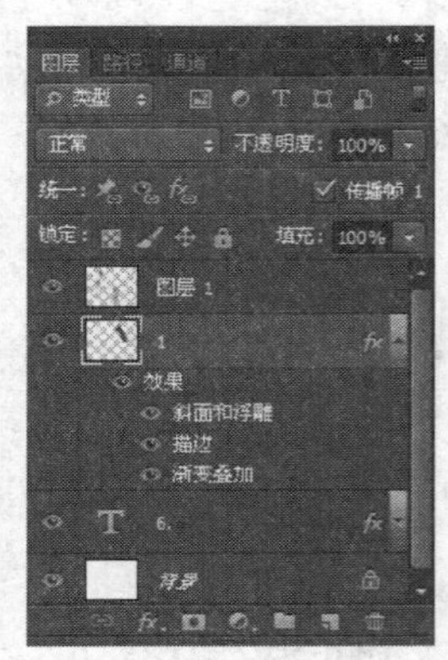
图 6-33 【图层】面板

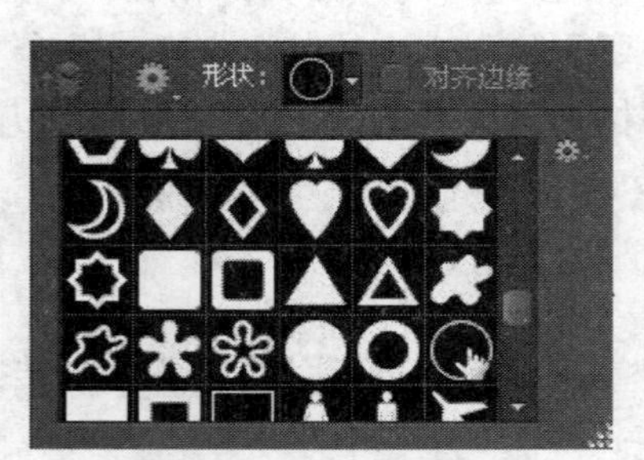

图 6-34 画笔工具选项栏

图 6-35 绘制圆环

6.6 创建变形文字

使用文字变形功能可以制作出各种形状的文字，如扇形、波浪形、凸形、贝壳等。在图像中输入文字后，在文字工具的选项栏中单击按钮，并在弹出的对话框中设置所需的参数，即可得到所需的形状。

上机实战 创建变形文字

1 按【Ctrl+O】键从配套光盘的素材库中打开 06.psd 文件，如图 6-36 所示。

2 在工具箱中点选（横排文字工具），并在【字符】面板中设置【字体】为“文鼎 CS 长美黑”，【字体大小】为“80 点”，【颜色】为“#0bc2f4”，其他不变，如图 6-37 所示，然后在画面上单击并输入如图 6-38 所示的文字。

图 6-36 打开的图片

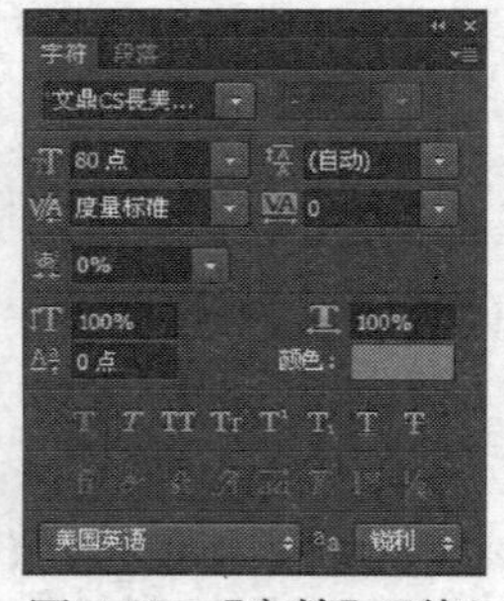
图 6-37 【字符】面板

图 6-38 输入文字

3　在菜单中执行【图层】→【图层样式】→【描边】命令，弹出【图层样式】对话框，在其中设置【颜色】为“白色”，【大小】为“3”像素，再勾选【投影】选项，其他不变，如图 6-39 所示，设置好后单击【确定】按钮，得到的画面效果如图 6-40 所示。

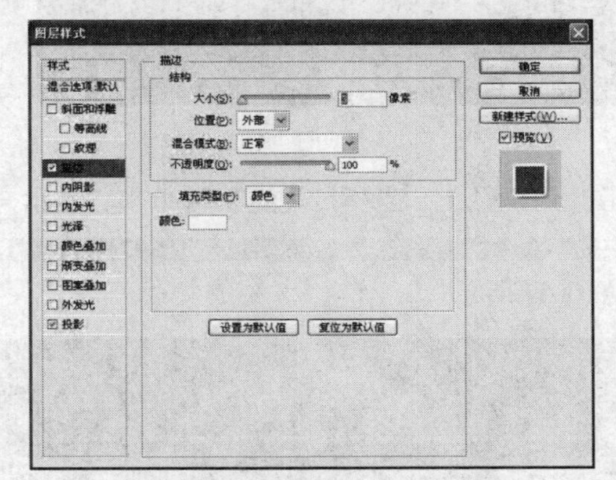

图 6-39　【图层样式】对话框

图 6-40　添加图层样式后的效果

4　在文字工具的选项栏中单击（创建文字变形）按钮，在弹出的【变形文字】对话框中设定【样式】为“凸起”，【弯曲】为“+26”，【水平扭曲】为“-24”，其他不变，如图 6-41 所示，单击【确定】按钮，得到如图 6-42 所示的效果。

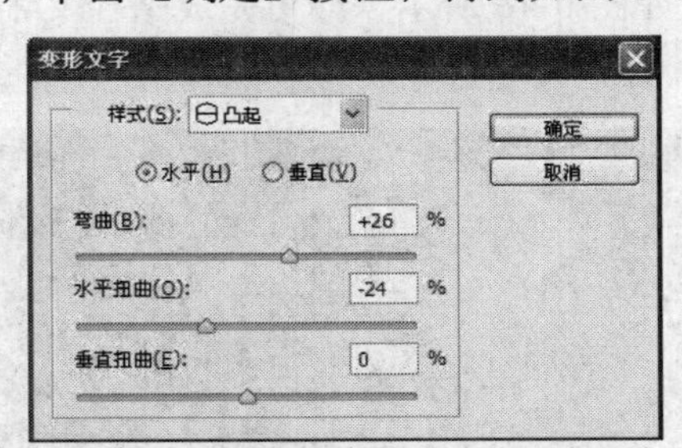

图 6-41　【变形文字】对话框

图 6-42　变形文字后的效果

6.7　路径文字

6.7.1　沿路径创建文字

使用文字沿路径进行排列功能可以创建出一些特殊形状的文字效果。

上机实战　沿路径创建文字

1　按【Ctrl+O】键从配套光盘的素材库打开 07.psd 文件，如图 6-43 所示。

2　显示【路径】面板，在其中单击（创建新路径）按钮，新建路径 1，如图 6-44 所示，接着在工具箱中点选（椭圆工具），并在选项栏中选择“路径”，在画面中绘制出一个椭圆路径，如图 6-45 所示。

图 6-43　打开的图像文件

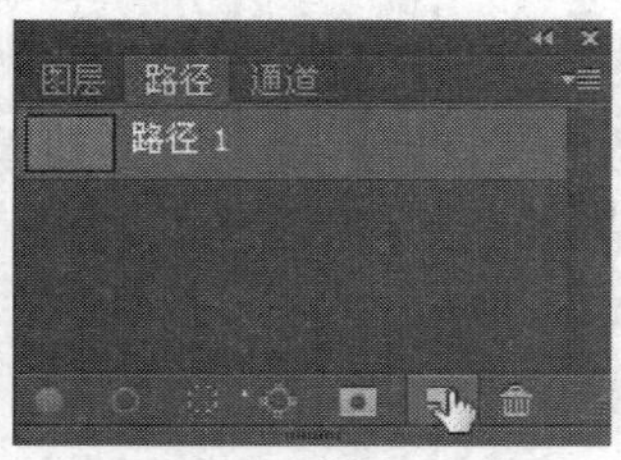

图 6-44 【路径】面板

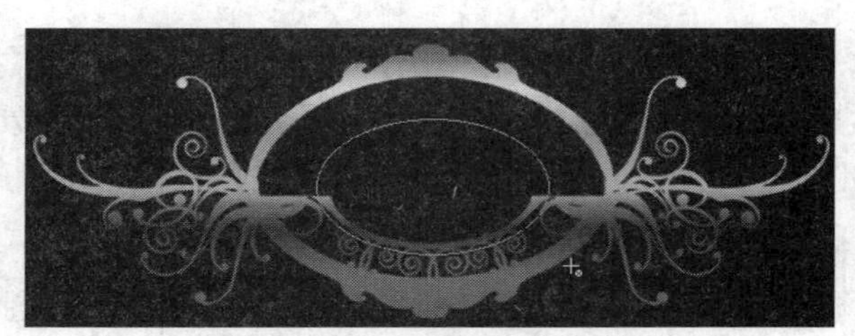

图 6-45 绘制路径

3 在工具箱中点选 T (横排文字工具)，移动指针到路径上，当指针呈 状时单击，显示一闪一闪的光标，如图 6-46 所示，在选项栏中设置参数为 ，然后在键盘上输入所需的文字“春季有约”，如图 6-47 所示。

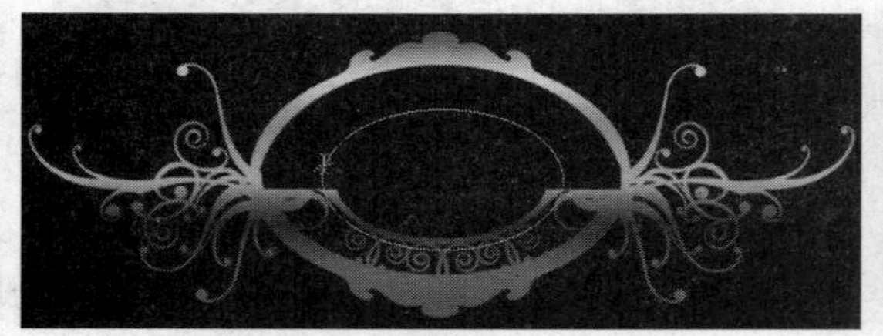

图 6-46 移动指针到路径上时的状态

图 6-47 输入文字

4 在【路径】面板的灰色区域单击隐藏路径，如图 6-48 所示，即可完成路径文字的输入与编辑，得到如图 6-49 所示的路径文字。

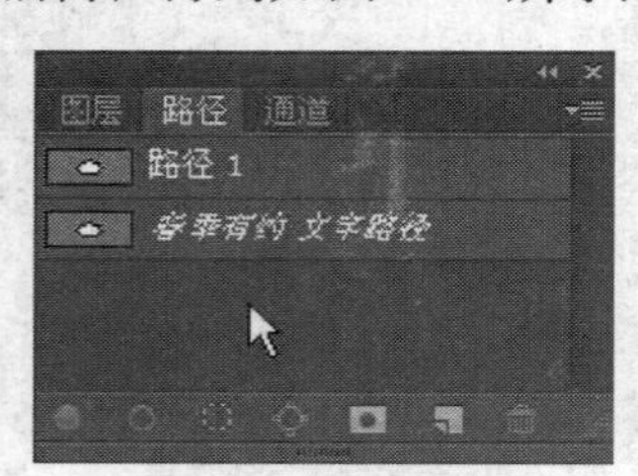

图 6-48 【路径】面板

图 6-49 隐藏路径后的效果

5 在菜单中执行【图层】→【图层样式】→【描边】命令，弹出【图层样式】对话框，在其中设置【大小】为“2”像素，【填充类型】为“渐变”，【渐变】为“色谱渐变”，如图 6-50 所示，其他不变，单击【确定】按钮，即可得到如图 6-51 所示的效果。

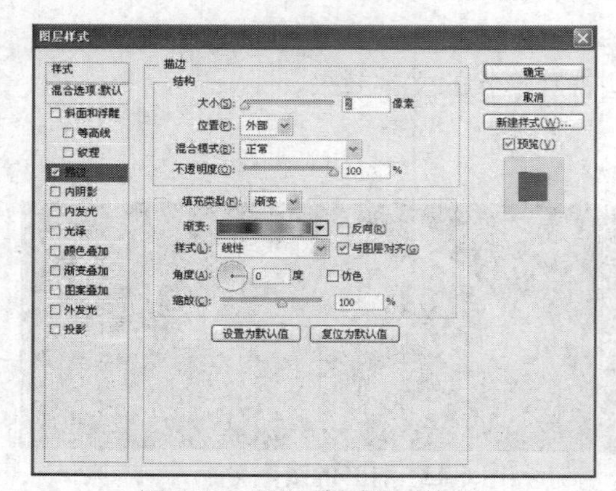

图 6-50 【图层样式】对话框

图 6-51 添加图层样式后的效果

6.7.2　用文字创建工作路径

用文字创建工作路径功能可以将字符作为矢量形状处理，而工作路径是出现在【路径】面板中的临时路径。在文字图层创建了工作路径后，就可以像对待其他路径一样存储和处理该路径。

只需在【图层】面板中选择要转换为工作路径的文字图层，再在菜单中执行【图层】→【文字】→【创建工作路径】命令，即可以文字的边缘创建工作路径。下面通过一个实例介绍将文字编辑成艺术字的方法。

先用横排文字工具在画面中依次输入单个的文字，并进行排放，再用【创建工作路径】命令将文字转换为工作路径，然后用直接选择工具、钢笔工具、将路径载入选区等工具与命令对文字进行编辑，最后打开一些图案并复制到文字的适当位置进行艺术组合。实例效果如图 6-52 所示。

图 6-52　实例效果图

上机实战　将文字编辑成艺术字

1　按【Ctrl+N】键，弹出【新建】对话框，在其中设置所需的参数，如图 6-53 所示，设置好后单击【确定】按钮，即可新建一个空白的图像文件。

2　设置前景色为“#861010”，在工具箱中点选T（横排文字工具），在选项栏中设置【字体】为“文鼎 CS 大宋”，【字体大小】为“28 点”，然后在画面的适当位置单击并输入“温”文字，输入后在选项栏中单击✓（提交）按钮确认文字输入，如图 6-54 所示。

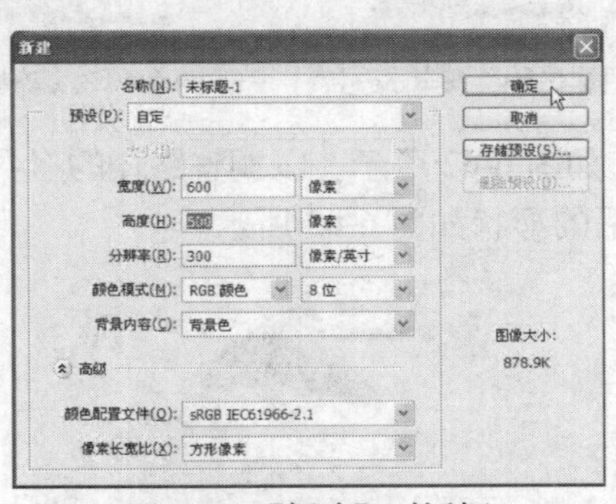

图 6-53　【新建】对话框

图 6-54　输入文字

3　在画面的空白处单击，显示光标后在选项栏中设置【字体】为“文鼎 CS 大宋”，【字体大小】为“38 点”，并输入“柔”字，然后将其拖至“温”字的右下角，如图 6-55 所示，单击【提交】按钮确认文字输入。

4　保持“柔”文字图层为当前图层，在菜单中执行【图层】→【文字】→【创建工作路径】命令，将文字轮廓转换为路径，如图 6-56 所示。

图 6-55　输入文字

图 6-56　创建工作路径

5　显示【路径】面板，在其中双击工作路径，弹出如图 6-57 所示的【存储路径】对话框，直接单击【确定】按钮，将工作路径存储为路径 1，如图 6-58 所示。

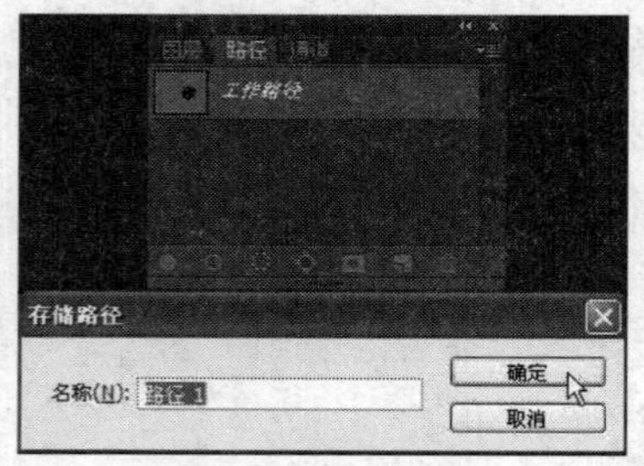

图 6-57　存储路径

图 6-58　【路径】面板

6　在工具箱中点选 (直接选择工具)，在“柔”字的轮廓上单击以选择路径，如图 6-59 所示。

7　在路径上选择一个锚点，将其拖动到适当位置，如图 6-60 所示。接着再选择一个锚点，并将其拖动到适当位置，如图 6-61 所示。

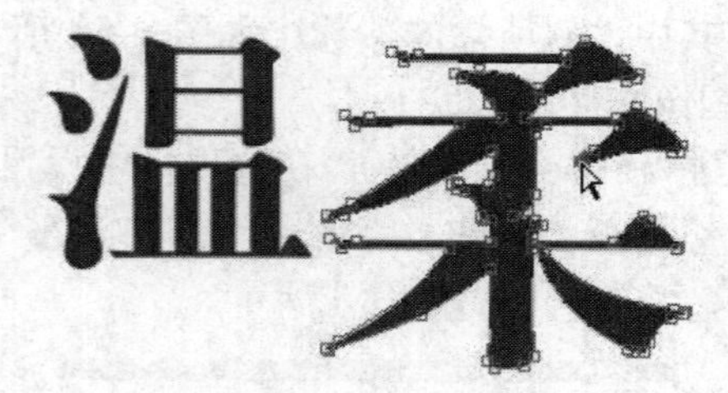

图 6-59　选择路径

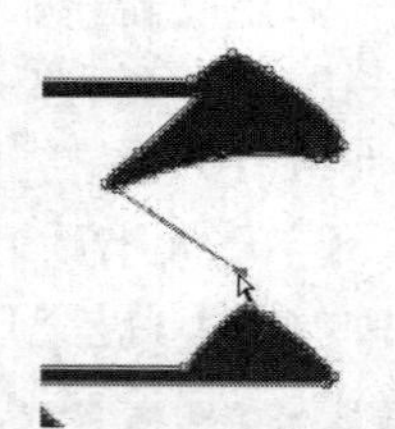
图 6-60　编辑路径

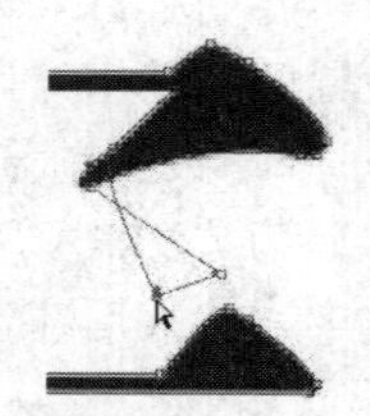
图 6-61　编辑路径

8　选择一个控制点，并将其拖动到适当位置，如图 6-62 所示，以调整路径的形状。用同样的方法对其他锚点与控制点进行调整，调整过后的形状如图 6-63 所示。

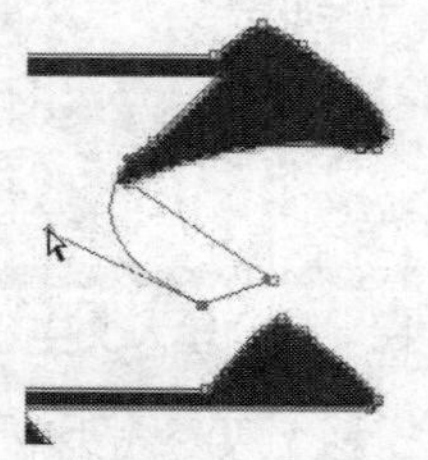
图 6-62　编辑路径

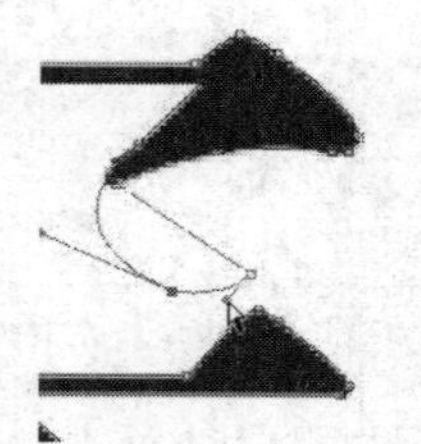
图 6-63　编辑路径

9　在工具箱中点选 (钢笔工具)，移动指针到路径上需要添加锚点的地方单击，添加一个锚点，并按【Ctrl】键将该锚点拖至适当位置，如图 6-64 所示。然后用同样的方法在路径上添加相应的锚点并进行适当调整，调整好后的效果如图 6-65 所示。

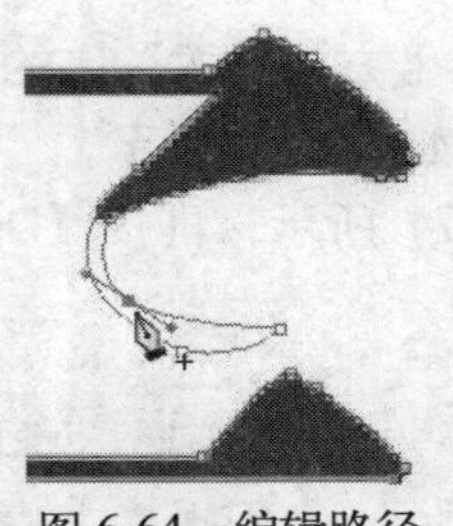
图 6-64 编辑路径

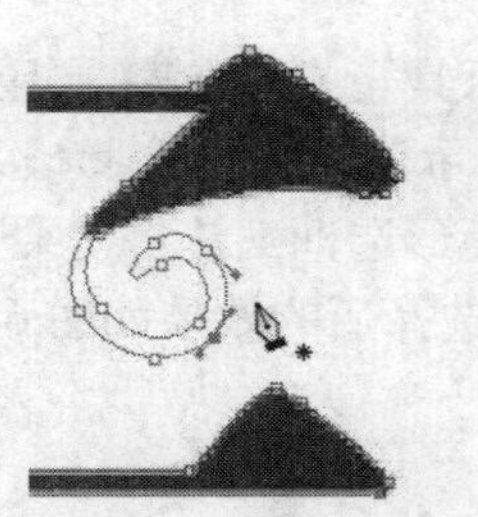
图 6-65 编辑路径

10 在【路径】面板中单击【将路径作为选区载入】按钮，如图 6-66 所示，将路径 1 载入选区，如图 6-67 所示。

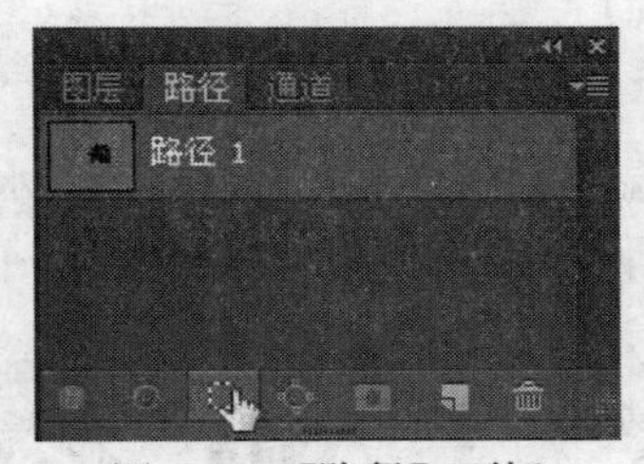

图 6-66 【路径】面板

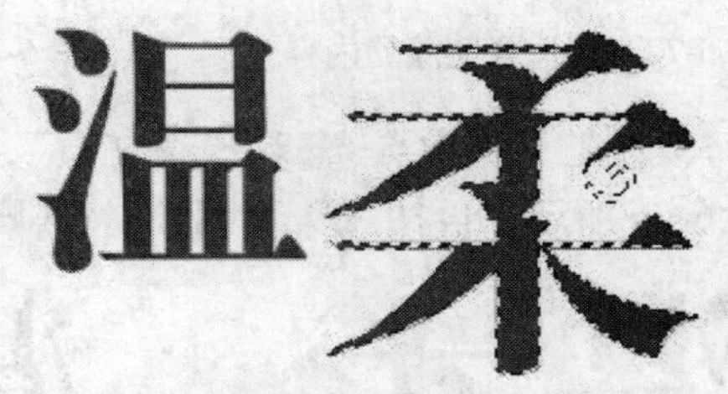

图 6-67 将路径载入选区后的结果

11 在【图层】面板中单击【创建新图层】按钮，新建图层 1，如图 6-68 所示；再按【Alt+Delete】键填充前景色，得到如图 6-69 所示的效果，然后按【Ctrl+D】键取消选择。

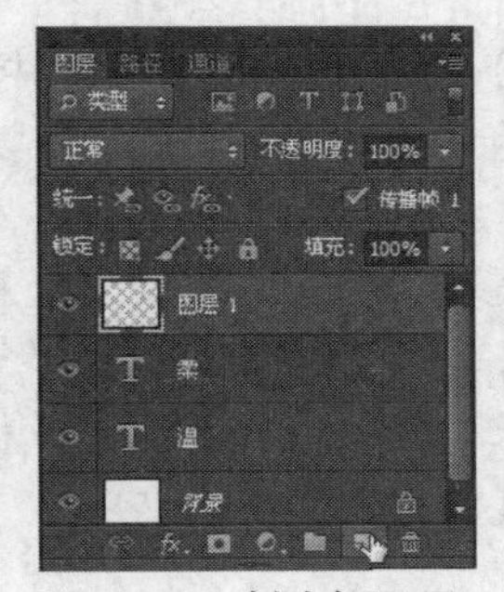

图 6-68 创建新图层

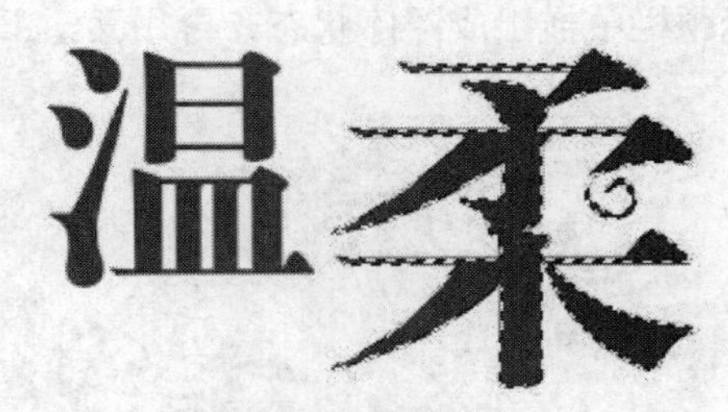

图 6-69 填充颜色

12 按【Shift】键在【图层】面板中单击“温”文字图层，以同时选择图层 1、“柔”文字图层、“温”文字图层，如图 6-70 所示，按【Ctrl+E】键将它们合并为一个图层，如图 6-71 所示。

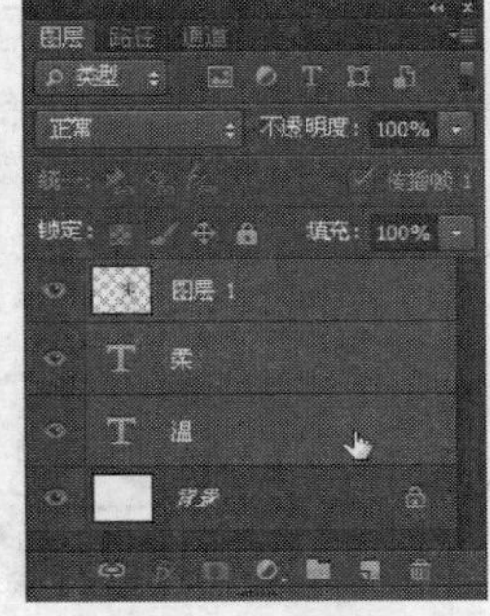

图 6-70 选择图层

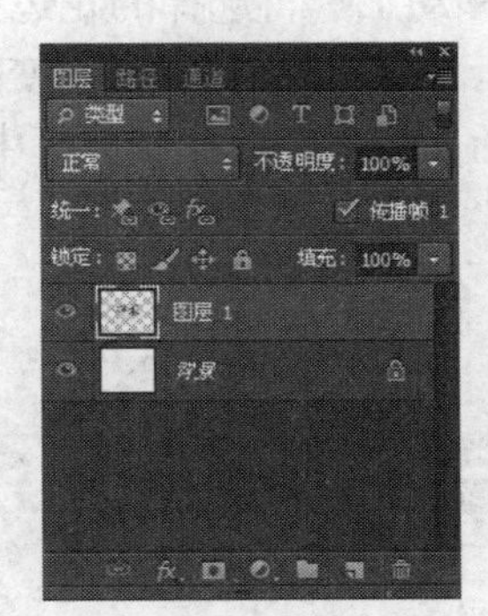

图 6-71 合并图层

13 在工具箱中点选 (矩形选框工具)，并在“柔”字上方将“柔”字的一横框选中，如图 6-72 所示，再按【Delete】键将其删除，删除后的效果如图 6-73 所示。

14 用矩形选框工具将“柔”字的一撇框选住，如图 6-74 所示，再按【Delete】键将其删除，取消选择后的效果如图 6-75 所示。

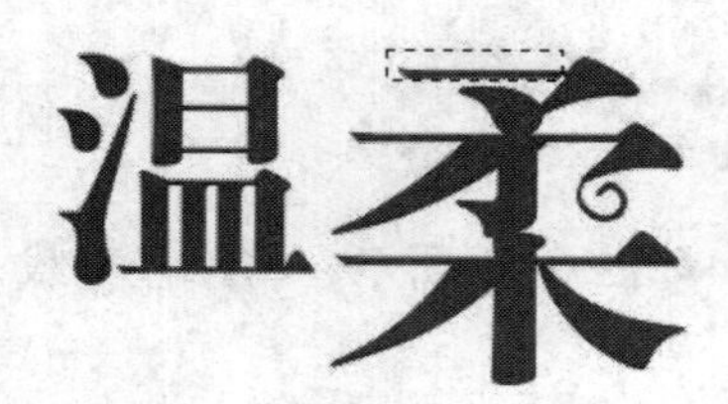

图 6-72 框选要删除的内容

图 6-73 删除后的效果

图 6-74 框选要删除的内容

15 在工具箱中点选 (套索工具)，在画面中将“温”字的三点水下方的一点水框选住，如图 6-76 所示，再按【Delete】键将其删除，取消选择后的效果如图 6-77 所示。

图 6-75 删除后的效果

图 6-76 框选要删除的内容

图 6-77 删除后的效果

16 按【Ctrl+O】键打开已经准备好的素材（图案.psd），如图 6-78 所示，并将文档从文档标题栏中拖出成浮停状态，再用套索工具将需要的花边框选，如图 6-79 所示。

图 6-78 打开的素材

图 6-79 框选对象

17 用移动工具将选择的花边拖动并复制到要编辑艺术字的文档中，并排放到所需的位置，按【Ctrl+T】键执行【自由变换】命令，将花边进行大小调整，并移至所需的位置，如图 6-80 所示，调整好后在变换框中双击确认变换，再移至所需的位置，结果如图 6-81 所示。

图 6-80 复制后调整对象

图 6-81 移动并排列对象

18 显示有花边的文档，再用套索工具在画面中框选所需的花边，如图 6-82 所示。

19 用移动工具同样将其拖动并复制到编辑艺术字的文档中，并按【Ctrl+T】键执行【自由变换】命令，对刚复制的花边进行变换调整，如图 6-83 所示，调整好后在变换框中双击确认变换，再移至所需的位置，如图 6-84 所示。

图 6-82　框选对象

图 6-83　复制后调整对象

图 6-84　移动并排列对象

20 显示有花边的文档，再用套索工具在画面中框选所需的花边，如图 6-85 所示。用移动工具同样将其拖动并复制到编辑艺术字的文档中，并按【Ctrl+T】键执行【自由变换】命令，对刚复制的花边进行变换调整，调整好后在变换框中双击确认变换，再移至所需的位置，如图 6-86 所示。

图 6-85　框选对象

图 6-86　复制并调整后的效果

21 按【Ctrl+J】键复制一个副本，在【编辑】菜单执行【变换】→【水平翻转】命令，将副本进行水平翻转，再移至所需的位置，如图 6-87 所示。

22 按【Ctrl+T】键显示变换框，对变换框进行旋转与大小调整，如图 6-88 所示，调整好后在变换框中双击确认变换，得到如图 6-89 所示的效果。

图 6-87　复制一个副本并进行水平翻转与移动

图 6-88　变换调整

图 6-89　调整后的效果

23 用上面同样的方法将另一个花边也复制到艺术字文档中，并进行适当的调整，调整好后的效果如图 6-90 所示。

24 按【Shift】键在【图层】面板中单击最底层的图层 1，以选择除背景层外的所有图层，如图 6-91 所示；按【Ctrl+E】键将选择的图层合并为一个图层，结果如图 6-92 所示。

图 6-90 复制并调整好后的效果

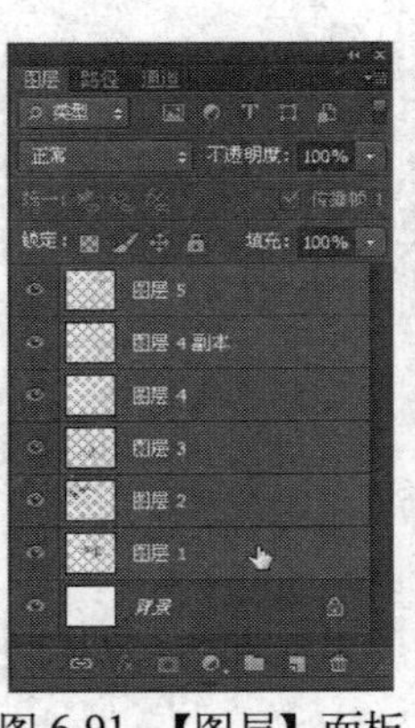

图 6-91 【图层】面板

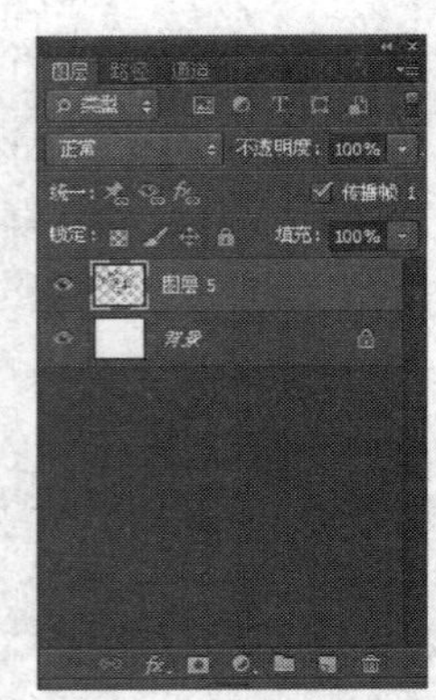

图 6-92 【图层】面板

25 在【图层】面板中双击图层 5，弹出【图层样式】对话框，在其中选择【渐变叠加】选项，再在右边栏中选择所需的渐变，其他不变，如图 6-93 所示，单击【确定】按钮，即可得到如图 6-94 所示的效果。这样，艺术字就绘制完成了。

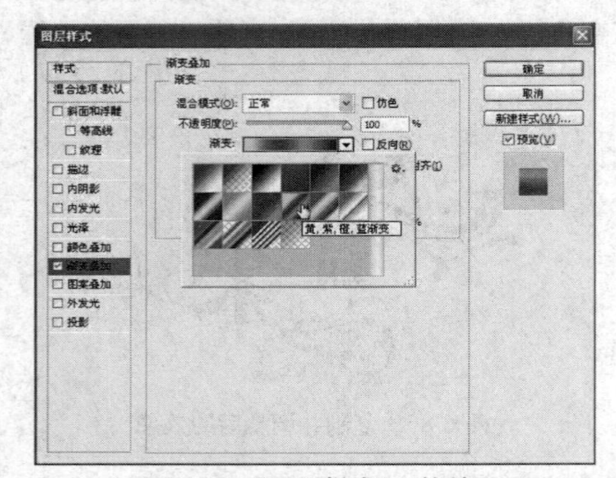

图 6-93 【图层样式】对话框

图 6-94 最终效果图

6.8 标志设计

本例先用椭圆选框工具、参考线、描边、矩形工具等工具与命令绘制出两个圆环与一个穿过两个圆环的矩形，接着用横排文字工具、变形文字、椭圆工具、创建路径文字、打开、移动工具等工具与命令对标志的图形与文字进行排列组合。实例效果如图 6-95 所示。

图 6-95 实例效果图

上机实战　标志设计

1　按【Ctrl+N】键新建一个【大小】为 500×500 像素，【分辨率】为“72”像素/英寸，【颜色模式】为“RGB 颜色”，【背景内容】为“白色”的空白文件。

2　按【Ctrl+R】键显示标尺栏，再从标尺栏中拖出两条参考线，使它们垂直于画面中心点，如图 6-96 所示。接着在【图层】面板中单击【创建新图层】按钮，新建图层 1，如图 6-97 所示。

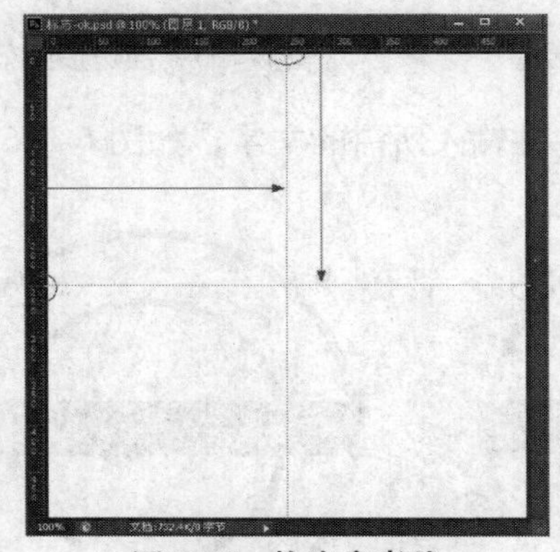

图 6-96　拖出参考线

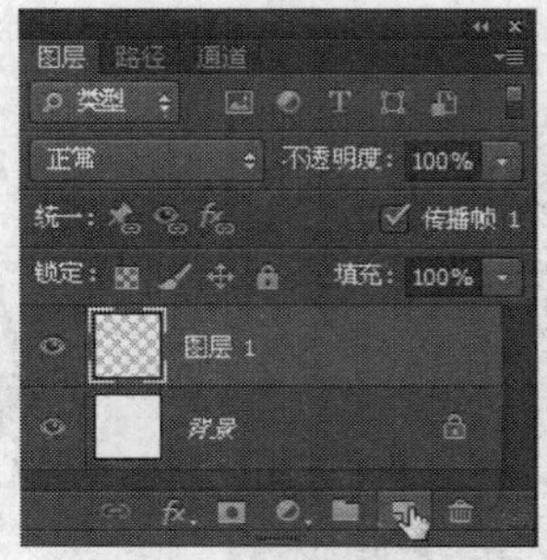

图 6-97　创建新图层

3　在工具箱中点选 (椭圆选框工具)，按下【Alt+Shift】键从参考线的交叉点上拖出一个圆形选框，如图 6-98 所示。

4　设置前景色为“#40606d”，在【编辑】菜单中执行【描边】命令，弹出【描边】对话框，并在其中设置【宽度】为“10 像素”，【位置】为“居中”，如图 6-99 所示，单击【确定】按钮，即可得到如图 6-100 所示的效果。

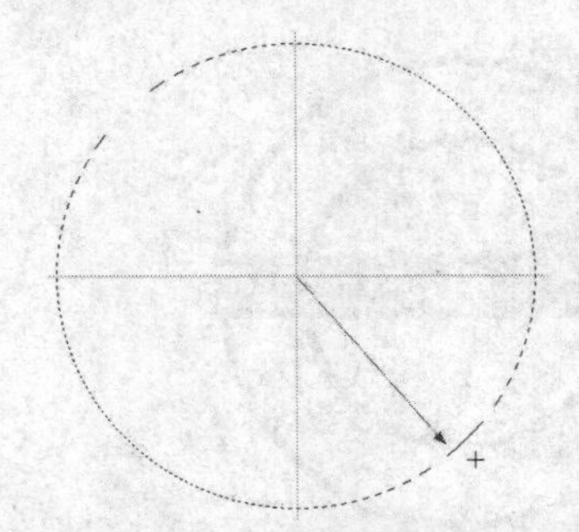

图 6-98　绘制圆形选框

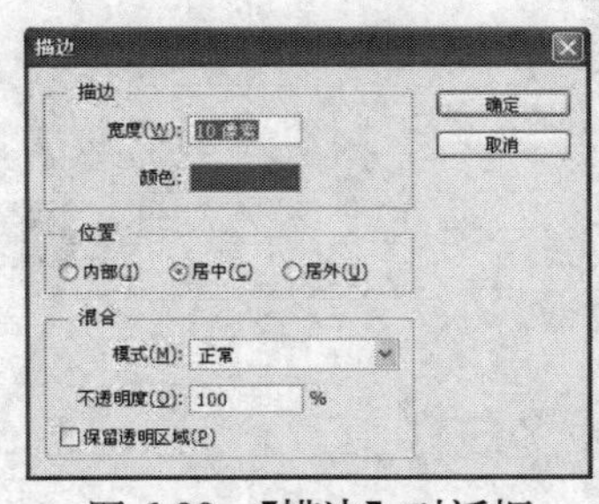

图 6-99　【描边】对话框

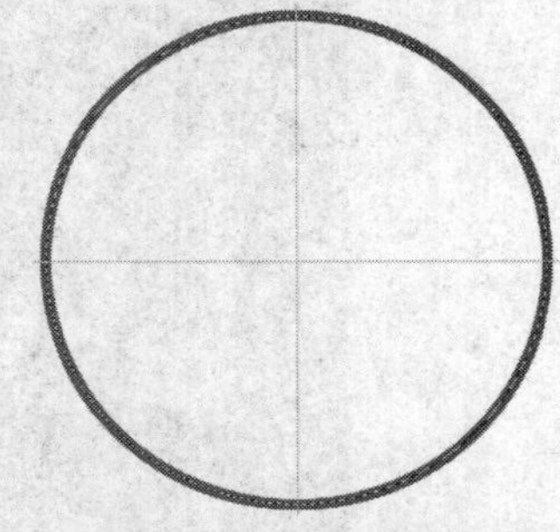

图 6-100　描边后的效果

5　再次按下【Alt+Delete】键从参考线的交叉点上按下左键向外拖动，拖出一个较小的圆形选框，如图 6-101 所示。

6　在【编辑】菜单执行【描边】命令，弹出【描边】对话框，在其中设置【宽度】为“10 像素”，其他不变，如图 6-102 所示，单击【确定】按钮，按【Ctrl+D】键取消选择，得到如图 6-103 所示的效果。

7　在【图层】面板中单击【创建新图层】按钮，新建图层 2，如图 6-104 所示。在工具箱中点选 (矩形工具)，并在选项栏中选择“像素”，然后在两个圆环的中间位置绘制一个矩形，如图 6-105 所示。

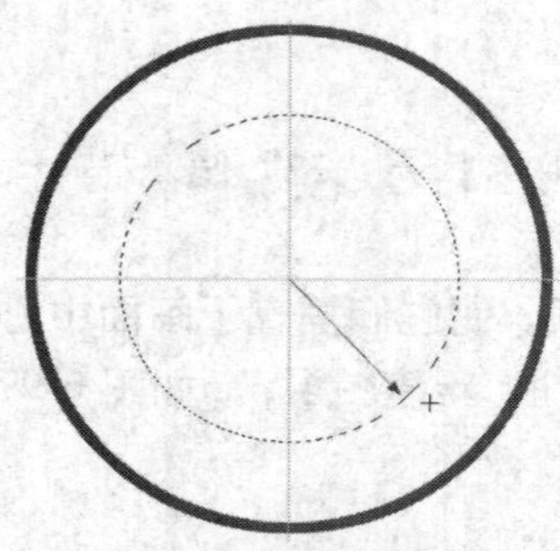

图 6-101　绘制圆形选框

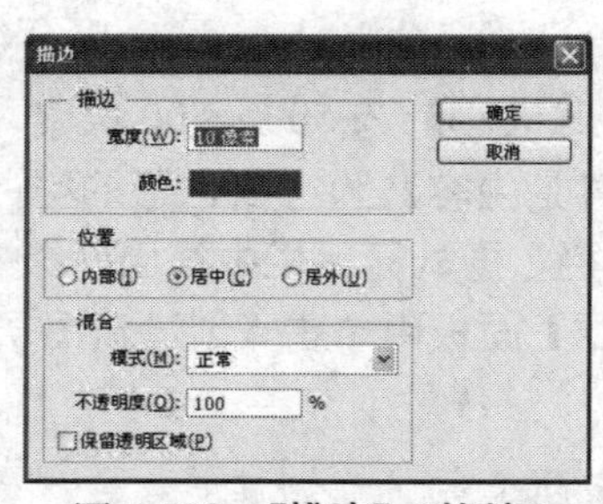

图 6-102　【描边】对话框

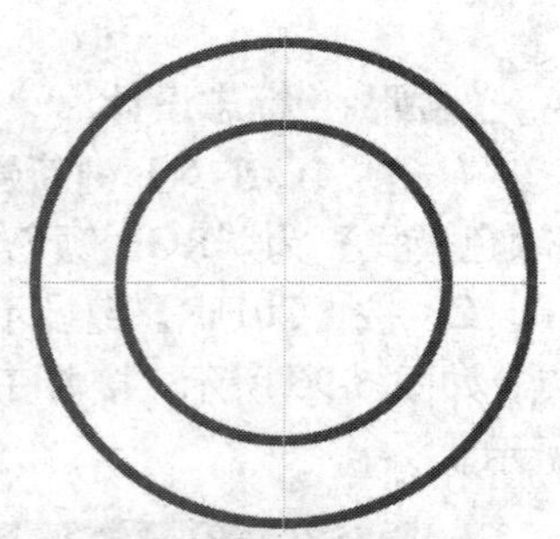

图 6-103　描边后的效果

8 在工具箱中点选横排文字工具，在矩形上单击并输入所需的文字，如图 6-106 所示。

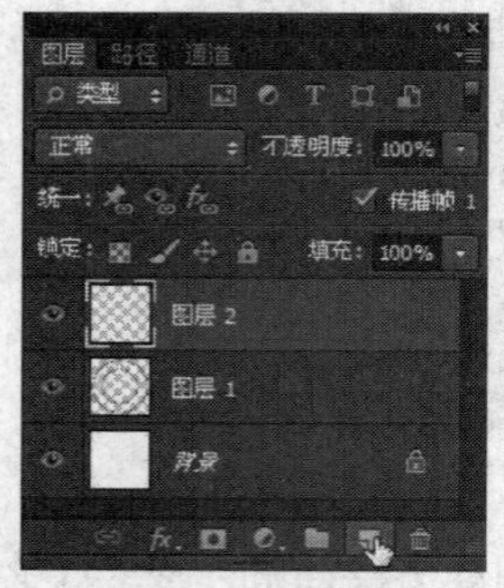

图 6-104　创建新图层

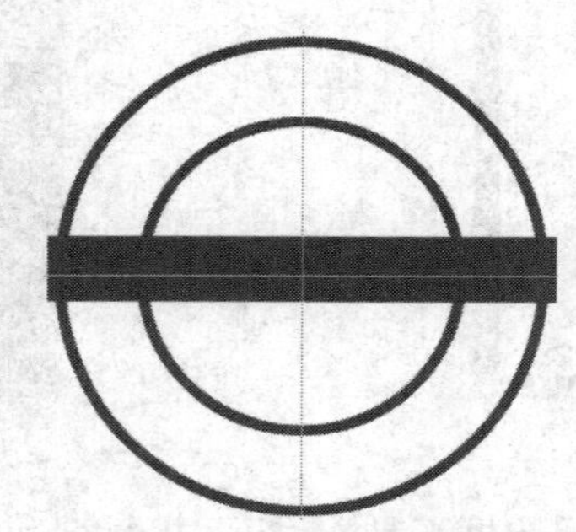

图 6-105　绘制矩形

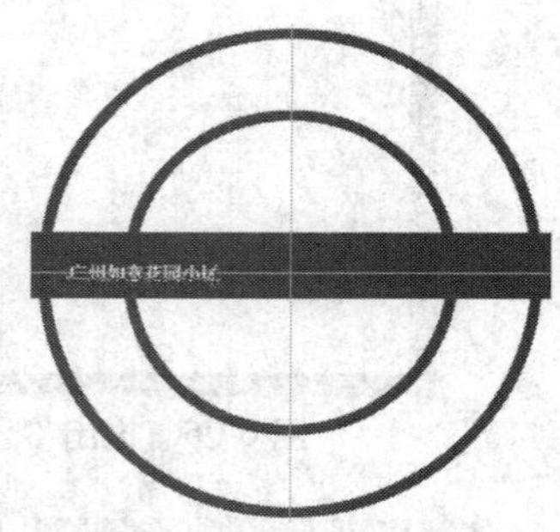

图 6-106　输入文字

9 按【Ctrl +A】键全选文字，在【字符】面板中设置【字体】为“文鼎 CS 大宋”，【字体大小】为“40 点”，【所选字符的字距】为“400”，【颜色】为“白色”，其他不变，如图 6-107 所示，调整后的文字如图 6-108 所示，在选项栏中单击✓按钮。

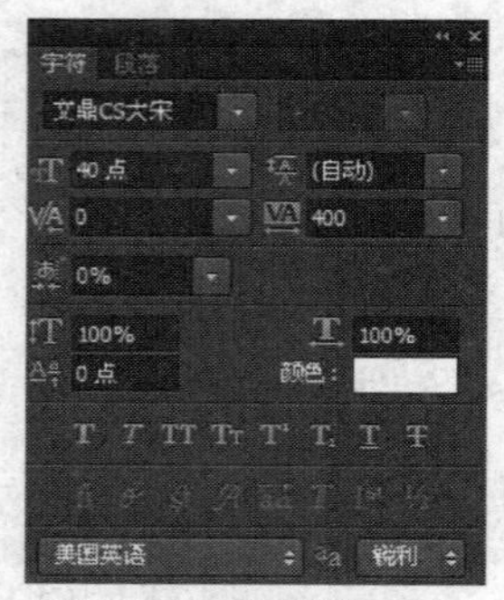

图 6-107　【字符】面板

图 6-108　设置字符格式

10 用横排文字工具在画面中文字下方单击，显示光标后在【字符】面板中设置【字体】为“文鼎 CS 大黑”，【字体大小】为“65 点”，【所选字符的字距】为“0”，【颜色】为“#40606d”，如图 6-109 所示，设置好后输入所需的文字，输入好后的文字效果如图 6-110 所示。

11 在选项栏中单击（创建文字变形）按钮，弹出【变形文字】对话框，并在其中设置【样式】为“下弧”，【弯曲】为“62”，如图 6-111 所示，单击【确定】按钮，即可为文字进行变形，在选项栏中单击✓按钮，确认文字输入，得到如图 6-112 所示的效果。

12 按【Ctrl+O】键打开一个准备好的图形（标志 01.psd），如图 6-113 所示，将其复制到画面中，如图 6-114 所示。

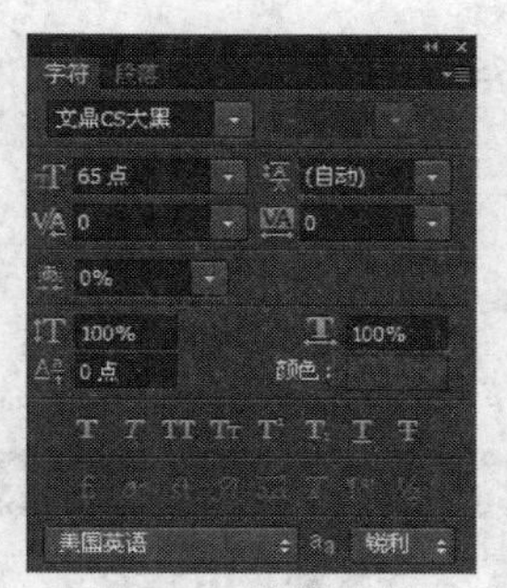

图 6-109 【字符】面板

图 6-110　输入文字

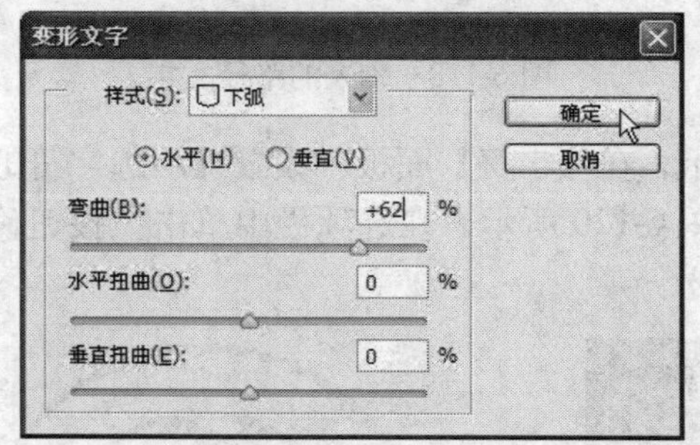

图 6-111 【变形文字】对话框

图 6-112　变形后效果

图 6-113　打开的图形

图 6-114　复制图形到标志文件中

13 显示【路径】面板，在其中单击【创建新路径】按钮，新建一个路径，如图 6-115 所示。在工具箱中点选 (椭圆工具)，并在选项栏中选择“路径”，按【Alt+Shift】键从参考线的交叉点上向外拖动，拖出一个圆形路径，如图 6-116 所示。

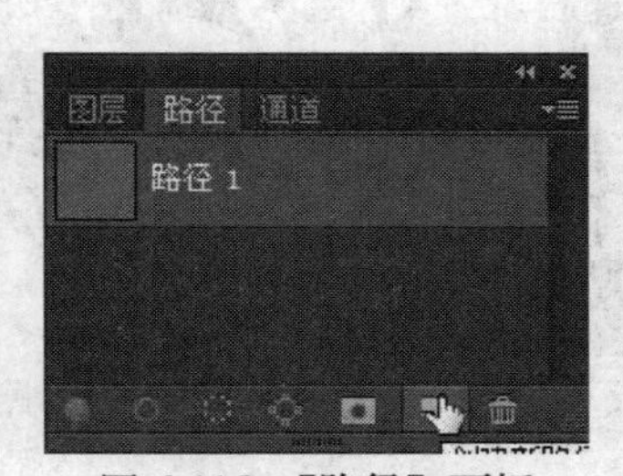

图 6-115 【路径】面板

图 6-116　用椭圆工具绘制路径

14 在工具箱中点选横排文字工具，移动指针到路径上，当指针呈 状（如图 6-117 所

示）时单击，显示光标后在选项栏中设置【字体】为“Arial”，【字体大小】为“22 点”，然后输入所需的文字，如图 6-118 所示。

图 6-117　用横排文字工具指向路径时的状态

图 6-118　输入的路径文字

15 按【Ctrl+A】键全选文字，如图 6-119 所示，在【字符】面板中设置【所选字符的字距】为“55”，设置【基线偏移】为“-2 点”，如图 6-120 所示，在选项栏中单击✓按钮确认文字输入，得到如图 6-121 所示的效果。

图 6-119　选择文字

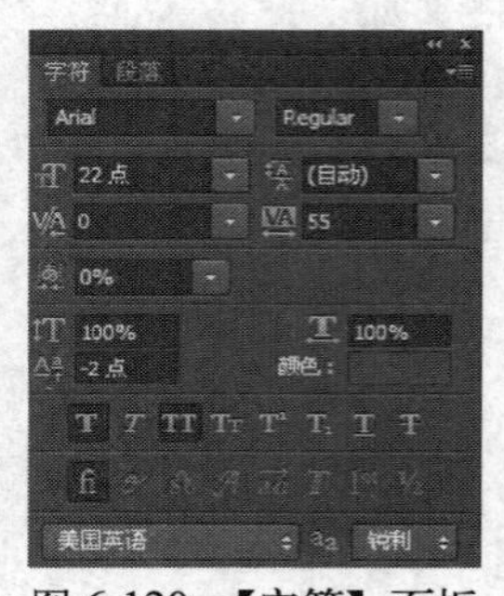

图 6-120　【字符】面板

图 6-121　确认文字输入后的效果

16 在【图层】面板中双击刚输入的文字图层名称，使之成为编辑状态并全选文字，如图 6-122 所示，按【Ctrl+C】键进行复制，再显示【路径】面板，并显示路径 1，如图 6-123 所示，即可在画面中又显示路径了，如图 6-124 所示。

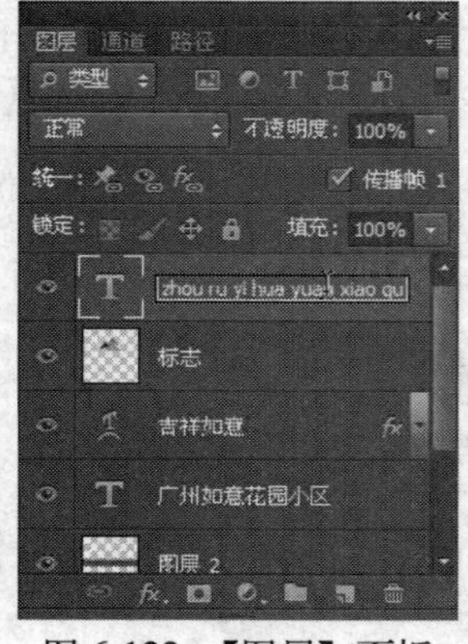

图 6-122　【图层】面板

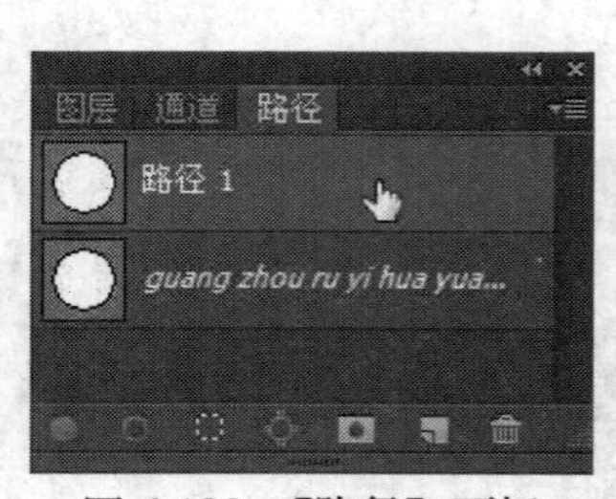

图 6-123　【路径】面板

图 6-124　显示路径

17 点选横排文字工具，并在路径的适当位置单击，如图 6-125 所示。显示光标后按【Ctrl+V】键进行粘贴，即可将文字复制到路径上，如图 6-126 所示。

图 6-125　用横排文字工具指向路径时的状态

图 6-126　粘贴文字后的效果

18 在按住【Ctrl】键的同时移动指针到文字的末尾处，当指针呈 状时（如图 6-127 所示）按下左键向下方拖动，直到所需的位置后松开左键即可，这时发现还有文字没有显示出来，如图 6-128 所示，需要再按【Ctrl】键拖动小圆点向上至适当位置，以显示出所有的文字，显示出所有文字后的效果如图 6-129 所示。

图 6-127　编辑路径文字

图 6-128　编辑路径文字

图 6-129　编辑路径文字

19 按【Ctrl+A】键选择刚复制的所有文字，在【字符】面板中设置【所选字符的字距】为“80”，【基线偏移】为“-10 点”，如图 6-130 所示，画面效果如图 6-131 所示，效果满意后在选项栏中单击 按钮，按【Ctrl+;】键隐藏参考线，得到如图 6-132 所示的效果。这样，标志就设计完成了。

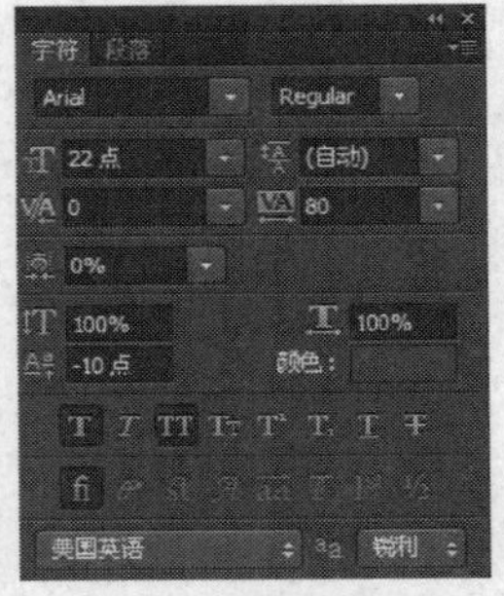

图 6-130　【字符】面板

图 6-131　选择文字

图 6-132　最终效果图

6.9　本章小结

本章主要讲解了文字工具（包括横排文字工具、直排文字工具、横排文字蒙版工具与直排文字蒙版工具）的使用方法与技巧。并结合实例重点介绍了如何使用文字工具创建变形文字与路径文字。

6.10 本章习题

一、填空题

1.【字符】调板主要用于设置文本的______、______、______、______、______、颜色等属性。

2. 在 Photoshop 中提供了 4 种文字工具，包括__________、____________、横排文字蒙版工具 和____________。

3. 在创建段落文字时，文字基于__________的尺寸换行；可以输入多个段落并对段落进行__________。可以调整________的大小，这将使文字在调整后的矩形中________；可以在输入文字时或创建文字图层后调整________，也可以使用________旋转、缩放和斜切文字。

4. 根据使用文字工具的不同，可以输入__________或________。

5. 用文字创建__________使用户得以将字符作为矢量形状处理；而________是出现在【路径】调板中的临时路径，文字图层创建了__________后，就可以像对待其他路径那样存储和处理该路径。

二、选择题

1. 以下哪种调板主要用于设置段落文本的对齐、缩进、段前/段后间距等属性？（　　）

A.【路径】调板　　B.【图层】调板

C.【字符】调板　　D.【段落】调板

2. 在创建以下哪种文字时，文字基于定界框的尺寸换行；可以输入多个段落并对段落进行格式化？（　　）

A. 点文字　　B. 路径文字　　C. 段落文字　　D. 变形文字

第7章 修复图像

教学目标

学会使用修复工具修复图像中的瑕疵，以及使用颜色替换工具替换图像中的颜色。学习图章工具、修复工具、颜色替换工具、聚焦工具、色调工具、海绵工具、涂抹工具、擦除工具的使用方法与技巧。

教学重点与难点

- ➢ 图章工具的使用方法与应用
- ➢ 修复工具的使用方法与应用
- ➢ 聚焦工具、色调工具与海绵工具的使用
- ➢ 涂抹工具与擦除工具的使用

7.1 图章工具

7.1.1 仿制图章工具

使用仿制图章工具可以从图像中取样，然后将样本应用到其他图像或同一图像的其他部分。也可以将一个图层的一部分仿制到另一个图层。仿制图章工具对要复制对象或移去图像中的缺陷十分有用。

在使用仿制图章工具时，需要在该区域上设置要应用到另一个区域上的取样点。可以对仿制区域的大小进行多种控制，还可以使用选项栏中的【不透明度】和【流量】设置来微调应用仿制区域的方式。值得注意的是当从一个图像取样并在另一个图像中应用仿制时，需要这两个图像的颜色模式相同。

上机实战 使用仿制图章工具合成图像

1 按【Ctrl+O】键从配套光盘的素材库中打开 01.psd 和 018.psd 图像文件，如图 7-1 所示，依次在两个文件的标题标签上按下左键向下拖移，拖离文档标题栏时松开左键，即可分别将两个文件浮停在屏幕中，如图 7-2 所示。

仿制图章工具选项栏说明如下：

- 【对齐】：在选项栏中选择【对齐】选项时，无论对绘画停止和继续过多少次，都可以对像素连续取样。如果不勾选【对齐】选项时，则会在每次停止并重新开始绘画时使用初始取样点中的样本像素。
- 【样本】：在【样本】下拉列表中可以选择要取样的图层，如“当前图层”、“当前和下方图层”与“所有图层”。

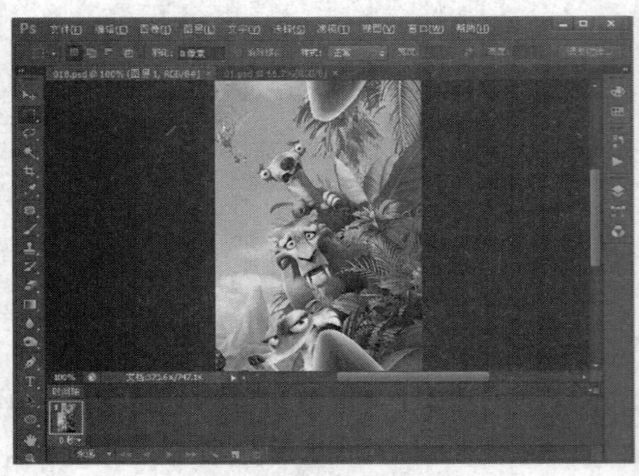

图 7-1　打开的图像文件

图 7-2　将文件拖离文档标题栏

2　从工具箱中点选（仿制图章工具），在选项栏中设置【模式】为“正片叠底”，其他为默认值，激活 01.psd 文件，以它为当前窗口，再按【Alt】键在画面中要取样的地方单击，吸取初始样本，如图 7-3 所示，然后激活 018.psd 文件，以它为当前窗口，在当前图像窗口中按下左键进行拖移，如图 7-4 所示。

图 7-3　吸取初始样本

图 7-4　仿制图像

3　将所仿制的内容仿制完后松开左键，得到如图 7-5 所示的效果。

4　在选项栏中设置【模式】为“正常”，再在 018.psd 文件中进行拖动，直至将要清楚显示的内容显示为止，如图 7-6 所示。这样，就将 01.psd 文件中的内容仿制到 018.psd 文件中了。

图 7-5　仿制图像

图 7-6　仿制图像

7.1.2 图案图章工具

图案图章工具可以用图案绘画。可以从图案库中选择图案或者创建自己的图案。

图 7-7 打开的图像文件

上机实战 使用图案图章工具绘画

1 按【Ctrl+O】键从配套光盘的素材库中打开一个 02.psd 文件，如图 7-7 所示，从工具箱中点选（图案图章工具），在选项栏中设置【模式】为“正常”，在【图案】弹出式面板中选择所需的图案，如，其他为默认值，如图 7-8 所示，然后在画面中上衣上与下方的裙子上分别单击，填充图案后的效果如图 7-9 所示。

模式：正常 不透明度：100% 流量：100% 对齐 印象派效果

图 7-8 图案图章工具选项栏

图案图章工具选项栏说明如下：

- 【印象派效果】：勾选【印象派效果】选项，则可以对图案应用印象派效果。

2 在【图案】弹出式面板中选择图案，然后在裙子的折皱处依次单击，给它们进行图案填充，填充图案后的效果如图 7-10 所示。

图 7-9 用图案图章工具绘制后的效果

图 7-10 用图案图章工具绘制后的效果

7.2 修复工具

7.2.1 污点修复画笔工具

污点修复画笔工具可以快速移去照片中的污点和其他不理想部分。污点修复画笔的工作方式与修复画笔类似。它使用图像或图案中的样本像素进行绘画，并将样本像素的纹理、光照、透明度和阴影与所修复的像素相匹配。与修复画笔不同的是，污点修复画笔不需要指定样本点，并且它将自动从所修饰区域的周围取样。

2011/10/07

图 7-11 打开的图像文件

上机实战 使用污点修复画笔工具修复图像

1 按【Ctrl+O】键从配套光盘的素材库中打开 03.jpg 文件，如图 7-11 所示；在工具箱中点选（污点修复画笔工具），选项栏中就会显示它的相关选项，如图 7-12 所示。

图 7-12 污点修复画笔工具选项栏

污点修复画笔工具选项栏说明如下：

- 【近似匹配】：使用选区边缘周围的像素来查找要用作选定区域修补的图像区域。
- 【创建纹理】：使用选区中的所有像素创建一个用于修复该区域的纹理。
- 【内容识别】：选择它可以轻松地将指定或选定区域中的图像元素删除，并使用附近的相似的图像内容不留痕迹地填充选区或指定区域，而且还与其周边环境天衣无缝地融合在一起。
- 【对所有图层取样】：如果选择该选项，可从所有可见图层中对数据进行取样。如果取消该选项的选择，则只从现用图层中取样。

2 在工具箱中点选 （污点修复画笔工具），在选项栏中选择【内容识别】选项，指向要修复的地方按下左键进行拖动，将要删除的部分覆盖，如图 7-13 左所示，松开左键即可将覆盖的内容用周围的内容填充，并与周围进行融合，修复后的效果如图 7-13 右所示。

3 用同样的方法将其他的数字与符号修复，修复后的效果如图 7-14 所示。

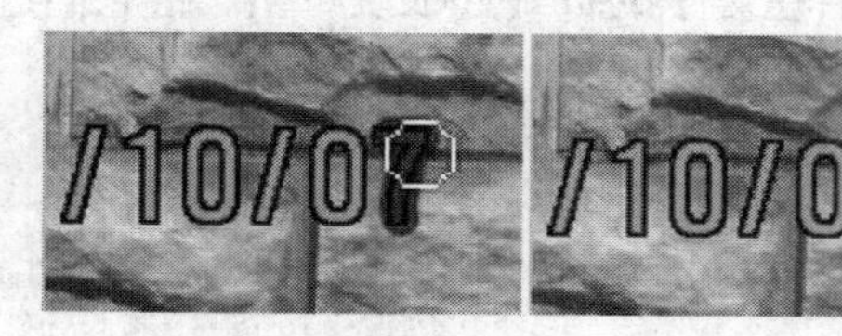

图 7-13 修复图像

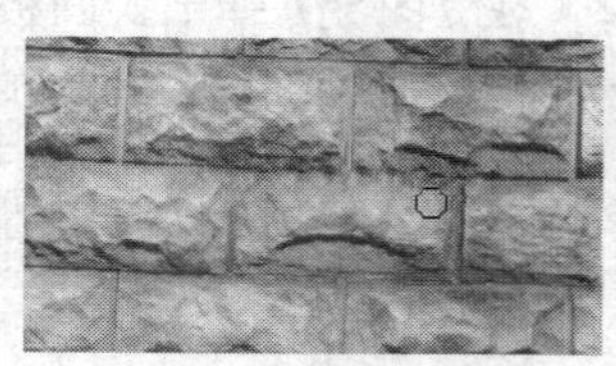

图 7-14 修复好的图像

7.2.2 修补工具

修补工具可将选区的像素用其他区域的像素或图案来修补。而实际上修补工具和修复画笔工具的功能差不多，只是修补工具的效率高一些。

图 7-15 打开的图像文件

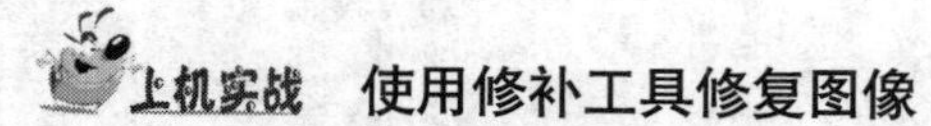

上机实战 使用修补工具修复图像

1 按【Ctrl+O】键从配套光盘的素材库中打开 04.jpg 文件，如图 7-15 所示，在工具箱中点选 （修补工具），选项栏中就会显示它的相关选项，如图 7-16 所示，然后在画面中框选要修复的区域，如图 7-17 所示。

图 7-16 修补工具选项栏

修补工具选项栏说明如下：

- 【修补】：在【修补】选项列表中可以选择“正常”与“内容识别”选项。
- 【源】：可以将选中的区域拖动到用来修复的目的地，即可将选中的区域修复好，而且与周围环境非常融合。

- 【目标】：先用修补工具框选出用于修复的区域，然后将其拖动到要修复的区域。
- 【透明】：选择该选项可以使修复的区域应用透明度。
- 【使用图案】：当用修补工具（或选框工具或魔棒工具）在图像中选取出选区后，它成为活动可用状态，也就是可以使用图案来填充所选区域，只需单击使用图案按钮，即可将所选的区域填充为所选的图案。

提示：按住【Shift】键并在图像中拖动，可将选区添加到现有选区。按住【Alt】键并在图像中拖动，可从现有选区中减去一部分。按住【Alt+Shift】键并在图像中拖动，可选择与现有选区交叉的区域。

2　在选区内按下左键向左边要取样的位置拖移，如图 7-18 所示，松开左键后即可用取样位置的像素修复选区中的像素，并且与周围像素融合，按【Ctrl+D】键取消选择，得到如图 7-19 所示的效果。

图 7-17　勾选要修复的区域

图 7-18　拖移时的状态

图 7-19　修补后的效果

7.2.3　修复画笔工具

修复画笔工具可用于修复图像中的瑕疵，使它们消失在周围的图像中。并且在修复的同时将样本像素的纹理、光照和阴影与源像素进行匹配，从而使修复后的像素不留痕迹地融入图像的其余部分。它也可以利用图像或图案中的样本像素来绘画。

在工具箱中点选（修复画笔工具），选项栏中就会显示它的相关选项，如图 7-20 所示，它的操作方法与仿制图章工具一样。

图 7-20　修复画笔工具选项栏

修复画笔工具选项栏说明如下：

- 【模式】：在【模式】下拉列表中可以选择所需的修复模式，如“正常”、“正片叠底”、“变亮”和“替换”。选择“替换”模式可以保留画笔描边的边缘处的杂色、胶片颗粒和纹理，也就说将原图像中的部分替换掉。
- 【源】：用于修复像素的源有两种方式：【取样】和【图案】。【取样】可以使用当前图像的像素，而【图案】可以使用某个图案的像素。如果点选了【图案】选项，则可从【图案】弹出式面板中选择所需的图案。
- 【对齐】：如果勾选【对齐】选项，则可以松开左键，当前取样点不会丢失。这样，无论多少次停止和继续绘画，都可以连续应用样本像素。如果不勾选【对齐】选项，则每次停止和继续绘画时，都将从初始取样点开始应用样本像素。

7.2.4 红眼工具

红眼工具可移去用闪光灯拍摄的人物照片中的红眼，也可以移去用闪光灯拍摄的动物照片中的白色或绿色反光。

上机实战　使用红眼工具修复图像

1 按【Ctrl+O】键从配套光盘的素材库打开 05.jpg 文件，如图 7-21 所示。

2 在工具箱中点选 (红眼工具)，选项栏中就会显示它相关的选项，如图 7-22 所示，再在红眼上单击几次，即可将红眼去除，去除红眼后的效果如图 7-23 所示。

图 7-21　打开的图像文件

图 7-22　红眼工具选项栏

图 7-23　去除红眼后的效果

红眼工具选项栏说明如下：

- 【瞳孔大小】：可拖动滑块或在文本框中输入 1%～100%之间的数值，来设置瞳孔（眼睛暗色的中心）的大小。
- 【变暗量】：可拖动滑块或在文本框中输入 1%～100%之间的数值，来设置瞳孔的暗度。

提示： 红眼是由于相机闪光灯在主体视网膜上反光引起的。在光线暗淡的房间里照相时，由于主体的虹膜张开得很宽，将会更加频繁地看到红眼。为了避免红眼，可以使用相机的红眼消除功能。或者，最好使用可安装在相机上远离相机镜头位置的独立闪光装置。

7.2.5 内容感知移动工具

使用内容感知移动工具可以将选区的内容移动到指定的位置，同时选区中的内容用其周围像素自动修复并模糊，与周围像素也比较融合。

上机实战　使用内容感知移动工具修复图像

1 从配套光盘的素材库中打开一个要处理的图像（06.jpg）。

2 在工具箱中点选 (内容感知移动工具)，再在画面中勾选出要移动的内容，如图 7-24 所示。

3 移动指针到选区内按下左键向所需的地方拖动，松开左键后即可将选区内容移至松开左键的位置，同时原选区中的内容被修复与模糊，如图 7-25 所示，按【Ctrl+D】键取消选择即可。

图 7-24　打开图像后用内容感知移动工具选择对象

图 7-25　移动后的效果

7.3　聚焦工具

聚焦工具由模糊工具和锐化工具组成，模糊工具的选项栏如图 7-26 所示，锐化工具的选项栏如图 7-27 所示。

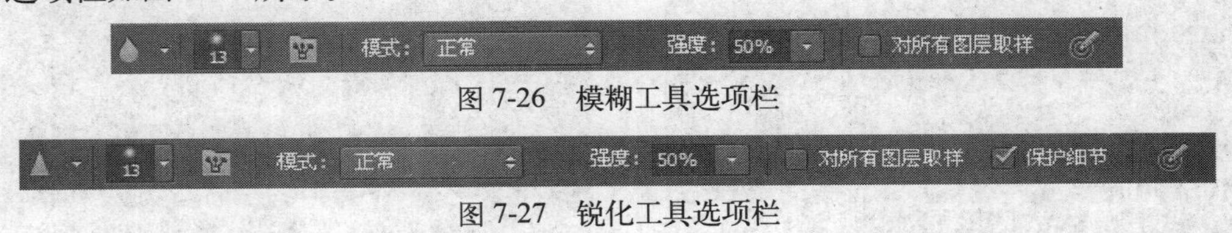

图 7-26　模糊工具选项栏

图 7-27　锐化工具选项栏

锐化工具选项栏中各选项说明：

- 【强度】：可指定涂抹、模糊、锐化和海绵工具应用的描边强度。
- 【保护细节】：选择它时则在锐化的过程中会保护锐化区域中的一些细节。

7.3.1　模糊工具

模糊工具可柔化图像中的硬边缘或区域，以减少细节。使用此工具在某个区域上方绘制的次数越多，该区域就越模糊。

图 7-28　打开的图像

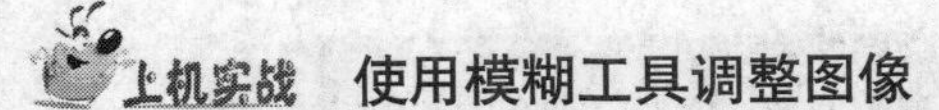

使用模糊工具调整图像

1　按【Ctrl+O】键从配套光盘的素材库中打开 06.psd 文件，如图 7-28 所示。

2　在工具箱中点选（模糊工具），并在选项栏中设置画笔的【大小】为“50 像素”，【强度】为“50%”，如图 7-29 所示，然后在画面中后面的几栋房子上进行涂抹，将其模糊，模糊后的效果如图 7-30 所示。

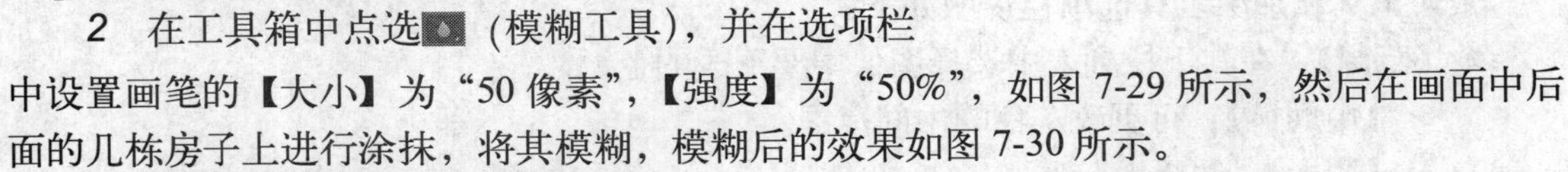

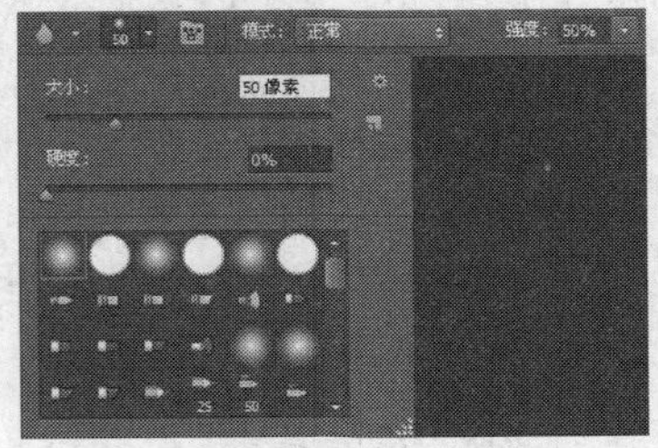

图 7-29　设置画笔大小

图 7-30　模糊后的效果

7.3.2 锐化工具

锐化工具可聚焦软边缘，提高清晰度或聚焦程度。用此工具在某个区域上方绘制的次数越多，增强的锐化效果就越明显。

上机实战 使用锐化工具调整图像

1 按【Ctrl+O】键从配套光盘的素材库中打开07.jpg文件，如图7-31所示。

2 在工具箱中点选 (锐化工具)，并在选项栏中设置所需的参数，然后在画面中房子上进行涂抹，以将其锐化，锐化后的效果如图7-32所示。

图7-31 打开的图像

图7-32 锐化后的效果

7.4 色调工具

色调工具由 (减淡工具) 和 (加深工具) 组成。减淡工具和加深工具的选项栏完全一样，如图7-33所示。减淡工具或加深工具采用了用于调节照片特定区域的曝光度的传统摄影技术，可使图像区域变亮或变暗。减淡工具可使图像变亮，加深工具可使图像变暗。

范围： 中间调 曝光度： 20% 保护色调

图7-33 减淡工具选项栏

减淡工具和加深工具选项栏说明如下：

- 【范围】：在其下拉列表中选择图像中要更改的色调。
  - 【中间调】：可更改灰色的中间范围。
  - 【阴影】：可更改暗区。
  - 【高光】：可更改亮区。
- 曝光度：拖动滑块或输入数值指定减淡和加深工具使用的曝光量。

1. 减淡工具

上机实战 使用减淡工具调整图像

1 按【Ctrl+O】键从配套光盘的素材库中打开08.jpg文件，如图7-34左所示。

2　在工具箱中点选 (减淡工具)，采用默认值，然后在画面中进行涂抹，以将其变亮，变亮后的效果如图 7-34 右所示。

图 7-34　原图像与变亮后的效果

2. 加深工具

上机实战　使用加深工具调整图像

1　按【Ctrl+O】键从配套光盘的素材库中打开 09.jpg 文件，如图 7-35 左所示。

2　在工具箱中点选 (加深工具)，在【范围】列表中选择“中间调”，对花的颜色加深，再设置【范围】为“阴影”，然后对蜜蜂进行涂抹，特别是对蜜蜂的暗部进行涂抹，涂抹后的效果如图 7-35 右所示。

图 7-35　原图像与变暗后的效果

7.5　海绵工具

使用海绵工具可精确地更改区域的色彩饱和度。在灰度模式下，该工具通过使灰阶远离或靠近中间灰色来增加或降低对比度。

在工具箱中点选 (海绵工具)，选项栏中就会显示它的相关选项，如图 7-36 所示。

图 7-36　海绵工具选项栏

在【模式】下拉列表中可以选择所需更改颜色的方式。

- 【饱和】：可以增强颜色的饱和度。
- 【降低饱和度】：可以减弱颜色的饱和度。

上机实战　使用海绵工具调整图像

1　按【Ctrl+O】键从配套光盘的素材库中打开10.jpg文件，如图7-37所示。

2　在工具箱中点选（海绵工具），在选项栏中设置【模式】为“降低饱和度”，【画笔】为“柔角画笔”，大小视需而定，然后在画面中主题物的背景上进行涂抹，即可将彩色背景变为黑白背景。

3　在选项栏设置【模式】为“饱和”，在画面中对主题物进行涂抹，即可将其饱和度加大，涂抹后颜色就会变得比较鲜艳，画面效果如图7-38所示。

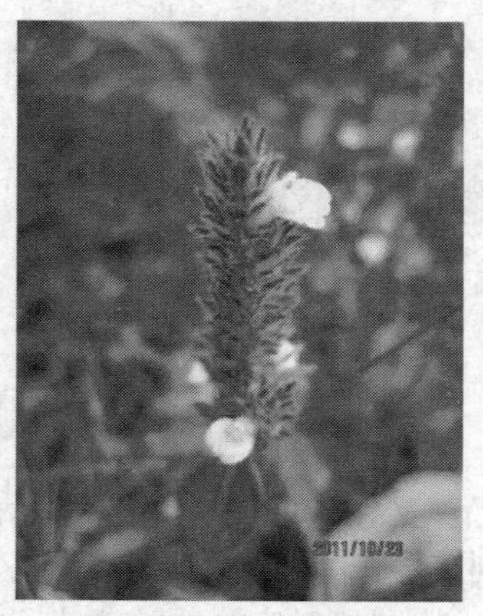

2011/10/23

图7-37　打开的图像

2011/10/23

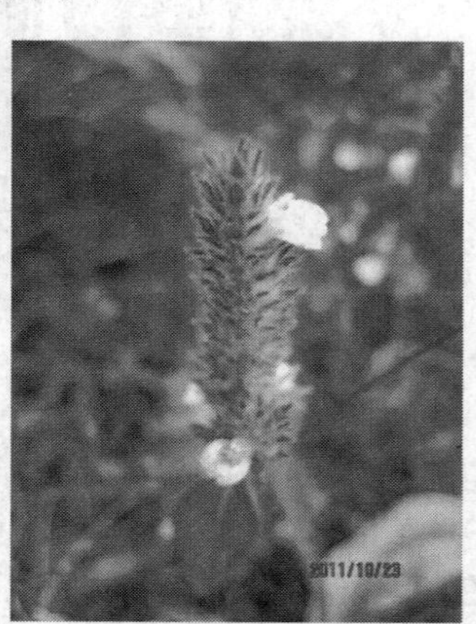

图7-38　用海绵工具绘制后的效果

7.6　涂抹工具

涂抹工具可模拟在湿颜料中拖移手指的绘画效果。也就是说它可拾取描边开始位置的颜色，并沿拖移的方向展开这种颜色。

上机实战　使用涂抹工具调整图像

1　按【Ctrl+O】键从配套光盘的素材库中打开11.jpg文件，如图7-39所示，再按【Ctrl+J】键复制一个副本图层。

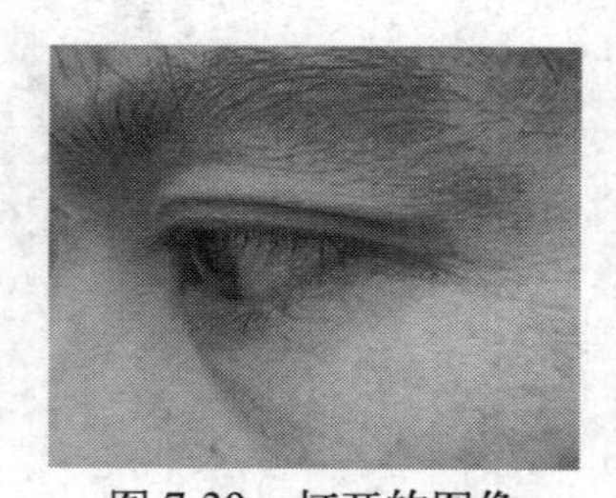

图7-39　打开的图像

2　在工具箱中点选（涂抹工具），并在选项栏中设定【画笔】为“柔边圆”，【大小】为“13像素”，其他不变，如图7-40所示，然后在画面中皮肤上进行涂抹，在涂抹时需要注意其纹理走向，要进行细微的涂抹，涂抹后的效果如图7-41所示。

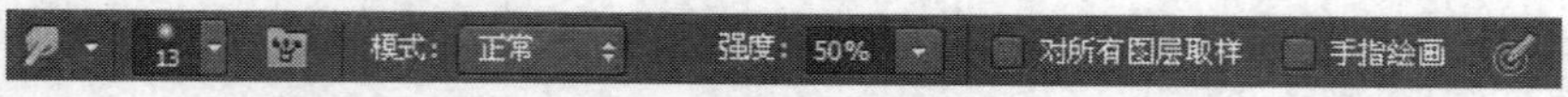

13
模式: 正常
强度: 50%
对所有图层取样
手指绘画

图7-40　涂抹工具选项栏

提示：选择【手指绘画】选项可在起点描边处使用前景色进行涂抹。如果不勾选【手指绘画】选项，涂抹工具会在起点描边处使用指针所指的颜色进行涂抹。

3　在键盘上按【[】键将画笔笔尖缩小至6像素，然后在眉毛上进行涂抹，将眉毛与刚涂抹的皮肤进行融合，涂抹后的效果如图7-42所示。

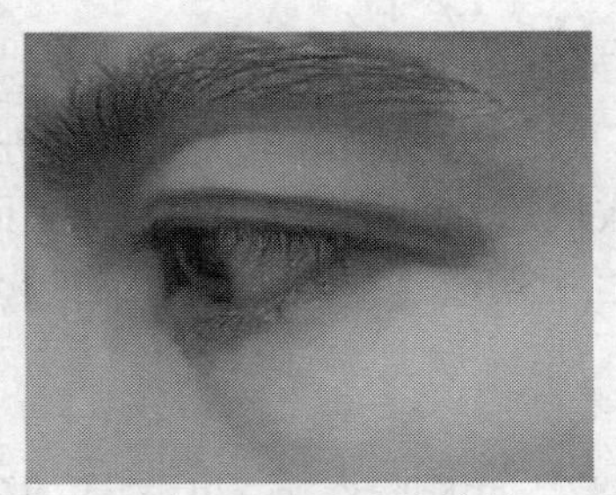

图 7-41 涂抹后的效果

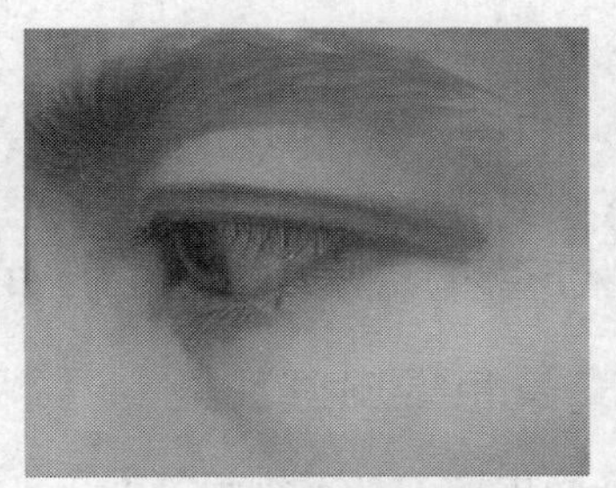

图 7-42 涂抹后的效果

7.7 擦除图像

在 Photoshop 中提供了 3 种擦除图像的工具，它们为（橡皮擦工具）、（背景橡皮擦工具）和（魔术橡皮擦工具）。

橡皮擦工具和魔术橡皮擦工具可将图像区域抹成透明或背景色。背景橡皮擦工具可将图层抹成透明。

7.7.1 橡皮擦工具

使用橡皮擦工具在背景层或在透明被锁定的图层中工作时，相当于用背景色进行绘画，如果在图层上进行操作时，则擦除过的地方为透明或半透明。还可以使用橡皮擦工具使受影响的区域返回到【历史记录】面板中选中的状态。

上机实战　使用橡皮擦工具调整图像

1 从配套光盘的素材库中打开 12.jpg 文件，如图 7-43 所示，该文件只有一个背景层。

图 7-43 打开的图像

2 在工具箱中点选（橡皮擦工具），设置背景色为白色，在选项栏中设置画笔为 100 像素的柔角圆，【不透明度】为“52%”，其他不变，如图 7-44 所示。

图 7-44 橡皮擦工具选项栏

3 在画面中蝴蝶外的背景上进行涂抹，即可将涂抹过的地方设为背景色，不过设置了不透明度，因此还可隐约看到擦除地方有原来的内容，如图 7-45 所示。

图 7-45 擦除后的效果

提示：如果有多个图层，并且在背景层外的图层上进行擦除时，则会将其涂抹过的像素擦除。

橡皮擦工具选项栏说明如下：

- 【模式】：在【模式】下拉列表中可以选择橡皮擦工具的擦除方式，如画笔、铅笔与块。
  - 【画笔】：在【模式】下拉列表中选择它时，可以在图像中擦出柔边效果。

> ➢【铅笔】：在【模式】下拉列表中选择它时，可以在图像中擦出硬边效果。
> ➢【块】：在【模式】下拉列表中选择它时，可以使用方块画笔笔尖对图像进行擦除。

- 【抹到历史记录】：要抹除到图像的已存储状态或快照，可以在【历史记录】面板中点按所需的状态或快照的前面的列，然后在选项栏中勾选【抹到历史记录】选项。

7.7.2 背景色橡皮擦工具

背景橡皮擦工具采集画笔中心（也称为热点）的色样，并删除在画笔内的任何位置出现的该颜色。也就是说，使用它可以进行选择性的擦除。它还在任何前景对象的边缘采集颜色。

提示：背景橡皮擦覆盖图层的锁定透明设置。

上机实战 使用背景色橡皮擦工具调整图像

1 从配套光盘的素材库中打开 13.jpg 文件，如图 7-46 所示。

图 7-46 打开的图像

2 在工具箱中点选（背景橡皮擦工具），选项栏中就会显示它的相关选项，在其中根据需要设置所需的参数，如图 7-47 所示，然后在画面中需要擦除的地方进行涂抹，即可将涂抹过的像素擦除，如图 7-48 所示。

图 7-47 背景橡皮擦工具选项栏

背景橡皮擦工具选项栏说明如下：

- （连续取样）：选择它时可随着拖移连续采取色样。
- （一次取样）：选择它时只抹除包含第一次点按的颜色的区域。
- （背景色板取样）：选择它时只抹除包含当前背景色的区域。
- 【限制】：在【限制】下拉列表中可选取抹除的限制模式。

图 7-48 用背景橡皮擦工具涂抹后的效果

> ➢【不连续】：抹除出现在画笔下任何位置的样本颜色。
> ➢【连续】：抹除包含样本颜色并且相互连接的区域。
> ➢【查找边缘】：抹除包含样本颜色的连接区域，同时更好地保留形状边缘的锐化程度。

- 【容差】：低容差仅限于抹除与样本颜色非常相似的区域。高容差抹除范围更广的颜色。
- 【保护前景色】：勾选它可防止抹除与工具箱中的前景色匹配的区域。

7.7.3 魔术橡皮擦工具

使用魔术橡皮擦工具在图层中需要擦除（或更改）的颜色范围内单击，它会自动擦除（或更改）所有相似的像素。如果是在背景中或是在锁定了透明的图层中工作，像素会更改为背景色，否则像素会抹为透明。可以通过勾选与不勾选【连续】复选框，决定在当前图层上是只抹除邻近的像素，还是要抹除所有相似的像素。

上机实战　使用魔术橡皮擦工具调整图像

1　从配套光盘的素材库中打开 14.psd 文件，如图 7-49 所示，其【图层】面板如图 7-50 所示。

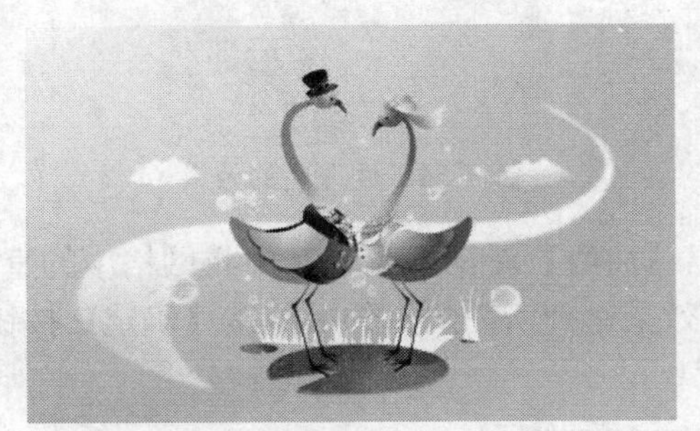

图 7-49　打开的图像

图层
路径
通道
类型
正常
不透明度：100%
统一：
传播帧 1
锁定：
填充：100%
背景 副本
背景

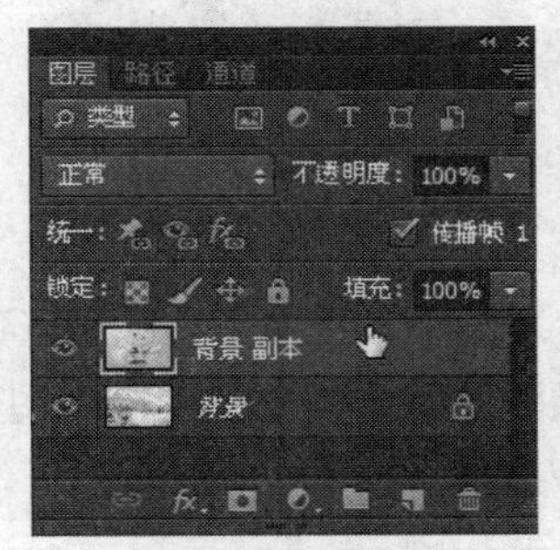

图 7-50　【图层】面板

2　在工具箱中点选（魔术橡皮擦工具），选项栏中就会显示它的相关选项，在其中根据需要设置所需的参数，如图 7-51 所示。

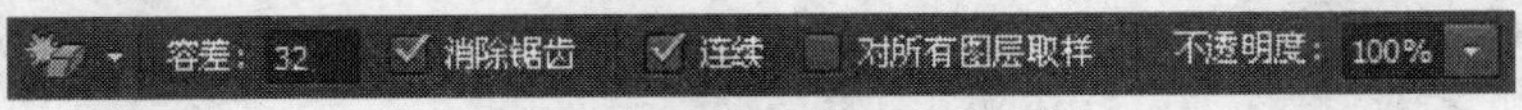

容差：32
消除锯齿
连续
对所有图层取样
不透明度：100%

图 7-51　魔术橡皮擦工具选项栏

3　在画面中需要擦除的地方单击，即可将与单击处颜色相近或相同的像素擦除，经过多次单击后得到如图 7-52 所示的效果。

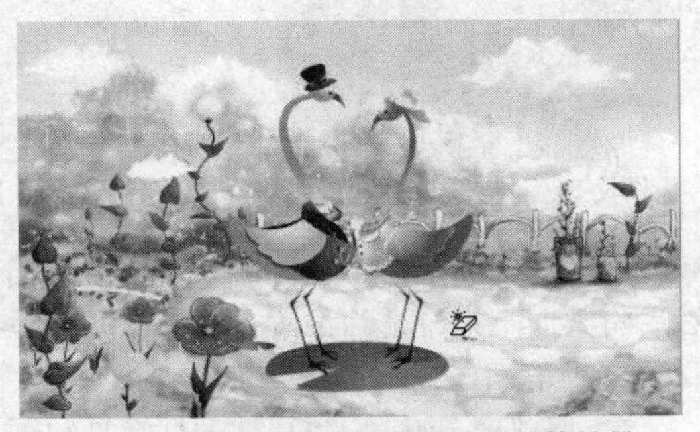

图 7-52　用魔术橡皮擦工具擦除后的效果

魔术橡皮擦工具选项栏说明如下：

- 【连续】：勾选该选项时只抹除与点按像素邻近的像素，取消选择则抹除图像中的所有相似像素。
- 【对所有图层取样】：勾选该选项以便利用所有可见图层中的组合数据来采集抹除色样。

7.8　修饰图像

本例先用【打开】命令打开一张要处理的图像，再用【曲线】命令将其调亮，然后用修补工具、污点修复画笔工具、红眼工具、涂抹工具、减淡工具等工具来修复图像中的斑点与红眼。

实例效果对比如图 7-53、图 7-54 所示。

上机实战　修饰图像

1　按【Ctrl+O】键从配套光盘的素材库中打开 15.jpg 文件，如图 7-55 所示。

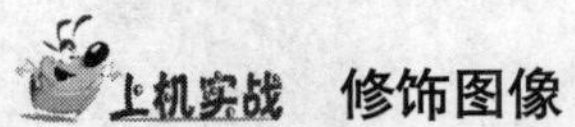

图 7-53　处理前的效果

图 7-54　处理后的效果

2　按【Ctrl+M】键执行【曲线】命令，弹出【曲线】对话框，在其中将网格中的直线调整为如图 7-56 所示的曲线，将图像调亮，画面效果达到所需的目的后单击【确定】按钮，结果如图 7-57 所示。

图 7-55　打开的图像文件

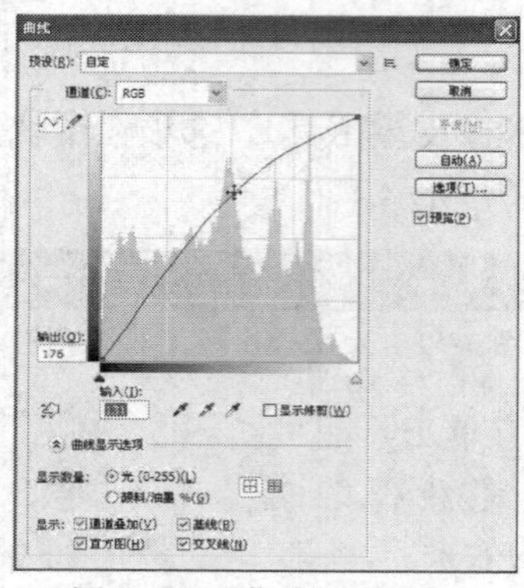

图 7-56　【曲线】对话框

图 7-57　调整后的效果

3　在工具箱中点选（修补工具），在画面中框选出要修复的区域，如图 7-58 所示，然后将其向上拖至适当位置，如图 7-59 所示，将选区中的斑点修复，如图 7-60 所示，再按 Ctrl+D 键取消选择。

4　在工具箱中点选（污点修复画笔工具），按【[】键或【]】键将画笔大小设为 15 像素或所需的大小，然后直接在斑点上单击，即可将斑点清除，同时与周围颜色融合，多次单击后的结果如图 7-61 所示。

图 7-58　框选要修复的区域

图 7-59　拖动时的状态

图 7-60　修复后的效果

5　在工具箱中点选（红眼工具），直接在眼睛上单击，即可将红眼变成黑眼，转换后的结果如图7-62所示。

图7-61　用污点修复画笔工具修复后效果

图7-62　去除红眼后的效果

6　在工具箱中点选（涂抹工具），并在选项栏中设置画笔为6像素柔边圆，【强度】为“50%”，不勾选【手指绘画】选项，然后在画面中对皮肤中的小小斑点进行涂抹，涂抹后的效果如图7-63所示。

7　在工具箱中点选（减淡工具），并在选项栏中设置画笔为100像素柔边圆，【范围】为“中间调”，【曝光度】为“20%”，勾选【保护色调】选项，然后在画面中需要提亮的地方进行涂抹，涂抹后的效果如图7-64所示。图像就修复好了。

图7-63　用涂抹工具涂抹后的效果

图7-64　最终效果图

7.9　本章小结

本章主要学习了图章工具、修复工具、聚焦工具、色调工具、海绵工具、涂抹工具、擦除工具的使用方法与技巧。并结合实例重点讲解了用修复工具修复图像的方法。

7.10　本章习题

一、填空题

1. 在颜色替换工具选项栏的【模式】下拉列表中可选择更改图像的模式，如__________、

___________、___________和__________。

2. 修复画笔工具中用于修复像素的源有两种方式：___________和___________。

二、选择题

1. 以下哪种工具能够简化图像中特定颜色的替换。可以使用校正颜色在目标颜色上绘画？（　　）

A. 红眼工具　　B. 修复画笔工具

C. 修补工具　　D. 颜色替换工具

2. 使用以下哪种工具可以从图像中取样，然后将样本应用到其他图像或同一图像的其他部分？（　　）

A. 图案图章工具　　B. 修复画笔工具

C. 仿制图章工具　　D. 修补工具

3. 以下哪个工具可柔化图像中的硬边缘或区域，以减少细节。（　　）

A. 锐化工具　　B. 模糊工具

C. 涂抹工具　　D. 加深工具

4. 以下哪种工具可将选区的像素用其他区域的像素或图案来修补？（　　）

A. 污点修复画笔工具　　B. 修补工具

C. 仿制图章工具　　D. 修复画笔工具

5. 以下哪种工具可移去用闪光灯拍摄的人物照片中的红眼，也可以移去用闪光灯拍摄的动物照片中的白色或绿色反光？（　　）

A. 修补工具　　B. 修复画笔工具

C. 颜色替换工具　　D. 红眼工具

第 8 章　绘图与路径

教学目标

学会用路径类工具绘制路径并对路径进行编辑与应用，用形状工具绘制像素图形与形状图形。了解路径的含义。能够通过【路径】面板对路径进行操作。

教学重点与难点

- 路径类工具与路径
- 路径的创建、存储与应用
- 路径的复制与删除
- 路径的调整
- 路径与选区之间的转换
- 形状工具与创建形状图形
- 创建像素图形

在计算机上创建图形时，绘图和绘画是不同的，绘画是用绘画工具更改像素的颜色。绘图是创建定义为几何对象的形状（也称为矢量对象）。

钢笔工具和形状工具提供了下列多个创建形状和路径的选项：

（1）可以在新图层中创建形状。形状由当前的前景色自动填充，也可以轻松地将填充更改为其他颜色、渐变或图案。形状的轮廓存储在【路径】面板的图层剪贴路径中。

（2）在 Photoshop 中，可以创建新的工作路径。工作路径是一个临时路径，不是图像的一部分，直到以某种方式应用它。可以将工作路径存储在【路径】面板中以备将来使用。

（3）当使用形状工具时，可以在现有的图层中创建栅格化形状。形状由当前的前景色自动填充。创建了栅格化形状后，将无法作为矢量对象进行编辑。

使用形状工具有下列几个优点：

（1）形状是面向对象的，可以快速选择形状、调整大小并移动，并且可以编辑形状的轮廓（称为路径）和属性（如线条粗细、填充色和填充样式）。可以使用形状建立选区，并使用“预设管理器”创建自定形状库。

（2）形状与分辨率无关，当调整形状的大小，或将其打印到 PostScript 打印机、存储到 PDF 文件，或导入基于矢量的图形应用程序时，形状保持清晰的边缘。

8.1　路径类工具与路径

8.1.1　路径的概述

在 Photoshop 中，路径是指用工具箱中的钢笔工具和形状工具画出来的形状的轮廓、直线或曲线，用这些工具画出来的曲线也称为“贝塞尔曲线”，曲线上有称为“锚点”的结点，通过“锚点”可以调整曲线的形状。这些曲线可以是开放的，即具有明确的起点和终点；也可以是闭合的，即起点和终点重叠在一起，闭合的曲线则可以构成多种几何图形。

Photoshop 中的路径主要用在图形创作和某些复杂选区的选取。使用路径主要是用到路径类工具（钢笔工具、形状工具、路径调整工具和路径选择工具），另外还会经常用到【路径】面板，单击【窗口】菜单中的【路径】命令，则会弹出【路径】面板，如图 8-1 所示。

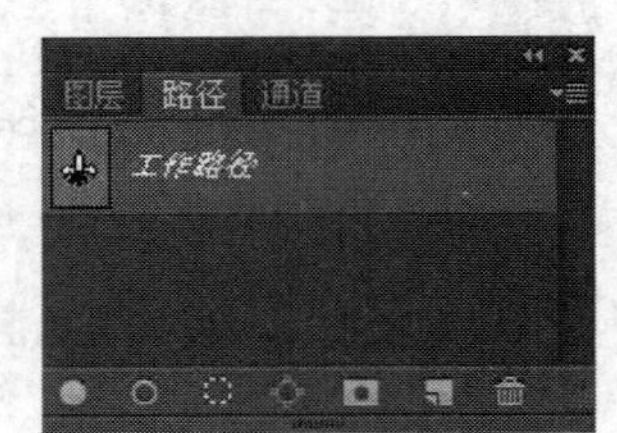

图 8-1 【路径】面板

其中的工作路径是出现在【路径】面板中的临时路径，用于定义形状的轮廓。可以用以下几种方式使用路径：

（1）可以将某路径用作图层剪贴路径以隐藏图层区域。

（2）可以将路径转换为选区，从而依据形状选择图像中的像素。

（3）可以编辑路径以更改其形状。

（4）路径可被指定为整个图像的剪贴路径，这种处理对于将图像导出到页面排版或矢量编辑应用程序非常有用。

8.1.2 路径的创建、存储与应用

使用钢笔工具、自由钢笔工具、矩形工具、圆角矩形工具、椭圆工具、多边形工具、直线工具与自定形状工具都可以绘制路径，前提是要在选项栏的工具模式列表中选择“路径”，如在工具箱中点选（钢笔工具），并在选项栏的工具模式列表中选择“路径”，则选项栏就会显示它的相关选项，如图 8-2 所示。

图 8-2 钢笔工具选项栏

钢笔工具选项说明：

- 【建立】：在工具模式列表中选择“路径”后，就会显示该选项，可以根据需要在其中单击【选区】、【蒙版】或【形状】按钮来建立相应的选区、蒙版或形状。
- （路径操作）按钮：单击【路径操作】按钮，便会显示如图 8-3 所示的菜单，可以根据需要选择【合并形状】、【减去顶层形状】、【与形状区域相交】、【排除重叠形状】等命令。
- （路径对齐方式）按钮：如果在画面中选择了多条路径，单击按钮，就会在弹出的菜单中显示可用的命令，如图 8-4 所示，利用这些命令可将路径按指定方向进行对齐。
- （路径排列方式）按钮：在画面中选择要移动的路径，再在选项栏中单击按钮，便会弹出一个下拉菜单，在其中可以选择所需的命令，如图 8-5 所示。
- （几何选项）按钮：在选项栏中单击（几何选项）按钮，可以在弹出的面板中选择【橡皮带】选项，以便在绘图时可以预览路径段。只有在路径定义了一个锚点后，并在图像中移动指针时，Photoshop 会显示下一个建议的路径段。该路径段直到点按时才变成永久性的。

提示： 每个工具都有相对应的几何选项。

- 【自动添加/删除】：如果要在绘制路径时自动添加/删除锚点，则需在选项栏中选择该选项。

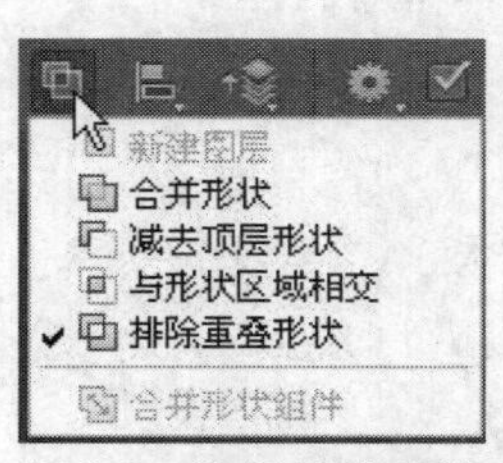

图8-3 路径操作菜单

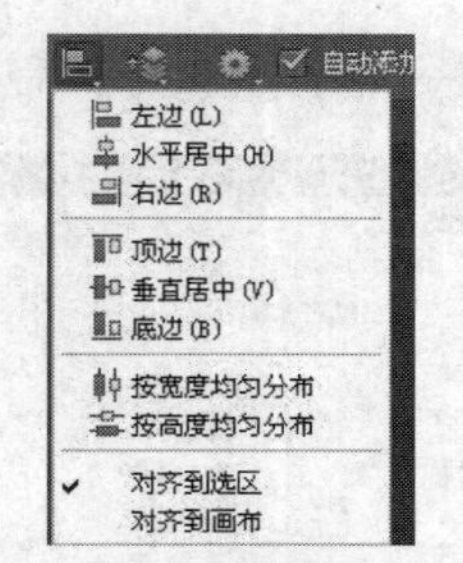

图8-4 路径对齐的相关命令

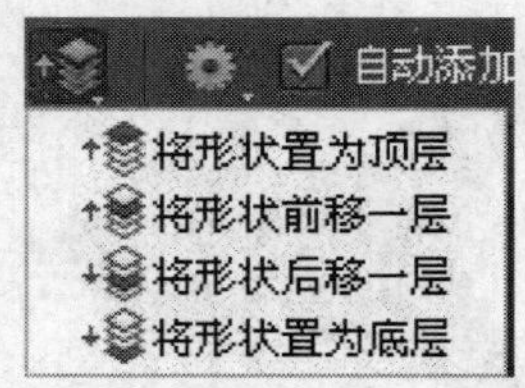

图8-5 路径排列方式菜单

1. 用钢笔工具创建路径

上机实战 使用钢笔工具创建路径

1 新建一个RGB颜色的图像文件、大小自定。

2 在工具箱中点选（钢笔工具），在选项栏中选择选项，其后便会显示它的相关选项，在画面上单击，移动指针到所需的位置单击确定第二点（如果在一个指定点上按下左键进行拖动，则会绘制曲线路径），如图8-6所示。接着拖移指针在所需的位置处单击得到第三点，再移动指针到第四点处单击得到第三条直线段，如图8-7左所示，如果需要绘制多条线段可连续拖移指针后再单击，最后返回到起点处指针成时单击，即可封闭路径（也就是完成这条路径的绘制）如图8-7右所示。

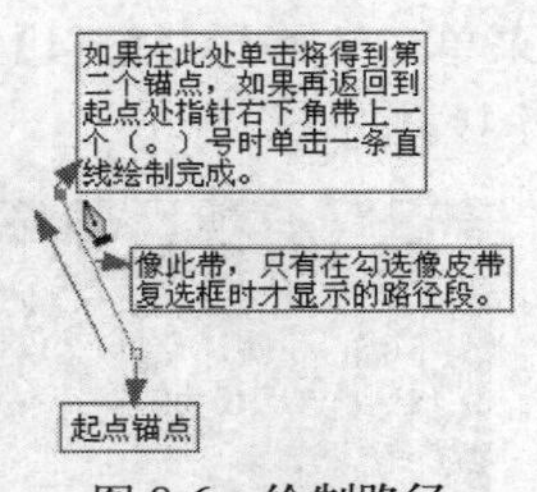

图8-6 绘制路径

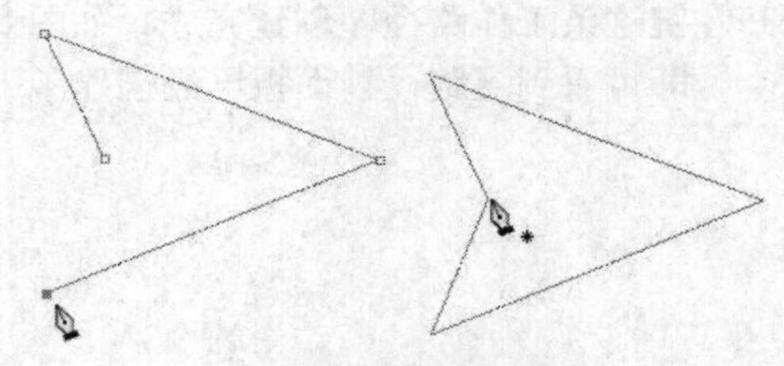
图8-7 绘制路径

3 用同样的方法在画面上绘制所需的封闭路径，如图8-8所示。在菜单栏中执行【窗口】→【路径】命令，在【路径】面板的底部单击（将路径作为选区载入）按钮，如图8-9所示，得到如图8-10所示的选区。

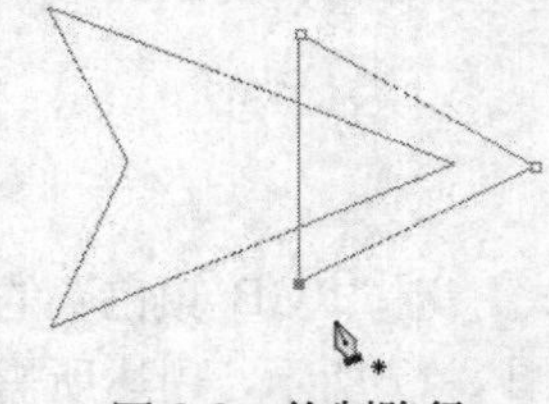
图8-8 绘制路径

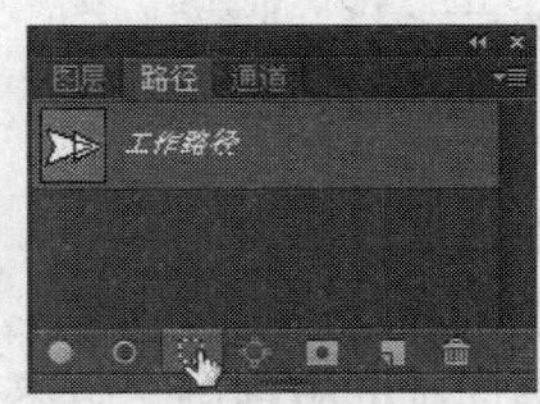

图8-9 【路径】面板

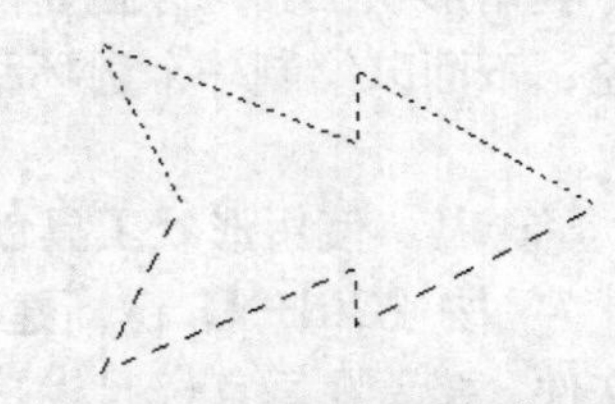
图8-10 将路径作为选区载入

4 可以对该选区进行描边或填充，设置前景色为红色，如果按【Alt+Delete】键将选区填充为前景色，得到如图8-11所示的效果。也可以在菜单中执行【编辑】→【填充】命令，并在弹出的对话框中设置所需的参数来填充选区。

5 在菜单中执行【编辑】→【描边】命令，弹出【描边】对话框，并在【宽度】文本框中输入“2像素”，其他为默认值，如图8-12所示，确认后单击【确定】按钮，然后按【Ctrl+D】

键取消选择或在菜单中执行【选择】→【取消选择】命令，得到如图 8-13 所示的效果。

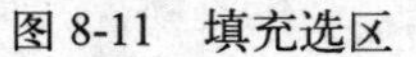

图 8-11 填充选区

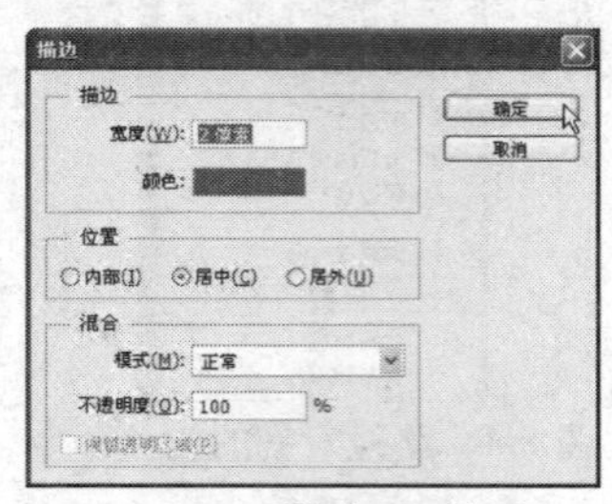

图 8-12 【描边】对话框

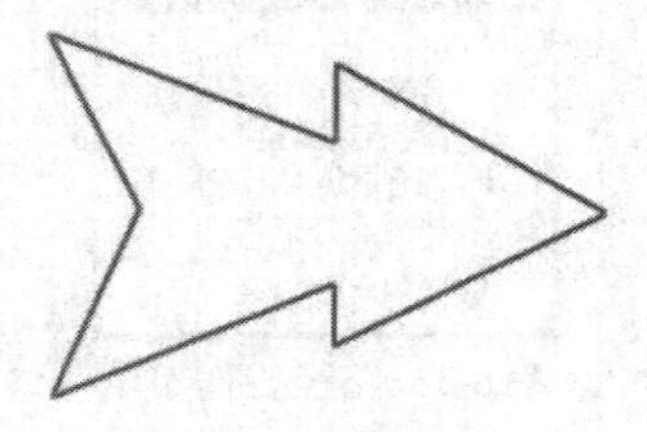

图 8-13 描边后的效果

2. 用自由钢笔工具创建工作路径

上机实战　使用自由钢笔工具创建工作路径

1 新建一个 RGB 颜色的图像文件，大小自定。在工具箱中点选（自由钢笔工具），并在选项栏中选择“路径”选项，选项栏中各选项就变为它的相应选项，如图 8-14 所示。

图 8-14 自由钢笔工具选项栏

2 在画面上按下左键并拖移，此时会有一条路径尾随着指针移动，如图 8-15 左所示，松开左键这条工作路径即创建完成，如图 8-15 右所示；在菜单栏中执行【窗口】→【路径】命令，即可看到【路径】面板已经创建了工作路径，如图 8-16 所示。

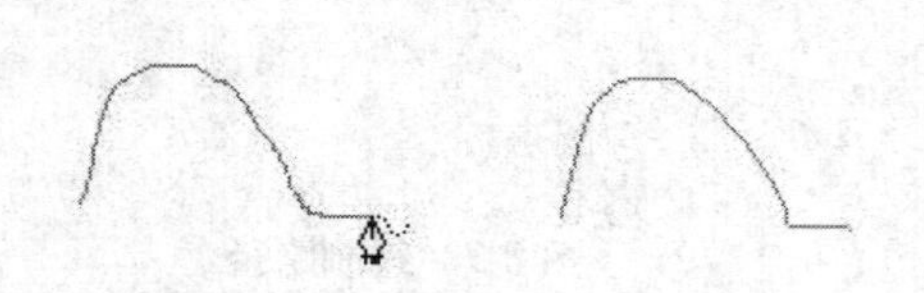

图 8-15 绘制路径

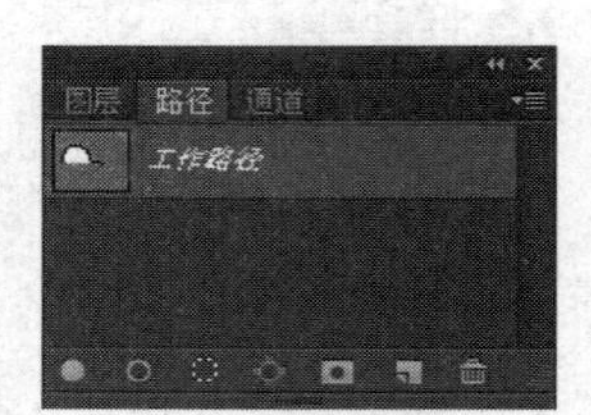

图 8-16 【路径】面板

3. 用形状工具创建路径

利用形状工具可以创建出矩形、正方形、椭圆、圆、圆角矩形、多边形和复制的形状等路径，下面以绘制一个圆环路径为例来进行讲解。

上机实战　使用形状工具创建路径

1 按【Ctrl+N】键新建一个大小为 250×200 像素，【颜色模式】为“RGB 颜色”的图像文件，接着在垂直标尺栏按下左键向画面中拖出一条参考线，如图 8-17 所示，到达所需的位置时松开左键，即可得到一条垂直参考线，如图 8-18 所示；然后用同样的方法再拖出一条水平参考线，如图 8-19 所示。

2 在工具箱中点选（椭圆工具），再移动指针到参考线的交叉点上，并使指针的十字线与两条参考线重合，然后按下左键向右下角拖移，在拖移的同时按下【Alt+Shift】键以拖出一个圆形路径，得到所需的大小后松开左键与组合键，从而得到一个圆形路径，如图 8-20 所示。

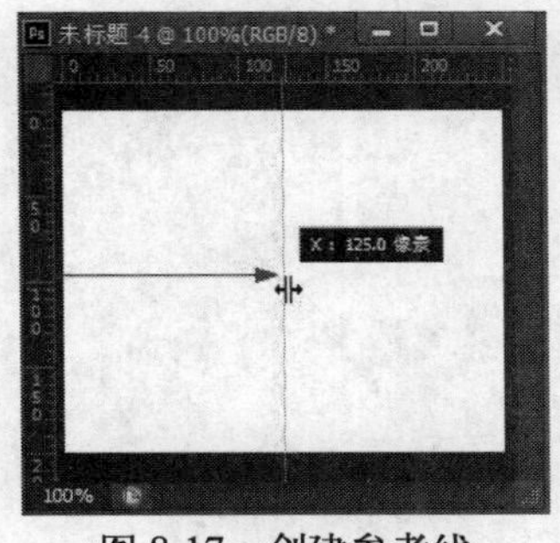

图 8-17　创建参考线

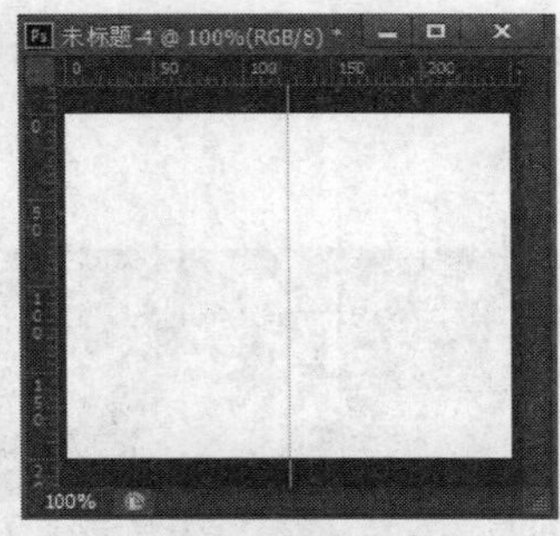

图 8-18　创建参考线

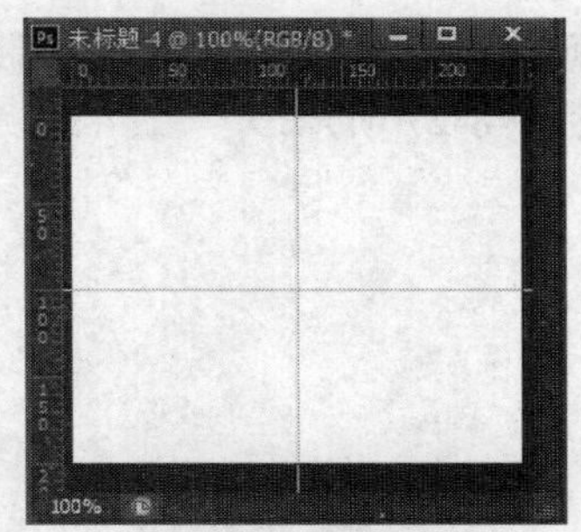

图 8-19　创建参考线

3　用上步同样的方法从参考线的交叉点拖动出一个圆形路径，绘制好后的结果如图 8-21 所示。

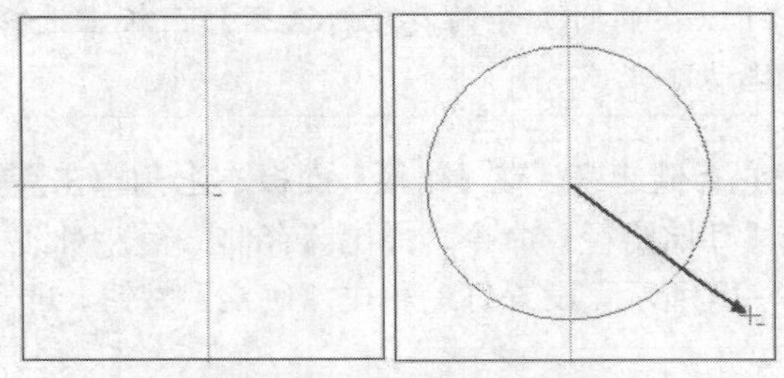

图 8-20　绘制圆形路径

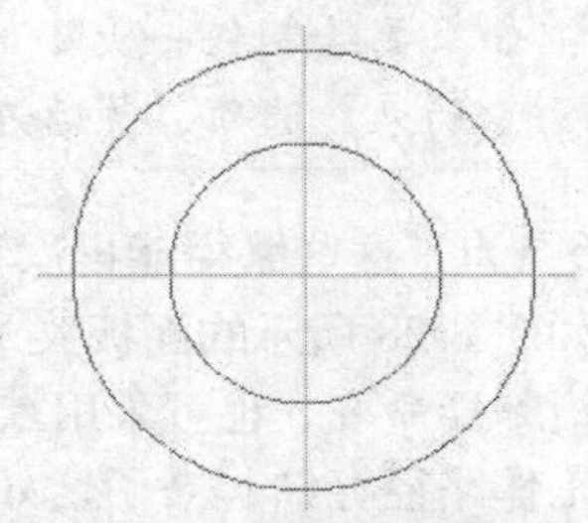

图 8-21　绘制圆形路径

4　设定前景色为黄色，在【路径】面板的底部单击（用前景色填充路径）按钮，用前景色填充路径，填充路径后的效果如图 8-22 所示。接着设定前景色为红色，在工具箱中点选画笔工具，并在选项栏中单击按钮，在弹出的【画笔】面板中选择所需的笔尖与设置其参数，如图 8-23 所示，然后在【路径】面板的底部单击（用画笔描边路径）按钮，如图 8-24 所示，得到如图 8-25 所示的效果。

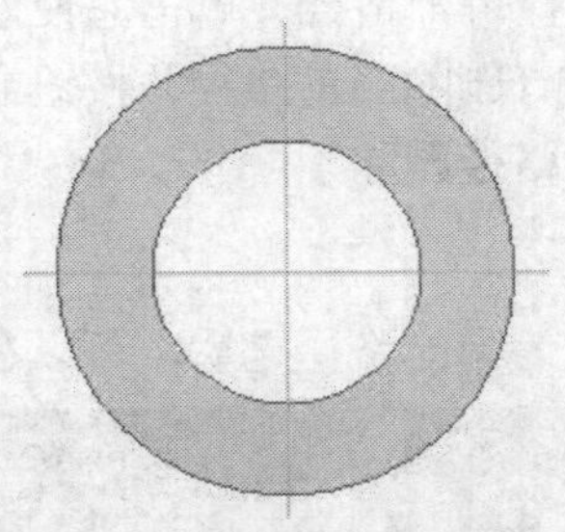

图 8-22　用前景色填充路径

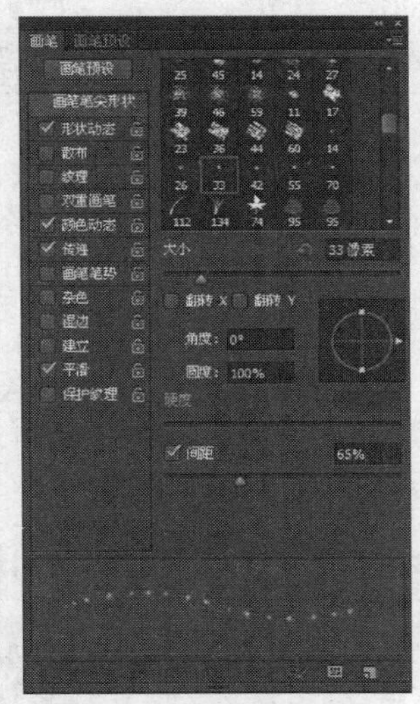

图 8-23　【画笔】面板

图 8-24　【路径】面板

5　如果要绘制固定大小的圆形路径，可以在选项栏中单击（几何选项）按钮，并在弹出的面板中选择【固定大小】选项，再设定所需的数值与勾选【从中心】复选框，如图 8-26

所示，然后在画面中需要绘制圆形路径的中心点处单击，即可得到一个固定大小的圆形路径，如图 8-27 所示。

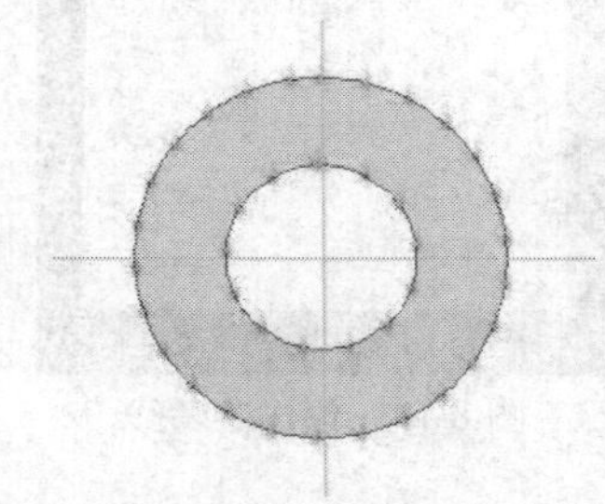
图 8-25 用画笔描边路径

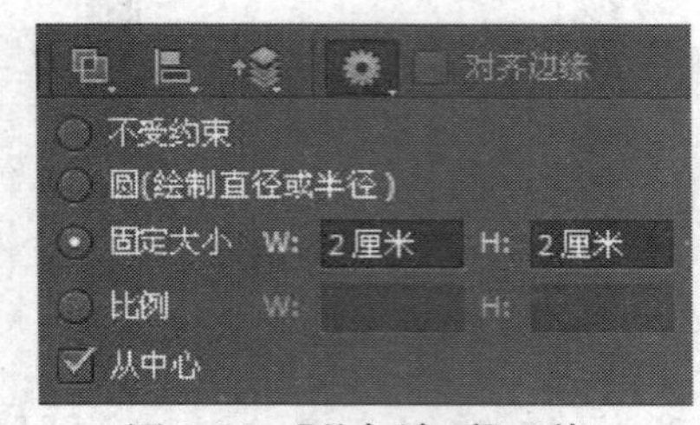

图 8-26 【几何选项】面板

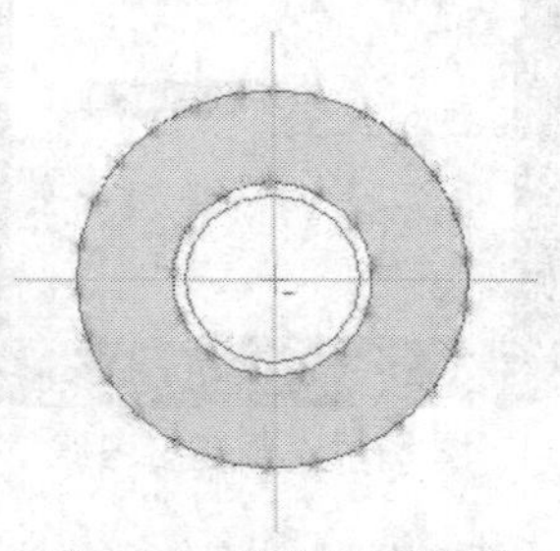
图 8-27 绘制圆形路径

提示： 如果要绘制任一大小的椭圆路径，可以在椭圆工具的【几何选项】面板中选择【不受约束】选项，然后在画面中随意拖动即可。

6 为了这些路径能再次利用，可以把它存储起来。在【路径】面板右上角单击按钮，弹出如图 8-28 所示的面板菜单，从中点选【存储路径】命令，弹出【存储路径】对话框，在其中给路径命名，也可采用默认值，如图 8-29 所示，设置好后单击【确定】按钮，即可将临时的工作路径存储起来了，如图 8-30 所示。

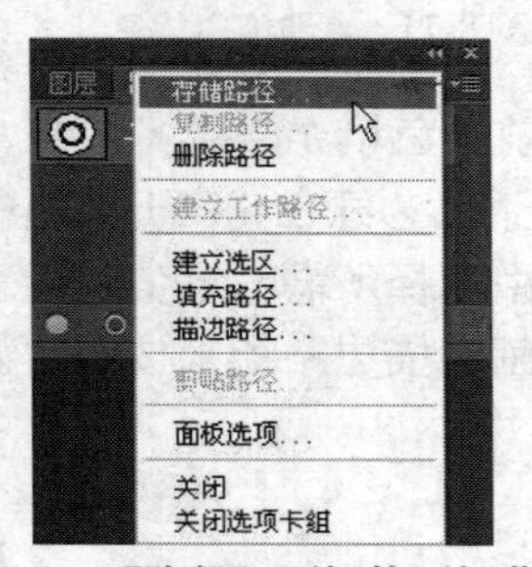

图 8-28 【路径】面板的面板菜单

图 8-29 【存储路径】对话框

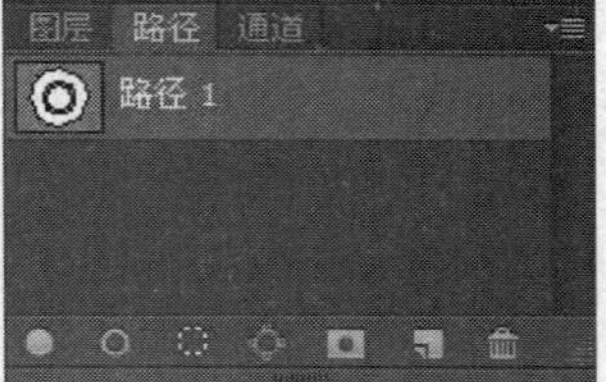

图 8-30 【路径】面板

8.1.3 路径的复制与删除

1. 删除路径

路径可以被删除，删除路径是针对当前路径操作的，首先选择一个路径并单击它使之成为当前路径，然后按下【Delete】键或单击【路径】面板底部的（删除当前路径）按钮或选取【路径】面板的面板菜单中的【删除路径】命令，即可将所选路径删除了。

2. 复制路径

路径也可以被复制，选择一个路径（工作路径除外）使之成为当前路径之后，可以在一个图像中复制路径，也可以在图像之间复制路径。

(1) 在一个图像中复制路径

方法 1 以上面创建的路径 1 为例，拖动路径 1 到【创建新路径】按钮上成抓手状时，松开左键即可复制路径 1 为路径 1 副本，如图 8-31 所示。

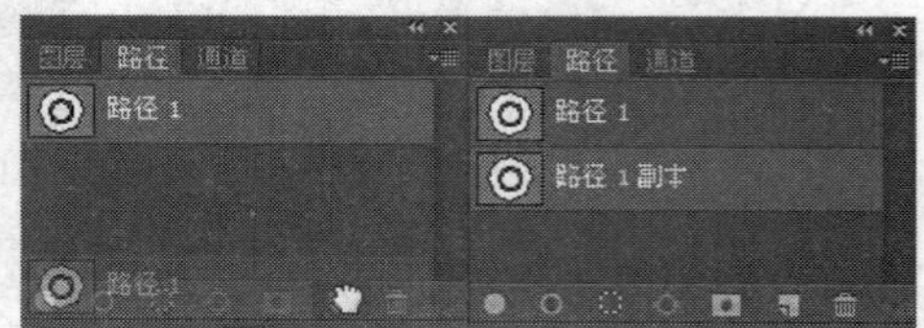

图 8-31 复制路径

方法 2　可以在【路径】面板的面板菜单中选择【复制路径】命令，弹出如图 8-32 所示的对话框，在【名称】框中输入所需的路径名称（也可直接应用默认名称），确定新的路径名称后单击【确定】按钮复制了一个路径，如图 8-33 所示。

图 8-32　【复制路径】对话框

图 8-33　【路径】面板

（2）在图像之间复制路径

方法 1　按【Ctrl+N】键新建一个文件，激活前一个绘制有路径的文件，并激活该文件中的路径 1，如图 8-34 左所示面板，可直接拖动路径 1 到刚新建的文件（如未标题-2）中，如图 8-34 右所示文件窗口，当指针成抓手状时松开鼠标左键，即已把前面文件中的路径 1 复制到刚建的文件中，而且在【路径】面板中也显示了该路径，如图 8-35 所示。

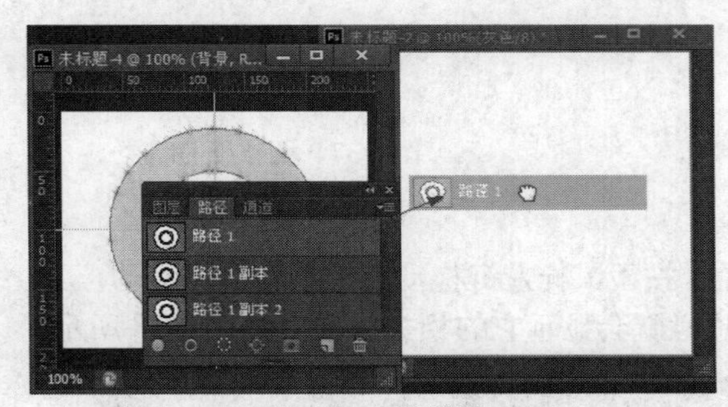

图 8-34　复制路径

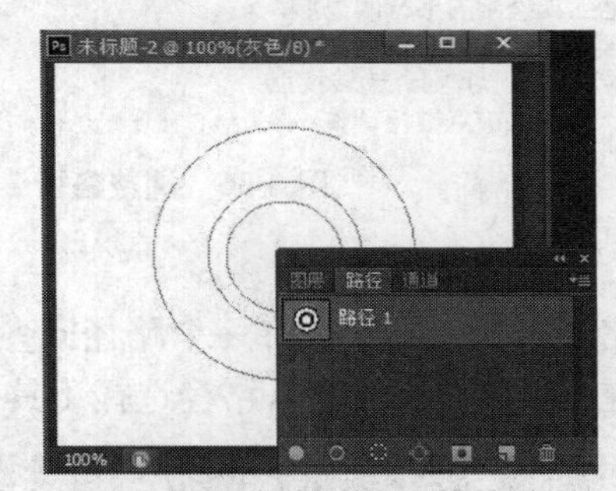

图 8-35　复制路径后的结果

方法 2　可以执行【编辑】菜单中的【拷贝】命令，或【Ctrl+C】快捷键；然后选择另一幅图像成为当前图像，再执行【编辑】菜单中的【粘贴】命令，或【Ctrl+V】快捷键，则在当前图像中就生成一个同名的路径。

8.1.4　路径的调整

路径的调整主要是用到添加锚点工具、删除锚点工具、转换点工具、路径选择工具、直接选择工具。

1. 添加锚点工具

添加锚点工具用于在路径的线段内部添加锚点。在工具箱中选取（添加锚点工具）或钢笔工具或自由钢笔工具时，只要把指针移到线段上非端点处，指针就会变成，单击就可以添加了一个新的锚点，从而把一条线段一分为二。

2. 删除锚点工具

删除锚点工具（）用于删除一个不需要的锚点。在工具箱中选取（删除锚点工具）或钢笔工具或自由钢笔工具时，只要把指针移到线段上某个锚点时，指针就会变成，单击就可以删除该锚点，如果该锚点为中间锚点，原来与它相邻的两个锚点将连接成一条新的线段。

3. 转换点工具

转换点工具可用于平滑点与角点之间的转换，从而实现平滑曲线与锐角曲线或直线段之间的转换。

上机实战　使用转换点工具调整路径

1　在工具箱中点选（钢笔工具），再在画面上绘制出一个平行四边形，并按住【Ctrl】键用鼠标单击该路径以选择它，如图 8-36 左所示。

2　在工具箱中选择（转换点工具），在需要转换为平滑点的锚点上按下鼠标左键并向锚点的一侧拖动，如图 8-36 右所示；调整到所需的形状时即可松开鼠标左键，从而得到如图 8-37 所示图形。

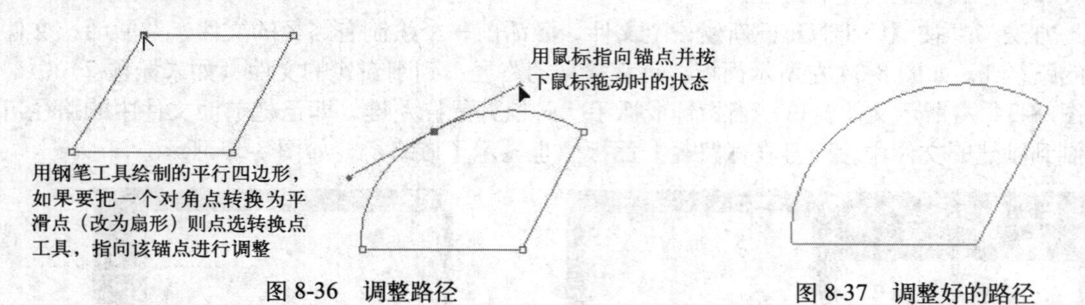

图 8-36　调整路径　　图 8-37　调整好的路径

4. 路径选择工具

路径选择工具可选择一个路径或多个路径，按下鼠标左键拖动可把整个路径移动。

在工具箱中单击（路径选择工具），选项栏就会显示它的相关选项，如图 8-38 所示。

图 8-38　路径选择工具选项栏

在选项栏中单击按钮，就会弹出如图 8-39 所示的菜单，可以根据需要在其中选择所需的合并形状，减去顶层形状，与形状区域相交或排除重叠形状命令来组合选择的路径。

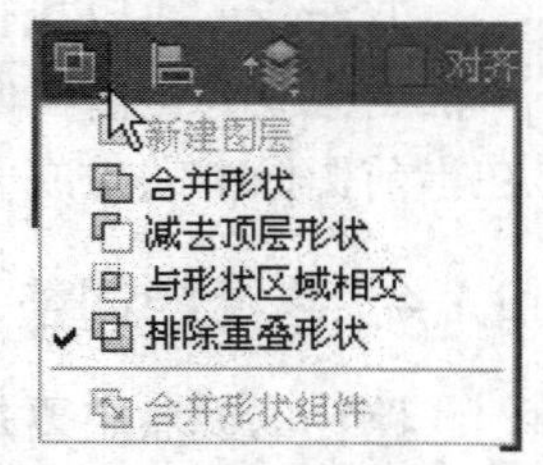

图 8-39　路径操作方式

5. 直接选择工具

直接选择工具主要用于对现有路径的选取和调整。通过对锚点、方向点或路径段甚至整个路径的移动来改变路径的形状和位置，而且对路径的调整是与选取的内容和具体操作对象相关的。

上机实战　使用直接选择工具调整路径

1　在画面上绘制一个五边形路径，在工具箱上单击（直接选择工具），并在图像上按下鼠标左键拖动，让产生的选取方框包围要选取的锚点，如图 8-40 所示，释放鼠标左键后，被选中的锚点将变成实心方点。

2　按下【Shift】键，然后单击要选的锚点，可以逐个选取锚点或附加选取锚点。

3　按下【Alt】键，当指针变成了后，单击路径上任何地方，就选取了整个连续的路径，可以按【Delete】键将整个路径删除（或将所选中的某个锚点连同所连接的路径一起删除成为开放式路径）。

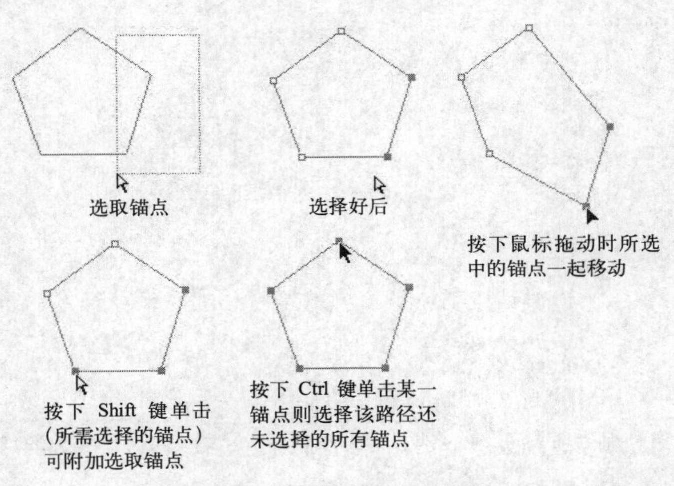

图 8-40　选择锚点或移动锚点

8.2　路径与选区之间的转换

在工作中通常会遇到要将路径转换为选区，将选区转换为路径等操作，以便对图形进行更加精确的绘制与处理。下面以实例来对它们进行讲解，效果如图 8-41 所示。

图 8-41　实例效果图

上机实战　绘制卡通画人物

1　按【Ctrl+N】键新建一个文件大小为 774×1143 像素，【分辨率】为“180”像素/英寸的空白文件，在工具箱中点选 （钢笔工具），在选项栏中选择 路径 按钮，然后在画面中勾画出所需的路径，如图 8-42 所示。

2　使用钢笔工具绘制出身体与手，绘制好后的效果如图 8-43 所示，接着绘制出衣服与裙子，绘制好后的效果如图 8-44 所示。

图 8-42　用钢笔工具绘制卡通人物的头部结构

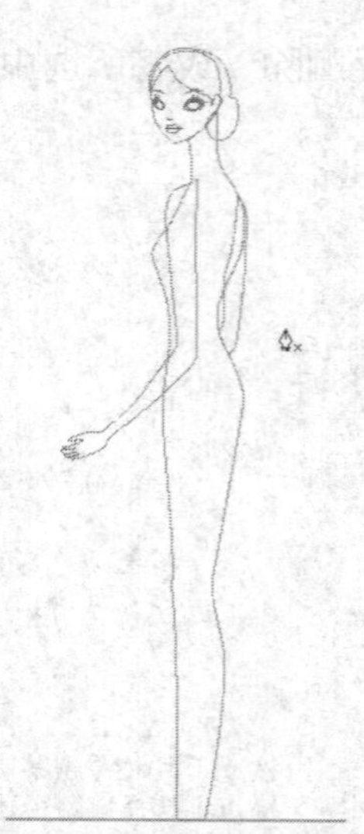

图 8-43　绘制身体与手

图 8-44　绘制衣服与裙子

3　设置前景色为“#3851ea”，按【Alt+Delete】键将背景层填充为前景色，填充前景色后的效果如图 8-45 所示。

4　显示【图层】面板，在其中单击（创建新图层）按钮，新建图层 1，如图 8-46 所示；在工具箱中点选（路径选择工具），按【Shift】键在画面中选择要填充皮肤颜色的子路径，如图 8-47 所示。

图 8-45　给背景填充颜色

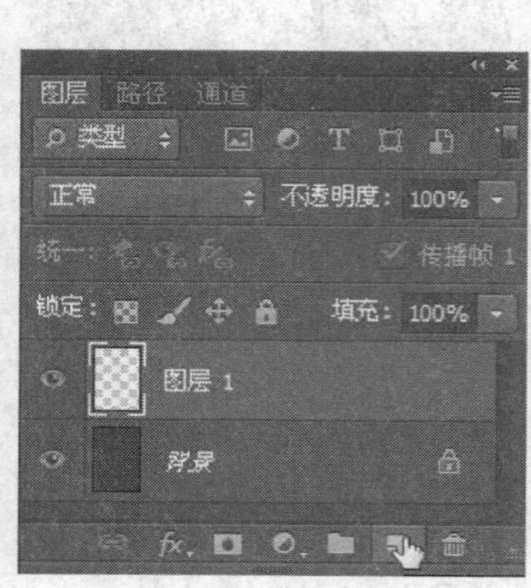

图 8-46　【图层】面板

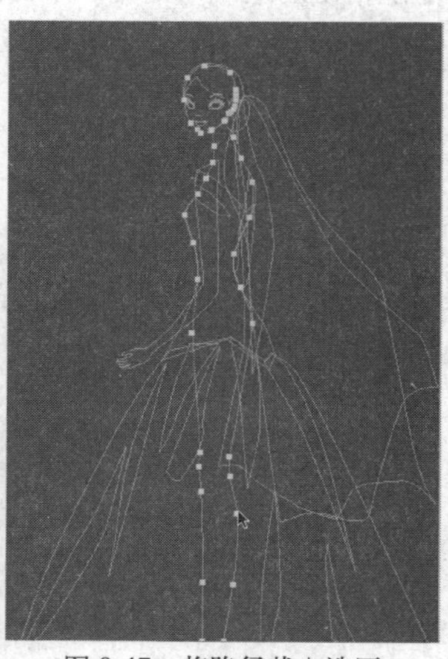

图 8-47　将路径载入选区

5　设置前景色为“#eec5ba”，在【路径】面板中单击（将路径作为选区载入）按钮，使选择的路径载入选区，如图 8-48 所示；然后按【Alt+Delete】键填充前景色，得到如图 8-49 所示的效果。

6　在工具箱中点选（减淡工具），在选项栏中设置画笔为柔边圆，【范围】为“中间调”，【曝光度】为“20%”，勾选【保护色调】选项，画笔

大小按【[】与【]】键来控制，在画面中需要加亮的区域进行涂抹，将其加亮，以体现出立体效果，绘制好后的效果如图8-50所示。

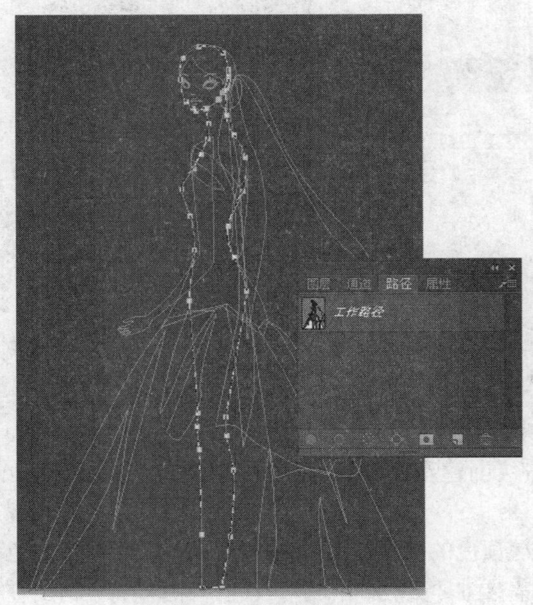

图8-48 将路径载入选区

图8-49 填充颜色后的效果

7 在工具箱中点选（加深工具），在选项栏中设置画笔为柔边圆，【范围】为“中间调”，【曝光度】为“19%”，勾选【保护色调】选项，在画面中需要调暗的地方进行涂抹，涂抹后的效果如图8-51所示。

图8-50 用减淡工具绘制后的效果

图8-51 用加深工具绘制暗部

8 在【图层】面板中先激活背景层，单击【创建新图层】按钮，新建一个图层，如图8-52所示，然后用路径选择工具在画面中选择右边的手臂，并在选项栏中单击选区...按钮，弹出【建立选区】对话框，采用默认值，如图8-53所示，直接单击【确定】按钮，将选择的路径载入选区。同样按【Alt+Delete】键填充前景色，得到如图8-54所示的效果。

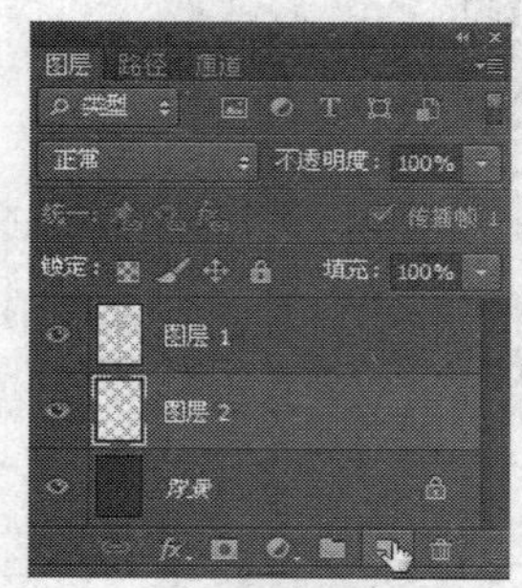

图 8-52 【图层】面板

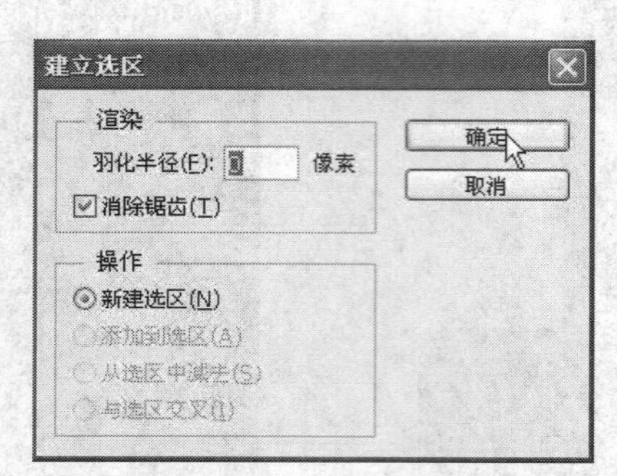

图 8-53 【建立选区】对话框

图 8-54 给选区进行颜色填充

9 使用加深工具对需要调暗的地方进行涂抹，涂抹后的效果如图 8-55 所示。

10 在【图层】面板中先激活图层 1，再单击【创建新图层】按钮，新建一个图层 3，如图 8-56 所示。

11 同样用路径选择工具在画面中选择要填充颜色的路径，并将其载入选区，用前景色对选区进行填充，然后用减淡工具与加深工具对需要加亮或加暗的区域进行涂抹，绘制出立体效果，绘制好后的效果如图 8-57 所示。

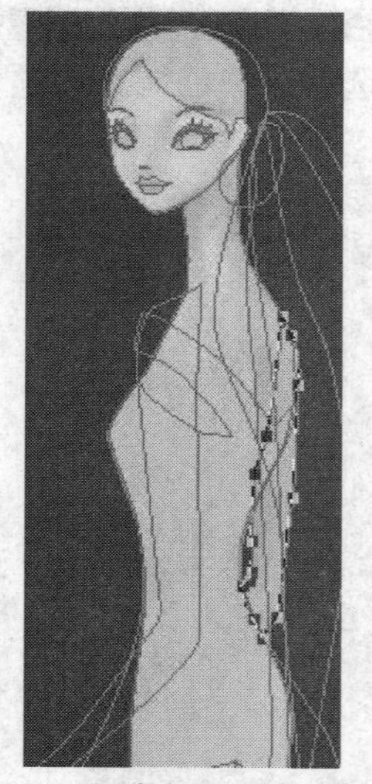

图 8-55 用加深工具绘制暗部

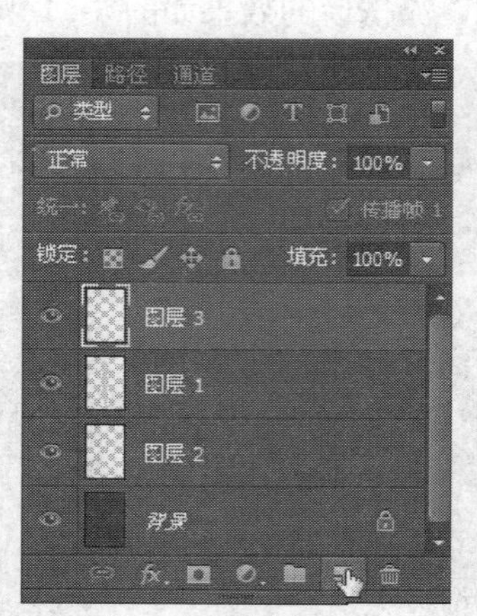

图 8-56 创建新图层

图 8-57 给皮肤上色

12 在【图层】面板中激活图层 3，单击【创建新图层】按钮，新建一个图层 4，然后用路径选择工具在画面中选择要填充颜色的路径，如图 8-58 所示。

13 将选择的路径载入选区，在工具箱中点选渐变工具，在选项栏中选择（线性渐变）按钮，单击渐变条，弹出【渐变编辑器】对话框，并在其中编辑所需的渐变，如图 8-59 所示，其他为默认值，单击【确定】按钮后在画面中选区内进行拖动，给选区进行渐变填充，填充渐变颜色后的效果如图 8-60 所示。

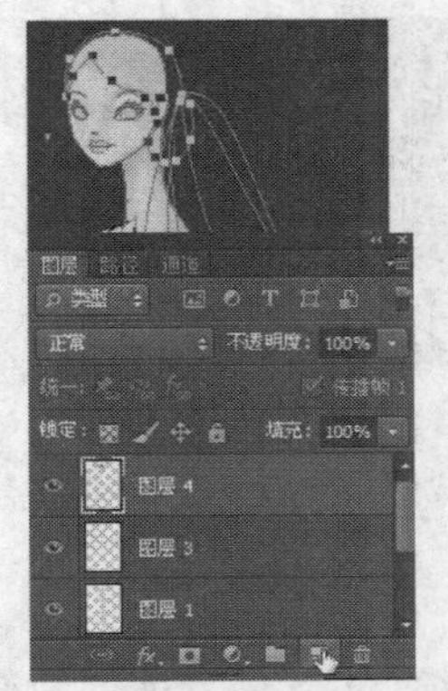
图 8-58　选择路径与创建新图层

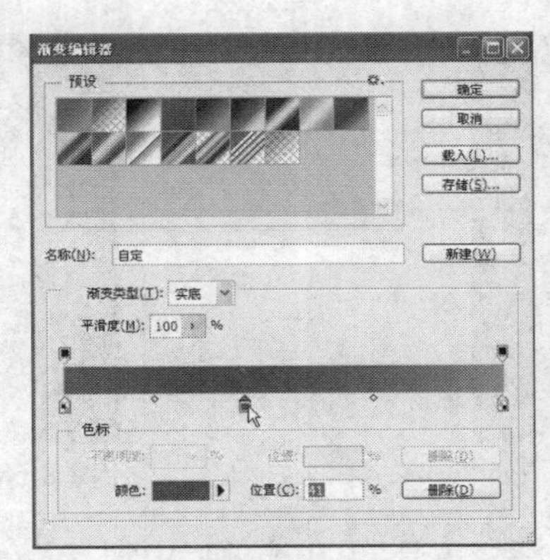
图 8-59　【渐变编辑器】对话框

图 8-60　给头发上色

提示： 左边色标的颜色为“#97461a”，中间色标的颜色为“#6c2e16”，右边色标的颜色为“#f77113”。

14 使用加深工具在需要加暗的地方进行绘制，绘制好后的效果如图 8-61 所示。

15 在【图层】面板中先激活图层 3，再新建一个图层，如图 8-62 所示。然后使用前面同样的方法与相同的渐变颜色对眉毛进行渐变填充，填充颜色后的效果如图 8-63、图 8-64 所示。

图 8-61　给头发上色

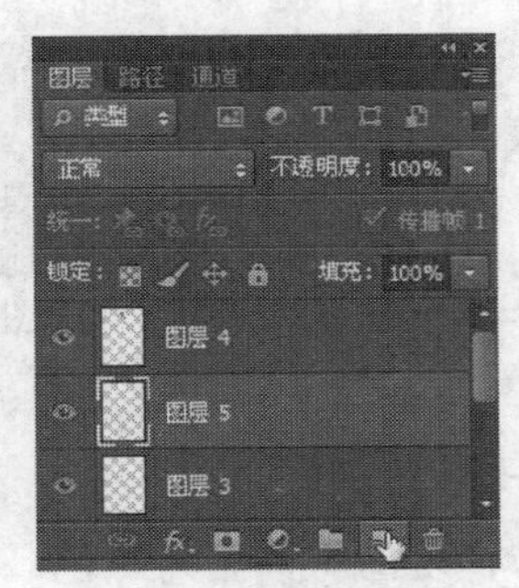
图 8-62　【图层】面板

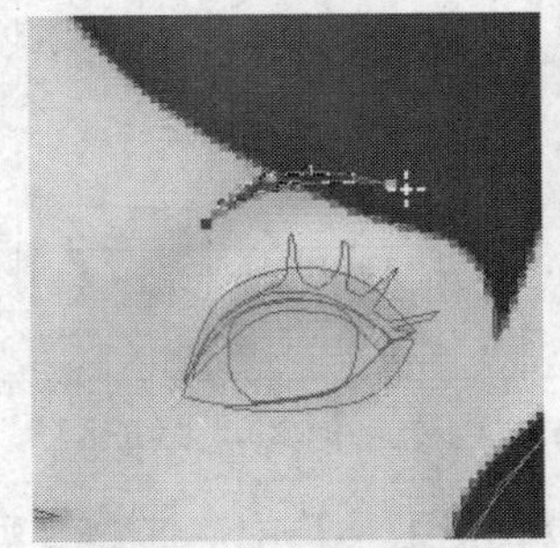
图 8-63　给眉毛上色

16 使用路径选择工具将眼睛的外轮廓路径选择，将其载入选区，如图 8-65 所示，然后用加深工具将选区内的颜色加深，加深颜色后的效果如图 8-66 所示。

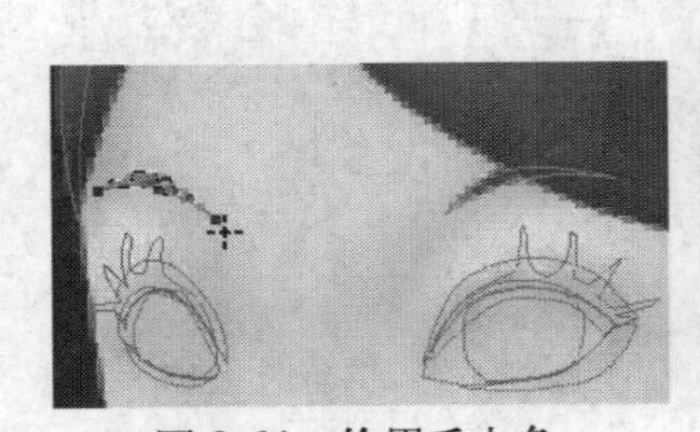
图 8-64　给眉毛上色

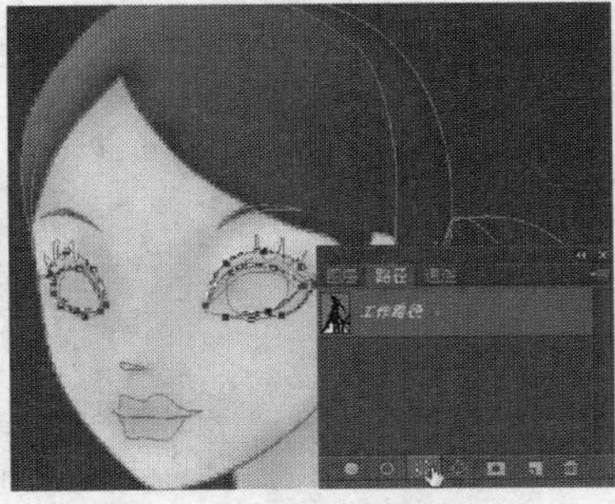
图 8-65　选择眼睛的外轮廓

图 8-66　绘制上下眼线

17 在【图层】面板中激活图层 1，再新建一个图层，如图 8-67 所示，使用路径选择工具选择眼睛中表示眼珠的路径，并将其载入选区，如图 8-68 所示。

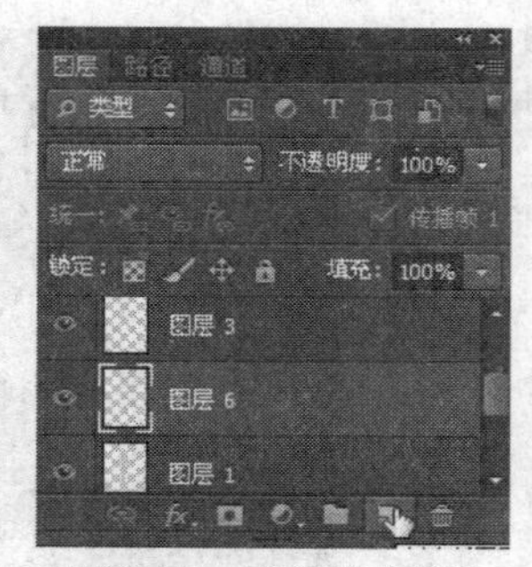

图 8-67 【图层】面板

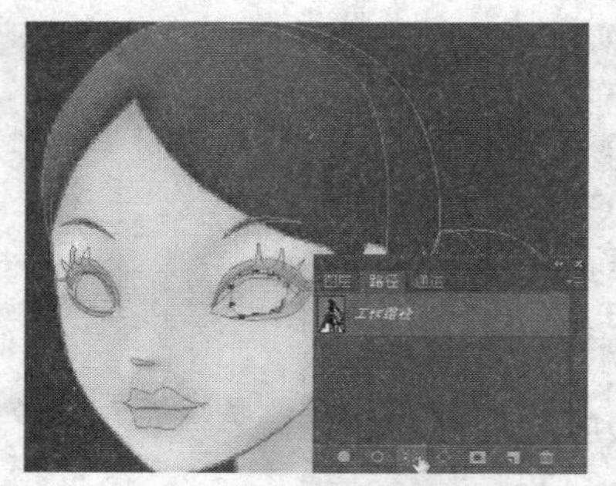

图 8-68 将选择的路径载入选区

18 在工具箱中点选（渐变工具），在选项栏中选择（径向渐变）按钮，单击渐变条，弹出【渐变编辑器】对话框，在其中编辑所需的颜色，如图 8-69 所示，单击【确定】按钮后在选区内拖动，给选区进行渐变填充，填充渐变颜色后的效果如图 8-70 所示。

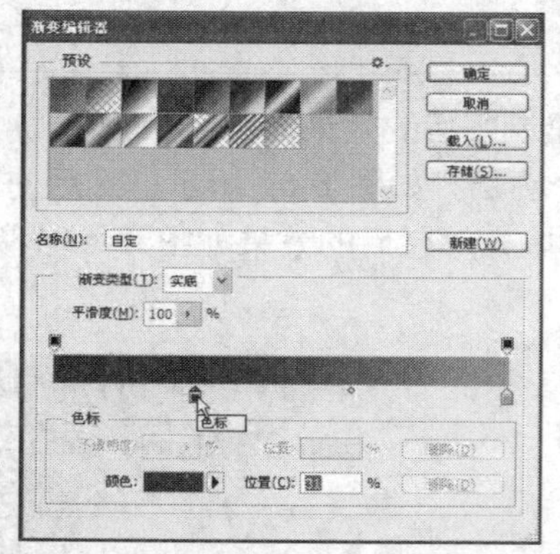

图 8-69 【渐变编辑器】对话框

图 8-70 给眼睛上色

提示：*左边色标为“#512819”，右边色标为“#b19682”。*

19 在工具箱中点选（画笔工具），设置前景色为黑色，用 3 像素柔边圆画笔在眼睛上绘制出黑色的眼珠，如图 8-71 所示。然后设置前景色为白色，用画笔工具绘制高光，绘制好后的效果如图 8-72 所示。

20 用上步同样的方法绘制另一个眼睛，绘制好后的效果如图 8-73 所示。

图 8-71 给眼睛上色

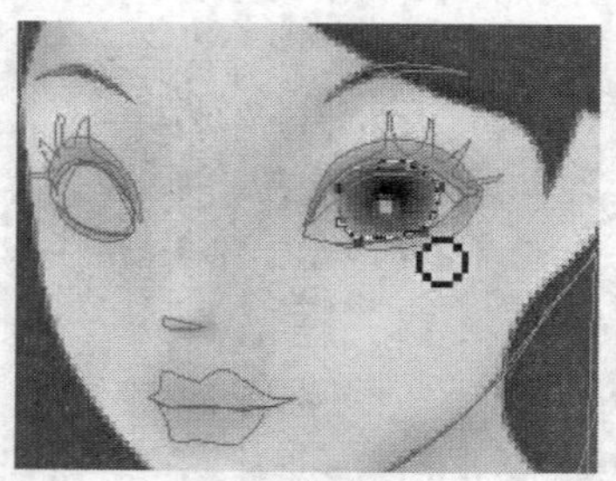

图 8-72 给眼睛上色

图 8-73 给眼睛上色

21 使用路径选择工具选择上嘴唇，将其载入选区，在工具箱中点选（渐变工具），并在选项栏中单击渐变条，弹出【渐变编辑器】对话框，在其中编辑所需的颜色，如图 8-74 所示，然后在选区内拖动，给选区进行渐变填充，填充渐变颜色后的效果如图 8-75 所示。

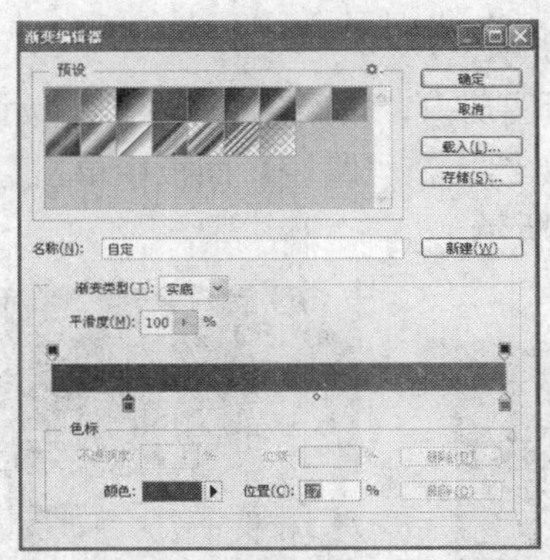

图 8-74　【渐变编辑器】对话框

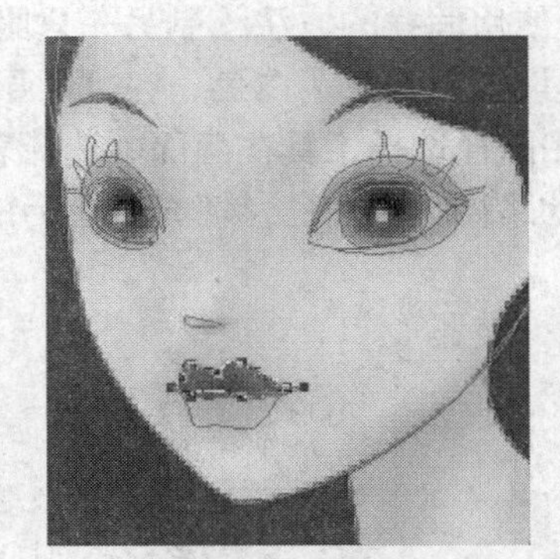

图 8-75　给嘴唇上色

提示：左边色标的颜色为“#751010”，右边色标的颜色为“#d3391a”。

22 使用加深工具与减淡工具对嘴唇进行立体效果处理，处理后的效果如图 8-76 所示。

23 使用路径选择工具选择下嘴唇，并将其载入选区，再用渐变工具对其进行渐变颜色填充，填充渐变颜色后的效果如图 8-77 所示，然后用减淡工具对下嘴唇需要加亮的区域进行涂抹，将其加亮，加亮后的效果如图 8-78 所示。

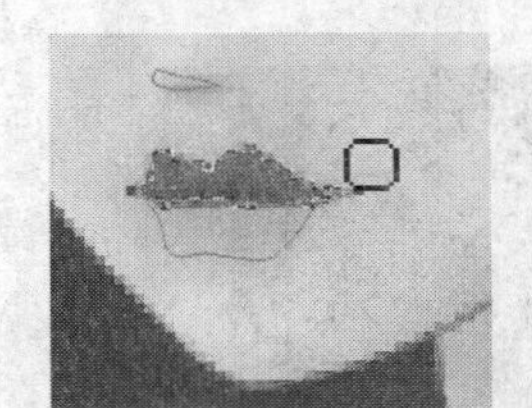

图 8-76　给嘴唇上色

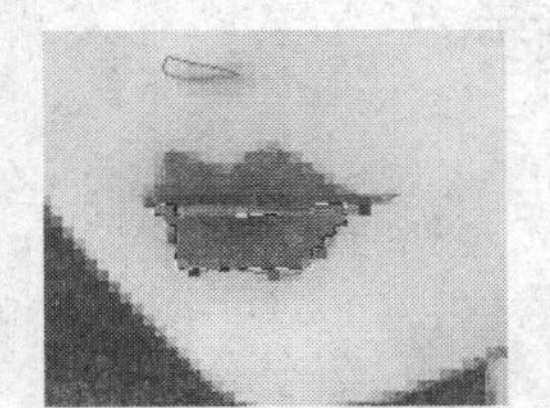

图 8-77　给嘴唇上色

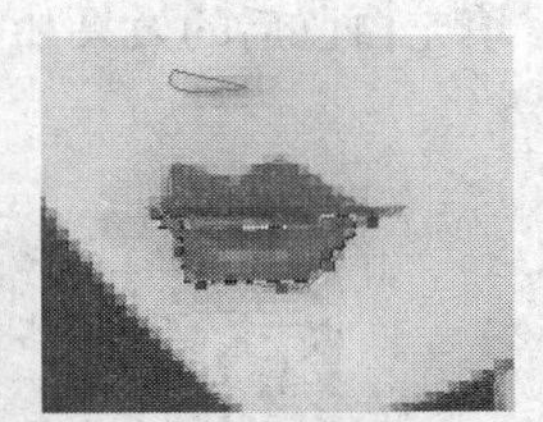

图 8-78　绘制嘴唇高光

24 使用路径选择工具选择右睫毛，将其载入选区，接着在工具箱中点选■（渐变工具），并在选项栏中单击渐变条，弹出【渐变编辑器】对话框，在其中编辑所需的颜色，如图 8-79 所示，单击【确定】按钮后在选区内拖动，给选区进行渐变填充，填充渐变颜色后的效果如图 8-80 所示。

提示：左边色标颜色为“#1f0505”，右边色标颜色为“#613830”。

25 使用加深工具对眼睫毛下方与中间位置进行加深，加深后的效果如图 8-81 所示。

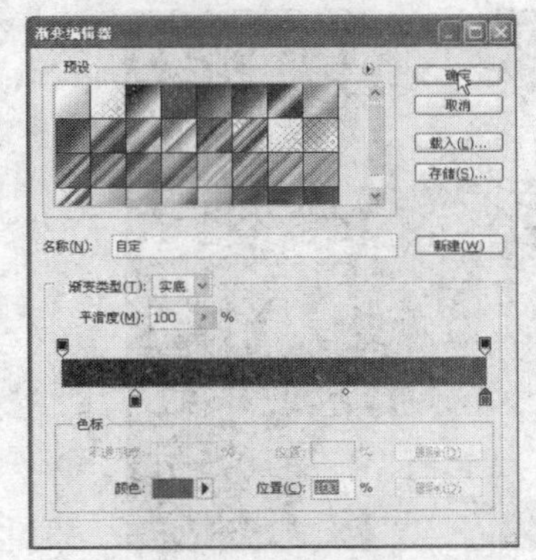

图 8-79　【渐变编辑器】对话框

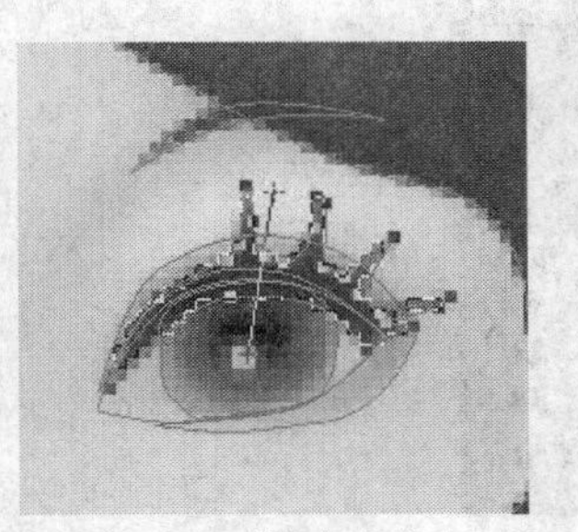

图 8-80　给睫毛上色

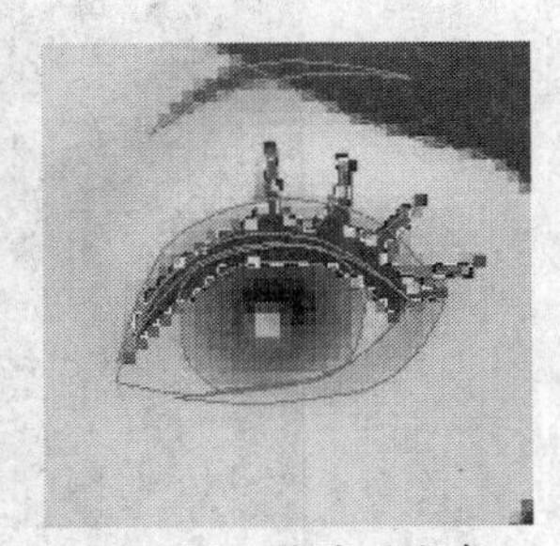

图 8-81　给睫毛上色

26 使用同样的方法绘制另一只眼睛，如图 8-82 所示。

27 设置前景色为白色，在【图层】面板中先激活图层 1，再新建一个图层，如图 8-83 所示。用路径选择工具在画面中选择表示眼白的路径，然后在【路径】面板中单击按钮，给选择的路径填充白色，填充白色后的效果如图 8-84 所示。

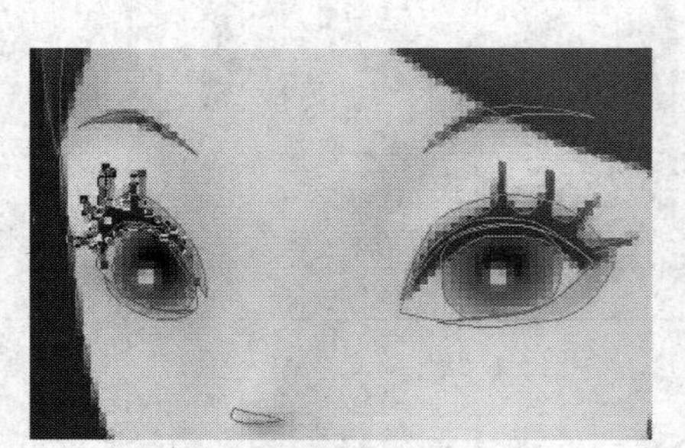
图 8-82　给睫毛上色

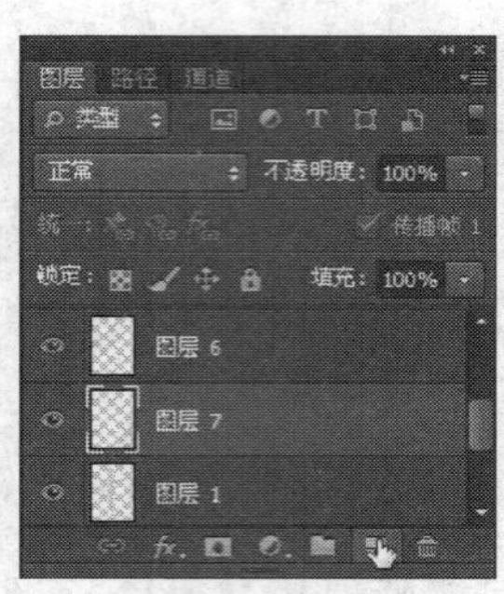

图 8-83　创建新图层

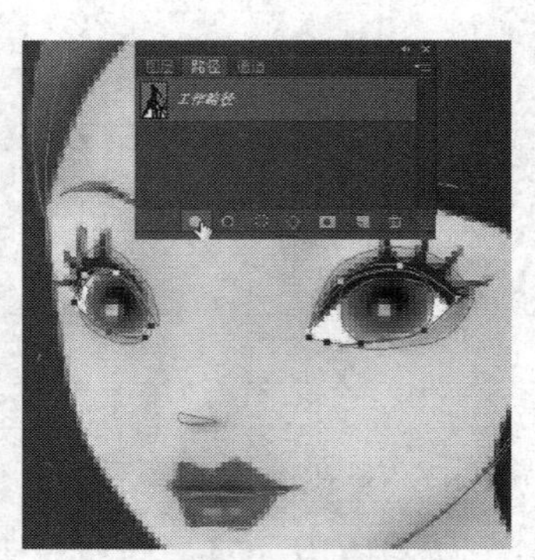

图 8-84　给眼睛上色

28 在【图层】面板中先激活图层 1，再新建一个图层，如图 8-85 所示，用路径选择工具在画面中选择表示衣服的路径，然后在【路径】面板中单击按钮，给选择的路径填充白色，填充白色后的效果如图 8-86 所示。

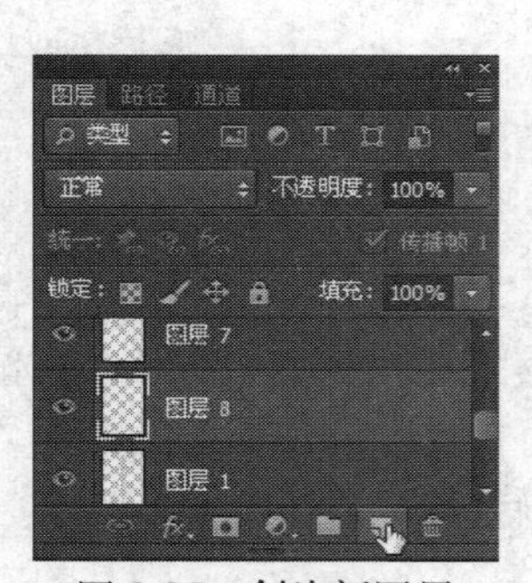

图 8-85　创建新图层

图 8-86　给衣服上色

29 在【图层】面板中选择手臂所在图层，如图层 3，再在【路径】面板中单击按钮，如图 8-87 所示，将选择的路径载入选区，如图 8-88 所示。

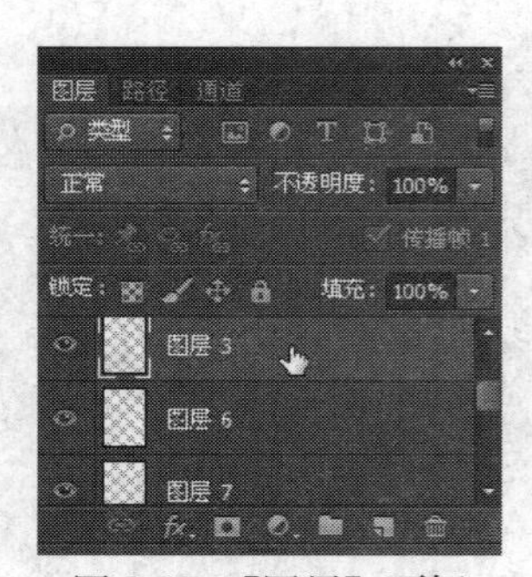

图 8-87　【图层】面板

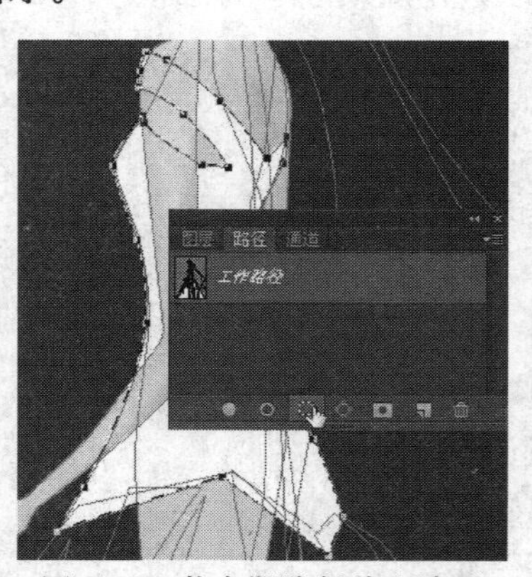

图 8-88　将衣服路径载入选区

30 在工具箱中点选 (橡皮擦工具)，并在选项栏 中设置画笔大小为 49 像素，其他为默认值，然后在画面中手臂上进行擦除，已将其清除显示下层的衣服，擦除后的效果如图 8-89 所示。

31 设置前景色为“#faa0f0”，按【Ctrl+D】键取消选择；在【图层】面板中先激活图层 1，再新建一个图层，如图 8-90 所示。然后使用路径选择工具选择表示裙子的路径，在【路径】面板中单击 按钮，用前景色填充路径，填充颜色后的效果如图 8-91 所示。

图 8-89　用橡皮擦工具擦除后的效果

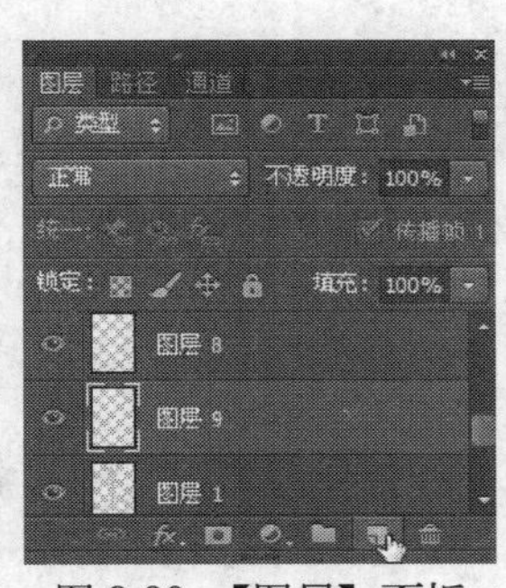

图 8-90　【图层】面板

图 8-91　给裙子上色

32 在设置背景色为“#fd6fee”，用路径选择工具在画面中选择要填充相同渐变颜色的路径，并将其载入选区，接着在工具箱中点选渐变工具，在渐变拾色器中选择“前景色到背景色渐变”，如图 8-92 所示，然后在画面中进行拖动，给选区进行渐变填充，填充渐变颜色后的效果如图 8-93 所示。

33 使用路径选择工具在画面中选择要填充相同渐变颜色的路径，并将其载入选区，接着用渐变工具在画面中进行拖动，给选区进行渐变填充，填充渐变颜色后的效果如图 8-94 所示。

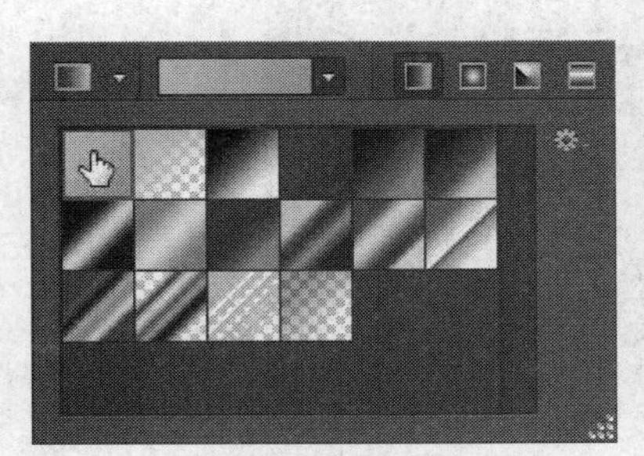

图 8-92　在渐变拾色器中选择渐变

图 8-93　给裙子上色

图 8-94　给裙子上色

34 按【Ctrl+D】键取消选择，设置前景色为白色，在【图层】面板中先激活图层 4，再新建一个图层，如图 8-95 所示。

35 使用路径选择工具在画面中选择表示头纱的路径，再在【路径】面板中单击 按钮，给选择的路径进行颜色填充，填充白色后的效果如图 8-96 所示。

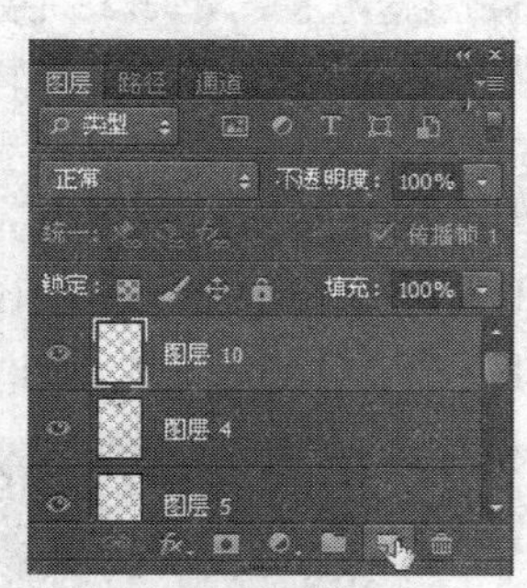

图 8-95 创建新图层

图 8-96 给头纱上色

36 在【图层】面板中设置刚填充白色所在图层的【不透明度】为“23%”，如图 8-97 所示，从而使头纱变成透明，画面效果如图 8-98 所示。

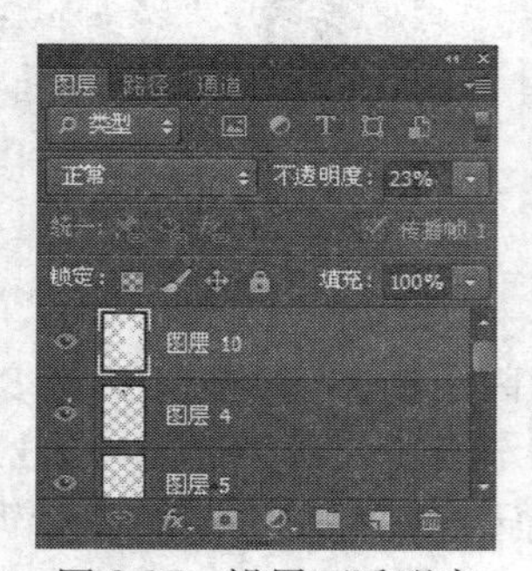

图 8-97 设置不透明度

图 8-98 降低不透明度后的效果

37 在【图层】面板中新建一个图层，用路径选择工具在画面中选择表示另一头纱的路径，在【路径】面板中单击按钮，给选择的路径进行颜色填充，填充白色后的效果如图 8-99 所示，在【图层】面板中设置【不透明度】为“18%”，得到如图 8-100 所示的效果。

图 8-99 给头纱上色

图 8-100 降低不透明度后的效果

38 在【图层】面板中新建一个图层，并设置【不透明度】为“18%”，如图 8-101 所示。用路径选择工具在画面中选择表示另一头纱的路径，再在【路径】面板中单击按钮，给选择的路径进行颜色填充，填充白色后的效果如图 8-102 所示。

39 显示【路径】面板，在其中的灰色区域单击，隐藏路径，即可看到刚绘制的清楚画

面，画面效果如图 8-103 所示。

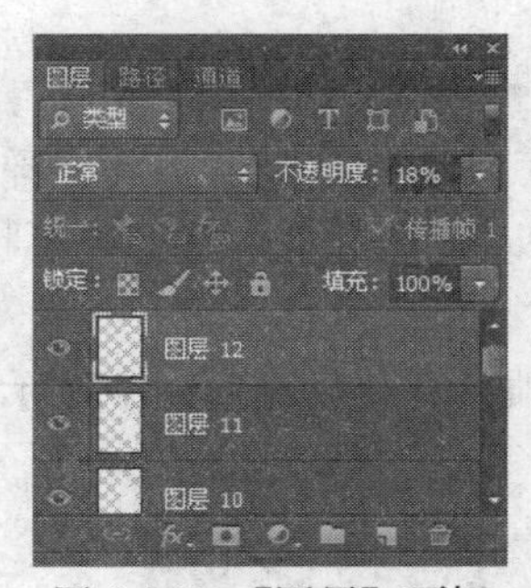

图 8-101　【图层】面板

图 8-102　填充颜色后的效果

图 8-103　隐藏路径后的效果

40 在【图层】面板中新建一个图层，如图 8-104 所示，在工具箱中设置前景色为“#fd6fee”，点选画笔工具，在画笔弹出式面板中选择所需的画笔，设置大小为“36 像素”，如图 8-105 所示，然后在头发上单击，绘制出两朵玫瑰花，绘制好后的效果如图 8-106 所示。

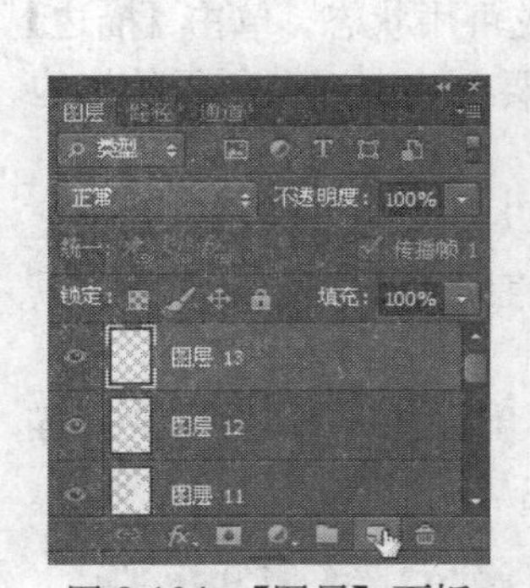

图 8-104　【图层】面板

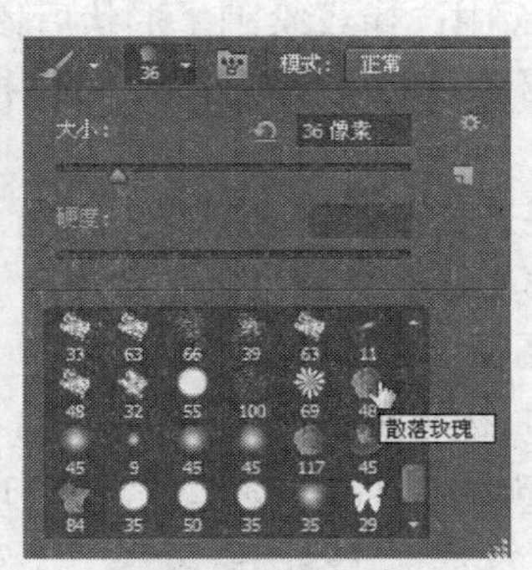

图 8-105　在画笔弹出式面板中选择画笔

图 8-106　绘制花朵

41 设置背景色为白色，在【画笔】弹出式面板中选择所需的画笔，并设置大小为“157 像素”，如图 8-107 所示，显示【画笔】面板，并在其中设置【间距】为“359%”，如图 8-108 所示，然后在画面中绘制出所需的花朵，绘制好后的效果如图 8-109 所示。

图 8-107　选择画笔

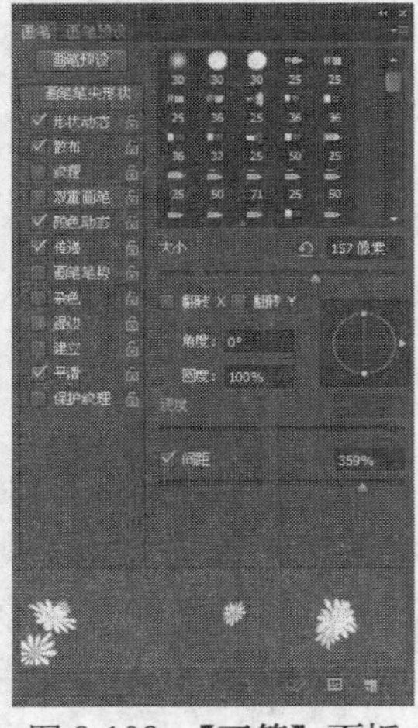

图 8-108　【画笔】面板

图 8-109　最终效果图

8.3 形状工具与创建形状图形

8.3.1 创建形状图形的工具及其选项

用于创建形状图形的工具有钢笔工具、自由钢笔工具、矩形工具、圆角矩形工具、椭圆工具、多边形工具、直线工具与自定形状工具，如果要创建形状可以在选项栏中选择“形状”选项。

在工具箱中点选 (钢笔工具)，在选项栏中选择“形状”选项，便会在选项栏中显示它的相关选项，如图 8-110 所示。

图 8-110 钢笔工具选项栏

- (填充) 选项：在画面中选择或绘制了形状后该选项成可用状态，单击填充后的颜色块，便会弹出如图 8-111 所示的面板，可以根据需要在其中选择所需的填充颜色或图案。
- (描边) 选项：在画面中选择或绘制了形状后该选项成可用状态，单击【描边】后的颜色块，便会弹出如图 8-112 所示的面板，可以根据需要在其中选择所需的描边颜色或图案。
- (新建图层) 选项：如果选择 (新建图层) 选项，便可以用钢笔工具、自由钢笔工具、矩形工具、圆角矩形工具、椭圆工具、多边形工具、直线工具或自定形状工具在绘制形状时自动创建新图层。
- (形状描边类型) 选项：在选项栏中单击该按钮，便会弹出如图 8-113 所示的【描边选项】面板，可以在其中选择所需的描边样式，对齐方式与端点类型与角点类型。

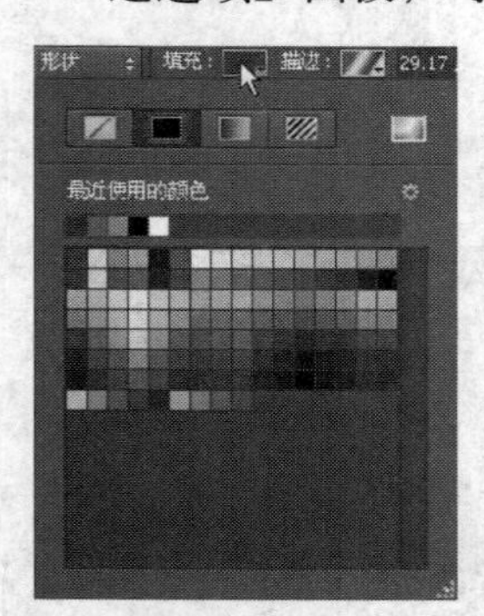

图 8-111 填充面板

图 8-112 描边面板

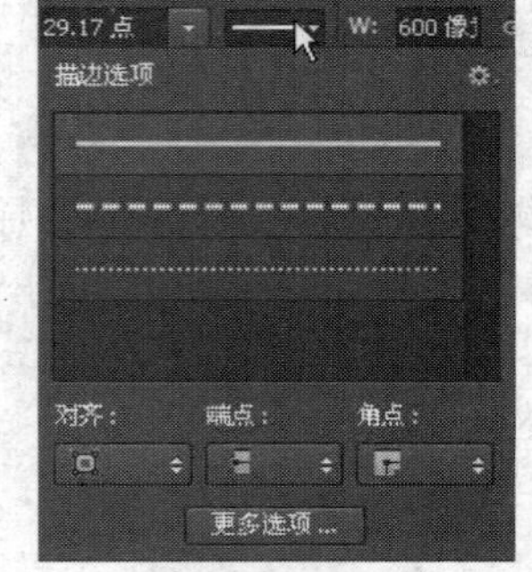

图 8-113 【描边选项】面板

- ：在其中可以调整所绘制图形的大小。

8.3.2 创建形状图形

可以使用钢笔工具、自由钢笔工具、矩形工具、圆角矩形工具、椭圆工具、多边形工具、直线工具与自定形状工具来创建形状图形。从技术上讲，形状图形是带图层剪贴路径的填充图层；填充图层定义形状的颜色，而图层剪贴路径定义形状的几何轮廓。通过编辑形状的填充图层并对其应用图层样式，可以更改其颜色和其他属性。通过编辑形状的图层剪贴路径，可以更改形状的轮廓。

上机实战　创建形状图形

1　新建一个RGB图像文件，大小自定。在工具箱中点选(自定形状工具)，在选项栏中点选按钮，在【形状】弹出式面板中选择所需的形状，如图8-114所示。

图8-114　【形状】弹出式面板

2　在【窗口】菜单中执行【样式】命令，显示【样式】面板，在其中单击按钮，再在弹出下拉菜单中选择【纹理】命令，如图8-115所示，紧接着弹出一个警告对话框，如图8-116所示，在其中单击【确定】按钮，用纹理样式替换当前的样式，如图8-117所示。

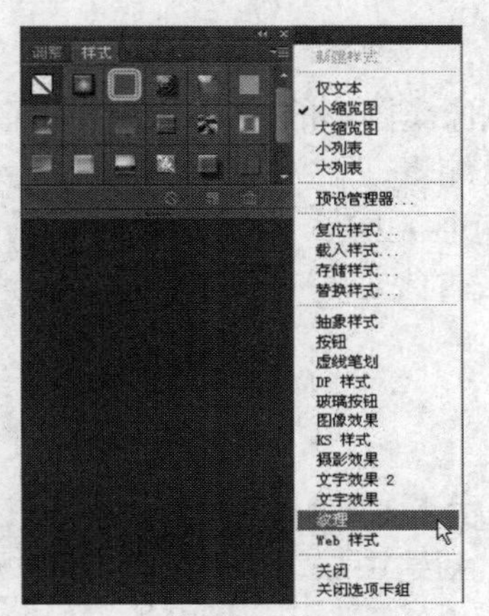

图8-115　选择【纹理】命令

图8-116　警告对话框

图8-117　【样式】面板

3　移动指针到画面中适当位置按下左键向对角拖移，达到所需的大小后松开左键，即可绘制出所选的形状，如图8-118所示，然后在【样式】面板中选择所需的样式，即可给刚绘制的形状应用所选样式，如图8-119所示，查看【图层】面板，其中自动添加了一个形状图层，如图8-120所示。

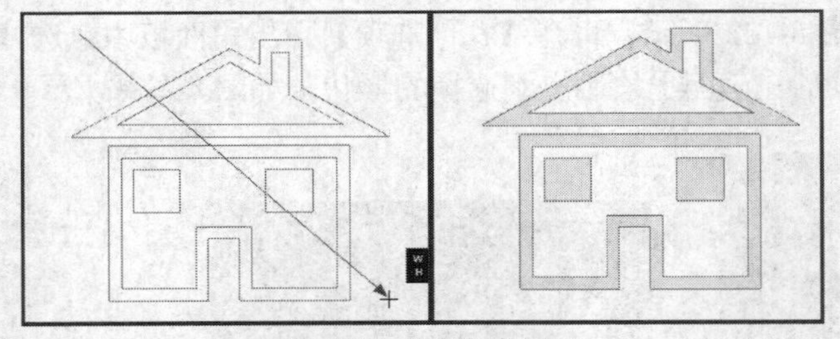

图8-118　绘制形状图形

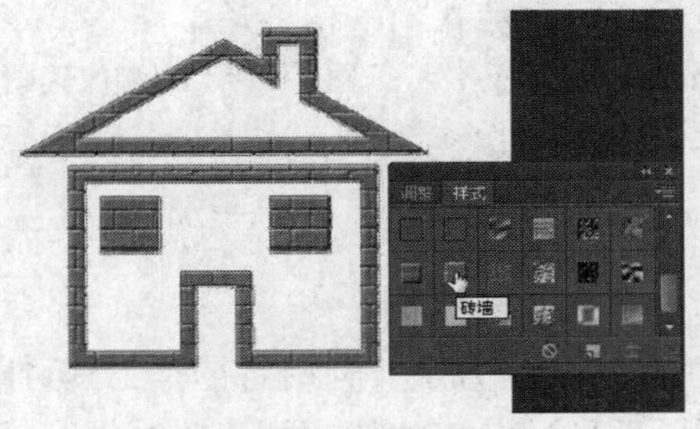

图8-119　应用样式后的效果

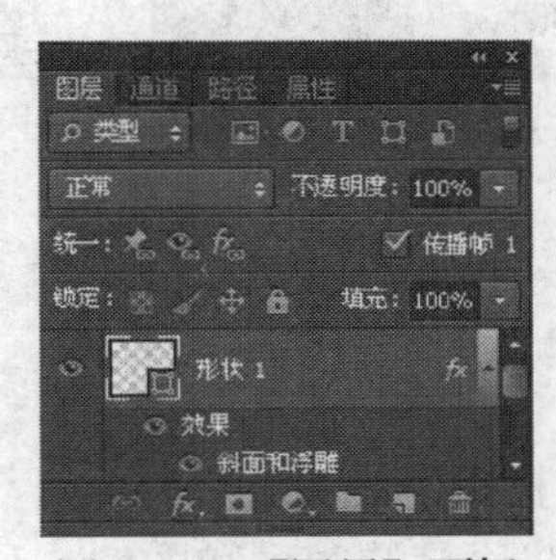

图8-120　【图层】面板

提示： 如果要对该路径进行编辑，可按住【Ctrl】键，当指针成 时在路径上单击，即可选择该路径；接着移动指针到路径线段上，当指针成 时单击，即可添加一个锚点；然后按住【Ctrl】键在该锚点上按下鼠标左键拖动到适当位置即可。

可以在【图层】面板中更改形状图层的图层样式。直接在【图层】面板中双击形状图层下面的要更改的图层样式，就会弹出【图层样式】对话框，然后根据需要在其中更改参数即可。

8.4 绘制像素图形

像素图形也就是栅格化形状，它不是矢量对象。绘制像素图形的过程与创建选区并用前景色填充该选区的过程相同。像素图形无法作为矢量对象编辑。

钢笔工具和自由钢笔工具无法绘制像素图形，只有矩形工具、圆角矩形工具、椭圆工具、多边形工具、自定形状工具或直线工具可以。

上机实战 绘制像素图形

1 设定前景色为绿色（R：37、G：135、B：14），显示【图层】面板，在【图层】面板底部单击 （创建新图层）按钮，新建图层1，如图 8-121 所示。

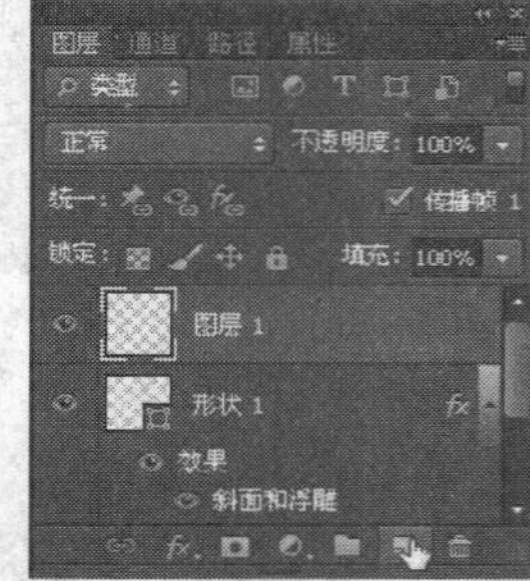

图 8-121 【图层】面板

提示： 不能直接在形状图层中绘制像素图形，如果当前选择的图层为形状图层，并且要绘制像素图形时，指针呈⊘状，表示当前状态无法绘制像素图形，所以应新建一个图层或将该形状图层像素化（也称栅格化）。

2 保持 自定形状工具的选择，在选项栏中选择“像素”，在【形状】弹出式面板中选择所需的形状，如图 8-122 所示，再在【几何选项】弹出式面板中点选【不受约束】选项，如图 8-123 所示；然后在画面上绘制出刚选择的形状，如图 8-124 所示。

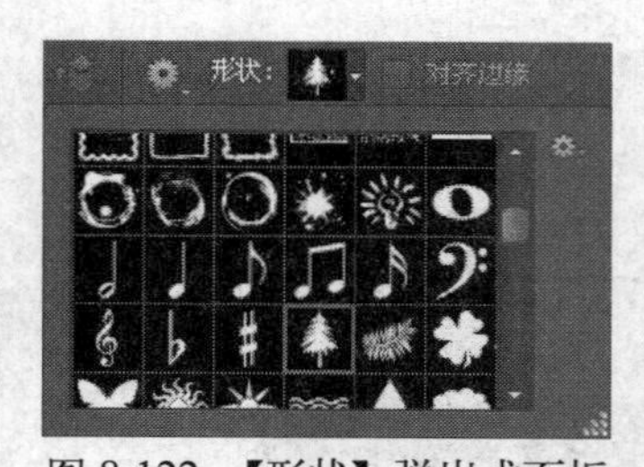

图 8-122 【形状】弹出式面板

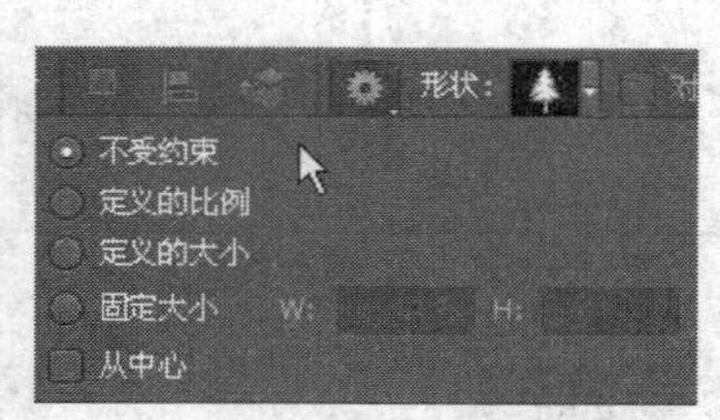

图 8-123 【几何选项】弹出式面板

图 8-124 绘制像素图形

8.5 本章小结

本章主要学习了路径类工具与一些基本形状工具的使用方法。利用路径类工具可以绘制和选取一些复制的图形和图像；利用基本形状工具可以绘制一个基本图形（如椭圆、圆形、矩形、星形等)；利用路径类工具还可以创建形状图形，从而可以通过编辑路径来调整图形的形状。最后结合实例重点讲解了如何利用路径类工具与【路径】面板来绘制卡通画人物。

8.6 本章习题

一、填空题

1. 利用形状工具可以创建出矩形、__________、__________、__________、__________、__________和______________等路径。

2. 路径的调整主要用到5个工具：添加锚点工具、____________、____________、____________、____________。

3. 使用钢笔工具可创建或编辑____________、____________或____________及__________。

二、选择题

1. 以下哪种工具可用于平滑点与角点之间的转换，从而实现平滑曲线与锐角曲线或直线段之间的转换？（　　）

A. 转换点工具　　B. 添加锚点工具

C. 删除锚点工具　　D. 直接选择工具

2. 以下哪种工具用于在路径的线段内部添加锚点？（　　）

A. 直接选择工具　　B. 添加锚点工具

C. 转换点工具　　D. 删除锚点工具

3. 在钢笔工具的【几何选项】中勾选以下哪个选项会在绘图时可以预览路径段？（　　）

A.【方形】选项　　B.【磁性的】选项

C.【星形】选项　　D.【橡皮带】选项

4. 以下哪种图层是带图层剪贴路径的填充图层；填充图层定义形状的颜色，而图层剪贴路径定义形状的几何轮廓？（　　）

A. 蒙版图层　　B. 调整图层　　C. 形状图层　　D. 剪贴图层

第 9 章　通道与蒙版

教学目标

理解通道与蒙版的含义，学习通道与蒙版的基本操作。学会如何应用通道与蒙版编辑与处理图像，从而创建出各种艺术效果。

教学重点与难点

- 关于通道
- 【通道】面板
- 创建与编辑通道
- 通道与选区之间的转换
- 使用通道运算混合图层与通道
- 使用快速蒙版模式
- 使用图层蒙版

9.1　通道

9.1.1　关于通道

通道是保存不同颜色信息的灰度图像，每一幅位图图像都有一个或多个通道，每个通道中都存储着关于图像色素的信息。

Photoshop 采用特殊灰度通道存储图像颜色信息和专色信息。如果图像含有多个图层，则每个图层都有自身的一套颜色通道。

颜色信息通道：指打开新图像时，自动创建颜色信息的通道。所创建的颜色通道的数量取决于图像的颜色模式，而非其图层的数量。例如，RGB 图像有 4 个默认通道：红色、绿色和蓝色各有一个通道，以及一个用于编辑图像的复合通道。

Alpha 通道：如果要将选区存储为灰度图像，可以使用 Alpha 通道创建并存储蒙版。这些蒙版可以处理、隔离和保护图像的特定部分。

专色通道：指定用于专色油墨印刷的附加印版。

一个图像最多可包含 56 个通道，所有的新通道都具有与原图像相同的尺寸和像素数目。通道所需的文件大小由通道中的像素信息决定。

提示：只要以支持图像颜色模式的格式存储文件即保留颜色通道。仅当以 Adobe Photoshop、PDF、PICT、TIFF 或 Raw 格式存储文件时，才保留 Alpha 通道。DCS 2.0 格式只保留专色通道；以其他格式存储文件可能会导致通道信息丢失。

9.1.2 【通道】面板

使用【通道】面板可以创建并管理通道，以及监视编辑效果。【通道】面板列出了图像中的所有通道，首先是复合通道（对于 RGB、CMYK 和 Lab 图像），然后是单个颜色通道，专色通道，最后是 Alpha 通道。通道内容的缩览图显示在通道名称的左侧，缩览图在编辑通道时自动更新。

当打开一幅 RGB 颜色模式的图像后，在【通道】面板中就会自动生成了颜色信息通道，如图 9-1 所示。

当打开一幅 CMYK 颜色模式的图像后，在【通道】面板中就会自动生成了颜色信息通道，如图 9-2 所示。

图 9-1　打开的 RGB 颜色模式图像

图 9-2　打开的 CMYK 颜色模式图像

移动指针到【通道】面板中的任一通道上单击，可以将所单击的通道选择并作为当前可用通道，可以对该通道进行单独调整，但是该调整会影响整个图像的效果。【通道】面板中各按钮或选项说明如下：

- （指示通道可见性）：在【通道】面板中单击（指示通道可见性）图标后眼睛图标隐藏变为图标，同时该通道也被隐藏，因此可以在【通道】面板中单击图标与图标来隐藏/显示通道。
- （将通道作为选区载入）按钮：在【通道】面板的底部单击（将通道作为选区载入）按钮，可以将当前通道中的高光区域作为选区载入。也可以在按住【Ctrl】键的同时用鼠标单击要载入选区的通道。
- 按钮：如果图像中有选区，则【通道】面板底部的按钮成为可用状态，单击该按钮，就可将选区存储为 Alpha 通道。
- （创建新通道）按钮：单击可以创建一个新的 Alpha 通道。
- （删除当前通道）按钮：单击可以将当前选择的通道删除。

在【通道】面板中显示的颜色信息，主要跟当前图像的颜色模式有关，要查看或更改当前图像的颜色模式，可以在菜单中执行【图像】→【模式】命令，在弹出的子菜单中选择所需的命令（也就是颜色模式）即可。

9.1.3 创建通道

在【通道】面板中可以创建 Alpha 通道与专色通道。

1. 创建 Alpha 通道

方法 1　在【通道】面板中直接单击（创建新通道）按钮创建新的 Alpha 通道，并且创建的通道按照系统默认的顺序以 Alpha 1、Alpha 2、Alpha 3……Alpha *n* 进行命名。

方法 2 在【通道】面板右上角单击按钮，并在弹出的菜单中选择【新建通道】命令，如图 9-3 所示，弹出【新建通道】对话框，可根据需要在其中给通道命名，选择色彩指示方式、蒙版颜色与不透明度，如图 9-4 所示，设置好后单击【确定】按钮，即可在【通道】面板中新增一个 Alpha 1 通道，如图 9-5 所示。

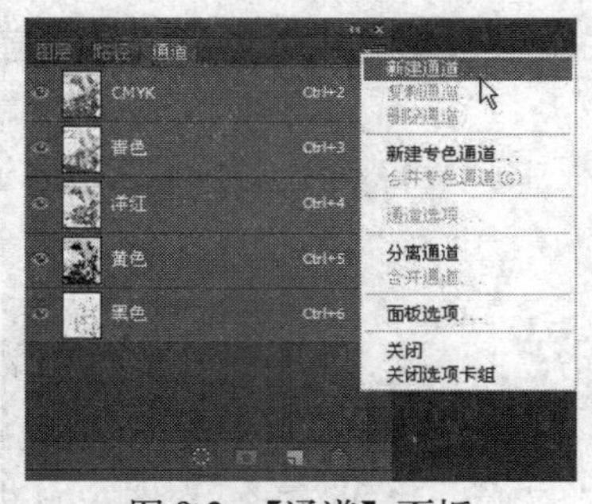

图 9-3 【通道】面板

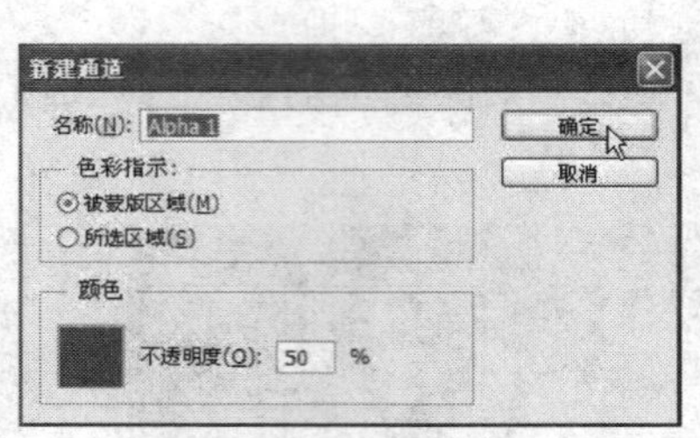

图 9-4 【新建通道】对话框

图 9-5 【通道】面板

2. 创建专色通道

专色是特殊的预混油墨，用于替代或补充印刷四色（CMYK）油墨，每种专色在印刷时要求专用的印版。

在【通道】面板右上角单击按钮，在弹出的菜单中选择【新建专色通道】命令，如图 9-6 所示，弹出【新建专色通道】对话框，可根据需要在其中给专色通道命名，选择油墨颜色与设置密度，如图 9-7 所示，设置好后单击【确定】按钮，即可在【通道】面板中新增一个专色通道，如图 9-8 所示。

图 9-6 【通道】面板

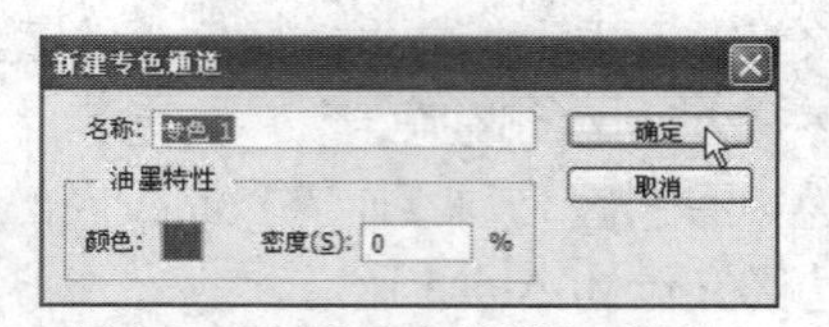

图 9-7 【新建专色通道】对话框

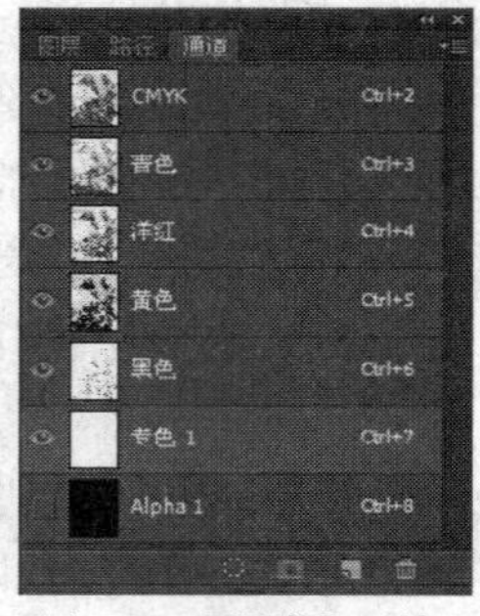

图 9-8 【通道】面板

【新建专色通道】对话框选项说明如下：

- 【颜色】：单击【颜色】后的色块，将弹出【选择专色】对话框，可在其中选择所需的专色。选择专色后在印刷时可以更容易地提供合适的油墨以重现图像的色彩。
- 【密度】：可以在文本框中输入 0～100 之间的数值来设置油墨的透明度。当设置为 100%时，可模拟完全覆盖下层油墨的油墨（如金属质感油墨），当设置为 0%时，可模拟完全显示下层油墨的透明油墨（如透明光油）。

9.1.4 编辑通道

创建好通道后，有时需要对其进行编辑，以制作更好的效果。

上机实战　编辑通道

1　在【通道】面板中单击 Alpha 1 通道，使它为当前通道，同时隐藏了专色与其他的通道，如图 9-9 所示。

2　设定前景色为白色，背景色为黑色，在工具箱中点选T（横排文字工具），在【字符】面板中设置【字体】为“文鼎霹雳体”，【字体大小】为“30 点”，如图 9-10 所示，然后在画面的适当位置单击并输入所需的文字，如图 9-11 所示，在选项栏中单击✓按钮，确认文字输入，得到如图 9-12 所示的文字选区，并且选区已经用白色进行了填充。

图 9-9　【通道】面板

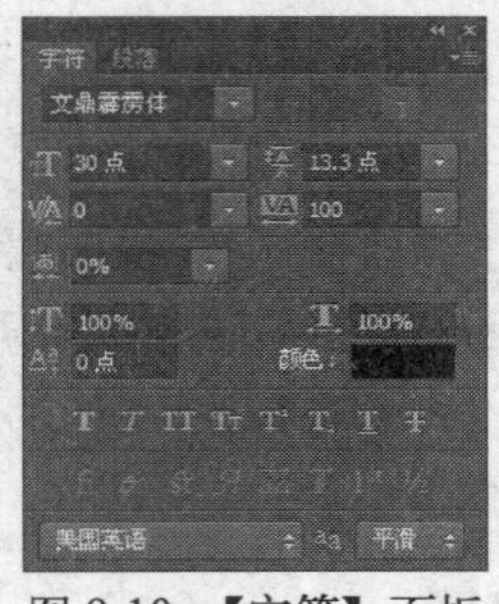

图 9-10　【字符】面板

图 9-11　输入文字

3　在菜单中执行【滤镜】→【模糊】→【高斯模糊】命令，弹出【高斯模糊】对话框，在其中设定【半径】为“3.9”像素，如图 9-13 所示，设置好后单击【确定】按钮，这样就为 Alpha 1 通道的内容进行了编辑，画面效果与【通道】面板如图 9-14 所示。

图 9-12　文字选区

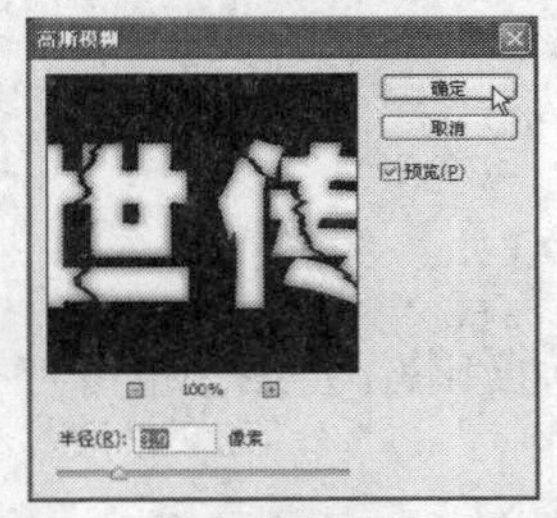

图 9-13　【高斯模糊】对话框

图 9-14　执行【高斯模糊】命令后的效果

4　在【通道】面板中单击“CMYK”复合通道，以选择复合通道，如图 9-15 所示，再在菜单中执行【图像】→【模式】→【RGB 颜色】命令，即 CMYK 图像转换为 RGB 图像，其【通道】面板如图 9-16 所示，画面效果如图 9-17 所示。

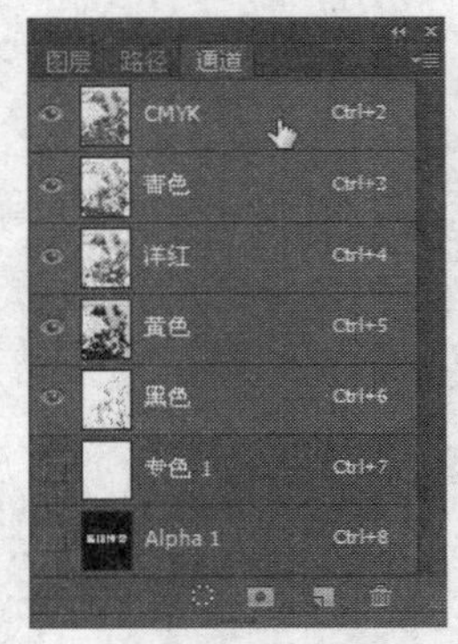

图 9-15　【通道】面板

图 9-16　【通道】面板

图 9-17　转换颜色模式后的效果

5 在【图像】菜单中执行【应用图像】命令，弹出【应用图像】对话框，在其中的【通道】列表中选择“Alpha 1”，【混合】为“正片叠底”，其他不变，如图 9-18 所示，单击【确定】按钮，即可得到如图 9-19 所示的效果。

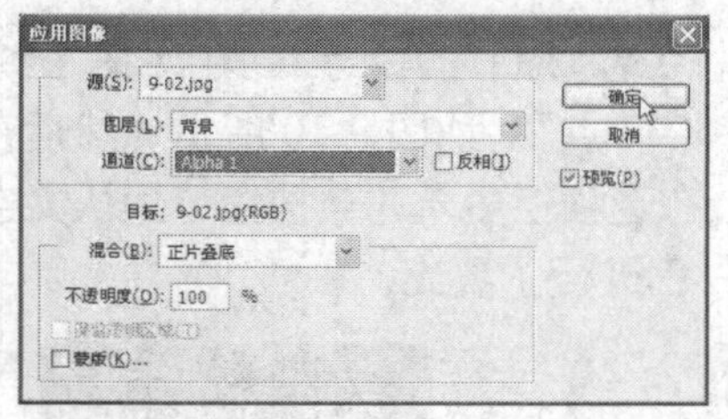

图 9-18 【应用图像】对话框

图 9-19 执行【应用图像】命令后的效果

6 在菜单中执行【编辑】→【描边】命令，弹出【描边】对话框，在其中设置【宽度】为“3 像素”，【颜色】为“白色”，【位置】为“居中”，其他不变，如图 9-20 所示，单击【确定】按钮，按【Ctrl+D】键取消选择，得到如图 9-21 所示的效果。

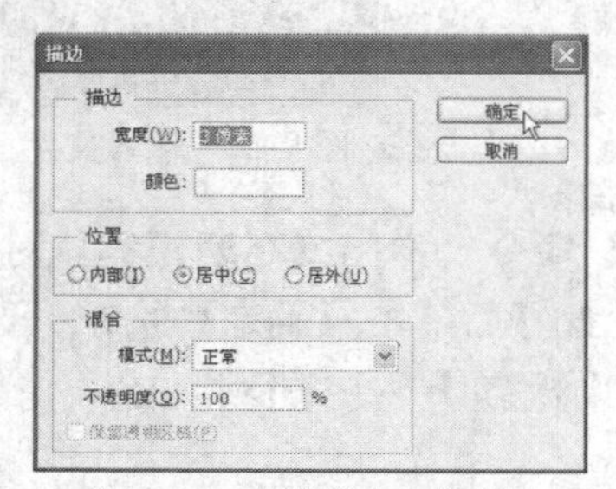

图 9-20 【描边】对话框

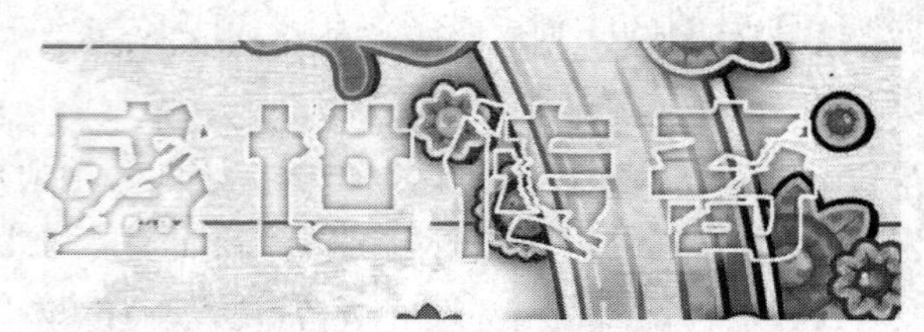

图 9-21 描边后的效果

9.1.5 通道与选区之间的转换

在处理图像时会经常将选区存储为通道以作备用，也可将存储的通道再次载入选区以对其进行再应用。

上机实战 使用通道抠图

1 从配套光盘的素材库中打开一个要抠图的图像文件（03.psd），如图 9-22 所示。

2 显示【通道】面板，并在其中查看哪个通道对比明显，这里以蓝通道对比明显，所以拖动蓝通道到 （创建新通道）按钮上，复制一个副本，如图 9-23 所示。

图 9-22 打开的图像文件

图 9-23 【通道】面板

3 在菜单中执行【图像】→【调整】→【色阶】命令或按【Ctrl+L】键，弹出【色阶】

对话框，在其中【输入色阶】为“123 1.00 227”，其他不变，如图 9-24 所示，单击【确定】按钮，加大对比度，画面效果如图 9-25 所示。

4 在工具箱中设置前景色为黑色，点选画笔工具，在选项栏的【画笔】弹出式面板中选择硬边圆，画笔大小按【[】键与【]】键来控制，在画面中人物上进行涂抹，将其涂黑，涂黑后的效果如图 9-26 所示。

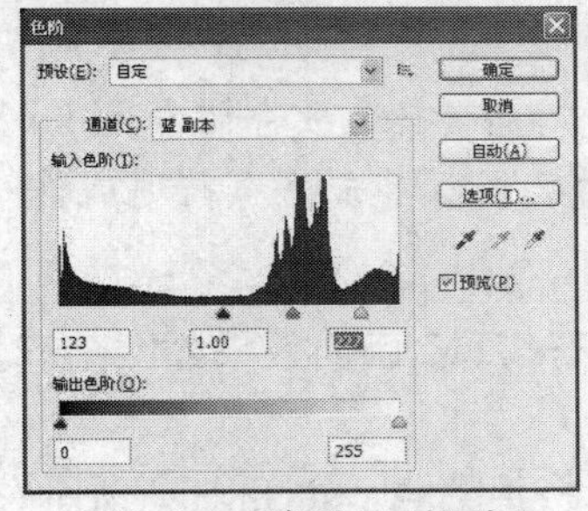

图 9-24 【色阶】对话框

图 9-25 执行【色阶】命令后的效果

图 9-26 对人物进行涂抹

5 按【Ctrl+L】键弹出【色阶】对话框，在其中设置【输入色阶】为“23 1.00 146”，如图 9-27 所示，将暗部调暗，亮部调亮，设置好后单击【确定】按钮，即可得到如图 9-28 所示的效果。

6 在工具箱中点选（减淡工具），在选项栏中设置【曝光度】为“74%”，画笔为 175 像素柔边圆，【范围】为“中间调”，然后在画面中人物的背景处需要调成白色的地方进行涂抹，涂抹后的效果如图 9-29 所示。

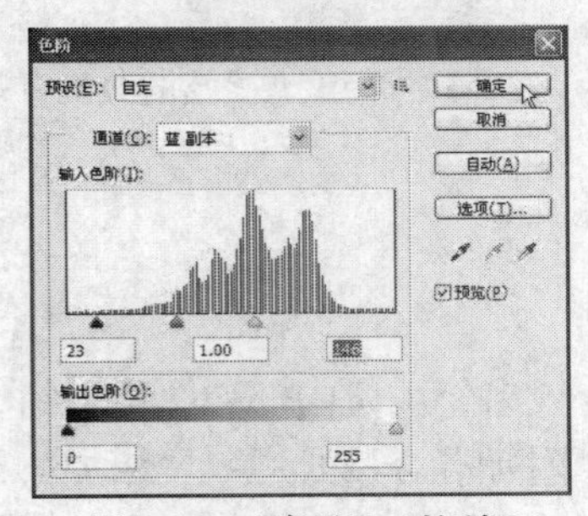

图 9-27 【色阶】对话框

图 9-28 执行【色阶】命令后的效果

图 9-29 用减淡工具将背景涂成白色

7 在【通道】面板中单击（将通道作为选区载入）按钮，如图 9-30 所示，将蓝副本通道载入选区，从而得到如图 9-31 所示的选区，再按【Ctrl+Shift+I】键反选。

图 9-30 【通道】面板

图 9-31 将通道作为选区载入

提示：(1) 如果要将图像中原来的选区与要载入的选区相加，可在按住【Ctrl+Shift】键的同时单击要载入的通道。

(2) 如果要将图像中原来的选区与要载入的选区相减，可在按住【Ctrl+Alt】键的同时单击要载入的通道。

(3) 按住【Ctrl+Alt+Shift】键的同时单击要载入的通道，可以创建出原来的选区与要载入的选区相交的选区。

(4) 如果画面中有选区存在，则可以在【通道】面板中单击 (将选区存储为通道) 按钮，将当前选区存储在通道中，等到再次需要该选区时又可以单击 (将通道作为选区载入) 按钮再次显示。

8 在【通道】面板中激活 RGB 复合通道，按【Ctrl+C】键进行拷贝，画面效果如图 9-32 所示，按【Ctrl+V】键将前面拷贝的内容粘贴到自动新建的图层中。

9 显示【图层】面板，并在其中单击背景层前面的眼睛，以将其隐藏，如图 9-33 所示，也就是将背景隐藏，隐藏背景后的效果如图 9-34 所示。

图 9-32 激活 RGB 复合通道

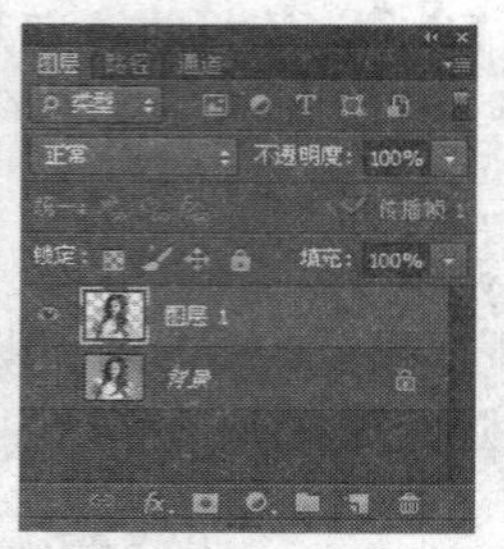

图 9-33 【图层】面板

图 9-34 隐藏背景后的效果

9.2 使用通道运算混合图层和通道

使用【应用图像】和【计算】命令，可以使与图层关联的混合效果将图像内部和图像之间的通道组合成新图像。这些命令提供了【图层】面板中没有的一个附加混合模式——“相加”。

【计算】命令首先在两个通道的相应像素上执行数学运算，然后在单个通道中组合运算结果。

9.2.1 应用图像

【应用图像】命令可以将图像的图层和通道（源）与现用图像（目标）的图层和通道混合。

上机实战 使用应用图像命令混合图层和通道

1 按【Ctrl+O】键从配套光盘的素材库中打开 04a.psd 和 04b.psd 文件，如图 9-35、图 9-36 所示。

2 将有花的图片复制到有昆虫的图片中，并排放到所需的位置，如图 9-37 所示。

3 在【图像】菜单中执行【应用图像】命令，弹出【应用图像】对话框，在其中设置【混合】为“减去”，【不透明度】为“60%”，其他不变，如图 9-38 所示，单击【确定】按钮，即可得到如图 9-39 所示的效果。

图 9-35　打开的图片

图 9-36　打开的图片

图 9-37　复制并排放图片

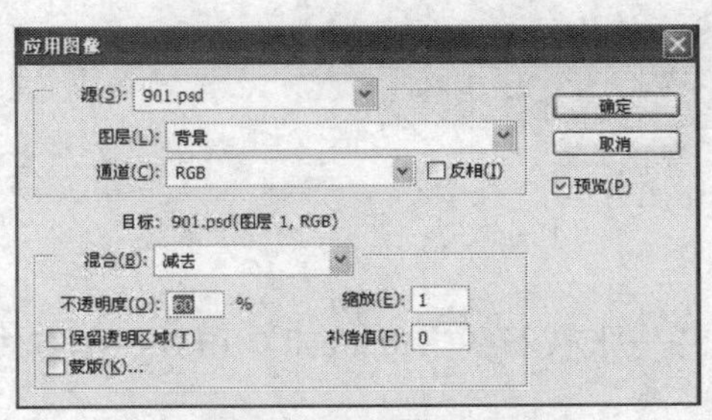

图 9-38　【应用图像】对话框

图 9-39　执行【应用图像】命令后的效果

4　在【图像】菜单中执行【应用图像】命令，弹出【应用图像】对话框，在其中设置【混合】为“相加”，其他不变，如图 9-40 所示，单击【确定】按钮，即可得到如图 9-41 所示的效果。

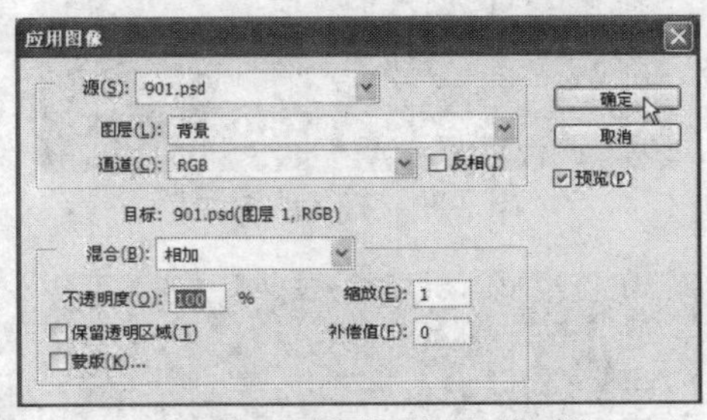

图 9-40　【应用图像】对话框

图 9-41　执行【应用图像】命令后的效果

【应用图像】对话框中的【混合】选项说明如下：

- 【相加】：“相加”混合模式只在【应用图像】和【计算】命令中使用；“相加”模式用缩放量除像素值的总和，然后将“位移”值添加到此和中。
- 【补偿值】：补偿值可以按照任何介于+255～−255 之间的亮度值使目标通道中的像素变暗或变亮；负值使图像变暗，而正值使图像变亮。
- 【缩放】：“缩放”是介于 1.000～2.000 之间的任何数字，输入较高的“缩放”值将使图像变暗。

9.2.2　计算

计算可以混合两个来自一个或多个源图像的单个通道。然后可以将结果应用到新图像或新通道，或现用图像的选区。不能对复合通道应用运算。下面以为石头添加纹理为例，介绍计算命令的应用。实例效果如图 9-42 所示。

图 9-42　实例效果图

上机实战　为石头添加纹理

1　按【Ctrl+O】键从配套光盘的素材库中打开一张有石头（05a.psd）和另一张有蝴蝶的图片（05.psd），如图 9-43、图 9-44 所示。

图 9-43　打开的图片

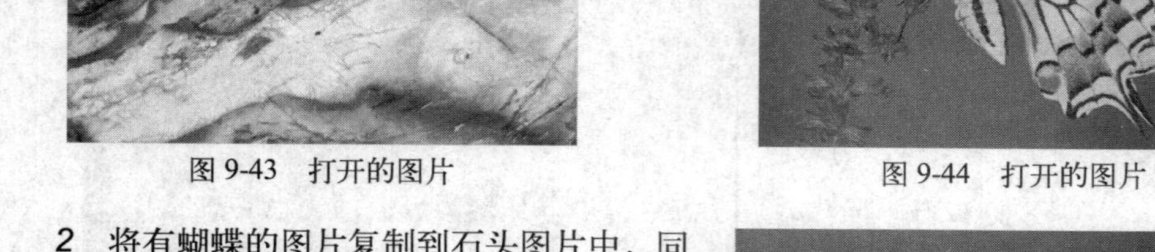

图 9-44　打开的图片

2　将有蝴蝶的图片复制到石头图片中，同时在【图层】面板中也自动添加一层，如图 9-45 所示。

3　在【图像】菜单中执行【计算】命令，弹出【计算】对话框，在其中设置源 1 的【通道】为“蓝”，源 2 的【图层】为“背景”，【通道】为“红”，【混合】为“正片叠底”，【不透明度】为“80%”，其他不变，如图 9-46 所示，单击【确定】按钮，即可得到如图 9-47 所示的效果。

图 9-45　复制并排放图片

提示： 可以在图像之间进行运算，操作方法相同，只是需要打开另一张图片，并在源 1 或源 2 中选择所需的图像文件名称即可。

4　显示【图层】面板，在其中关闭图层 1，显示并激活背景层，如图 9-48 所示。

5　按【Ctrl+J】键复制一个副本图层，如图 9-49 所示。

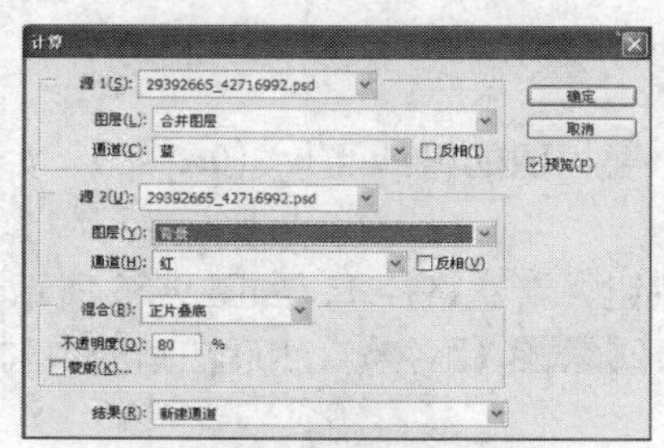

图 9-46 【计算】对话框

图 9-47 执行【计算】命令后的效果

图 9-48 显示并激活背景层

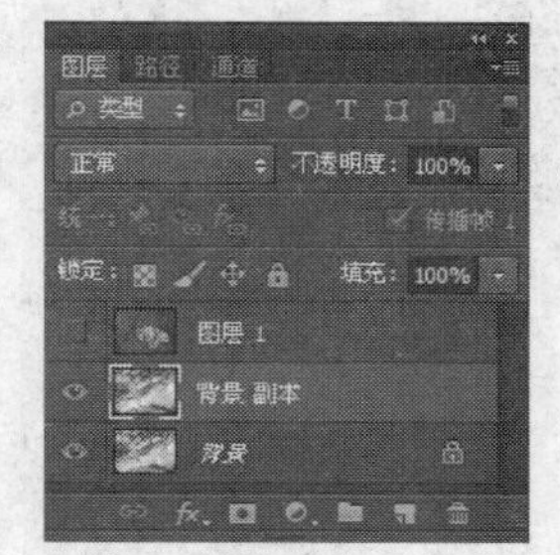

图 9-49 【图层】面板

6 设置前景色为“#e7e7e7”，在【图像】菜单中执行【应用图像】命令，弹出【应用图像】对话框，在其中设置【混合】为“点光”,【不透明度】为“50%”，其他不变，如图 9-50 所示，单击【确定】按钮，即可得到如图 9-51 所示的效果。

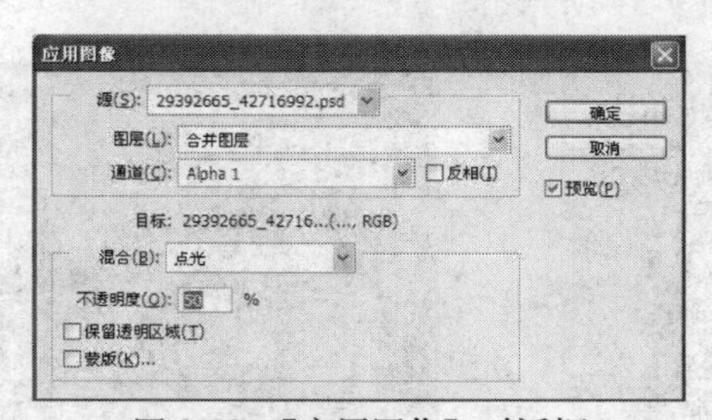

图 9-50 【应用图像】对话框

图 9-51 执行【应用图像】命令后的效果

9.3 应用通道——给婚纱照片换背景

下面以给婚纱照片换背景为例，介绍通道的应用。原图与实例效果如图 9-52、图 9-53 所示。

图 9-52 原图像

图 9-53 实例效果图

上机实战 给婚纱换背景

1 按【Ctrl+O】键从配套光盘的素材库中打开一个要抠图的婚纱照片（06.psd），如图9-54所示。

2 显示【路径】面板，在其中单击【创建新路】按钮，新建路径1，如图9-55所示。

3 在工具箱中点选（钢笔工具），在选项栏中选择（路径），然后在画面中勾选出人物与婚纱，如图9-56所示。

图9-54 打开的照片

图9-55 【路径】面板

图9-56 在画面中勾选出人物与婚纱

4 在【路径】面板中单击（将路径作为选区载入）按钮，如图9-57所示，将刚勾选的路径载入选区，如图9-58所示。

5 按【Ctrl+J】键由选区复制一个副本，如图9-59所示。

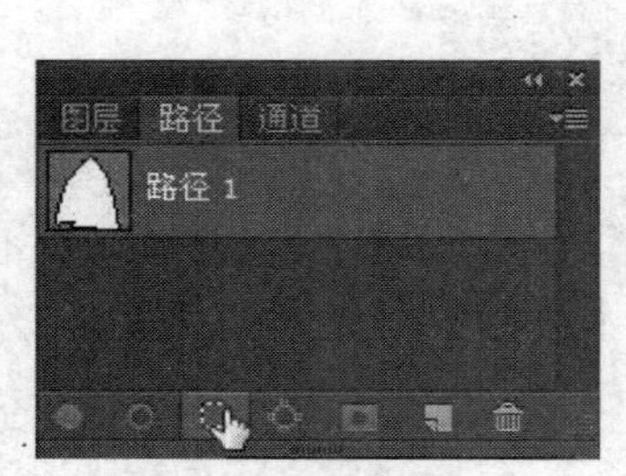

图9-57 【路径】面板

图9-58 将勾选的路径载入选区

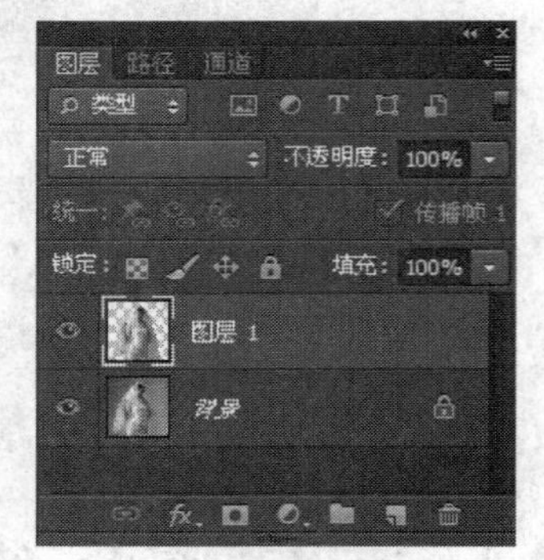

图9-59 【图层】面板

6 设置前景色为“#90f492”，在【图层】面板中先激活背景层，再单击（创建新图层）按钮，新建图层2，这样刚新建的图层就会在图层1的下层，然后按【Alt+Delete】键填充前景色，即可将抠出的人物背景换成刚填充的颜色，画面效果如图9-60所示。

图9-60 替换背景颜色

7 显示【通道】面板，在其中查看哪个通道对比明显，这里以“红”通道对比清楚些，因此将“红”通道拖动到【创建新通道】按钮上，当按钮呈凹下状态时松开左键，即可复制一个副本，如图9-61所示。

8 按【Ctrl+L】键弹出【色阶】对话框，在其中设置【输

入色阶】为“112　1.00　204”，如图 9-62 所示，将明暗对比加强，单击【确定】按钮，得到如图 9-63 所示的效果。

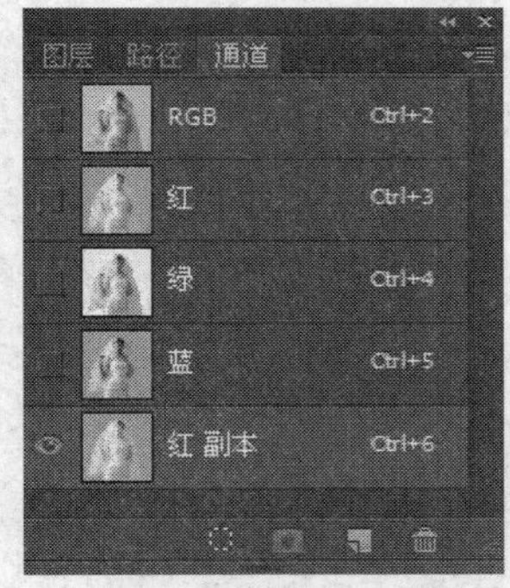

图 9-61 【通道】面板

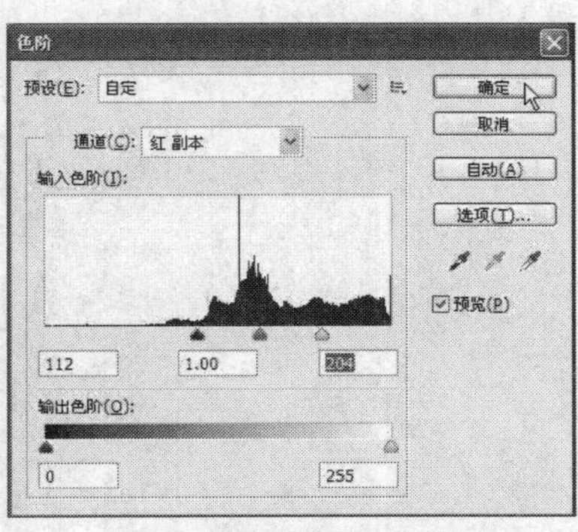

图 9-62 【色阶】对话框

图 9-63 执行【色阶】命令后的效果

9 设置前景色为白色，再点选画笔工具，在选项栏中设置画笔的【硬度】为“100%”，按【[】键与【]】键来调整画笔大小，在画面中人物与婚纱中看不到背景色的婚纱上进行涂抹，以将其涂白，涂抹后的效果如图 9-64 所示。

10 在【通道】面板中单击 （将通道作为选区载入）按钮，如图 9-65 所示，将红副本通道载入选区，从而得到如图 9-66 所示的选区。

图 9-64 在人物与婚纱上进行涂抹

图 9-65 【通道】面板

图 9-66 将红副本通道载入选区

11 显示【图层】面板并单击图层 1，以它为当前图层，如图 9-67 所示，画面效果如图 9-68 所示。

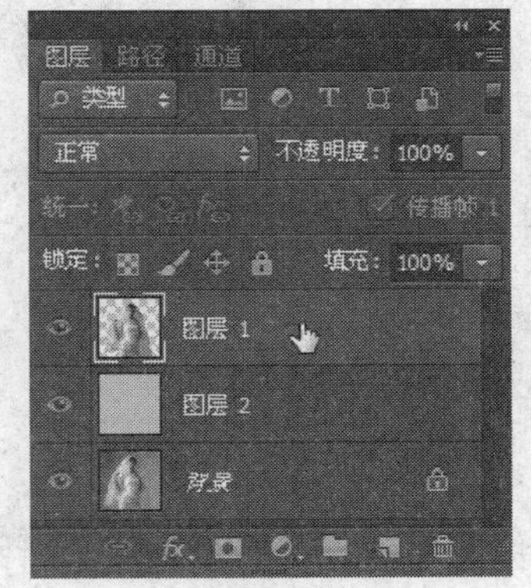

图 9-67 【图层】面板

图 9-68 将图层 1 内容载入选区

12 按【Ctrl+J】键由选区复制一个副本，并隐藏图层 1，如图 9-69 所示，即可将婚纱变成半透明，从而能看到背景，画面效果如图 9-70 所示。

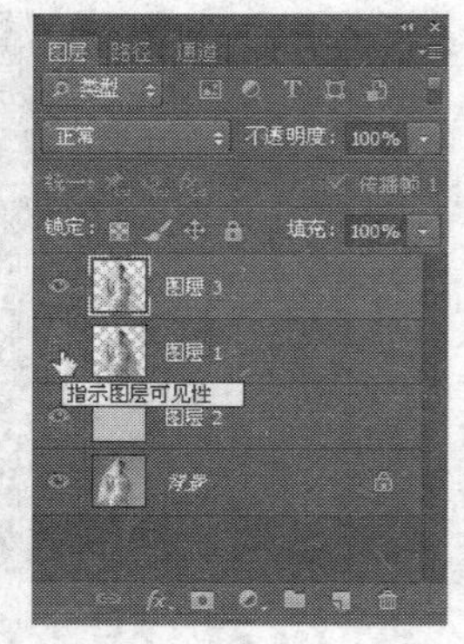

图 9-69 【图层】面板

图 9-70 将婚纱变成半透明效果

13 右边的皱纹还没有明显显示出来，所以需要再次将“红副本”通道载入选区，如图 9-71、图 9-72 所示。

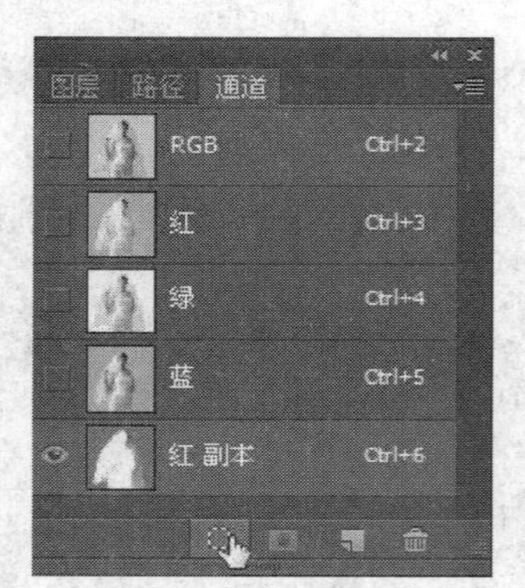

图 9-71 【通道】面板

图 9-72 将“红副本”通道载入选区

14 显示【图层】面板，在其中单击并显示图层 1，如图 9-73 所示，再按【Ctrl+Shift+I】键反选，得到如图 9-74 所示的选区。

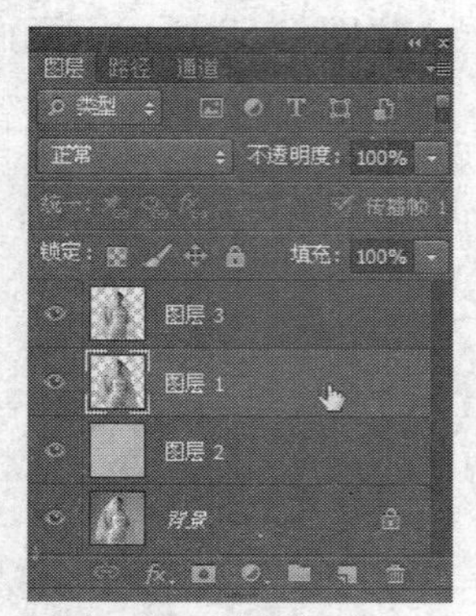

图 9-73 【图层】面板

图 9-74 反选选区

15 按【Ctrl+J】键将图层 1 中选区内的内容复制到新图层中，从而得到一个新图层，如图层 4，如图 9-75 所示。

16 在【图层】面板中单击图层 1 前面的眼睛图标，使它不可见，以隐藏图层 1，如图 9-76 所示，得到如图 9-77 所示的效果。

图 9-75　【图层】面板

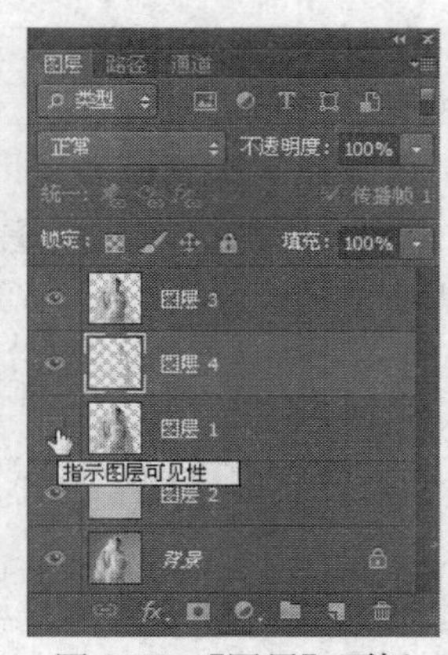

图 9-76　【图层】面板

图 9-77　隐藏图层 1 后的效果

17 观察图像，发现左边有边缘，而且透明度不够。点选橡皮擦工具，并在选项栏中设置画笔为 40 像素柔边圆，然后在画面中对左边的婚纱进行涂抹，将不需要的部分擦除，擦除后的效果如图 9-78 所示，【图层】面板如图 9-79 所示。

图 9-78　对左边的婚纱进行涂抹

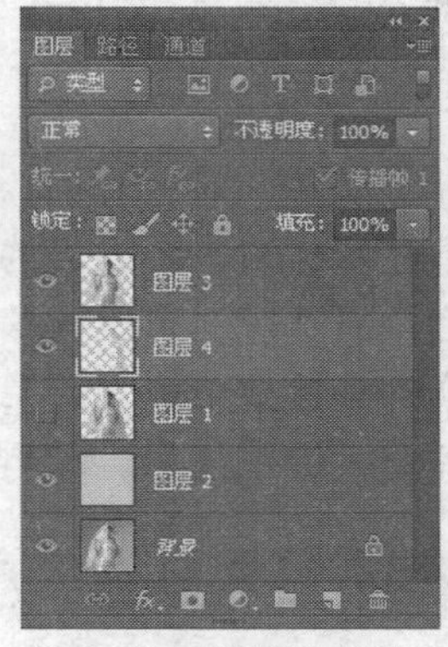

图 9-79　【图层】面板

18 在【图层】面板中激活图层 2，再打开一个背景图片（06a.psd），如图 9-80 所示，然后将其复制到婚纱图片中，并将其移动到所需的位置，如图 9-81 所示。这样就将人物从背景中抠出，并替换了一个背景。

图 9-80　打开的图片

图 9-81　最终效果图

9.4 蒙版

蒙版存储在 Alpha 通道中。蒙版和通道都是灰度图像，因此可以使用绘画工具、编辑工具和滤镜像编辑任何其他图像一样对它们进行编辑。在蒙版上用黑色绘制的区域将会受到保护（即被隐藏），而蒙版上用白色绘制的区域是可编辑区域（即被显示）。

如果要改变图像某个区域的颜色，或者要对该区域应用滤镜或其他效果时，可以使用蒙版来隔离并保护图像的其余部分。

当选中【通道】面板中的蒙版通道时，前景色和背景色以灰度值显示。

在 Photoshop 中，可以用下列方式创建蒙版：

（1）快速蒙版模式可以创建并查看图像的临时蒙版；当不想存储蒙版供以后使用时，可以使用临时蒙版。

（2）Alpha 通道可以存储并载入用作蒙版的选区。

（3）图层蒙版和图层剪贴路径可以在同一图层上生成软硬蒙版边缘的混合；通过更改图层蒙版或图层剪贴路径，可应用各种特殊效果。

9.4.1 使用快速蒙版模式

快速蒙版模式可以将任何选区作为蒙版进行编辑，而无须使用【通道】面板，在查看图像时也可如此。将选区作为蒙版来编辑的优点是几乎可以使用任何 Photoshop 工具或滤镜修改蒙版。

当在快速蒙版模式中工作时，【通道】面板中出现一个临时快速蒙版通道。但是，所有的蒙版编辑是在图像窗口中完成的。

如果画面中有选区，可以直接单击工具箱中的■（以快速蒙版模式编辑）按钮，从标准模式编辑切换到快速蒙版模式编辑，以便使用任何操作对蒙版进行编辑，编辑好后单击■按钮返回到标准模式编辑状态，即将蒙版直接转换为选区。

9.4.2 添加图层蒙版

在添加图层蒙版时，首先需要决定是要隐藏还是显示所有图层。接着将在蒙版上绘制以隐藏部分图层并显示下面的图层。也可以由选区创建一个图层蒙版，使该图层蒙版可自动隐藏部分图层。

上机实战　为图像添加图层蒙版

1　从配套光盘的素材库中打开一个图像文件（07a.psd），如图 9-82 所示，在【图层】面板中选择要添加图层蒙版的图层，再在底部单击■（添加图层蒙版）按钮，给该图层添加图层蒙版，如图 9-83 所示。

2　在工具箱中设置前景色为黑色，再点选■（画笔工具），在选项栏中设置画笔的【主直径】为“129 像素”，【硬度】为“0%”，其他为默认值，如图 9-84 所示，然后在人物的周围进行涂抹，将不需要的部分隐藏起来，如图 9-85 所示，同时【图层】面板中的蒙版缩览图也随之更新，如图 9-86 所示。

提示： 如果用白色绘制，则会把隐藏的区域显示出来。

图 9-82　打开的文件

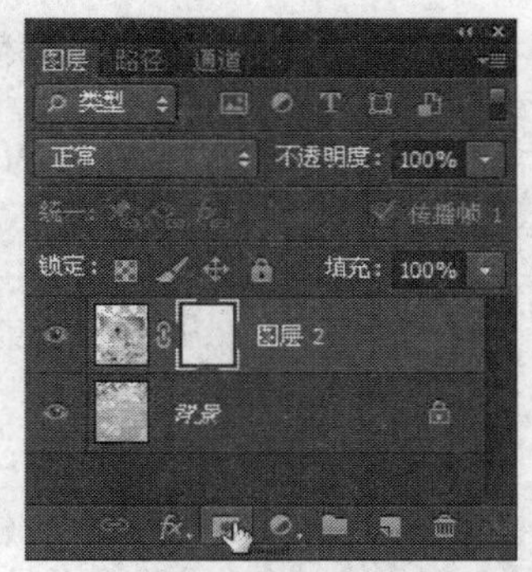

图 9-83 【图层】面板

图 9-84　画笔工具选项栏

图 9-85　涂抹后的效果

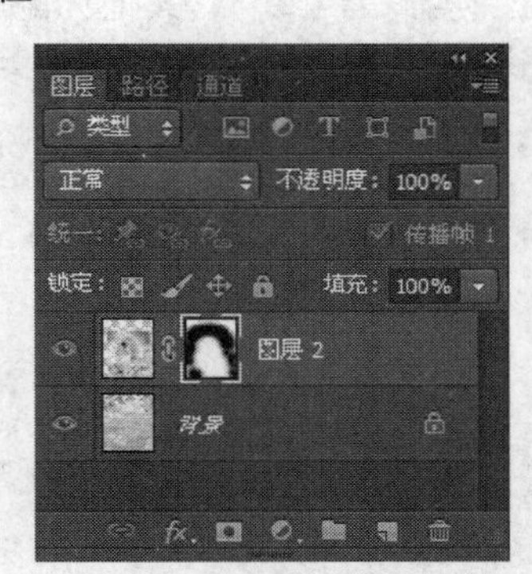

图 9-86 【图层】面板

也可以在图像窗口中将需要保留显示的区域勾选出来，再在【图层】面板的底部单击 (添加图层蒙版）按钮，由选区给该图层添加图层蒙版，从而直接得到所需的效果。

9.5　使用图层蒙版——为图像添加水珠

下面以为图像添加水珠为例，介绍图层蒙版的使用技巧。实例效果如图 9-87 所示。

图 9-87　实例效果图

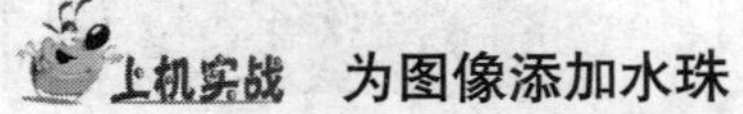

为图像添加水珠

1　按【Ctrl+O】键从配套光盘的素材库中打开 08a.psd 文件，如图 9-88 所示。

2 按【Ctrl+J】键复制一个副本，如图9-89所示。

图9-88 打开的图片

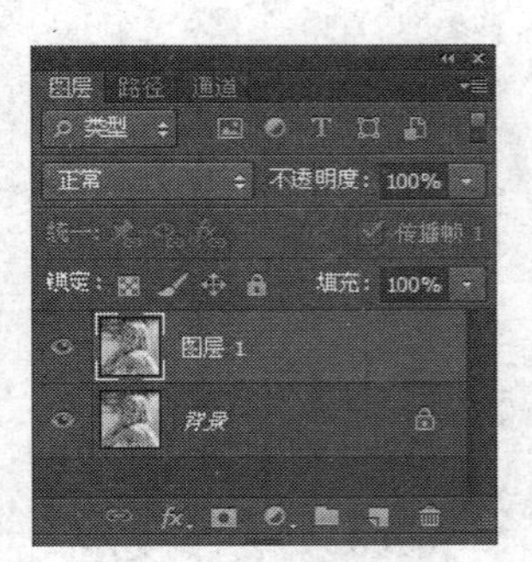

图9-89 【图层】面板

3 按【Ctrl+U】键弹出【色相/饱和度】对话框，在其中设置【色相】为“0”，【饱和度】为“0”，【明度】为“35”，其他为默认值，如图9-90所示，单击【确定】按钮，即可以将图像的颜色进行更改，画面效果如图9-91所示。

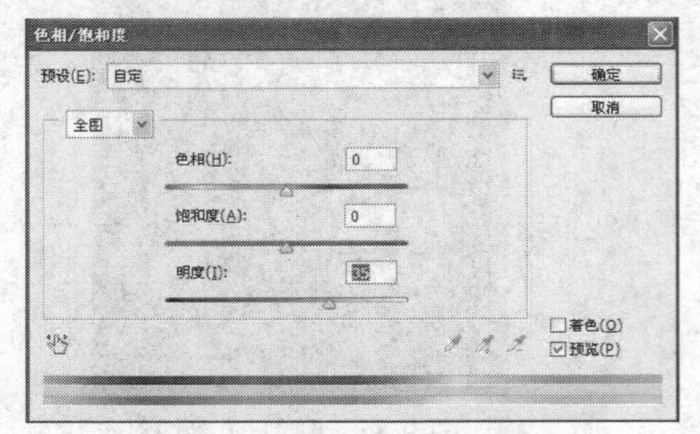

图9-90 【色相/饱和度】对话框

图9-91 执行【色相/饱和度】命令后的效果

4 在【滤镜】菜单中执行【模糊】→【高斯模糊】命令，在弹出对话框中设置【半径】为“3”像素，如图9-92所示，设置好后单击【确定】按钮。

5 在【滤镜】菜单中执行【杂色】→【添加杂色】命令，在弹出对话框中设置【半径】为“1”像素，如图9-93所示，设置好后单击【确定】按钮。

6 在【图层】面板中单击（添加图层蒙版）按钮，给图层1添加图层蒙版，如图9-94所示。

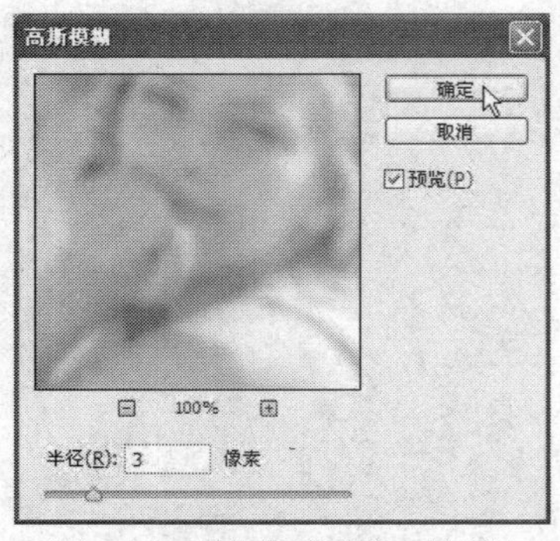

图9-92 【高斯模糊】对话框

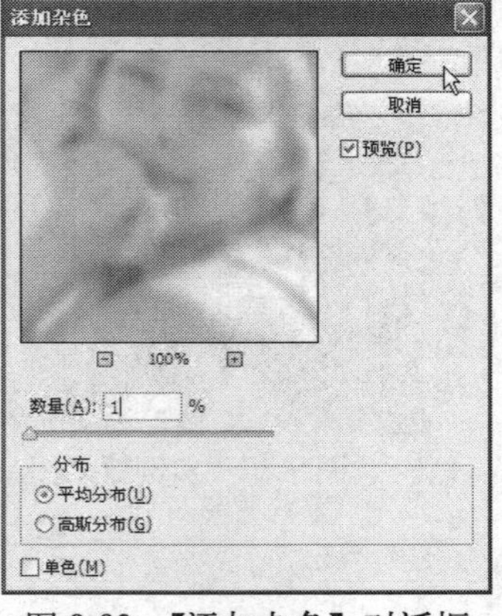

图9-93 【添加杂色】对话框

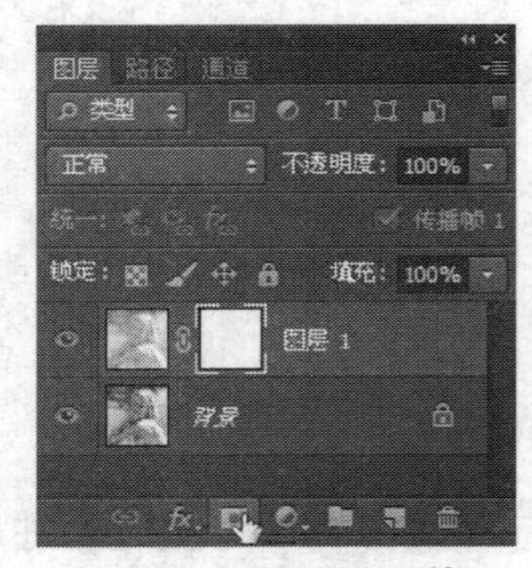

图9-94 【图层】面板

7　在工具箱中点选（画笔工具），在选项栏中设置画笔为，【不透明度】为“30%”，然后在画面中进行绘制，绘制出透明玻璃效果，如图 9-95 所示。

8　在选项栏中设置【不透明度】为“50%”，其他不变，然后在画面中进行绘制，以加强光线效果，如图 9-96 所示。

9　按【[】键将画笔大小调至 26 像素，并在选项栏中设置【不透明度】为“100%”，然后在画面中进行绘制，以绘制所需的效果，绘制后的效果如图 9-97 所示。

图 9-95　透明度为 30%时的效果

图 9-96　透明度为 50%时的效果

图 9-97　透明度为 100%时的效果

10　从配套光盘的素材库中打开一个有水珠的图片（08b.psd），如图 9-98 所示，将其复制到刚处理的图片中，并在【图层】面板中设置它的混合模式为“叠加”，【不透明度】为“60%”，如图 9-99 所示，得到如图 9-100 所示的效果。

图 9-98　打开的图片

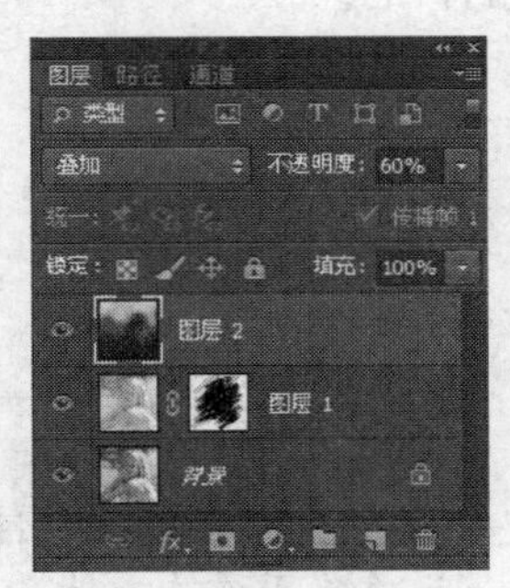

图 9-99　【图层】面板

图 9-100　给画面添加水珠

11　从配套光盘的素材库中打开一个有夜景的图片（08c.psd），如图 9-101 所示，将其复制到刚处理的图片中，并在【图层】面板中设置它的混合模式为“滤色”，【不透明度】为“10%”，如图 9-102 所示，得到如图 9-103 所示的效果。

图 9-101　打开的图片

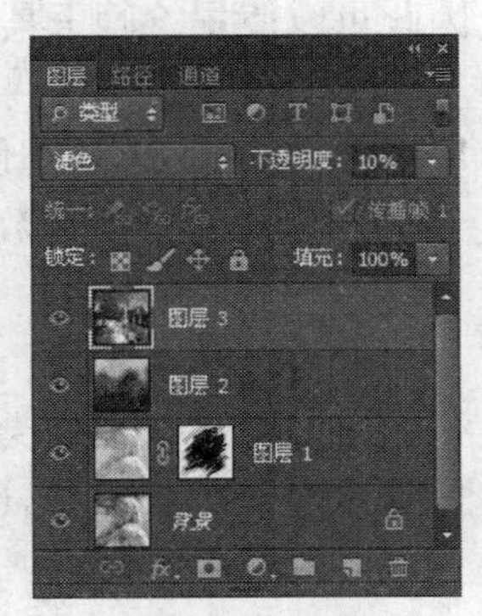

图 9-102　【图层】面板

图 9-103　给画面添加色彩

12 按【Ctrl+J】键复制一个副本，以加强效果，这样，就为图像添加了水珠效果，最终效果如图 9-104 所示。

图 9-104　最终效果图

9.6　本章小结

本章讲解了 Photoshop CS6 中的通道与蒙版功能，利用通道可以存储与载入选区，从而制作出各种艺术效果。蒙版可以用来保护被屏蔽的图像区域，使其不被编辑，从而进行各种图像合成，达到制作优美艺术作品的目的。

9.7　本章习题

一、填空题

1. 专色是特殊的__________，用于替代或补充印刷______________，每种专色在印刷时要求专用的印版。

2. 一个图像最多可包含______________个通道，所有的新通道都具有与原图像相同的_______________和______________。通道所需的文件大小由通道中的___________决定。

二、选择题

1. 以下哪种混合模式只在【应用图像】和【计算】命令中使用？（　　）

A. “减淡”　B. “加深”　C. “减去”　D. “相加”

2. 蒙版和通道都是什么图像，因此可以使用绘画工具、编辑工具和滤镜像编辑任何其他图像一样对它们进行编辑？（　　）

A. 灰度图像　B. CMYK 图像　C. RGB 图像　D. Lab 图像

3. 以下哪种命令首先在两个通道的相应像素上执行数学运算，然后在单个通道中组合运算结果？（　　）

A.【混合通道】命令　B.【应用图像】命令

C.【计算】命令　D.【图像大小】命令

4. 在蒙版上用以什么颜色绘制的区域将会受到保护（即被隐藏）？（　　）

A. 白色　B. 红色　C. 黄色　D. 黑色

第 10 章 色彩与色调调整

教学目标

学会使用【调整】菜单中各命令来调整图像的色彩与色调。

教学重点与难点

- 颜色和色调校正
- 使用色阶、曲线和曝光度来调整图像
- 校正图像的色相/饱和度和颜色平衡
- 调整图像的阴影/高光
- 匹配、替换和混合颜色
- 快速调整图像
- 对图像进行特殊颜色处理

10.1 色调调整方法

可以采用以下几种不同方式来设置图像的色调范围。

(1) 在【色阶】对话框中沿直方图拖移滑块，如图 10-1 所示。

图 10-1 原图与调整色阶后的效果

(2) 在【曲线】对话框中调整图形的形状。此方法允许在 0～255 色调范围中调整任何点，并可以最大限度地控制图像的色调品质，如图 10-2 所示。

(3) 使用【色阶】或【曲线】对话框为高光和阴影像素指定目标值。对于正发送到印刷机或激光打印机的图像来说，这可以保留重要的高光和阴影细节。在锐化之后，可能还需要微调目标值。

(4) 使用【阴影/高光】命令调整阴影和高光区域中的色调。它对于校正强逆光使主体出现黑色影像，或者由于靠近照相机闪光灯，而导致主体曝光稍稍过度的图像特别有用，如图 10-3 所示。【阴影/高光】命令不是简单地使图像变亮或变暗，它基于阴影或高光中的周围像素（局部相邻像素）增亮或变暗。正因为如此，阴影和高光都有各自的控制选项。默认值设置为修复具有逆光问题的图像。【阴影/高光】命令还有【中间调对比度】滑块、【修剪黑色】选项和【修剪白色】选项，用于调整图像的整体对比度。

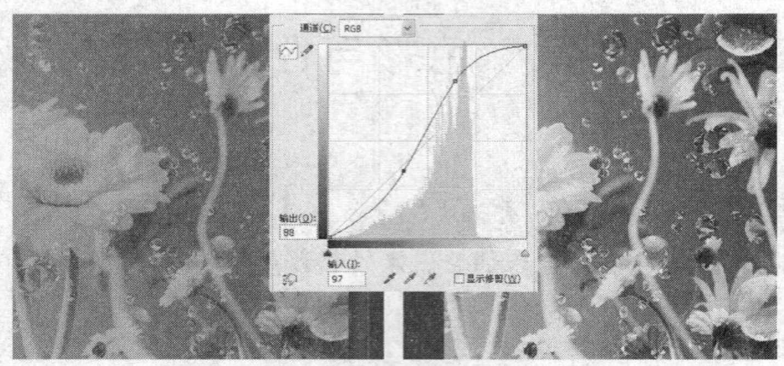

图 10-2　原图与调整曲线后的效果

图 10-3　原图与调整了【阴影/高光】后的效果

10.2　使用色阶、曲线和曝光度来调整图像

10.2.1　色阶

【色阶】调整命令允许通过调整图像的暗调、中间调和高光等强度级别，校正图像的色调范围和色彩平衡。【色阶】直方图用作调整图像基本色调的直观参考。

在菜单中执行【图像】→【调整】→【色阶】命令，弹出如图 10-4 所示的对话框。

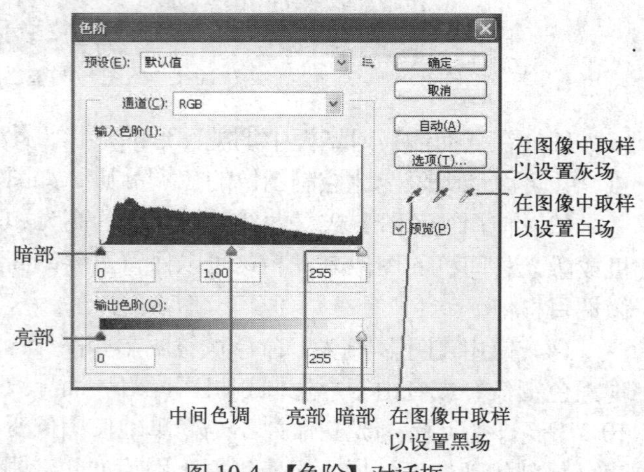

图 10-4　【色阶】对话框

【色阶】对话框中选项说明如下：

● 【通道】：在下拉列表中可以选择所要进行色调调整的颜色通道。

➢ 【输入色阶】：在【输入色阶】的文本框中可以输入所需的数值或拖移直方图下方的滑块来分别设置图像的暗调、中间调和高光。将【输入色阶】的黑部和亮部滑块拖移到直方图的任意一端的第一组像素的边缘，或直接在第一个和第三个【输入色阶】文本框中输入值来调整暗调和高光。

➢ 【输出色阶】：拖移【输出色阶】的黑部和亮部滑块或在文本框中输入数值可以定义新的暗调和高光值。拖动【输出色阶】的亮部滑块向右到适当位置，即可把图像整体调亮，如图 10-5 所示。

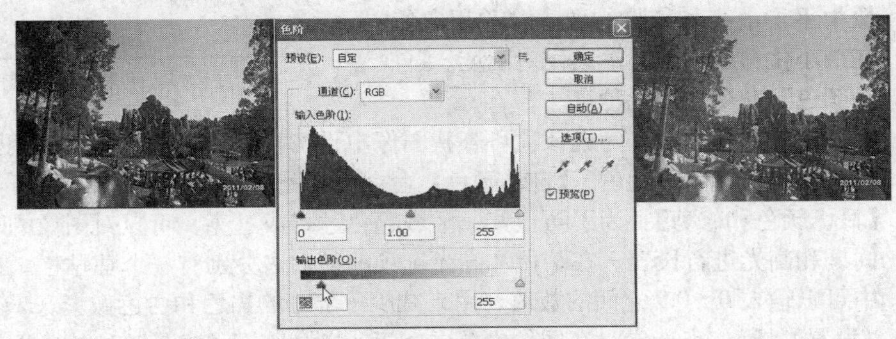

图 10-5　原图与调暗后的效果

上机实战　使用输入色阶命令调亮图像

1　从配套光盘的素材库中打开 04.jpg 文件。

2　执行【色阶】命令，弹出【色阶】对话框，在其中拖移亮部滑块向左至适当的位置或在【输入色阶】的第三个文本框中输入所需的数值，即可把图像调亮，如图 10-6 所示。

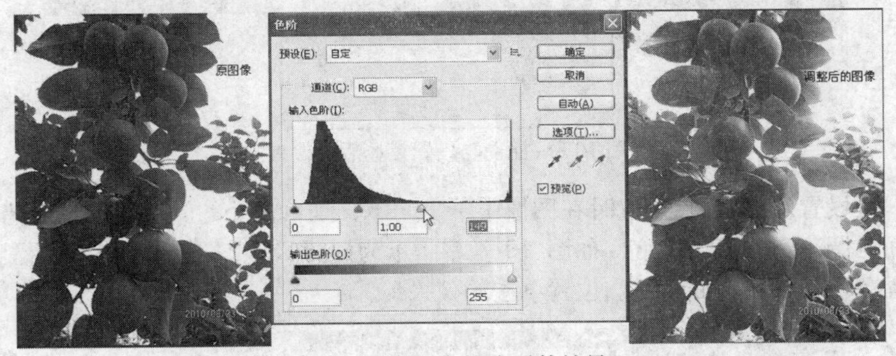

图 10-6　原图与调亮后的效果

如果图像需要校正中间调，可以将【输入色阶】的中间色调滑块向右或向左拖移使中间调变暗或变亮。也可以直接在【输入色阶】的中间文本框中输入所需的数值。

- 【载入】：单击此按钮能载入外部的色阶。
- 【存储】：单击此按钮可保存调整好的色阶。
- 【自动】：单击此按钮可对图形色阶做自动调整。
- 【选项】：单击此按钮可弹出如图 10-7 所示的【自动颜色校正选项】对话框。

➢ 【增强单色对比度】：点选该项能统一剪切所有通道。这样可以在使高光显得更亮而暗调显得更暗的同时保留整体色调关系。【自动对比度】命令使用此种算法。

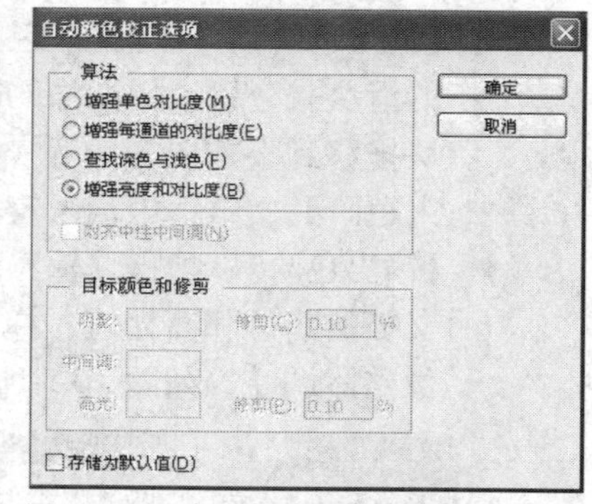

图 10-7 【自动颜色校正选项】对话框

> 【增强每通道的对比度】：点选该项可最大化每个通道中的色调范围以产生更显著的校正效果。因为各通道是单独调整的，所以【增强每通道的对比度】可能会消除或引入色偏。【自动色阶】命令使用此种算法。
> 【查找深色与浅色】：点选该项可查找图像中平均最亮和最暗的像素，并用它们在最小化剪切的同时最大化对比度。【自动颜色】命令使用此种算法。
> 【对齐中性中间调】：勾选该项可查找图像中平均接近的中性色，然后调整灰度系数值使颜色成为中性色。【自动颜色】命令使用此种算法。
> 【目标颜色和修剪】：为了防止某一区域颜色过暗或过亮，可以对图像的暗调、中间调和高光进行设置。在暗调和高光选项的最右边分别有一个剪贴栏，在文本框中可以输入 0～0.9 之间的数值，用来减少一部分的黑色和白色像素。

- (设置黑场)：点选它时在图像中单击一下，则会将图像中最暗处的色调值设置为单击处的色调值，所有比它更暗的像素都将成为黑色，如图 10-8 所示。

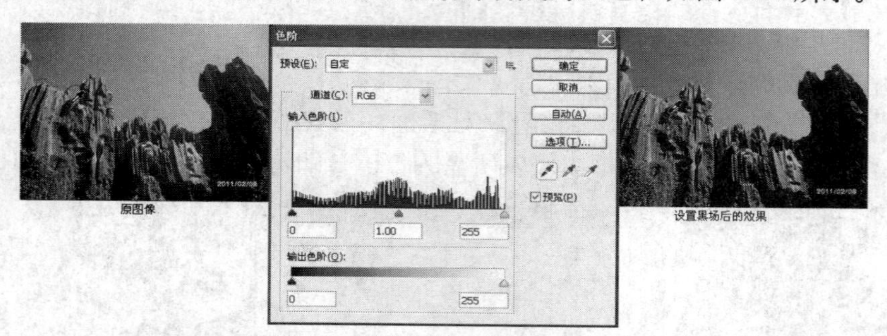

图 10-8 原图与设置黑场后的效果

- (设置灰点)：点选它时在图像中单击一下，则单击处的颜色亮度将成为图像的中间色调范围的平均亮度，如图 10-9 右所示为按【Ctrl+Z】键撤消黑场设置，再用设置灰场吸管在画面中适当位置单击的效果。

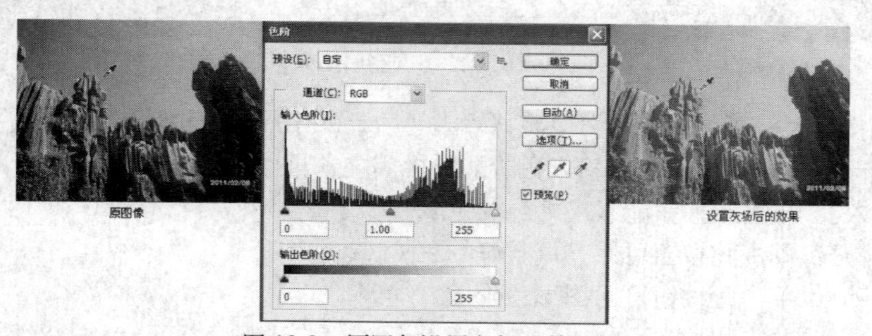

图 10-9 原图与设置灰场后的效果

- (设置白场)：点选它时在图像中单击一下，则会将图像中最亮处的色调值设置为单击处的色调值，所有色调值比它大的像素都将成为白色，如图 10-10 所示。

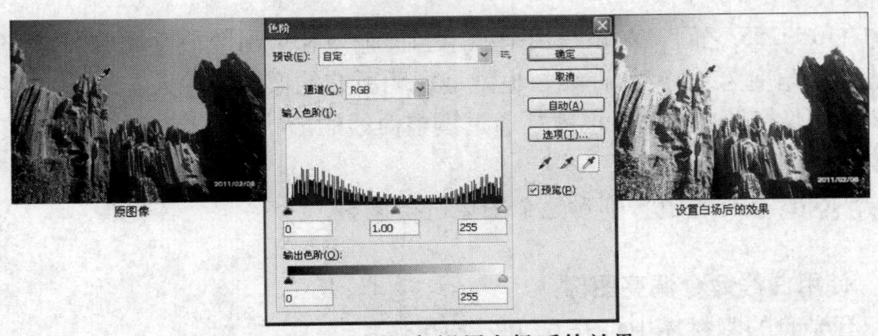

图 10-10　原图与设置白场后的效果

提示：可以双击对话框中各吸管工具，并在弹出的【拾色器】中设置所需的最暗色调和最亮色调，这样做的目的可使色调比较平均的图像颜色有较好的暗调和高光。

10.2.2　曲线

【曲线】命令与【色阶】命令类似，都可以调整图像的整个色调范围，是应用非常广泛的色调调整命令。不同的是【曲线】命令不仅仅使用三个变量（高光、暗调、中间调）进行调整，而且还可以调整 0～255 范围内的任意点，同时保持 15 个其他值不变。也可以使用【曲线】命令对图像中的个别颜色通道进行精确的调整。在实际运用中用得比较多。

在菜单中执行【图像】→【调整】→【曲线】命令，弹出如图 10-11 所示的对话框。

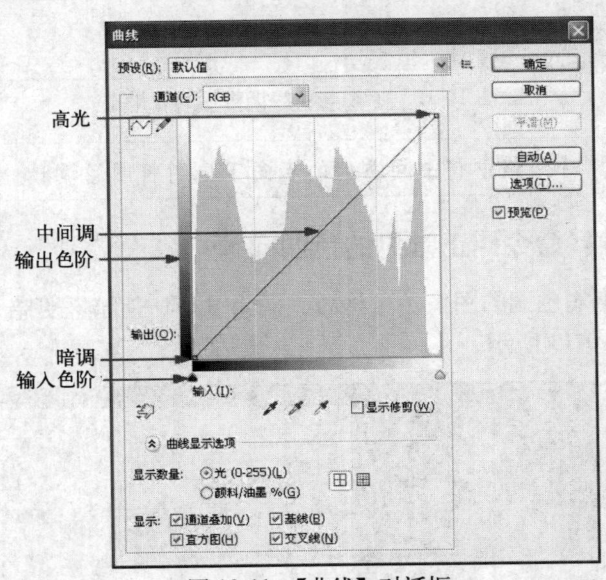

图 10-11　【曲线】对话框

【曲线】对话框中选项说明如下：

- 【通道】：在其下拉列表中可以选择需要调整色调的通道。如在处理某一通道色明显偏重的 RGB 图像或 CMYK 图像时，就可以只选择这个通道进行调整，而不会影响到其他颜色通道的色调分布。
- 【调整区】：水平色带代表横坐标，表示原始图像中像素的亮度分布，也就是输入色阶。垂直色带代表纵坐标，表示调整后图像中像素亮度分布，也就是输出色阶，其变化范围均在 0～255 之间。对角线用来显示当前输入和输出数值之间的关系，调整前的曲线是一条角度为 45 度的直线，也就是说明所有的像素的输入与输出亮度相同。用曲线调整图像色阶的过程，也就是通过调整曲线的形状来改变输入输出亮度，从而达到更改整个图像的色阶。

如果选择 RGB 复合通道，则对整个图像进行调整。

上机实战　使用曲线命令调亮图像

1　在配套光盘的素材库中打开 07.jpg 文件。

2　按【Ctrl+M】键执行【曲线】命令，选择 RGB 复合通道，在网格中的直线上单击添加一个点并向上拖到适当的位置，即可将图像调亮，如图 10-12 所示。

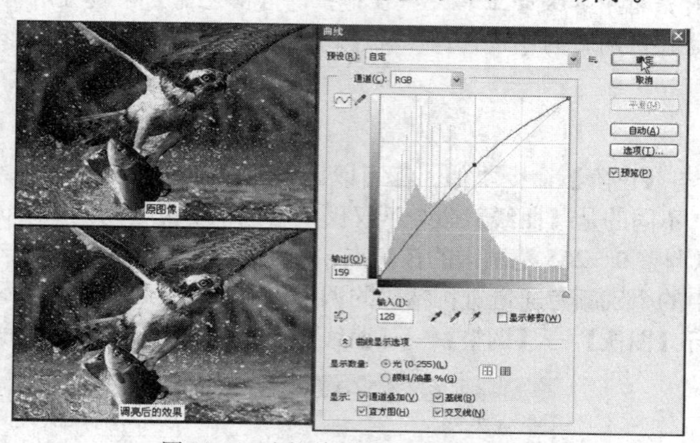

图 10-12　原图与曲线调整后的效果

提示： 如果在【曲线】对话框中将中间添加的点向下拖则将图像调暗。

10.2.3　利用【曲线】命令纠正常见的色调问题

（1）如果要处理平均色调的图像，可将曲线调为 S 形，使暗区更暗，亮区更亮，使图像明暗对比明显，如图 10-13 所示。

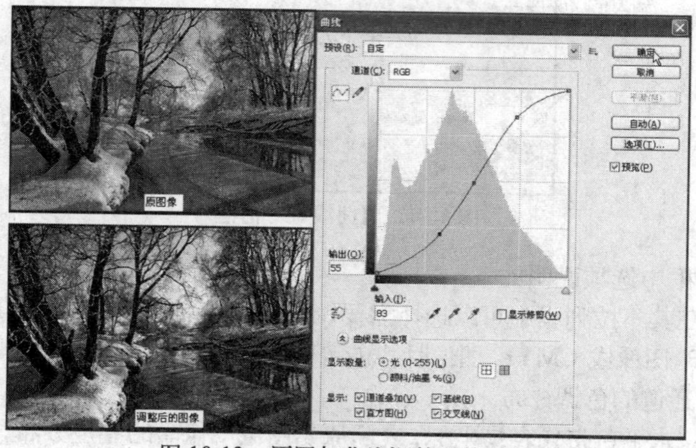

图 10-13　原图与曲线调整后的效果

（2）如果要处理低色调的图像，可将曲线调为向上凸型，使图像各色调按比例被加亮，如图 10-14 所示。

图 10-14　原图与曲线调整后的效果

（3）如果要处理高亮度的图像，可将曲线调为向下凹型，使图像各色调按一定比例被调暗，如图 10-15 所示。

图 10-15　原图与曲线调整后的效果

10.2.4　曝光度

使用【曝光度】对话框可以调整 HDR 图像的色调，但它也可用于 8 位和 16 位图像。曝光度是通过在线性颜色空间（灰度系数 1.0）而不是图像的当前颜色空间执行计算而得出的。

上机实战　使用曝光度调整色调

1　从配套光盘的素材库中打开一张要处理的图片（011.psd），如图 10-16 所示。

2　在菜单中执行【图像】→【调整】→【曝光度】命令，弹出【曝光度】对话框，在其中设定【曝光度】为“+0.79”，【位移】为“0.004”，【灰度系数校正】为“1.22”，其他不变，如图 10-17 所示，单击【确定】按钮，即可将图像的曝光度调好了，如图 10-18 所示。

图 10-16　打开的图片

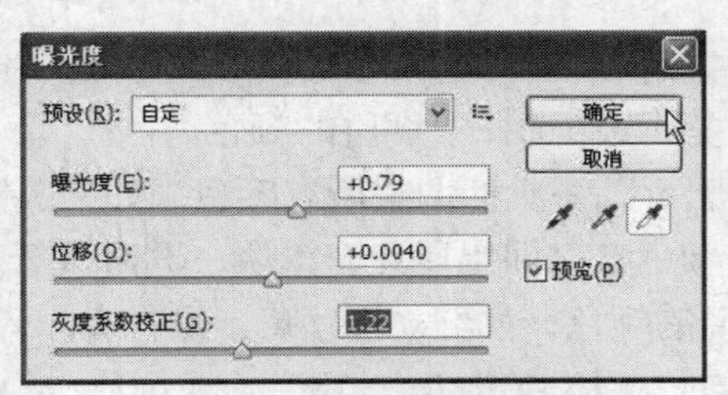

图 10-17　【曝光度】对话框

图 10-18　调整后的效果

【曝光度】对话框中选项说明如下：

- 【曝光度】：调整色调范围的高光端，对极限阴影的影响很轻微。

- 【位移】：使阴影和中间调变暗，对高光的影响很轻微。
- 【灰度系数校正】：使用简单的乘方函数调整图像灰度系数。负值会被视为它们的相应正值（也就是说，这些值仍然保持为负，但仍然会被调整，就像它们是正值一样）。
- 【吸管工具】：将调整图像的亮度值（与影响所有颜色通道的色阶吸管工具不同）。
  - ➢ （设置黑场吸管工具）：将设置“偏移量”，同时将点按的像素改变为零。
  - ➢ （设置白场吸管工具）：将设置“曝光度”，同时将点按的点改变为白色（对于 HDR 图像应设置为 1.0）。
  - ➢ （设置灰场吸管工具）：将设置“曝光度”，同时将点按的值变为中度灰色。

10.3 校正图像的色相/饱和度和颜色平衡

10.3.1 色相/饱和度

利用【色相/饱和度】命令可以调整整个图像或图像中单个颜色成分的色相、饱和度和明度。

上机实战 使用色相/饱和度命令校正色彩

1 从配套光盘的素材库中打开一张要调整的图片（012.jpg），如图 10-19 所示。

2 在菜单中执行【图像】→【调整】→【色相/饱和度】命令，弹出【色相/饱和度】对话框，在其中设置所需的参数，如图 10-20 所示，单击【确定】按钮，得到如图 10-21 所示的效果。

图 10-19 打开的图片

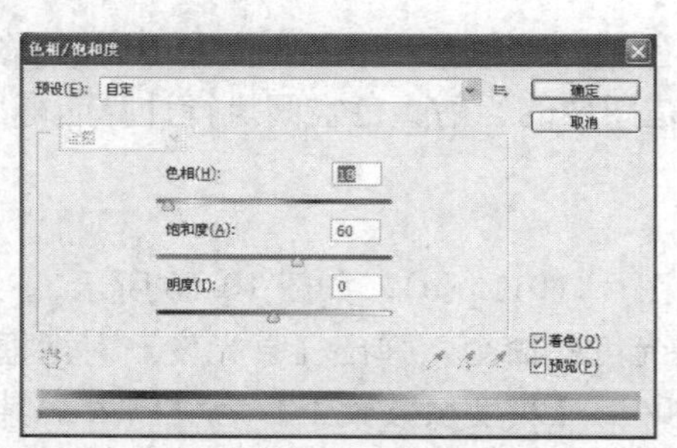

图 10-20 【色相/饱和度】对话框

图 10-21 调整后的效果

【色相/饱和度】对话框中选项说明如下：

- 【编辑区】：在该下拉列表中选择要调整的颜色。
  - ➢【全图】：选择全图可以一次性调整所有颜色。如果选择其他的单色（如红色），则会在下方的两个颜色条之间出现几个滑块，同时吸管工具也成为活动显示。
- 【色相】：也就是常说的颜色，如红、橙、黄、绿、青、蓝、紫。在【色相】的文本框中输入一个数值（数值范围为-180～+180），或拖移滑块，可以显示所需的颜色。
- 【饱和度】：是指一种颜色的纯度，颜色越纯，饱和度越大，否则相反。
- 【明度】：是指色调，即图像的明暗度。将【明度】滑块向右拖移增加明度，向左拖移减少明度，也可以在文本框中输入-100～+100 之间的数值。

- 【着色】：勾选【着色】复选框则图像被转换为当前前景色的色相，如果前景色不是黑色或白色，每个像素的明度值不改变。

10.3.2　自然饱和度

利用【自然饱和度】命令调整颜色饱和度。可在颜色接近最大饱和度时最大限度地减少不自然的颜色，还可防止肤色过度饱和。

上机实战　使用自然饱和度命令调整颜色

1　从配套光盘的素材库中打开一张要调整的图片（013.psd），如图 10-22 所示。

2　在菜单中执行【图像】→【调整】→【自然饱和度】命令，弹出【自然饱和度】对话框，在其中设置所需的参数，如图 10-23 所示，单击【确定】按钮，得到如图 10-24 所示的效果。

图 10-22　打开的图片

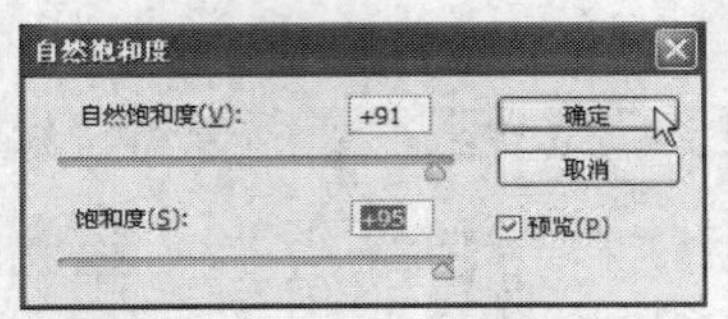

图 10-23　【自然饱和度】对话框

图 10-24　调整后的效果

【自然饱和度】对话框中选项说明如下：

- 【自然饱和度】：它是一种颜色的纯度，颜色越纯，饱和度越大，否则相反。

10.3.3　色彩平衡

利用【色彩平衡】命令可以更改图像的总体颜色混合，但它适用于普通的色彩校正，而且要确保选中了复合通道。

上机实战　使用色彩平衡命令更改颜色混合

1　从配套光盘的素材库中打开一张要调整的图片（014a.psd），如图 10-25 所示。

2　在菜单中执行【图像】→【调整】→【色彩平衡】命令，弹出【色彩平衡】对话框，在其中设置所需的参数，如图 10-26 所示，单击【确定】按钮，得到如图 10-27 所示的效果。

图 10-25　打开的图片

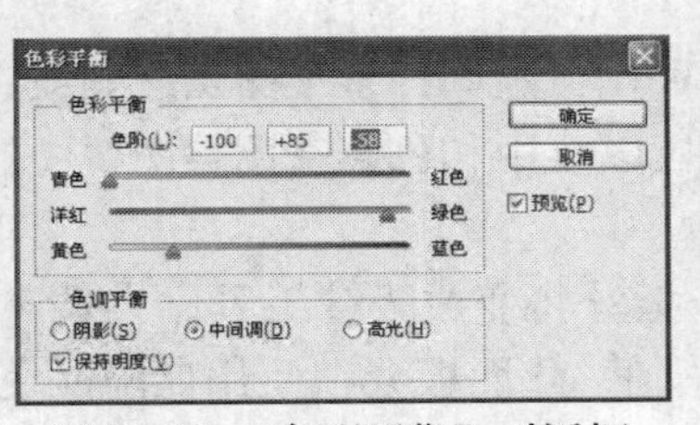

图 10-26　【色彩平衡】对话框

图 10-27　调整后的效果

【色彩平衡】对话框中选项说明如下：

- 【色阶】：在三个文本框中输入所需的数值或拖动滑杆上的滑块，可以增加或减少图像中的颜色。

● 【色调平衡】：在该栏中可以选择阴影、中间调与高光选项，来控制校正图像的范围。其中的【保持明度】选项，默认情况下是勾选的，以防止更改颜色时同时亮度值会发生变化。

10.3.4 照片滤镜

使用【照片滤镜】命令可以模仿在相机镜头前面加彩色滤镜，以便调整通过镜头传输的光的色彩平衡和色温，使胶片曝光。

上机实战 使用照片滤镜命令校正颜色

1 从配套光盘的素材库中打开一张图片（015.psd），如图 10-28 所示。

2 在菜单中执行【图像】→【调整】→【照片滤镜】命令，弹出【照片滤镜】对话框，在【滤镜】下拉列表中选择【加温滤镜】，再设定【浓度】为“53%”，其他不变，如图 10-29 所示，单击【确定】按钮，即可得到如图 10-30 所示的效果。

图 10-28 打开的图片

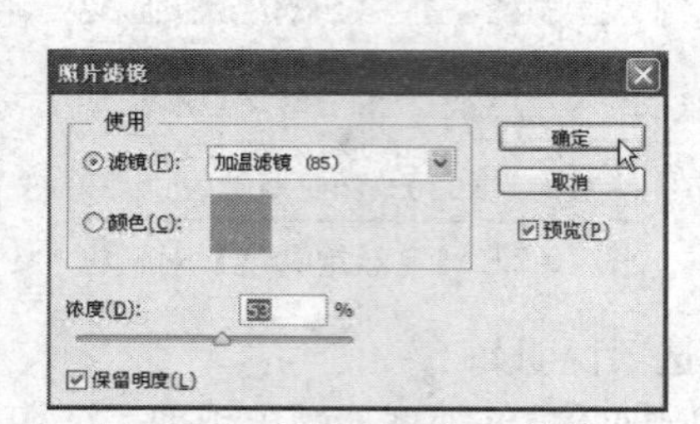

图 10-29 【照片滤镜】对话框

图 10-30 调整后的效果

【照片滤镜】对话框中选项说明如下：

● 【使用】：在该栏中可以选择滤镜颜色（包括自定滤镜或预设值）。
● 【浓度】：拖动【浓度】滑块或者在【浓度】文本框中输入一个百分比。浓度越高，颜色调整幅度就越大。
● 【保留明度】：选中该选项可以在添加颜色滤镜时不使图像变暗。

10.4 匹配、替换和混合颜色

10.4.1 匹配颜色

匹配颜色命令可以匹配不同图像之间、多个图层之间或者多个颜色选区之间的颜色。它还允许通过更改亮度和色彩范围以及中和色痕来调整图像中的颜色。匹配颜色命令仅适用于 RGB 模式。

在使用匹配颜色命令时，指针将变成吸管工具。在调整图像时，使用吸管工具可以在【信息】面板中查看颜色的像素值。此面板会在使用匹配颜色命令时提供有关颜色值变化的反馈。

匹配颜色命令将一个图像（源图像）的颜色与另一个图像（目标图像）中的颜色相匹配。除了匹配两个图像之间的颜色以外，匹配颜色命令还可以匹配同一个图像中不同图层之间的颜色。

上机实战　在不同图像中匹配颜色

1　从配套光盘的素材库中打开两张图片（a1.jpg 和 a2.jpg），并以“a2.jpg”文件为当前可用文件，如图 10-31、图 10-32 所示。

图 10-31　打开的图片

图 10-32　打开的图片

2　在菜单中执行【图像】→【调整】→【匹配颜色】命令，弹出如图 10-33 所示的对话框，在其中的【图像统计】栏的【源】下拉列表中选择“a1.jpg”，再设定【明亮度】为“100”，【渐隐】为“50”，单击【确定】按钮，即可将 a2.jpg 文件与 a1.jpg 文件中的颜色相匹配，如图 10-34 所示。

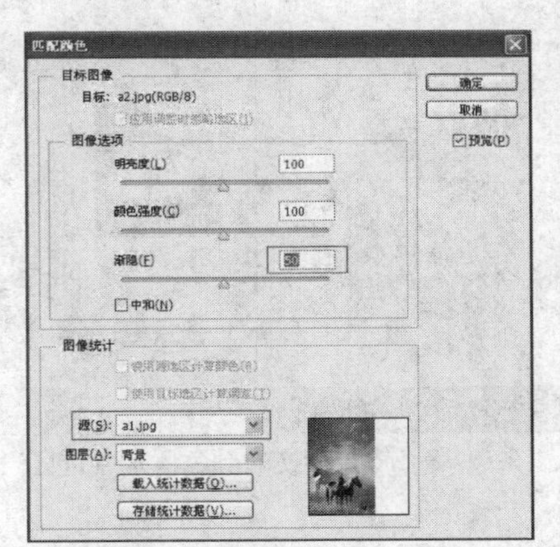

图 10-33　【匹配颜色】对话框

图 10-34　调整后的效果

【匹配颜色】对话框中选项说明如下：

- 【明亮度】：可调整图像的亮度。
- 【颜色强度】：可调整图像的颜色浓度。
- 【渐隐】：可调整图像颜色的混合程度。
- 【中和】：选择该选项可以按需要匹配的目标图像和与之进行匹配的来源图像的颜色进行中性混合，以产生更加柔和且颜色相对较丰富的混合色。

10.4.2　替换颜色

利用【替换颜色】命令可以在图像中基于特定颜色创建一个临时的蒙版，然后替换图像中的那些颜色。也可以设置由蒙版标识的区域的色相、饱和度和明度。

上机实战 使用替换颜色命令调整图像色彩

1 从配套光盘中的素材库中打开一张图片（017.psd），如图 10-35 所示。

2 在菜单中执行【图像】→【调整】→【替换颜色】命令，弹出【替换颜色】对话框，用吸管工具在画面中单击要替换的颜色，如图 10-36 所示。再在对话框中单击按钮，在画面中将其他要替换的颜色添加到选区，如图 10-37、图 10-38 所示。

图 10-35 打开的图片

图 10-36 在画面中单击要替换的颜色

图 10-37 将要替换的颜色添加到选区

图 10-38 将要替换的颜色添加到选区

【替换颜色】对话框中选项说明如下：

- 【选区】：在此栏中可以设置颜色容差、选区颜色和显示选项。
  - ➢ （吸管工具）：点选一种吸管工具，在图像中单击，可以确定以何种颜色建立蒙版。吸管可用于增大蒙版（即选区），吸管也可用于去掉多余的蒙版区域。
  - ➢【选区】：选择【选区】单选框，即可在预览框中显示蒙版。被蒙版区域是黑色，不被蒙版区域是白色。部分被蒙版区域（覆盖有半透明蒙版）会根据它的不透明度不同而显示不同的灰度色阶。
  - ➢【图像】：选择【图像】单选框可在预览框中显示图像。在处理放大的图像或屏幕空间不够时，该选项非常有用。
  - ➢【颜色容差】：通过拖移【颜色容差】滑块或在文本框中输入一个数值来调整蒙版的容差。先用吸管工具在图像中吸取一种颜色以建立蒙版，拖动【颜色容差】滑块向右添加蒙版区域，向左拖移滑块减少蒙版区域。

● 【替换】：通过拖移【色相】、【饱和度】和【明度】的滑块来变换图像中所选区域的颜色。

3 在【替换颜色】对话框的【替换】栏中设置用于替换的颜色，如图 10-39 所示，单击【确定】按钮，即可将选区中的颜色进行了替换，画面效果如图 10-40 所示。

图 10-39 【替换颜色】对话框

图 10-40 替换的颜色后的效果

10.4.3 通道混合器

利用【通道混合器】命令可以使用当前颜色通道的混合修改颜色通道。但在使用该命令时要选择复合通道。使用该命令，可以完成下列操作：

(1) 进行富有创意的颜色调整，所得的效果是用其他颜色调整工具不易实现的。

(2) 从每个颜色通道选取不同的百分比，来创建高品质的灰度图像。

(3) 创建高品质的棕褐色调或其他彩色图像。

(4) 在替代色彩空间（如数字视频中使用的 YCbCr）中转换图像。

(5) 交换或复制通道。

上机实战　使用通道混合器命令调整色彩

1 在菜单中执行【图像】→【调整】→【通道混和器】命令，弹出【通道混和器】对话框，并在其中设置【输出通道】为“绿”。

2 在【源通道】栏中设置【红色】为“–40%”，【绿色】为“113%”，【蓝色】为“44%”，【常数】为“0%”，如图 10-41 所示，设置好后单击【确定】按钮，得到如图 10-42 所示的效果。

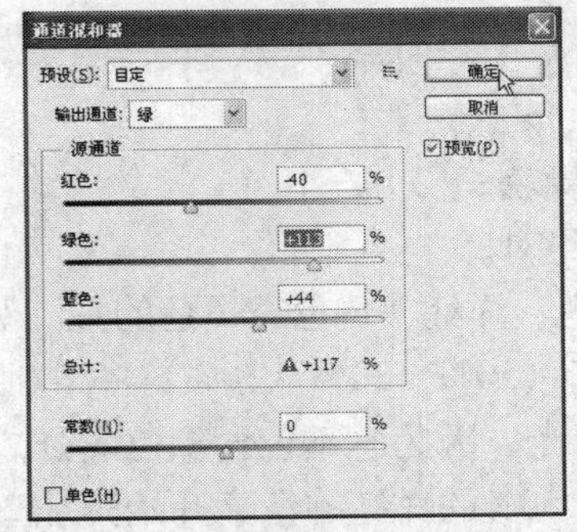

图 10-41 【通道混和器】对话框

图 10-42 调整后的效果

【通道混和器】对话框中选项说明如下：

- 【输出通道】：在该下拉列表中可以选取要在其中混合一个或多个现有（或源）通道的通道。
- 【源通道】：向左或向右拖动任何源通道的滑块可以减小或增加该通道在输出通道中所占的百分比，或在文本框中输入一个介于 −200%～+200% 之间的数值来达到同种效果。使用负值可以使源通道在被添加到输出通道之前反相。
- 【常数】：该选项可以添加具有各种不透明度的黑色或白色通道。负值表示黑色通道，正值表示白色通道。通过拖移滑块或在【常数】文本框中输入数值，来达到目的。
- 【单色】：勾选【单色】可以将相同的设置应用于所有输出通道，从而创建出只包含灰色值的图像。

提示：如果先勾选【单色】复选框，然后再取消它的勾选，则可以单独修改每个通道的混合，这将创建一种手绘色调的外观。

10.4.4 可选颜色

可选颜色校正是高端扫描仪和分色程序使用的一项技术，它在图像中的每个加色和减色的原色图素中增加和减少印刷色的量。【可选颜色】使用 CMYK 颜色校正图像，也可以用于校正 RGB 图像以及将要打印的图像。在校正图像时请确保选择了复合通道。

上机实战　使用可选颜色命令校正图像色彩

1　从配套光盘的素材库中打开 018.psd 文件，如图 10-43 所示。

2　在菜单中执行【图像】→【调整】→【可选颜色】命令，弹出【可选颜色】对话框，在其中设置【颜色】为“蓝色”,【青色】为“−100%”,【洋红】为“+100%”,【黄色】为“+100%”,其他不变，如图 10-44 所示，设置好后单击【确定】按钮，即可将蓝色改为所设置的颜色，如图 10-45 所示。

图 10-43　打开的图像

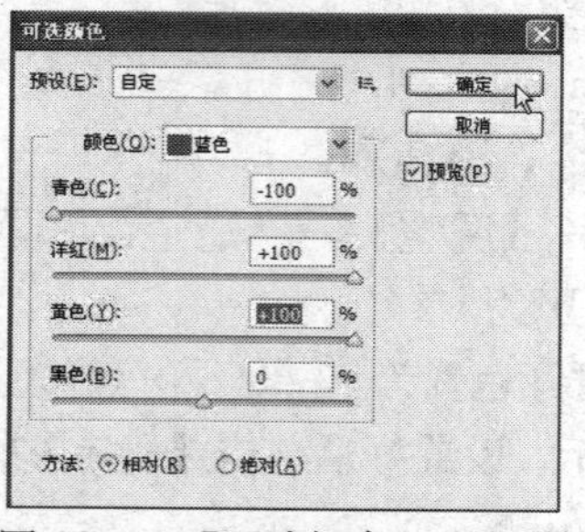

图 10-44　【可选颜色】对话框

图 10-45　调整后的效果

【可选颜色】对话框中选项说明如下：

- 【颜色】：在【颜色】下拉列表中选择要调整的颜色。
- 【方法】：在此选择调整颜色的方法，如相对或绝对。
  - 【相对】：按照总量的百分比更改现有的青色、洋红、黄色或黑色的量。例如，如果从 50%洋红的像素开始添加 20%，则 10%（50% × 20% = 10%）将添加到洋红。结果为 60%的洋红（该选项不能调整纯反白光，因为它不包含颜色成分）。
  - 【绝对】：按绝对值调整颜色。例如，如果从 50%的洋红的像素开始添加 20%，则洋红油墨的总量将设置为 70%。

10.5　快速调整图像

10.5.1　亮度/对比度

利用【亮度/对比度】命令可以对图像的色调范围进行简单的调整。它与【曲线】和【色阶】不同，它对图像中的每个像素进行同样的调整。【亮度/对比度】命令对单个通道不起作用，建议不要用于高端输出，因为它会引起图像中细节的丢失。

在菜单中执行【图像】→【调整】→【亮度/对比度】命令，弹出如图 10-46 所示的对话框，为了增加图像的亮度和对比度，将亮度和对比度滑块分别向右拖动到目标位置。

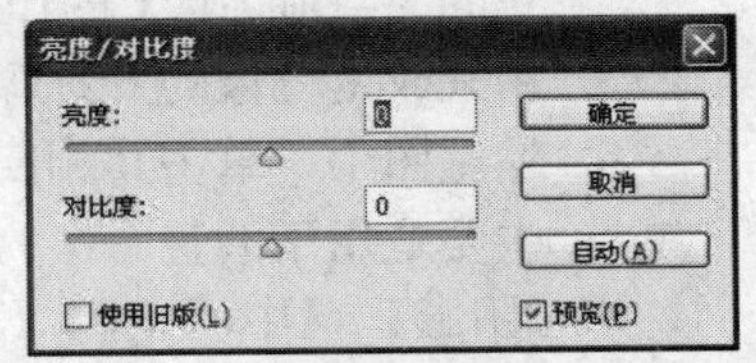

图 10-46　【亮度/对比度】对话框

【亮度/对比度】对话框中选项说明如下：

- 【亮度】/【对比度】：向左拖移降低亮度和对比度，也可在【亮度】文本框中输入–150～+150 之间的数值来调整明亮度；也可在【对比度】文本框中输入–50～+100 之间的数值来调整对比度。
- 【使用旧版】：如果勾选【使用旧版】复选框，则可以使用以前版本的参数，如在【亮度】或【对比度】文本框中输入–100 到～100 之间的数值来调整亮度与对比度。

10.5.2　变化

【变化】命令通过显示替代物的缩览图，可以直观对图像进行色彩平衡、对比度和饱和度调整。该命令对于不需要精确色彩调整的平均色调图像最为适用，但不能用在索引颜色图像上。

上机实战　使用变化命令调整图像色彩

1　从配套光盘的素材库中打开一张图片（019.psd），如图 10-47 所示。

2　在菜单中执行【图像】→【调整】→【变化】命令，弹出【变化】对话框，在其中分别单击“加深绿色”2 次，“加深黄色”与“加深蓝色”各 1 次，如图 10-48 所示，设置好后单击【确定】按钮，即可得到如图 10-49 所示的效果。

图 10-47　打开的图片

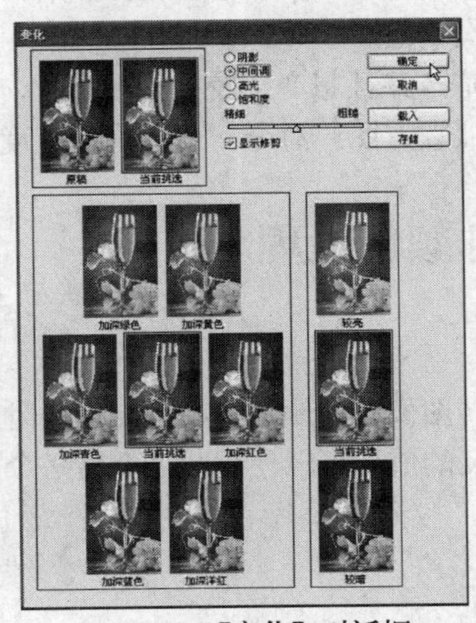

图 10-48　【变化】对话框

图 10-49　调整后的效果

【变化】对话框中选项说明如下：

- 【原稿】/【当前挑选】：对话框左上角的两个缩览图为【原稿】和【当前挑选】，显示原始图像或选区和当前所选图像（或选区）调整后的图像。当第一次打开【变化】对话框时，这两个缩览图是一样的，进行调整时，【当前挑选】图像就会随着调整的进行发生变化。通过这两个缩览图可以直观的对比调整前与调整后的效果。如果在【原稿】缩览图上单击，则会把【当前挑选】——调整后的缩览图，恢复为原图像一样的效果。
  缩览图区域：在【变化】对话框的左下方有 7 个缩览图，中间的【当前挑选】与左上角的【当前挑选】的作用相同，用于显示调整后的效果。其周围的 6 个缩览图是分别用来改变图像的 6 种颜色，只要单击其中任一缩览图，即可将该颜色添加到当前挑选缩览图中，单击其相反的缩览图，则会减去一种颜色。对话框右下方的 3 个缩览图，主要是用于调整图像的明暗度，调整后的效果显示在【当前挑选】缩览图中。
- 【阴影】/【中间调】/【高光】：选择其一作为调整的色调区，它们分别调整较暗区域、中间区域还是较亮区域。
- 【饱和度】：更改图像中的色相的饱和度数。如果超出了最大的颜色饱和度，则颜色可能被剪切。
- 【精细】/【粗糙】：拖移【精细】/【粗糙】滑块确定每次调整的量。将滑块移动一格可使调整量双倍增加。如果将滑块拖动到【精细】端点处，则每次单击缩览图调整时的变化很微妙。如果将滑块拖动到【粗糙】端点处，则每次单击缩览图调整时的变化很明显。
- 【显示修剪】：选择该选项，可以在图像中显示由调整功能剪切（转换为纯白或纯黑）的区域的预览效果。剪贴会产生用户不想要的颜色变化，因为原图像中截然不同的颜色被映射为相同的颜色。调整中间调时不会发生剪贴。

10.5.3 色调均化

利用【色调均化】命令可以重新分布图像中像素的亮度值，以便使它们更均匀地呈现所有范围的亮度级。在应用此命令时，Photoshop 会查找复合图像中最亮和最暗的值并重新映射这些值，使最亮的值表示白色，最暗的值表示黑色。然后对亮度进行色调均化处理，即在整个灰度范围内均匀分布中间像素值。

当扫描的图像显得比原稿暗，并且想产生较亮的图像时，可以使用【色调均化】命令。配合使用【色调均化】命令和【直方图】命令，可以看到亮度的前后比较。

10.6 对图像进行特殊颜色处理

10.6.1 反相

利用【反相】命令可以反转图像中的颜色。在反相图像时，通道中每个像素的亮度值将转换为 256 级颜色值刻度上相反的值。可以使用此命令将一个正片黑白图像变成负片，或从扫描的黑白负片得到一个正片。

10.6.2 阈值

利用【阈值】命令可将灰度或彩色图像转换为高对比度的黑白图像。可以指定某个色阶作为阈值，而所有比阈值亮的像素转换为白色，所有比阈值暗的像素转换为黑色。【阈值】

命令对确定图像的最亮和最暗区域很有用。

10.6.3　色调分离

利用【色调分离】命令可以指定图像中每个通道的色调级（或亮度值）的数目，然后将像素映射为最接近的匹配色调。如在 RGB 图像中指定两个色调级，就可以产生六种颜色：两种红色、两种绿色、两种蓝色。

在照片中创建特殊效果，如创建大的单调区域时，此命令非常有用。在减少灰度图像中的灰色色阶数时，它的效果最为明显，但它也可以在彩色图像中产生一些特殊效果。

上机实战　使用色调分离命令调整色彩

1　从配套光盘的素材库中打开一张图片（020.psd），如图 10-50 所示。

2　在菜单中执行【图像】→【调整】→【色调分离】命令后，弹出【色调分离】对话框，在其中的【色阶】文本框中可以输入 2～255 之间的数值，来指定图像中每个通道的色调级，如图 10-51 所示，设置好后单击【确定】按钮，得到如图 10-52 所示的效果。

图 10-50　打开的图片

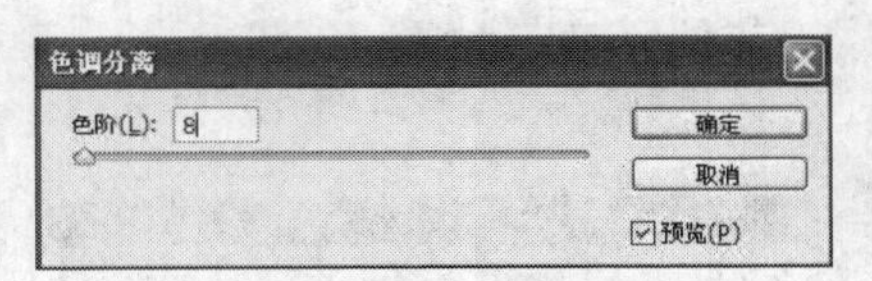

图 10-51　【色调分离】对话框

图 10-52　色调分离后的效果

10.6.4　渐变映射

利用【渐变映射】命令可将相等的图像灰度范围映射到指定的渐变填充色。如果指定双色渐变填充，则图像中的暗调将被映射到渐变填充的一个端点颜色，高光映射到另一个端点颜色，中间调映射到两个端点间的层次。

上机实战　使用渐变映射命令调整色彩

1　从配套光盘的素材库中打开一张图片（021.psd），如图 10-53 所示。

2　在工具箱中设置前景色为“#4b8c18”，在菜单中执行【图像】→【调整】→【渐变映射】命令，弹出如图 10-54 所示的【渐变映射】对话框，可在其中选择所需的渐变，也可直接采用默认值直接单击【确定】按钮，得到如图 10-55 所示的效果。

图 10-53　打开的图片

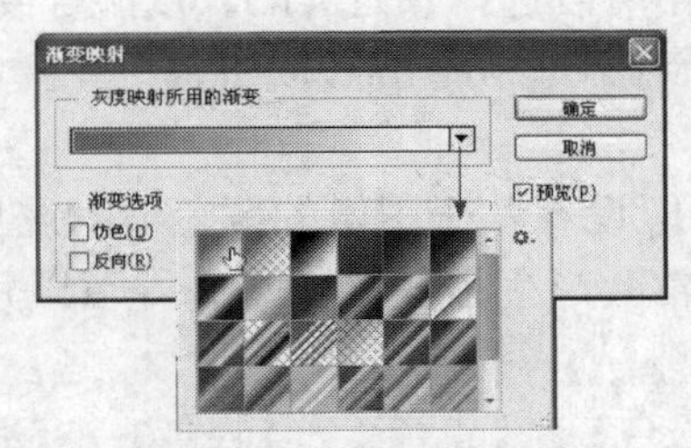

图 10-54　【渐变映射】对话框

图 10-55　渐变映射后的效果

【渐变映射】对话框中选项说明如下：

- 【灰度映射所用的渐变】：单击渐变条并在弹出的【渐变拾色器】中选择所需的渐变。默认情况下，图像的暗调、中间调和高光分别映射到渐变填充的起始（左端）颜色、中点和结束（右端）颜色。
- 【渐变选项】：在此栏中可以选择一个选项或两个选项或不选任何一个。
  - 【仿色】：勾选该项可添加随机杂色以平滑渐变填充的外观并减少带宽效果。
  - 【反向】：切换渐变填充的方向以反向渐变映射。

10.6.5 黑白

使用【黑白】命令可以将彩色图像转换为灰度图像，同时保持对各颜色的转换方式的完全控制。也可以通过对图像应用色调来为灰度着色，例如创建棕褐色效果。【黑白】命令与【通道混合器】的功能相似，也可以将彩色图像转换为单色图像，并允许调整颜色通道。

上机实战　使用黑白命令调整色彩

1　从配套光盘的素材库中打开一张图片（022.psd），如图 10-56 所示。

2　在菜单中执行【图像】→【调整】→【黑白】命令，弹出【黑白】对话框，在其中设置【红色】为“40%”，【黄色】为“60%”，【绿色】为“40%”，【青色】为“60%”，【蓝色】为“20%”，【洋色】为“80%”，其他不变，如图 10-57 所示，单击【确定】按钮，得到如图 10-58 所示的效果。

图 10-56　打开的图片

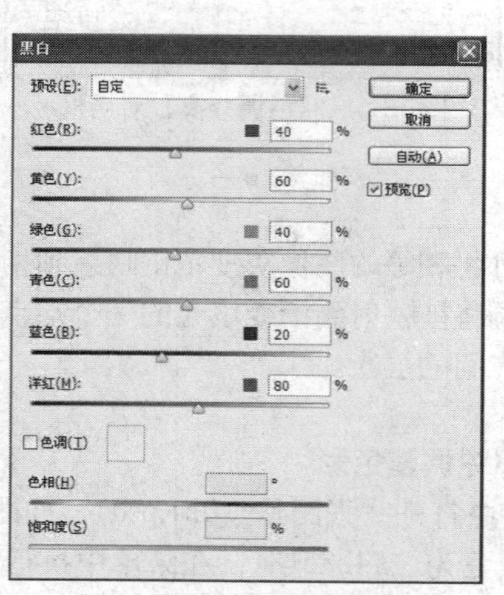

图 10-57　【黑白】对话框

图 10-58　调整后的效果

【黑白】对话框中选项说明如下：

- 【预设】：在该下拉列表中可以选择预定义的灰度混合或以前存储的混合。如果要存储混合，可以在【黑白】对话框中单击☰按钮，再在弹出的【面板】菜单中选择【存储预设】命令。
- 【自动】：单击该按钮可以设置基于图像的颜色值的灰度混合，并使灰度值的分布最大化。【自动】混合通常会产生极佳的效果，并可以用作使用颜色滑块调整灰度值的起点。
- 【红色】/【黄色】/【绿色】/【青色】/【蓝色】/【洋红】：均为颜色滑块，用于调整图像中特定颜色的灰色调。将滑块向左拖动或向右拖动分别可使图像的原色的灰色调变暗或变亮。

- 【预览】：取消选择此选项可在图像的原始颜色模式下查看图像。
- 【色调】：如果要对灰度应用色调，可以选择【色调】选项并根据需要调整【色相】滑块和【饱和度】滑块。【色相】滑块可更改色调颜色，而【饱和度】滑块可提高或降低颜色的集中度。单击色块可打开拾色器并进一步微调色调颜色。

10.6.6 HDR 色调

使用【HDR 色调】命令可以将全范围的 HDR 对比度和曝光度设置应用于各个图像。

上机实战 使用 HDR 色调命令调整色彩

1 从光盘中打开一张要处理的图片（023.psd），如图 10-59 所示。

2 在菜单中执行【图像】→【调整】→【HDR 色调】命令，弹出【HDR 色调】对话框，在其中的【预设】列表中选择"单色艺术效果"，其他不变，如图 10-60 所示，此时画面中就已经发生了变化，单击【确定】按钮，即可将图片改变单色艺术效果了，效果如图 10-61 所示。

图 10-59 打开的图片

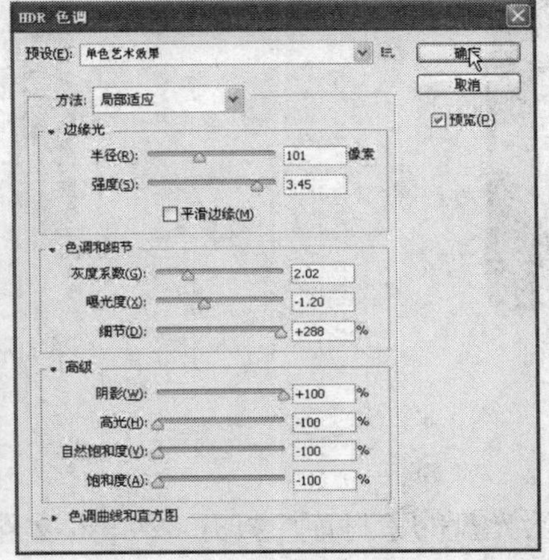

图 10-60 【HDR 色调】对话框

图 10-61 调整后的效果

10.7 颜色查找

使用【颜色查找】命令可以为图像进行快速颜色更改。

上机实战 使用颜色查找命令调整色彩

1 按【Ctrl+Z】键撤消前面 HDR 色调的操作，在菜单中执行【图像】→【调整】→【颜色查找】命令。

2 在弹出的【颜色查找】对话框的【3DLUT 文件】列表中选择"Crisp_Winter.look"，其他不变，如图 10-62 所示，此时画面中就已经发生了变化，单击【确定】按钮，即可将图片的颜色进行更改，效果如图 10-63 所示。

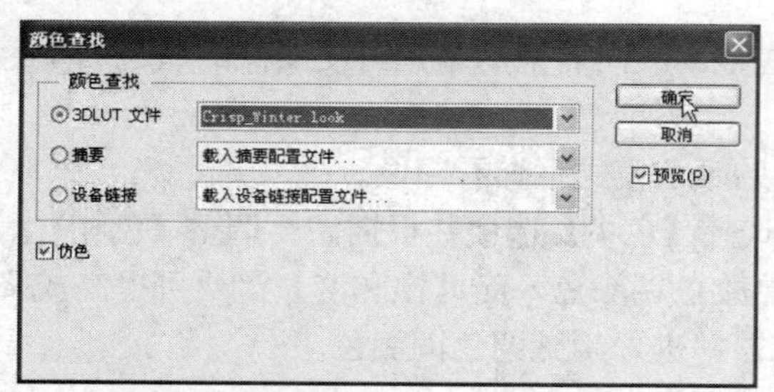

图 10-62 【颜色查找】对话框

图 10-63 改变颜色后的效果

10.8 调整照片

本例先用【打开】命令要调整的照片，再用【曲线】、【可选颜色】等命令调整图像中的颜色、明暗对比度与亮度，然后用【色彩平衡】命令来平衡图像中的色彩。

原图像与效果图如图 10-64、图 10-65 所示。

图 10-64 原图像

图 10-65 处理后的效果

上机实战 调整照片

1 按【Ctrl+O】键从配套光盘的素材库中打开 024.psd 文件，如图 10-66 所示。

2 在菜单中执行【图像】→【调整】→【曲线】命令或按【Ctrl+M】键，并在弹出的对话框的网格中将直线调为如图 10-67 所示的曲线，稍微调亮图像，调整好后单击【确定】按钮，得到如图 10-68 所示的效果。

图 10-66 打开的图片

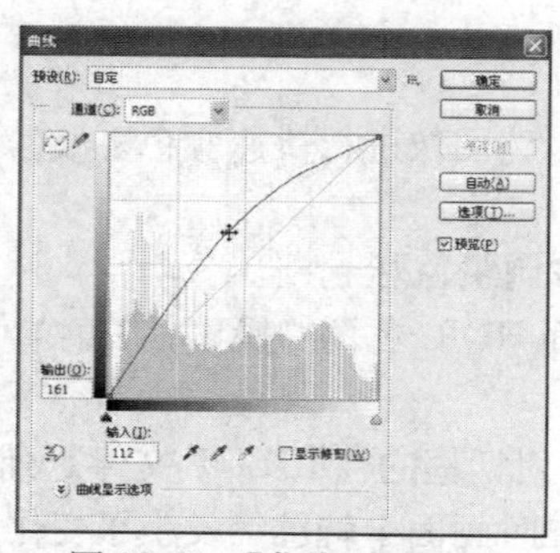

图 10-67 【曲线】对话框

图 10-68 调整后的效果

3　按【Ctrl+J】键复制一个副本，如图 10-69 所示。

4　在菜单中执行【图像】→【调整】→【可选颜色】命令，弹出【可选颜色】对话框，在其中设置【颜色】为“黄色”，再设置【青色】为“11%”，【洋红】为“51%”，【黄色】为“57%”，其他不变，如图 10-70 所示，画面效果如图 10-71 所示。

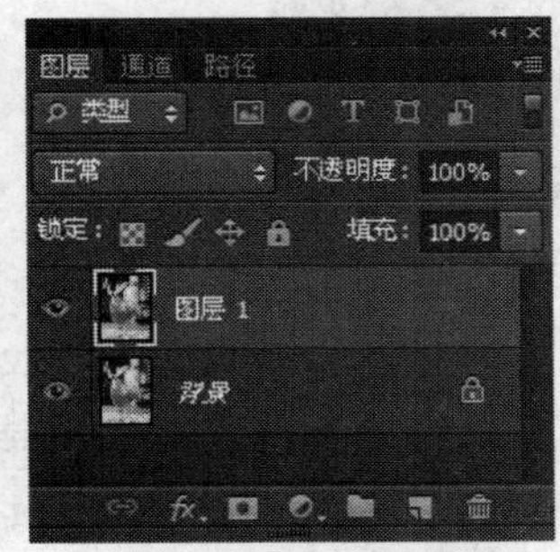

图 10-69　【图层】面板

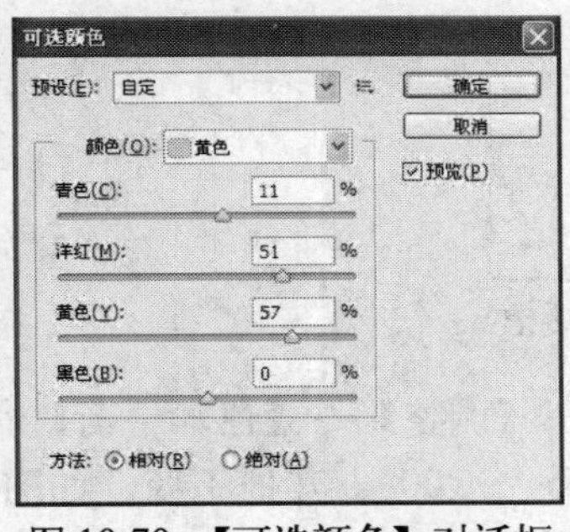

图 10-70　【可选颜色】对话框

图 10-71　调整后的效果

5　在【可选颜色】对话框设置【颜色】为“绿色”，再设置【青色】为“-100%”，【洋红】为“100%”，【黄色】为“100%”，【黑色】为“100%”，其他不变，如图 10-72 所示，画面效果如图 10-73 所示。

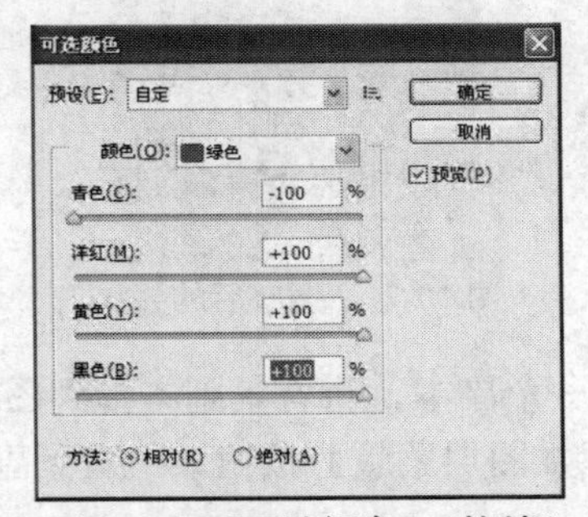

图 10-72　【可选颜色】对话框

图 10-73　调整后的效果

6　在【可选颜色】对话框设置【颜色】为“青色”，再设置【青色】为“-100%”，【洋红】为“100%”，【黄色】为“100%”，【黑色】为“0%”，其他不变，如图 10-74 所示，画面效果如图 10-75 所示。

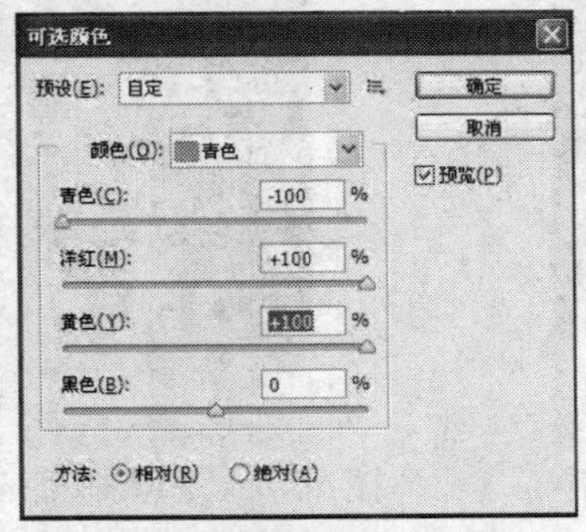

图 10-74　【可选颜色】对话框

图 10-75　调整后的效果

7　在【可选颜色】对话框设置【颜色】为“中性色”，再设置【青色】为“-100%”，【洋红】为“100%”，【黄色】为“0%”，【黑色】为“100%”，其他不变，如图 10-76 所示，单击

【确定】按钮，得到如图 10-77 所示的效果。

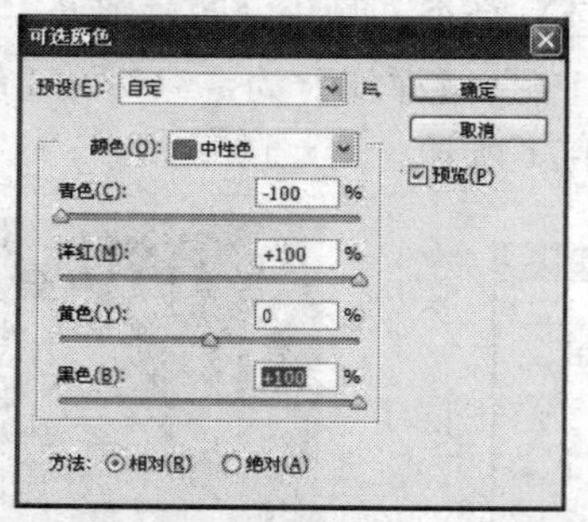

图 10-76 【可选颜色】对话框

图 10-77 调整后的效果

8 在菜单中执行【图像】→【调整】→【色彩平衡】命令，弹出【色彩平衡】对话框，在其中设置【色阶】为“–37 65 +100”，其他不变，如图 10-78 所示，设置好后单击【确定】按钮，得到如图 10-79 所示的效果。

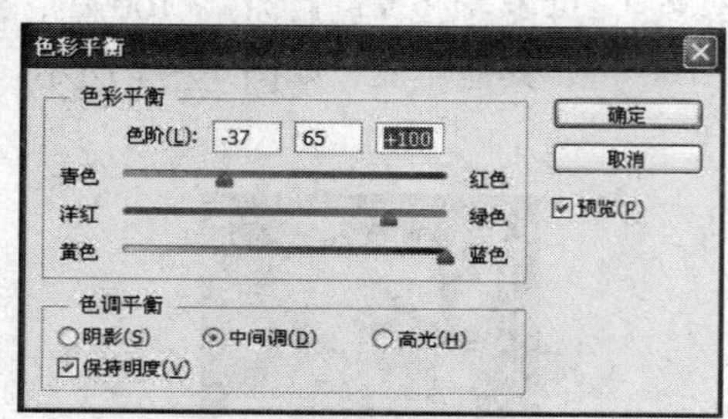

图 10-78 【色彩平衡】对话框

图 10-79 调整后的效果

9 在【图层】面板中对背景层进行复制，以复制一个副本，将背景副本拖到图层 1 的上面，如图 10-80 所示；再在【图层】面板中单击【添加图层蒙版】按钮，给背景副本图层添加蒙版，如图 10-81 所示。

10 设置前景色为黑色，再点选画笔工具，在选项栏中设置【画笔】为 39 像素柔边圆，【不透明度】为“100%”，然后在画面中需要隐藏的区域进行涂抹，涂抹后的效果如图 10-82 所示。

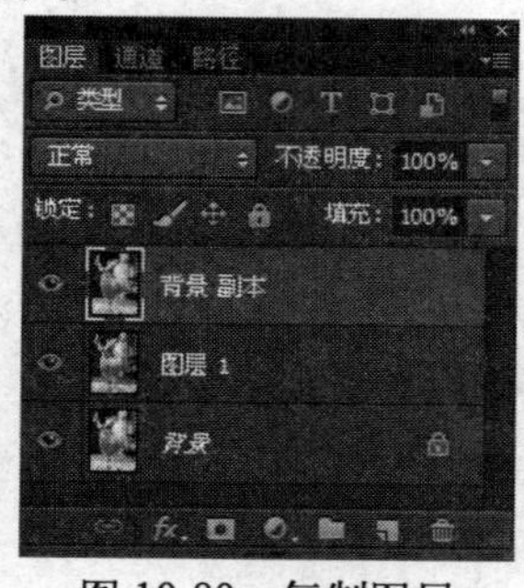

图 10-80 复制图层

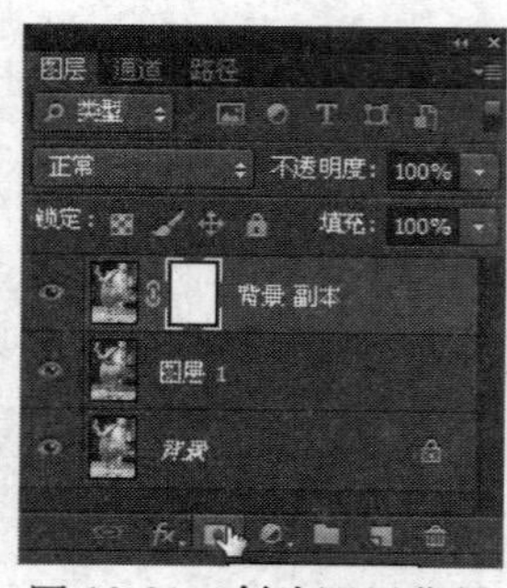

图 10-81 创建图层蒙版

图 10-82 隐藏不需要的部分

11 设置前景色为白色，在画笔工具的选项栏中设置画笔为 13 像素柔边圆，其他不变，如图 10-83 所示，在酒杯边缘需要显示的区域上进行涂抹，以将其显示出来，涂抹后的效果如图 10-84 所示。这样，就为图像进行了颜色调整。

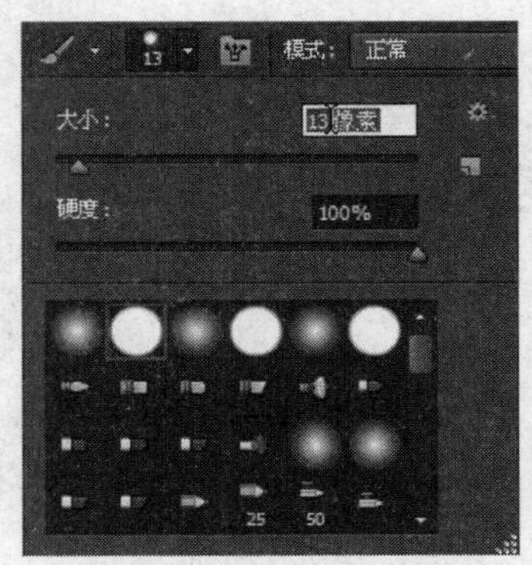

图 10-83　在选项栏中设置画笔

图 10-84　最终效果图

10.9　本章小结

本章主要介绍了【图像】菜单中的【调整】命令，熟练掌握【调整】命令下的各个命令，可以对图像进行快速而准确的处理。

10.10　本章习题

一、填空题

1. 利用【色相/饱和度】命令可以调整整个图像或图像中单个颜色成分的________、________和______。

2.【色阶】调整命令允许用户通过调整图像的________、________和______等强度级别，校正图像的__________和________。

二、选择题

1. 利用以下哪个命令可以在图像中基于特定颜色创建一个临时的蒙版，然后替换图像中的哪些颜色？（　）

A.【可选颜色】命令　B.【混合通道器】命令
C.【色彩平衡】命令　D.【替换颜色】命令

2.【曲线】命令与以下哪个命令类似，都可以调整图像的整个色调范围，是应用非常广泛的色调调整命令？（　）

A.【色阶】命令　B.【自动色阶】命令
C.【自动对比度】命令　D.【自动颜色】命令

3. 利用以下哪个命令可将相等的图像灰度范围映射到指定的渐变填充色？（　）

A.【曲线】命令　B.【色彩平衡】命令
C.【自动颜色】命令　D.【渐变映射】命令

4. 使用以下哪个命令可以模仿在相机镜头前面加彩色滤镜，以便调整通过镜头传输的光的色彩平衡和色温，使胶片曝光？（　）

A.【黑白】命令　B.【曝光度】命令
C.【照片滤镜】命令　D.【阴影/高光】命令

第 11 章　任务自动化

教学目标

学习动作、快捷批处理的创建与应用，理解动作与自动命令的工作原理并熟练掌握其使用方法，以提高工作效率。

教学重点与难点

- 动作面板
- 应用预设动作
- 创建动作与动作组
- 自动化任务

11.1　动作

【动作】就是对单个文件或一批文件回放的一系列命令。

大多数命令和工具操作都可以记录在动作中。动作可以包含停止，可以执行无法记录的任务（如使用绘画工具等）。动作也可以包含模态控制，可以在播放动作时在对话框中输入值。动作是快捷批处理的基础，快捷批处理是可以自动处理拖移到其图标上的所有文件的小应用程序。

在实际处理图像的过程中经常需要对大量的图像采用同样的操作，如果要一个一个地进行处理，不仅速度十分慢而且许多参数的设置往往会发生错误从而影响整体的效果，在 Photoshop 中的【动作】面板具有下列主要功能：

（1）可以将一系列命令组合为单个动作，从而使执行任务自动化这个动作，可以在以后的应用中反复使用。

（2）可以创建一个动作，该动作应用一系列滤镜效果重现用户所喜爱的效果，或者组合命令以备后用，动作可被编组为序列，以帮助用户更好地组织动作。

（3）可以同时处理批量的图片，可以在一个文件或一批文件位于同一文件夹中的多个文件上使用相同的动作。

（4）使用【动作】面板可记录播放编辑和删除动作，还可以存储载入和替换动作。

11.1.1　【动作】面板

在菜单中执行【窗口】→【动作】命令，可显示或隐藏【动作】面板，【动作】面板如图 11-1 所示。

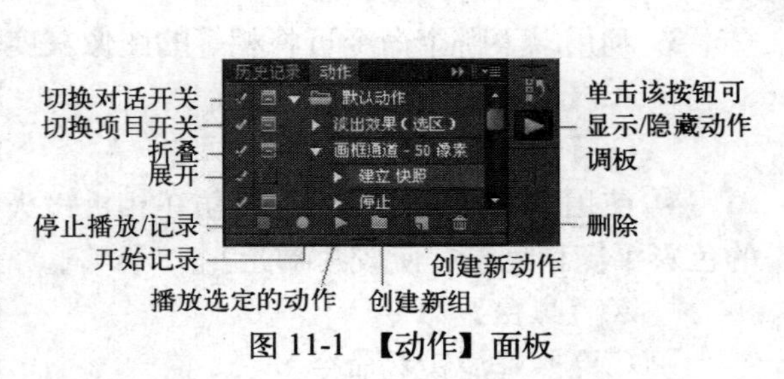

图 11-1　【动作】面板

【动作】面板说明如下：

- 组：它显示的是当前动作所在的文件夹的名称。图中的【默认动作】文件夹是 Photoshop 默认的设置，看它的图标很像一个文件夹，它里面包含了许多的动作。
- （切换项目开/关）：如果在动作的左边有该图标，这个动作就是可执行的，如果动作组前没有图标，就表示该动作组中的所有动作都是不可执行的。
- （切换对话开/关）：如果在动作的左边有该图标，则在执行该动作时，会暂时停在有对话框的位置，在弹出的对话框中设置了参数后单击【确定】按钮，则动作继续往下执行。如果没有图标，则动作按照设定的过程逐步进行操作，直至到达最后一个操作完成动作。
- （展开/折叠）：单击这两个按钮显示展开或折叠相关的选项。
- （按钮）：单击该按钮将会弹出【动作】面板的下拉菜单。
- （停止播放/记录）：它只有在录制动作时才是可用的。
- （开始记录）：单击该按钮时 Photoshop 开始录制一个新的动作，处于录制状态时图标呈现红色，此时这个按钮是不可用的，录制好需单击（停止播放/记录）按钮。
- （播放选定的动作）：动作回放或执行动作。当做好一个动作时可以用这个选项观看制作的效果，单击图标则自动执行动作。如果中间要停下来看一下，可以单击（停止播放/记录）图标停止。
- （创建新组）：单击该按钮就可以新建一个动作组，用于存放动作。
- （创建新动作）：单击该按钮可以在面板上新建一个动作。
- （删除）：单击该按钮可以将当前的动作或者序列或者操作删除。

11.1.2　应用预设动作

上机实战　应用预设动作

1　从配套光盘的素材库中打开 01.jpg 文件，如图 11-2 所示。

2　在【动作】面板中单击按钮展开该默认动作组，选择【木质画框-50 像素】动作，单击按钮，如图 11-3 所示，接着弹出如图 11-4 所示的【信息】对话框，在其中直接单击【继续】按钮，播放完后得到如图 11-5 所示的效果。

图 11-2　打开的图片

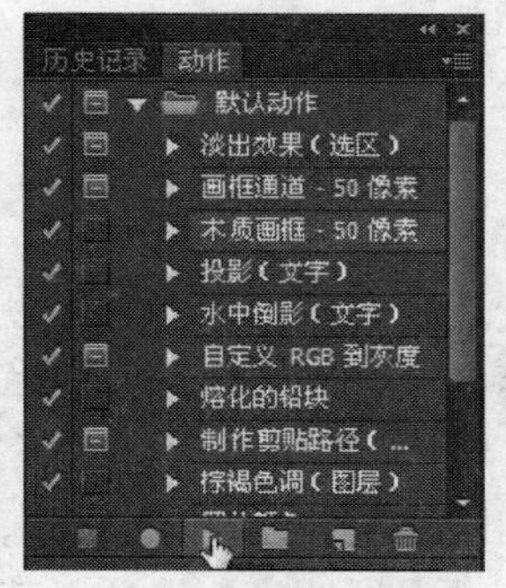

图 11-3　【动作】面板

图 11-4　【信息】对话框

图 11-5　播放完后的效果

11.1.3 创建动作与动作组

1. 创建动作组

显示【动作】面板，在其中单击底部的按钮，或单击面板右上角的按钮，在弹出的菜单中选择【新建组】命令，弹出如图 11-6 所示的【新建组】对话框，可以根据所需来为组命名，也可采用默认值直接单击【确定】按钮，即可新建一个动作组，如图 11-7 所示。

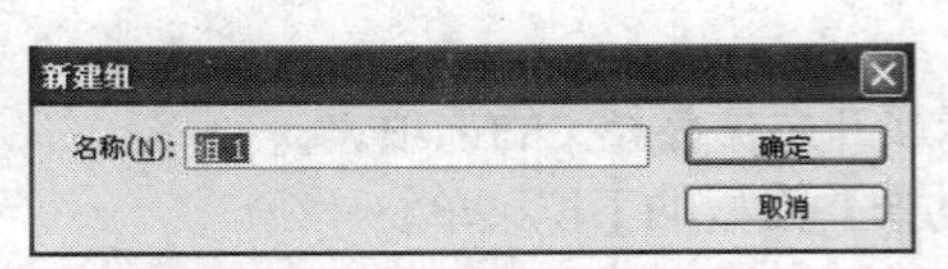

图 11-6 【新建组】对话框

图 11-7 【动作】面板

2. 创建动作

上机实战 为图像创建动作

1 按【Ctrl+O】键从光盘的素材库中打开 02.psd 文件，如图 11-8 所示，在【动作】面板中单击创建新动作按钮，弹出【新建动作】对话框，在其中根据需要设置所需的参数，如图 11-9 所示，设置好后单击【记录】按钮，即可创建一个新动作并开始记录后面将要进行的操作，如图 11-10 所示。

图 11-8 打开的图像文件

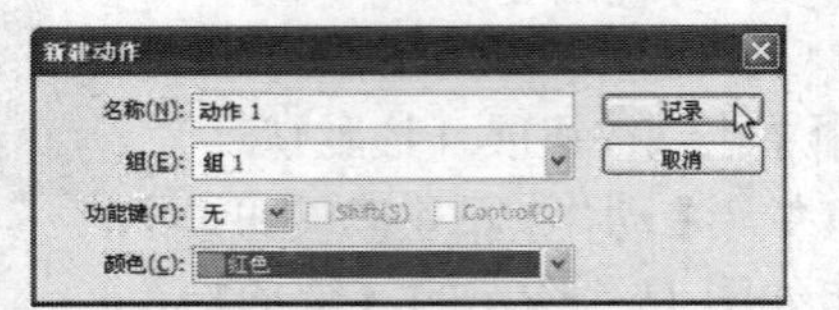

图 11-9 【新建动作】对话框

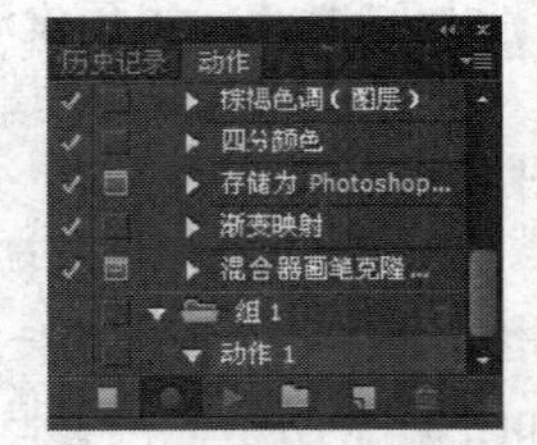

图 11-10 【动作】面板

【新建动作】对话框中选项说明如下：

- 【名称】：输入要创建的动作名称。
- 【组】：在该下拉列表中选择要存放动作的组。
- 【功能键】：在该下拉列表中可以选择要执行该动作的快捷键。
- 【颜色】：在该下拉列表中可以选择此动作以按钮模式显示时的颜色。

2 在菜单中执行【图像】→【图像大小】命令，弹出【图像大小】对话框，在其中设置【宽度】为“500 像素”，其他参数采用输入 500 时的自动更新参数，如图 11-11 所示，单击【确定】按钮，同时【动作】面板中也记录了该操作，如图 11-12 所示。

3 在菜单中执行【图像】→【调整】→【照片滤镜】命令，弹出【照片滤镜】对话框，在其中设置【滤镜】为“加温滤镜（85）”，【浓度】为“25%”，勾选【保留明度】选项，其

他不变，如图 11-13 所示，单击【确定】按钮，即可将图像的阴影与高光进行了调整，调整后的效果如图 11-14 所示，同时【动作】面板中也记录了该操作。

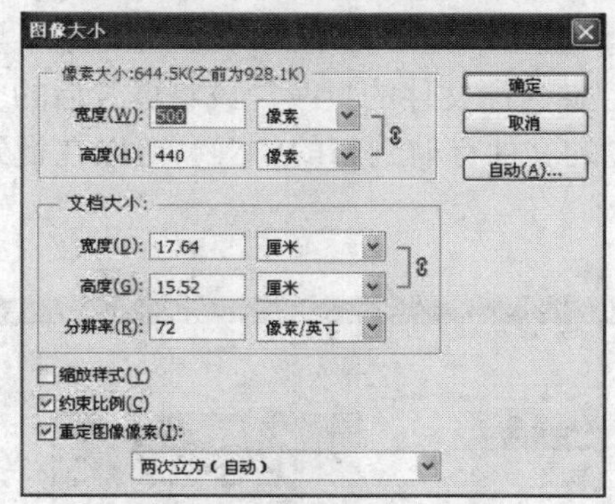

图 11-11　【图像大小】对话框

图 11-12　【动作】面板

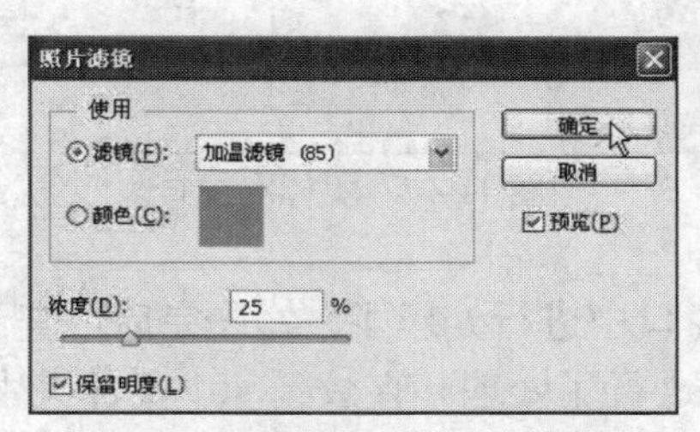

图 11-13　【照片滤镜】对话框

图 11-14　调整后的效果

4　在菜单中执行【文件】→【存储为】命令，或按【Shift+Ctrl+S】键，弹出【存储为】对话框，在其中选择另一个文件夹（如 a01）存放调整好的文件，命好名后单击【保存】按钮，将调整过的图像保存到另一个文件夹（如 a01）中，再在【动作】面板中单击■按钮，如图 11-15 所示，停止动作记录，这样该动作就创建完成了，如图 11-16 所示。

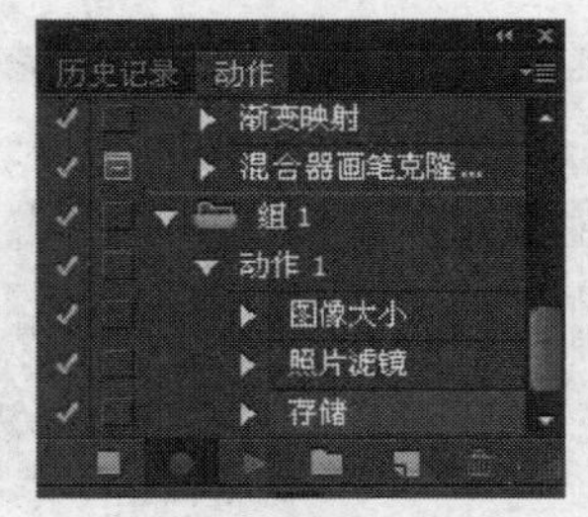

图 11-15　【动作】面板

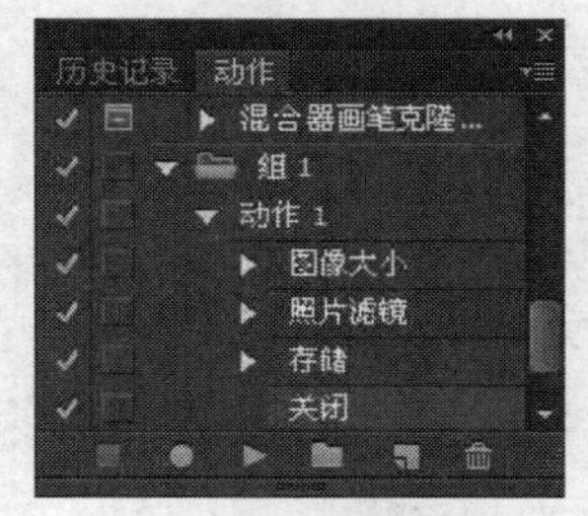

图 11-16　【动作】面板

11.2　自动化任务

通过使用 Photoshop 中的【自动】命令可以将任务组合到一个或多个对话框中，可以简化复杂的任务，提高了工作效率。

11.2.1 批处理

【批处理】命令可以在包含多个文件和子文件夹的文件夹上播放动作。也可以对多个图像文件执行同一个动作的操作，从而实现操作的自动化。

当批处理文件时，可以打开、关闭所有文件并存储对原文件的更改，或将更改后的文件存储到新位置（原文件保持不变）。如果要将处理过的文件存储到新的位置，可以在批处理开始前先为处理过的文件创建一个新文件夹。

上机实战 使用批处理命令处理图像

1 准备好要进行批处理的文件，将要处理的文件放到一个文件夹（如 a02）中，然后准备一个文件夹（如 a01）用来存放批处理后的文件，如图 11-17 所示。

图 11-17 文件夹窗口

2 在菜单中执行【文件】→【自动】→【批处理】命令，弹出【批处理】对话框，在其中设置【组】为“组 1”，【动作】为“动作 1”，在【源】栏中单击【选择】按钮选择要进行批处理的源文件夹，再在【目标】栏中单击【选择】按钮选择要存放批处理后文件的目标文件夹，如图 11-18 所示，其他不变，单击【确定】按钮，即可在 Photoshop CS6 程序窗口中进行处理了，处理完后再查看 a01 文件夹，就可以看到已经将 a02 文件夹中的文件一一进行了处理并存放到 a01 文件夹中了，如图 11-19 所示。

【批处理】对话框中选项说明如下：

- 【播放】：在该栏的【组】下拉列表中选择要应用的组名称或默认动作，然后在【动作】下拉列表中可以选择要应用的动作。

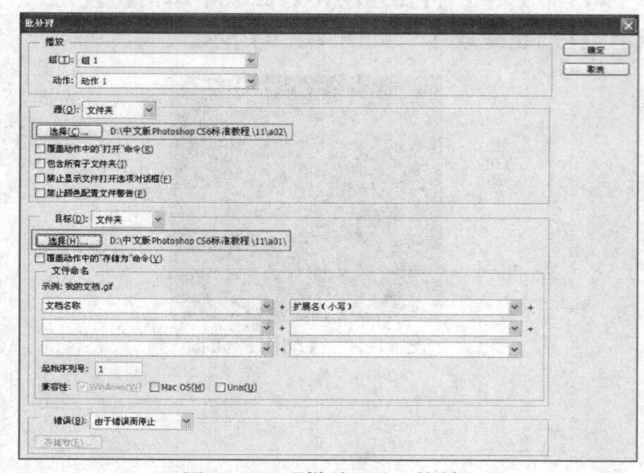

图 11-18 【批处理】对话框

图 11-19 文件夹窗口

- 【源】：在【源】下拉列表中可以选择所需的选项。如果选择“文件夹”选项，可对已存储在计算机中的文件播放动作。单击【选择】按钮可以查找并选择文件夹；如果选择【导入】选项，则用于对来自数码相机或扫描仪的图像导入和播放动作。如果选择“打开的文件”选项，则用于对所有已打开的文件播放动作。如果选择“Bridge”选项，则用于在Bridge窗口中选定的文件播放动作。

➢【覆盖动作中的“打开”命令】：在指定的动作中，如果包含打开命令，批处理就会忽略该命令。
➢【包含所有子文件夹】：处理子文件夹中的文件。
➢【禁止显示文件打开选项对话框】：选择该选项时可以隐藏【文件打开选项】对话框。当对相机原始图像文件的动作进行批处理时，这是很有用的。将使用默认设置或以前指定的设置。
➢【禁止颜色配置文件警告】：选择该项时则关闭颜色方案信息的显示。

- 【目标】：在【目标】下拉列表中选取处理文件的目标。如果在【目标】列表中选择文件夹，则其下的【选择】按钮呈活动可用状态，单击其下的【选择】按钮可以选择目标文件所在的文件夹。

➢【覆盖动作中的存储为命令】：如果选择此命令，可让动作中【存储为】命令引用批处理的文件，而不是动作中指定的文件名和位置。如果要选择此选项，则动作必须包含一个【存储为】命令，因为【批处理】命令不会自动存储源文件。
➢【文件命名】：在【文件命名】栏中可通过6个下拉列表指定目标文件生成的命名规则。也可指定文件名的兼容性，如Windows、Mac OS及Unix操作系统。

- 【错误】：在【错误】下拉列表中可以选择处理错误的选项。

➢【由于错误而停止】：由于错误而停止进程，直到用户确认错误信息为止。
➢【将错误记录到文件】：将每个错误记录在文件中而不停止进程。如果有错误记录到文件中，则在处理完毕后将出现一条信息。如果要查看错误文件，可以单击其下的【存储为】按钮并在弹出的对话框中命名错误文件。

11.2.2　创建快捷批处理

【快捷批处理】是一个小应用程序，它将动作应用于拖移到快捷批处理图标上的一个或多个图像，其图标为⬇。如果要高频率地对大量图像进行同样的动作处理，应用快捷批处理可以大幅度提高工作效率。快捷批处理可以存储在桌面上或磁盘上的某个位置。

动作是创建快捷批处理的基础——在创建快捷批处理前，必须在【动作】面板中创建所需的动作。

上机实战　创建快捷批处理

1　先用前面同样的方法创建一个动作为动作2，如图11-20所示，并将其处理过的文件保存到文件夹（如a03）中。

2　选择存放生成的快捷批处理的文件夹（如a04），同时该文件夹中还存放着大量要处理的图片或图片所在的文件夹，如图11-21所示。

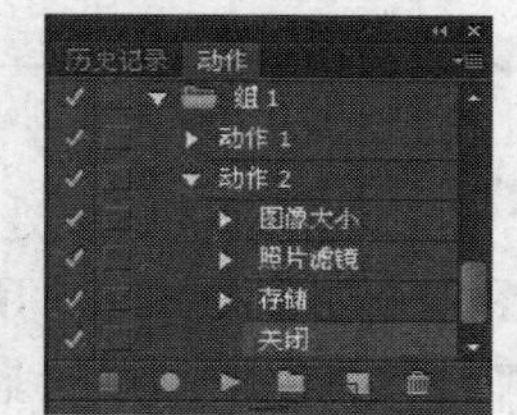

图11-20　【动作】面板

3　在菜单中执行【文件】→【自动】→【创建快捷批处理】命令，弹出如图11-22所示的对话框，在【将快捷批处理存储为】栏中单击【选择】按钮，并在弹出的对话框中点选前面定义好的文

件夹如“a04”，紧接着在弹出的对话框中直接单击【保存】按钮，返回到【创建快捷批处理】对话框中。

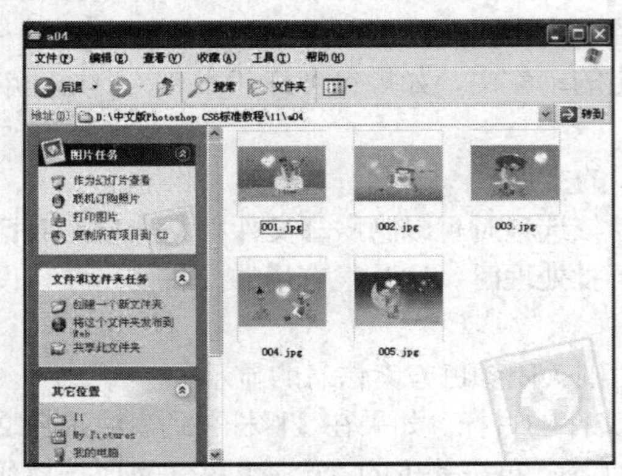

图 11-21　文件夹窗口

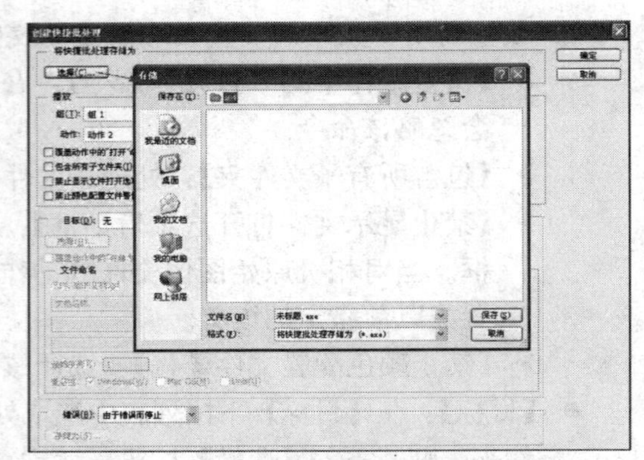

图 11-22　【创建快捷批处理】对话框

4　在【创建快捷批处理】对话框的【播放】栏中设置【组】为“组 1”，【动作】为“动作 2”，该动作是刚创建的动作。在【目标】下拉列表中选择“文件夹”，单击其下的【选择】按钮，并在弹出的对话框中选择前面定义好的用于存放快捷批处理过图片的文件夹如“a03”。其他为默认值，如图 11-23 所示，在【创建快捷批处理】对话框中单击【确定】按钮，快捷批处理将被保存到指定文件夹（如 a04）中。

【创建快捷批处理】对话框中选项说明如下：

- 【将快捷批处理存储为】：选择一个地址或位置来保存生成的快捷批处理。
- 【播放】：选择所需的组或动作。
- 【目标】：在其下拉列表中选择以何种方式保存处理过的文件。

5　查看 a04 文件夹，其中就可看到已经添加一个快捷批处理的小应用程序图标，如图 11-24 所示。

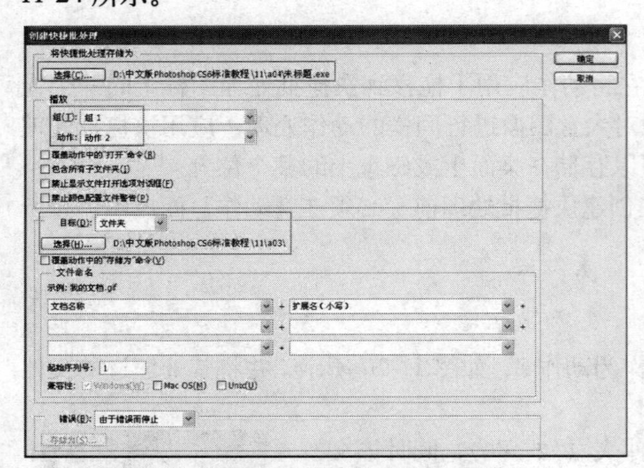

图 11-23　【创建快捷批处理】对话框

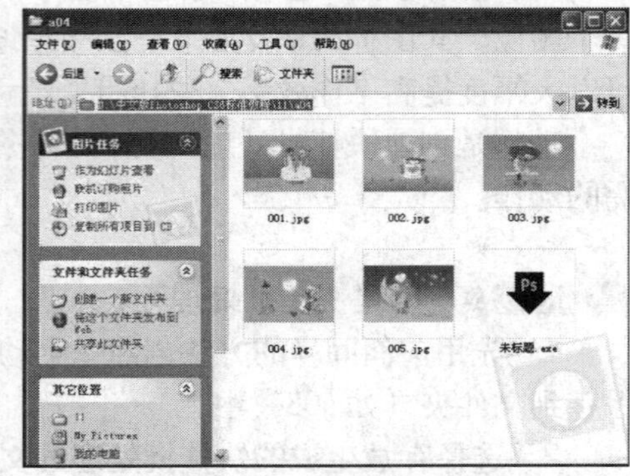

图 11-24　文件夹窗口

6　应用快捷批处理的方法很简单，只要将准备处理的文件或文件夹拖移到快捷批处理图标上，如图 11-25 所示，松开鼠标左键后，即可在 Photoshop 中自动进行处理图片，同时在【动作】面板中会显示快捷批处理集，如图 11-26 所示。

7　处理完成后用于存放处理过的图片文件夹（如 a03）中就已经有了被处理过的图片，

如图 11-27 所示。

图 11-25　文件夹窗口

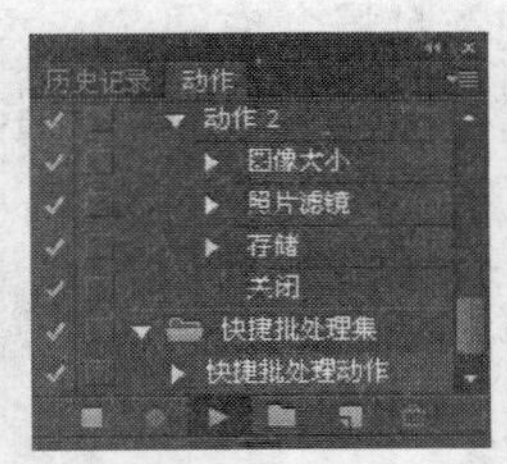

图 11-26 【动作】面板

图 11-27　文件夹窗口

11.2.3　裁剪并修齐照片

利用【裁剪并修齐照片】命令可以对照片进行裁剪与修齐。

上机实战　使用裁剪并修齐照片处理图像

1　从配套光盘的素材库中打开一张图片（03.jpg），如图 11-28 所示。

2　在菜单中执行【文件】→【自动】→【裁剪并修齐照片】命令，Photoshop CS6 就自动对照片进行裁剪与修齐，不过还有一点点填充了白色，裁剪后的照片如图 11-29 所示。因此还需要用裁切工具对其进行裁剪，在画面中拖出一个裁剪框，并框住白色部分之外的内容，如图 11-30 所示，在裁剪框中双击确认变换，即可将照片裁剪好了，画面效果如图 11-31 所示。

图 11-28　打开的图片

图 11-29　裁剪后的照片

图 11-30　裁剪照片

图 11-31　裁剪后的照片

11.2.4 Photomerge

利用【Photomerge】命令可以将两个或更多的文件创建成全景合成图。

上机实战　使用 Photomerge 命令制作全景合成图

1　从配套光盘的素材库中打开要创建为全景图的图像（04.jpg 和 05.jpg），如图 11-32、图 11-33 所示。

图 11-32　打开的图像

图 11-33　打开的图像

2　在菜单中执行【文件】→【自动】→【Photomerge】命令，弹出【Photomerge】对话框，在其中单击【添加打开的文件】按钮，即可将打开的文件添加到左边的方框中，再选择【自动】选项，如图 11-34 所示，单击【确定】按钮，即可开始在 Photoshop 中进行处理，经过一段时间处理后就可以将两张图片合并为一张图片了，如图 11-35 所示。

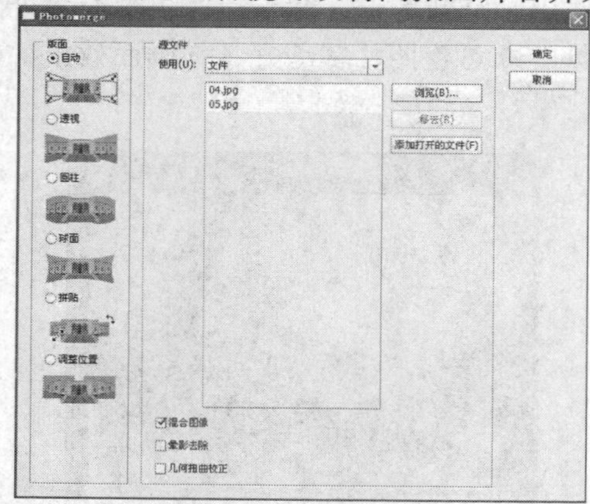

图 11-34　【Photomerge】对话框

图 11-35　合并后的效果

3　如果边缘还有一点空隙的话，可以在工具箱中点选 （裁剪工具），在画面中拖出一个裁剪框，如图 11-36 所示，再在裁剪框中双击，确认裁剪，将不需要的部分修剪掉，裁剪后的效果如图 11-37 所示。

图 11-36　拖出裁剪框

图 11-37　裁剪后的效果

11.2.5　PDF 演示文稿

使用【PDF 演示文稿】命令可以将多种图像创建为多页面文档或放映幻灯片演示文稿。可以设置选项以维护 PDF 中的图像品质，指定安全性设置以及将文档设置为放映幻灯片自动打开。也可以将文本信息（文件名和选定的元数据）添加到 PDF 演示文稿中每个图像的底部。

上机实战　创建 PDF 演示文稿

1　从配套光盘的素材库中打开 a1.jpg 和 a2.jpg 文件，如图 11-38、图 11-39 所示。

2　在菜单中执行【文件】→【自动】→【PDF 演示文稿】命令，弹出如图 11-40 所示的对话框，在其中选择【添加打开的文件】选项，将打开的文件添加到【源文件】栏中，单击【存储】按钮，弹出【存储】对话框，在其中给文件命名，如图 11-41 所示，设置好后单击【保存】按钮，便会弹出【存储 Adobe PDF】对话框，在其中可以根据需要设置所需的选项，这里采用默认值，如图 11-42 所示，单击【存储 PDF】按钮，即可将选择的文件存储为 PDF 演示文稿了，如图 11-43 所示，双击该 PDF 文档就可以看到效果了，如图 11-44 所示。

图 11-38　打开的图像

图 11-39　打开的图像

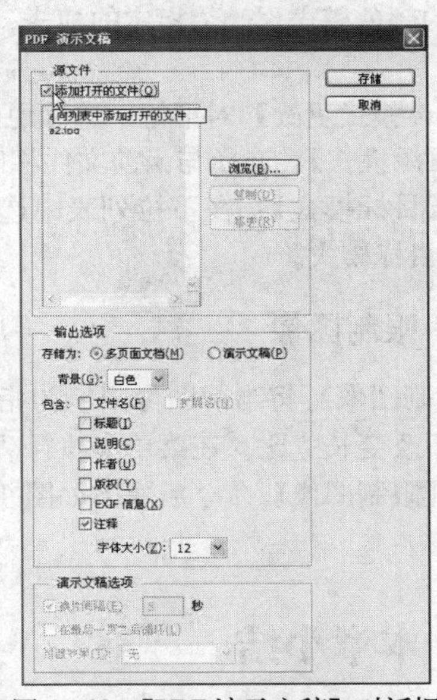

图 11-40　【PDF 演示文稿】对话框

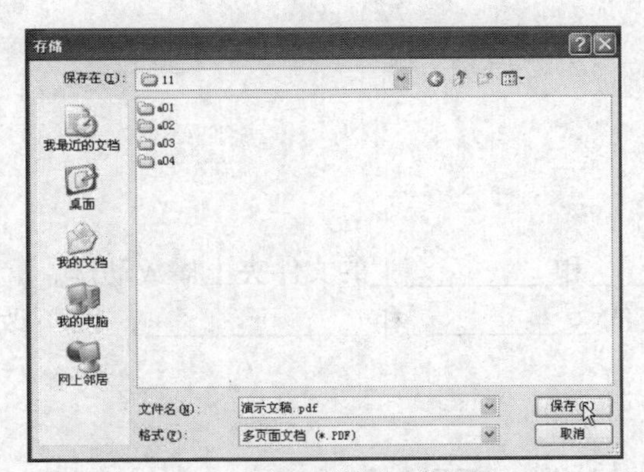

图 11-41　【存储】对话框

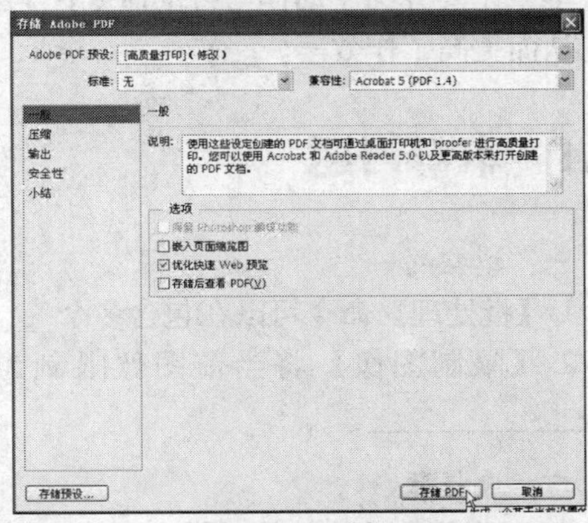

图 11-42　【存储 Adobe PDF】对话框

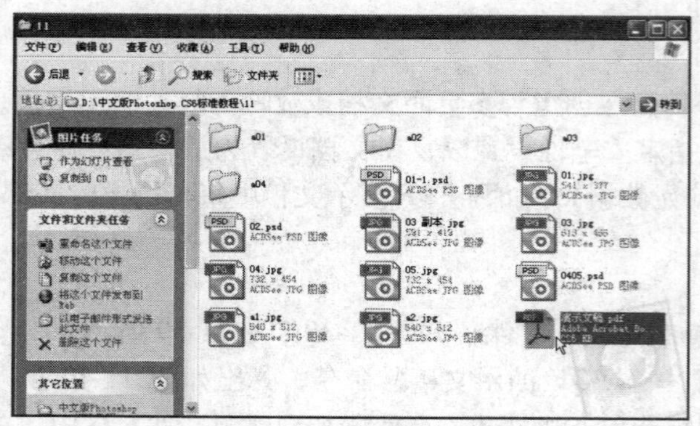

图 11-43　双击 PDF 文档

图 11-44　打开 PDF 文档

11.2.6　条件模式更改

可以使用【条件模式更改】根据图像原来的模式将图像的颜色模式更改为指定的模式，如图 11-45 所示。

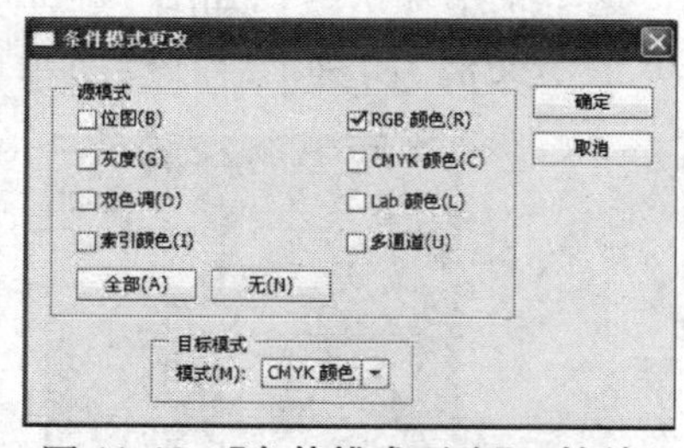

图 11-45　【条件模式更改】对话框

【条件模式更改】对话框中选项说明如下：

- 【源模式】：选择与当前文件相匹配的源模式。
- 【目标模式】：在下拉列表中选择需要转换的目标模式。

11.2.7　限制图像

【限制图像】将当前图像限制为指定的宽度和高度，但不改变长宽比。在菜单中执行【文件】→【自动】→【限制图像】命令后弹出如图 11-46 所示的对话框。

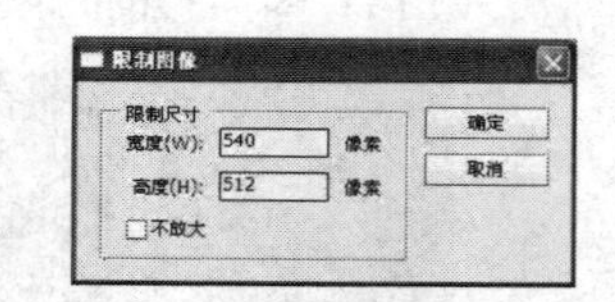

图 11-46　【限制图像】对话框

11.3　本章小结

本章主要介绍了动作与自动命令，学会使用这两个命令可以为我们的工作带来很大的帮助，从而提高工作效率。

11.4　本章习题

一、填空题

1.【批处理】命令可以在包含多个＿＿＿＿＿＿和＿＿＿＿＿＿的文件夹上播放动作。

2.【限制图像】将当前图像限制为指定的＿＿＿＿＿＿和＿＿＿＿＿＿＿，但不改变＿＿＿＿＿＿＿。

二、选择题

1. 以下哪个功能就是对单个文件或一批文件回放的一系列命令？（　　）

A. 路径　　B. 动作　　C. 图层　　D. 批处理

2. 利用以下哪个命令可以对照片进行裁剪与修齐?　　(　　)

A.【裁剪并修齐照片】命令　　B.【Photomerge】命令

C.【限制图像】命令　　D.【裁剪】命令

第 12 章　滤镜特效应用

教学目标

本章通过 8 个综合实例，介绍 Photoshop CS6 中各种滤镜特效的应用技巧。

12.1　使用场景模糊滤镜来处理图片

先打开一个要处理的图片，再用场景【模糊】滤镜将图片进行模糊并调整模糊范围。

上机实战　使用场景模糊滤镜来处理图片

1　按【Ctrl+O】键从配套光盘的素材库中打开 01.jpg 文件，如图 12-1 所示。

2　在【滤镜】菜单中执行【模糊】→【场景模糊】命令，显示【模糊工具】面板，同时在画面中显示一个小光圈点，画面已经变得模糊了，如图 12-2 所示。

图 12-1　打开的文件

图 12-2　执行【场景模糊】命令后的效果

3　在【模糊工具】面板中将【模糊】设为“0 像素”，这时画面又恢复到清楚状态，如图 12-3 所示，然后在画面中左上角单击，添加一个小光圈点，这个小光圈点的左上方全部模糊，而与中间小光圈点之间的内容是由模糊慢慢变得清楚，如图 12-4 所示。

图 12-3　设置模糊参数后的效果

图 12-4　添加一个光圈后的效果

4　在画面中两个小光圈点之间再单击添加一个小光圈点，并在【模糊工具】面板中将【模糊】设为“0 像素”，该点周围变得清楚了，如图 12-5 所示。

5　用同样的方法在画面中再添加几个小光圈点，将需要模糊的地方模糊，不需要模糊的地方保持清楚，设置好后的效果如图 12-6 所示，还可以移动小光圈点来调整模糊的范围，在选项栏中单击【确定】按钮，即可完成图片的模糊处理，画面效果如图 12-7 所示。

图 12-5　设置模糊参数后的效果

图 12-6　在需要模糊的地方进行模糊

图 12-7　最终效果图

12.2　使用光圈模糊滤镜处理图片

先打开一个要处理的图片，再用【光圈模糊】滤镜将图片进行模糊并调整模糊范围。

上机实战　使用光圈模糊滤镜处理图片

1　按【Ctrl+O】键从配套光盘的素材库中打开要模糊处理的图片，如图 12-8 所示。

2　在【滤镜】菜单中执行【模糊】→【光圈模糊】命令，显示【模糊工具】面板，同时在画面中显示一个光圈，其光圈外已经变得模糊了，如图 12-9 所示。

3　拖动光圈到要清晰显示的物体上，这样，我们就突出了主题，如图 12-10 所示。

4　在【模糊工具】面板中设置【光圈模糊】的【模糊】为“3 像素”，如图 12-11 所示，即可将光圈外的模糊像素清楚显示了一些，在选项栏中单击【确定】按钮，画面效果如图 12-12 所示。

图 12-8　打开的文件

图 12-9 执行【光圈模糊】命令后的效果

图 12-10 调整模糊范围

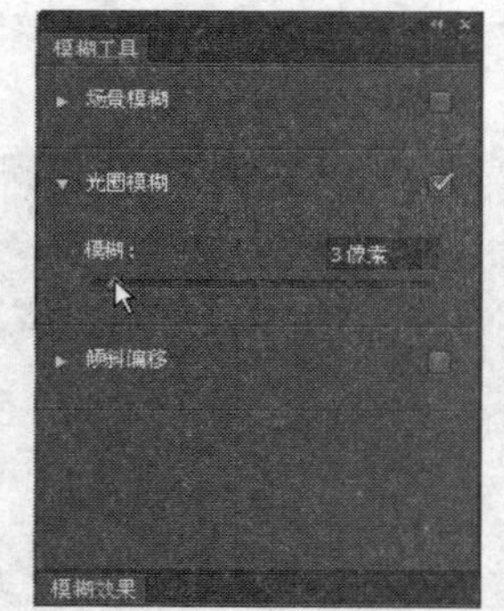

图 12-11 【模糊工具】面板

图 12-12 模糊后的效果

12.3 将图片处理为油画效果

先用【倾斜偏移】滤镜将打开的图片进行模糊处理，再用【油画】滤镜将图片处理为油画效果。原图与实例效果如图 12-13、图 12-14 所示。

图 12-13 原图像

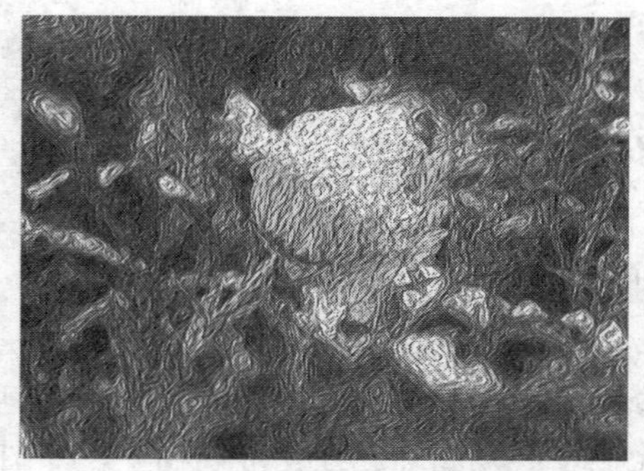

图 12-14 实例效果图

上机实战 将图片处理为油画效果

1 按【Ctrl+O】键从配套光盘的素材库中打开 03.jpg 文件，如图 12-15 所示。

2 在【滤镜】菜单中执行【模糊】→【倾斜偏移】命令，显示【模糊工具】面板，同时在画面中显示了两条平行直线与两条平行虚线，还有一个小光圈，虚线之外已经模糊了，虚线与直线之间进行渐变模糊，越到直线越清楚，如图 12-16 所示。

图 12-15　打开的图片

图 12-16　执行【倾斜偏移】命令后的效果

3　在画面中拖动小光圈向上到适当位置，如图 12-17 所示，再拖动直线上的小圆点向上至所需的位置，加大清楚范围，然后进行适当的旋转，调整后的效果如图 12-18 所示。

图 12-17　移动光圈后的效果

图 12-18　旋转平行线后的效果

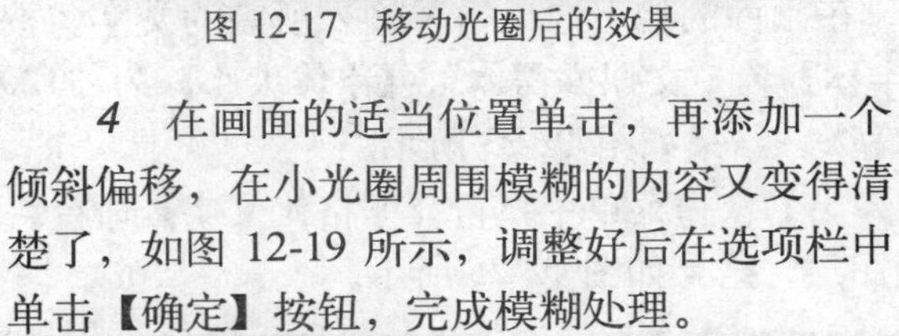

4　在画面的适当位置单击，再添加一个倾斜偏移，在小光圈周围模糊的内容又变得清楚了，如图 12-19 所示，调整好后在选项栏中单击【确定】按钮，完成模糊处理。

5　在【滤镜】菜单中执行【油画】命令，弹出【油画】对话框，在其中设置【角方向】为“194.4”，【闪亮】为“4.95”，其他不变，如图 12-20 所示，单击【确定】按钮，即可得到如图 12-21 所示的效果。

图 12-19　再添加一个倾斜偏移后的效果

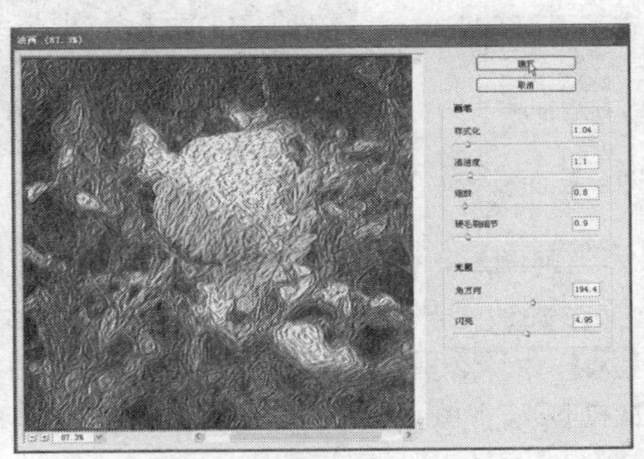

图 12-20　【油画】对话框

图 12-21　最终效果图

12.4 燃烧火焰字

先用横排文字工具在画面中输入所需的文字，并对文字进行复制与翻转，再用【风】、【高斯模糊】、【液化】滤镜与【色相/饱和度】命令将文字处理为火焰效果。实例效果如图 12-22 所示。

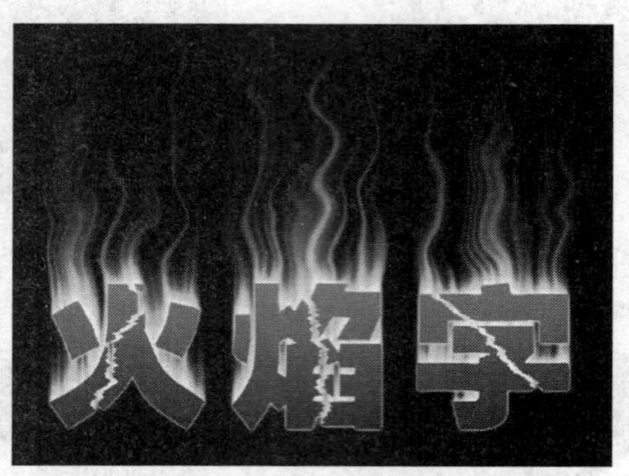

图 12-22 实例效果图

上机实战 制作燃烧火焰字

1 在工具箱中设置背景色为黑色，前景色为白色，再按【Ctrl+N】键弹出【新建】对话框，在其中设置【宽度】为“600”像素，【高度】为“600”像素，【分辨率】为默认值，【背景内容】为“背景色”，单击【确定】按钮，即可新建一个黑色背景的文档。

2 在工具箱中点选 (横排文字工具)，在画面的偏下边单击并输入所需的文字，按【Ctrl+A】键全选文字，再在选项栏中设置【字体】为“文鼎霹雳体”，【字体大小】为“120点”，设置好后单击按钮，即可完成文字的输入，结果如图 12-23 所示。

3 在【图层】面板中右击文字图层，在弹出的快捷菜单中执行【栅格化文字】命令，如图 12-24 所示，即可将文字图层转换为普通图层，结果如图 12-25 所示。

图 12-23 输入文字

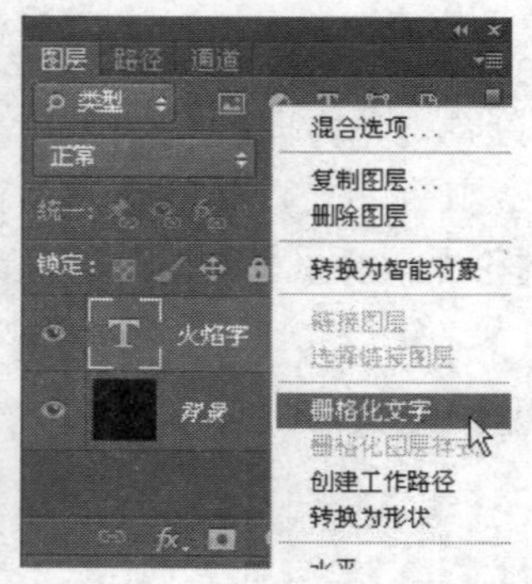

图 12-24 【图层】面板

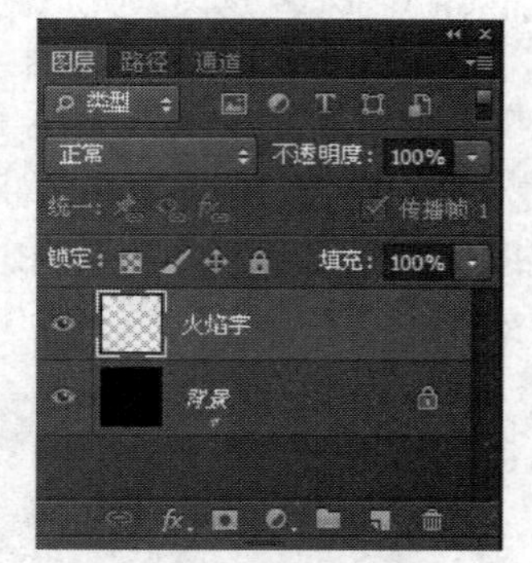

图 12-25 【图层】面板

4 按【Ctrl+J】键复制一个图层，以副本图层为当前图层，在【编辑】菜单中执行【变换】→【旋转 90 度（顺时针）】命令，即可将画面中的文字旋转了 90 度，结果如图 12-26 所示。

5 在菜单中执行【滤镜】→【风格化】→【风】命令，弹出【风】对话框，在其中设置【方法】为“风”，【方向】为“从左”，如图 12-27 所示，单击【确定】按钮，即可得到如图 12-28 所示的效果。

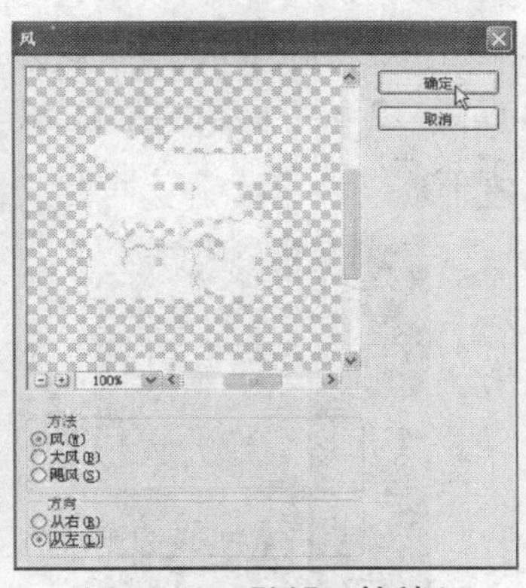

图 12-26　旋转后效果　　图 12-27　【风】对话框　　图 12-28　执行【风】命令后的效果

6　按【Ctrl+F】键两次加强一下风效果，加强后的效果如图 12-29 所示。

7　在【编辑】菜单中执行【变换】→【旋转 90 度（逆时针）】命令，即可将画面中的文字旋转 90 度，结果如图 12-30 所示，文字有些错位了，所以用移动工具将其与原来的文字进行对齐，对齐后的效果如图 12-31 所示。

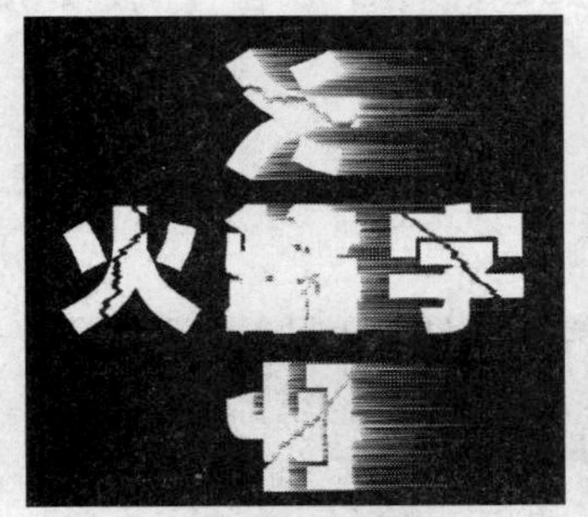

图 12-29　加强风效果　　图 12-30　旋转后的效果　　图 12-31　移动对齐后效果

8　按【Ctrl+J】键将“火焰字 副本”图层复制一个副本，将该副本图层关闭，再以“火焰字 副本”图层为当前图层，如图 12-32 所示。

9　在菜单中执行【滤镜】→【模糊】→【高斯模糊】命令，弹出【高斯模糊】对话框，在其中设置【半径】为“1.7”像素，如图 12-33 所示，设置好后单击【确定】按钮，即可得到如图 12-34 所示的效果。

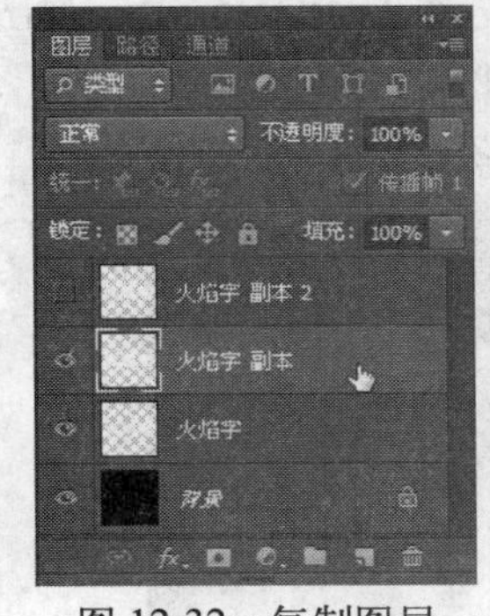

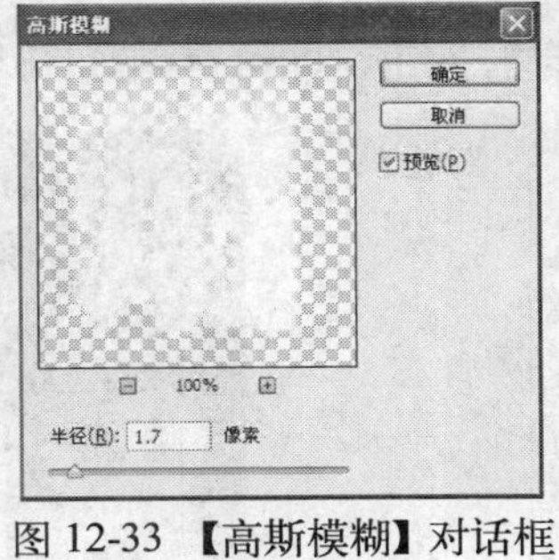

图 12-32　复制图层　　图 12-33　【高斯模糊】对话框　　图 12-34　模糊后的效果

10 在【图层】面板中以火焰字为当前图层，单击【创建新图层】按钮，新建一个图层，

按【Ctrl+Delete】键填充为黑色，如图 12-35 所示，然后按【Shift】键单击“火焰字 副本”图层，以同时选择这两个图层，如图 12-36 所示，按【Ctrl+E】键将黑色图层与文字图层合并为一个图层，结果如图 12-37 所示。

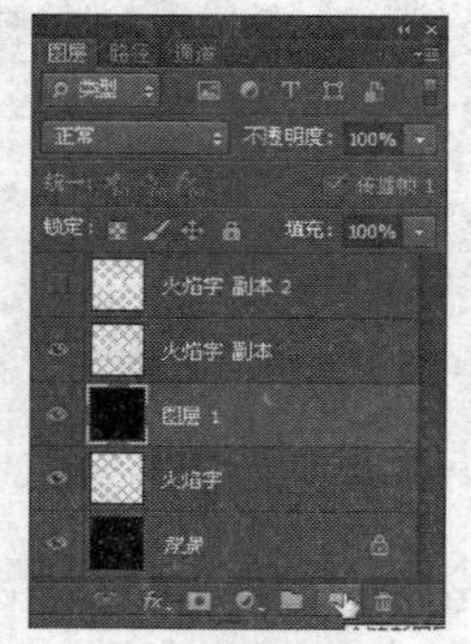

图 12-35　创建新图层

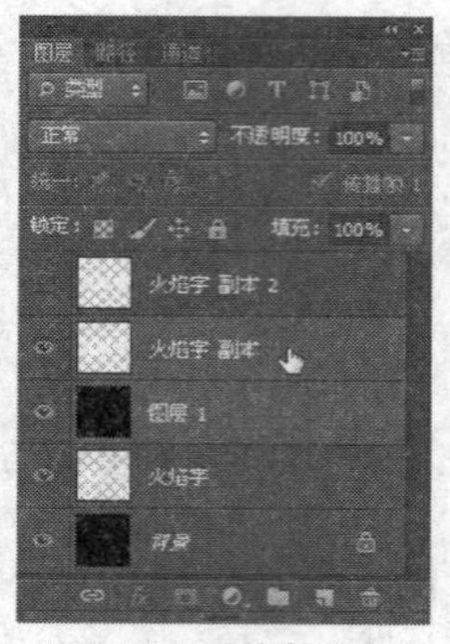

图 12-36　选择图层

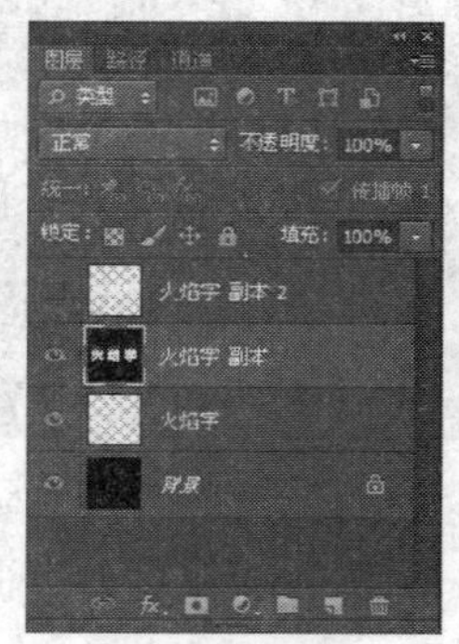

图 12-37　合并图层

11 在菜单中执行【滤镜】→【液化】命令，弹出【液化】对话框，在其中用向前变形工具在画面中对火焰进行变形，直到所需的效果为止，如图 12-38 所示，单击【确定】按钮，得到如图 12-39 所示的效果。

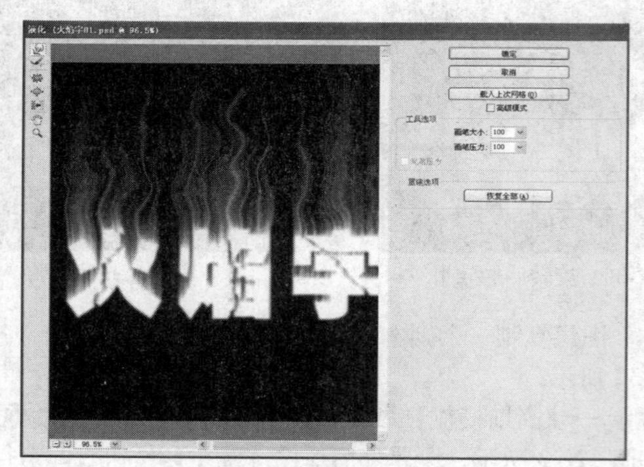

图 12-38　【液化】对话框

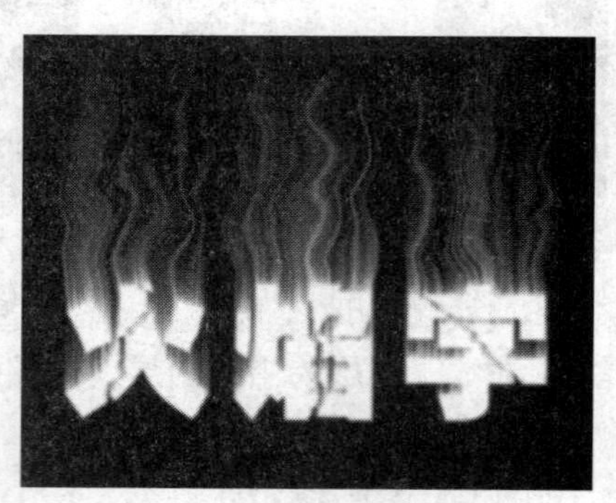

图 12-39　液化后的效果

12 在菜单中执行【图像】→【调整】→【色相/饱和度】命令或按【Ctrl+U】键，弹出【色相/饱和度】对话框，在其中勾选【着色】选项，设置【色相】为“42”，【饱和度】为“100”，其他不变，如图 12-40 所示，单击【确定】按钮，即可得到如图 12-41 所示的效果。

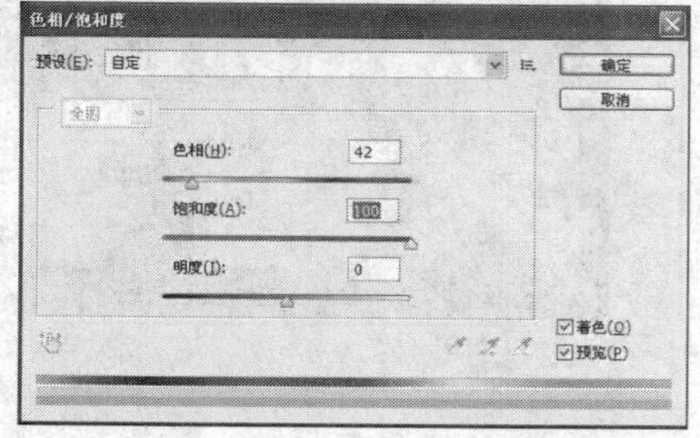

图 12-40　【色相/饱和度】对话框

图 12-41　执行【色相/饱和度】命令后的效果

13 按【Ctrl+J】键复制一层，得到“火焰字 副本 3”，将图层混合模式改为“叠加”，如图 12-42 所示，以加强火焰的效果，画面效果如图 12-43 所示。

14 在【图层】面板中显示前面关闭的图层——“火焰字 副本 2”，并以它为当前图层，如图 12-44 所示。

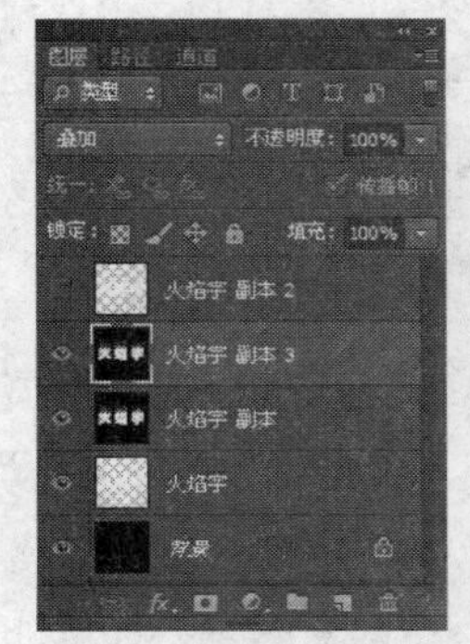

图 12-42　复制图层

图 12-43　改变混合模式后的效果

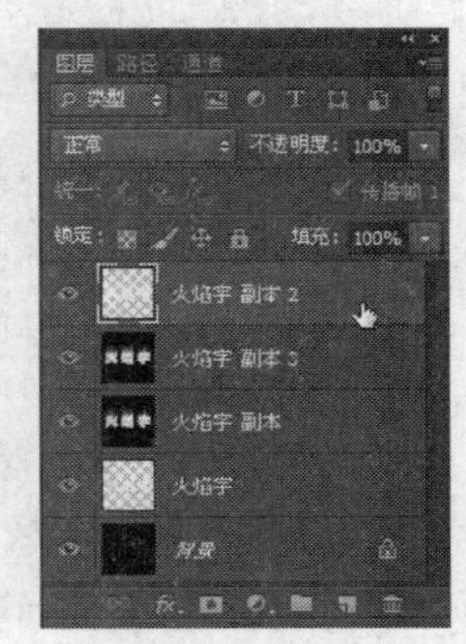

图 12-44　显示图层

15 在菜单中执行【滤镜】→【模糊】→【高斯模糊】命令，弹出【高斯模糊】对话框，在其中设置【半径】为“2.8”像素，如图 12-45 所示，设置好后单击【确定】按钮，即可得到如图 12-46 所示的效果。

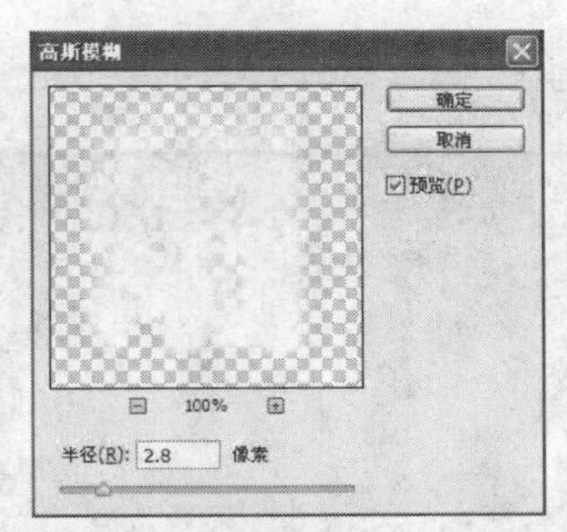

图 12-45　【高斯模糊】对话框

图 12-46　模糊后的效果

16 在【图层】面板中以“火焰字 副本 3”为当前图层，再单击【创建新图层】按钮，新建一个图层，按【Ctrl+Delete】键填充为黑色，如图 12-47 所示，然后按【Shift】键单击“火焰字 副本 2”图层，以同时选择这两个图层，如图 12-48 所示，按【Ctrl+E】键将黑色图层与文字图层合并为一个图层，结果如图 12-49 所示。

图 12-47　创建新图层

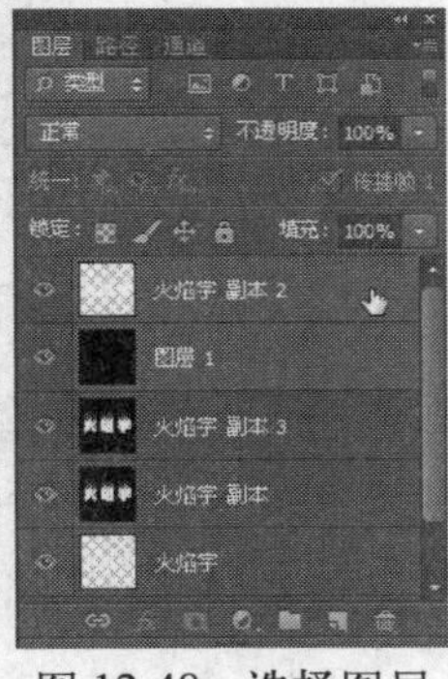

图 12-48　选择图层

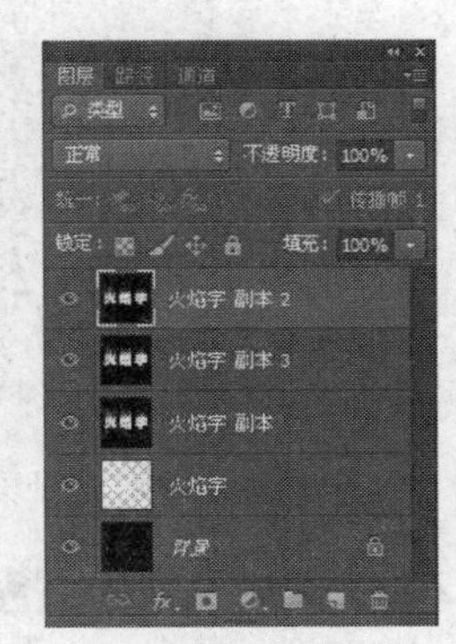

图 12-49　合并图层

17 在菜单中执行【滤镜】→【液化】命令，弹出【液化】对话框，在其中用向前变形工具在画面中对火焰进行变形，直到所需的效果为止，如图 12-50 所示，单击【确定】按钮，得到如图 12-51 所示的效果。

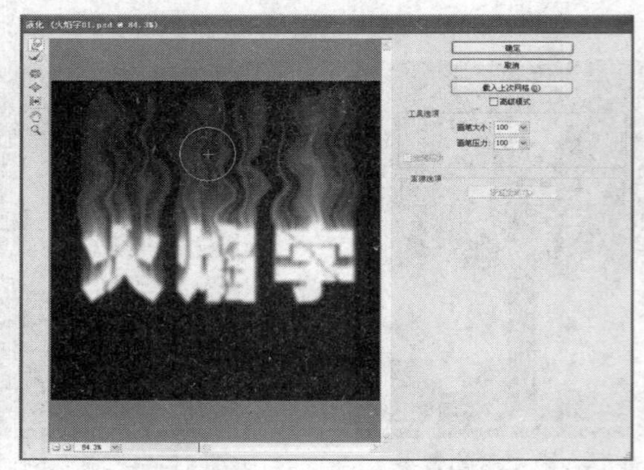

图 12-50 【液化】对话框

图 12-51 液化后的效果

18 按【Ctrl+U】键，弹出【色相/饱和度】对话框，在其中勾选【着色】选项，设置【色相】为“35”，【饱和度】为“100”，其他不变，如图 12-52 所示，单击【确定】按钮，即可得到如图 12-53 所示的效果。

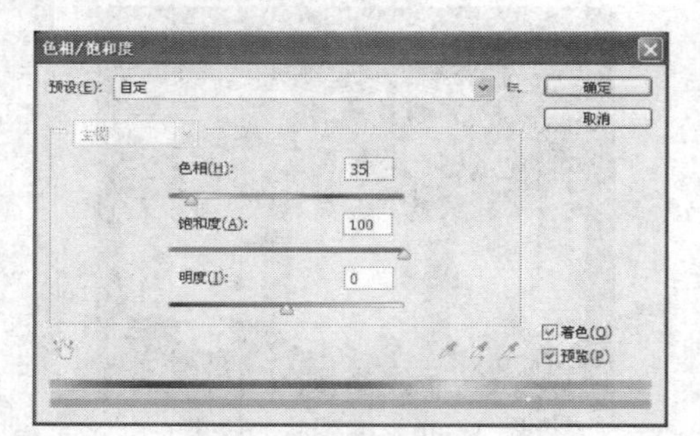

图 12-52 【色相/饱和度】对话框

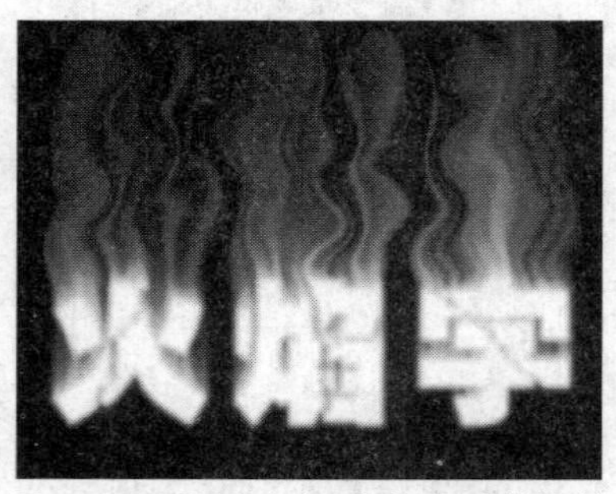

图 12-53 调整色相/饱和度后的效果

19 在【图层】面板中设置“火焰字 副本 2”图层的混合模式为“强光”，【不透明度】为“30%”，如图 12-54 所示，即可得到如图 12-55 所示的效果。

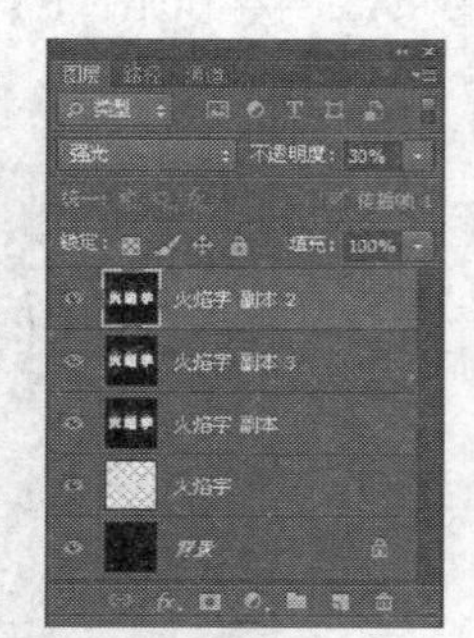

图 12-54 【图层】面板

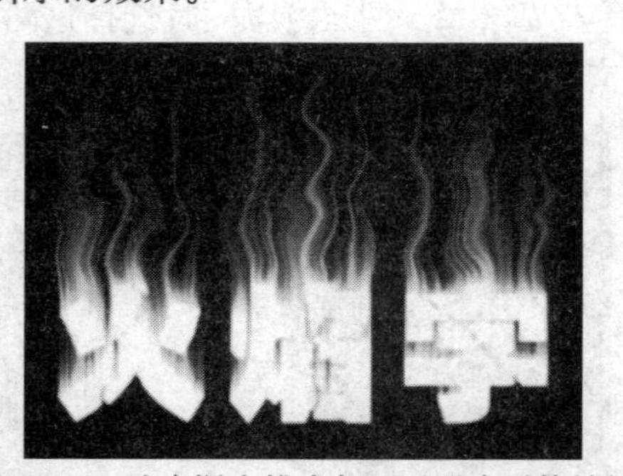

图 12-55 改变混合模式与不透明度后的效果

20 在【图层】面板中拖动火焰字图层到最上层，并单击按钮，锁定透明像素，如图 12-56 所示，设置前景色为 R：213、G：104、B：0，背景色为 R：48、G：19、B：0，点选

（渐变工具），在选项栏的渐变拾色器中选择“前景色到背景色渐变”，如图 12-57 所示，然后在画面中进行拖动，给文字进行渐变填充，填充渐变颜色后的效果如图 12-58 所示。火焰字就制作好了。

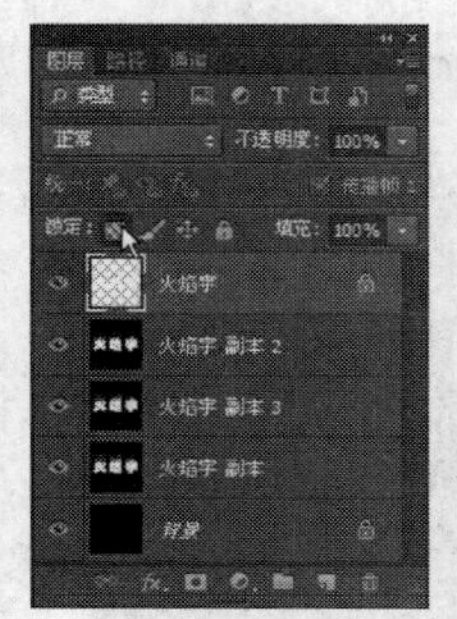

图 12-56　【图层】面板

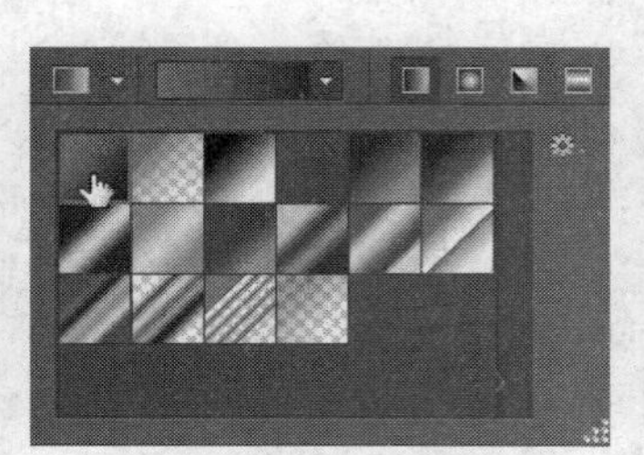

图 12-57　渐变拾色器

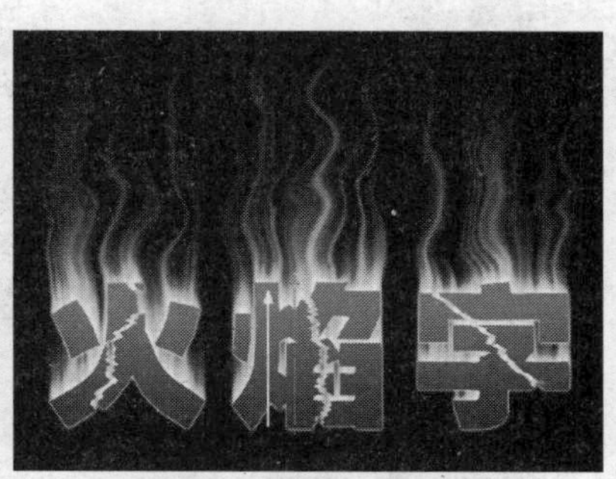

图 12-58　最终效果图

12.5　添加彩色光

先用渐变工具、【波浪】、【极坐标】、【径向模糊】与混合模式等命令将为图片添加光效果，再用渐变工具、混合模式命令为图片添加统一色调。原图与实例效果如图 12-59、图 12-60 所示。

图 12-59　原图

图 12-60　实例效果图

上机实战　添加彩色光

1　按【Ctrl+O】键配套光盘的素材库中打开 04.jpg 文件，如图 12-61 所示。

2　按【D】键将前景色与背景色设为默认值，在【图层】面板中新建图层 1，如图 12-62 所示，在工具箱中点选（渐变工具），在选项栏中设置渐变为“前景色到背景色渐变”，渐变类型为（线性渐变），然后在画面中从下向上拖动，给画面进行渐变填充，填充渐变颜色后的效果如图 12-63 所示。

图 12-61　打开的图片

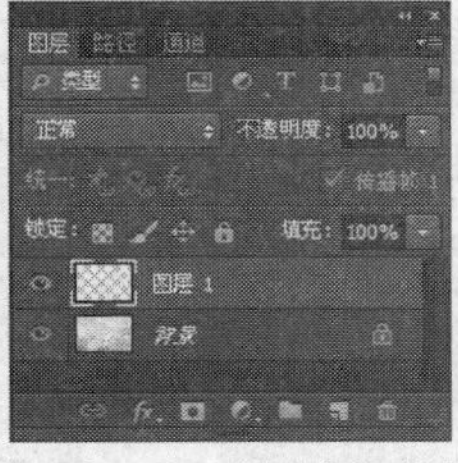

图 12-62　创建新图层

图 12-63　用渐变工具给画面进行渐变填充

3 在【滤镜】菜单中执行【扭曲】→【波浪】命令，弹出【波浪】对话框，在其中设置【类型】为“方形”，其他不变，如图 12-64 所示，设置好后单击【确定】按钮，即可得到如图 12-65 所示的效果。

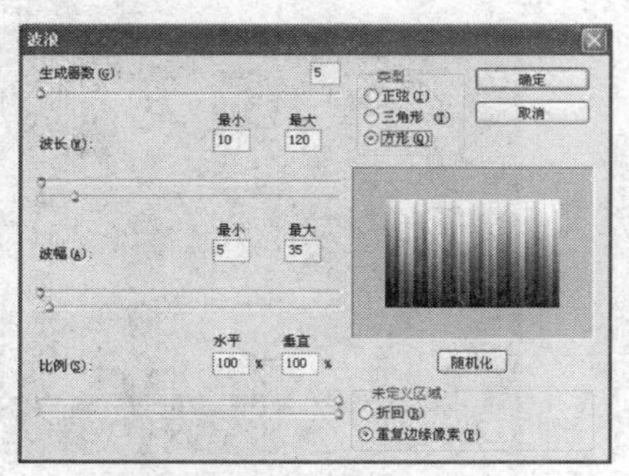

图 12-64 【波浪】对话框

图 12-65 执行【波浪】命令后的效果

4 在【滤镜】菜单中执行【扭曲】→【极坐标】命令，弹出【极坐标】对话框，在其中选择【平面坐标到极坐标】选项，如图 12-66 所示，选择好后单击【确定】按钮，即可得到如图 12-67 所示的效果。

图 12-66 【极坐标】对话框

图 12-67 执行【极坐标】命令后的效果

5 在【滤镜】菜单中执行【模糊】→【径向模糊】命令，弹出【径向模糊】对话框，在其中设置【数量】为“100”，【模糊方法】为“缩放”，其他不变，如图 12-68 所示，选择好后单击【确定】按钮，即可得到如图 12-69 所示的效果。

图 12-68 【径向模糊】对话框

图 12-69 模糊后的效果

6 在【图层】面板中设置混合模式为“叠加”，如图 12-70 所示，即可得到如图 12-71 所示的效果。

7 在【图层】面板中新建一个图层为图层 2，如图 12-72 所示，设置前景色为 R：255、G：111、B：4，背景色为白色，再点选渐变工具，在选项栏中选择【径向渐变】按钮，然后在画面中进行拖动，给画面进行渐变填充，填充渐变颜色后的效果如图 12-73 所示。

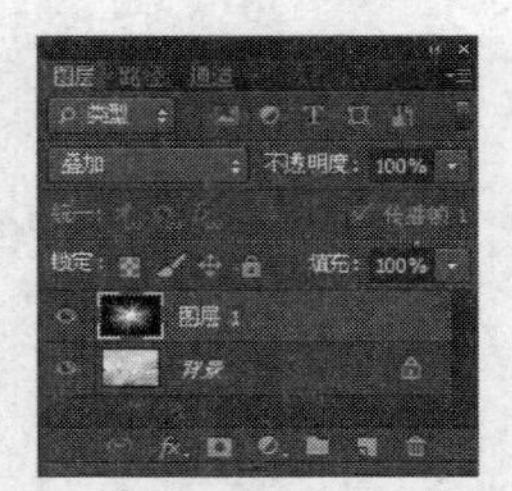

图 12-70　改变混合模式

图 12-71　改变混合模式后的效果

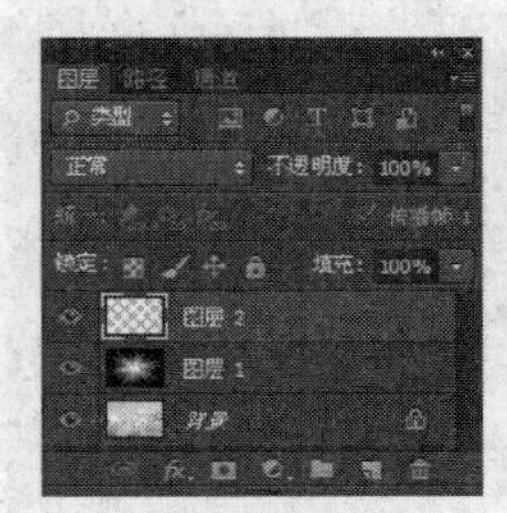

图 12-72　创建新图层

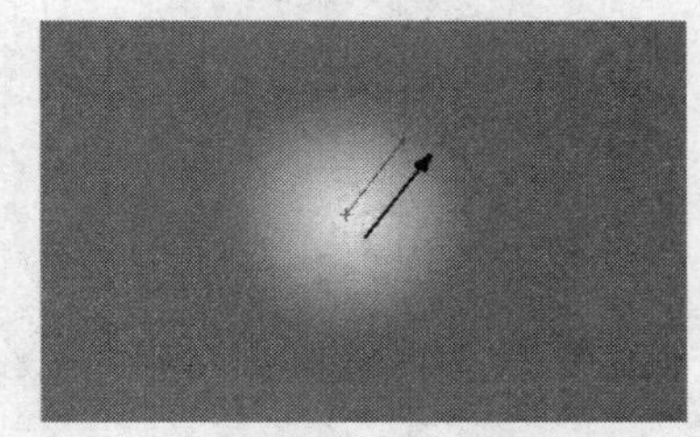

图 12-73　用渐变工具给新图层进行渐变填充

8　在【图层】面板中设置它的混合模式为“叠加”，如图 12-74 所示，即可将画面的整体色调改为暖色调了，最终效果如图 12-75 所示。

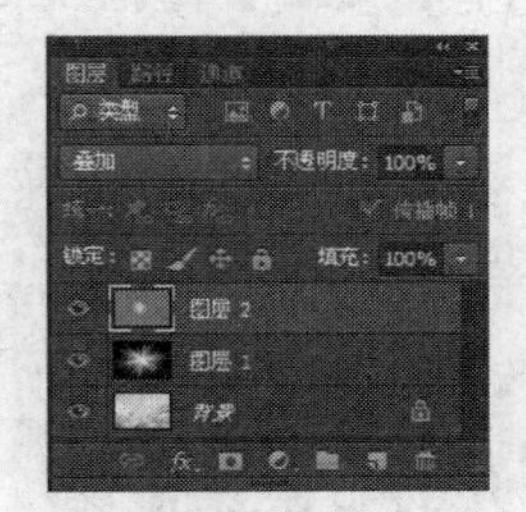

图 12-74　【图层】面板

图 12-75　最终效果图

12.6　彩色素描效果

先用【复制图层】命令与套索工具将打开的图片复制两个副本，将其中的主题勾选出，并复制一个副本，再用【纹理】、【动感模糊】、【画笔描边】、【查找边缘】、【色相/饱和度】、混合模式、【曲线】等命令对人物以外的背景进行处理，以达到彩色素描的效果。原图与实例效果图如图 12-76、图 12-77 所示。

图 12-76　原图像

图 12-77　实例效果图

上机实战　制作彩色素描效果

1 按【Ctrl+O】键从配套光盘的素材库中打开 05.jpg 文件，如图 12-78 所示。

2 按【Ctrl+J】键两次复制两个副本，其【图层】面板如图 12-79 所示。

图 12-78　打开的图片

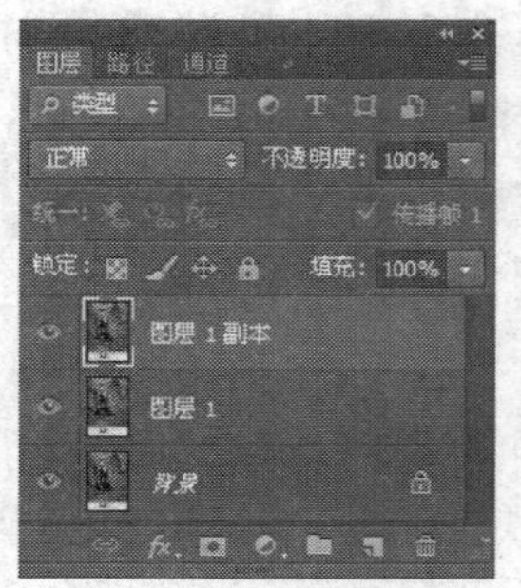

图 12-79　复制图层

3 在工具箱中点选（磁性套索工具），在画面中将人物勾选出来，如图 12-80 所示，再点选（套索工具）修改选区，需要减去选区中的内容时按下【Alt】键，如果需要将其他的内容添加到选区时按下【Shift】键，修改好后的选区如图 12-81 所示。

图 12-80　用磁性套索工具勾选人物

图 12-81　修改选区

4 按【Ctrl+J】键将选区中的内容复制到新图层中，如图 12-82 所示；再隐藏图层 2 与图层 1 副本，然后激活图层 1，以图层 1 为当前图层，如图 12-83 所示。

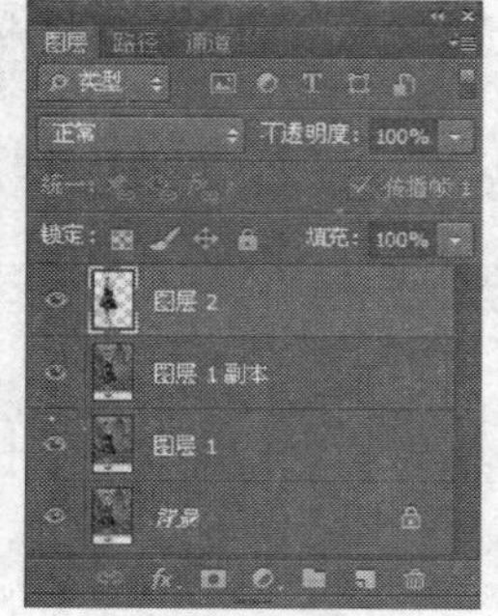

图 12-82　复制图层

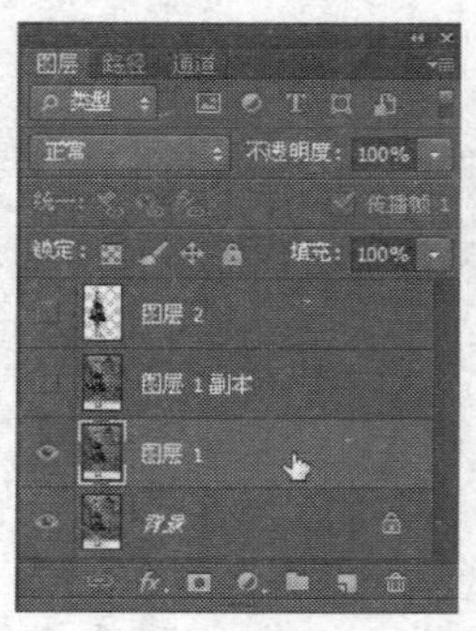

图 12-83　【图层】面板

5　在【滤镜】菜单中执行【滤镜库】命令，弹出【滤镜库】对话框，在其中展开【纹理】滤镜，单击【颗粒】滤镜，然后设置【颗粒类型】为“喷洒”，【强度】为“20”，【对比度】为“70”，如图 12-84 所示，设置好后单击【确定】按钮，即可得到如图 12-85 所示的效果。

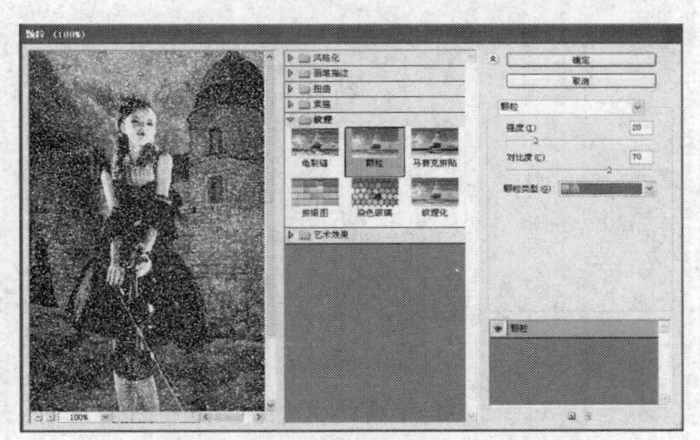

图 12-84　【滤镜库】对话框

图 12-85　添加颗粒后的效果

6　在【滤镜】菜单中执行【模糊】→【动感模糊】命令，弹出【动感模糊】对话框，在其中设置【角度】为“40”度，【距离】为“30”像素，如图 12-86 所示，单击【确定】按钮，即可得到如图 12-87 所示的效果。

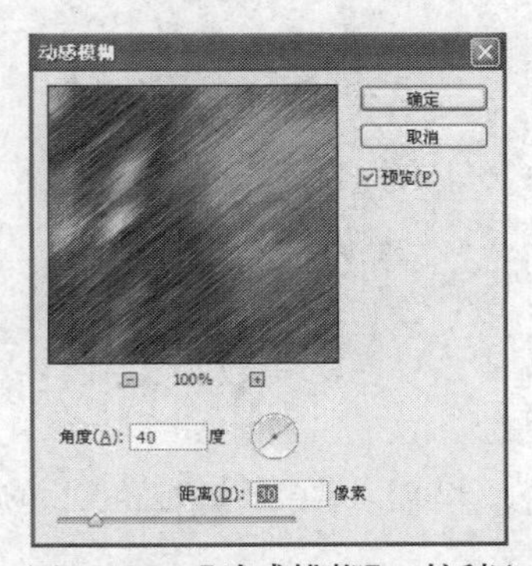

图 12-86　【动感模糊】对话框

图 12-87　模糊后的效果

7　在【滤镜】菜单中执行【滤镜库】命令，弹出【滤镜库】对话框，在其中展开【画笔描边】滤镜，再单击【成角的线条】滤镜，然后设置【方向平衡】为“40”，【描边长度】为“20”，【锐化程度】为“3”，如图 12-88 所示，设置好后单击【确定】按钮，即可得到如图 12-89 所示的效果。

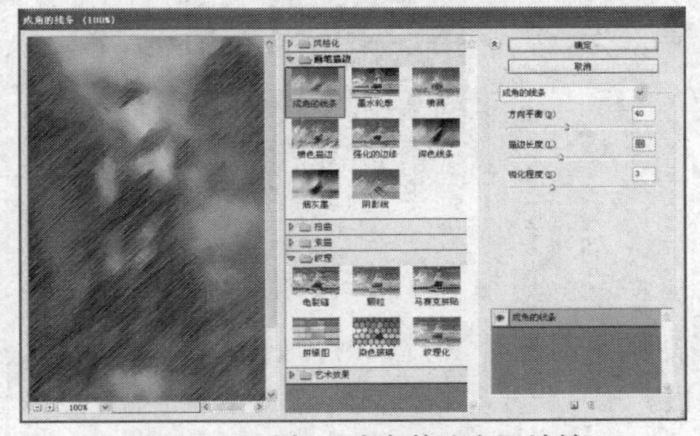

图 12-88　选择【成角的线条】滤镜

图 12-89　添加【成角的线条】滤镜后的效果

8 在【图层】面板中激活图层1副本，并显示该图层，如图12-90所示，在【滤镜】菜单中执行【风格化】→【查找边缘】命令，即可得到如图12-91所示的效果。

图12-90 【图层】面板

图12-91 执行【查找边缘】命令后的效果

9 按【Ctrl+U】键执行【色相/饱和度】命令，弹出【色相/饱和度】对话框，在其中设置【色相】为“0”，【饱和度】为“–19”，【明度】为“20”，如图12-92所示，设置好后单击【确定】按钮，即可得到如图12-93所示的效果。

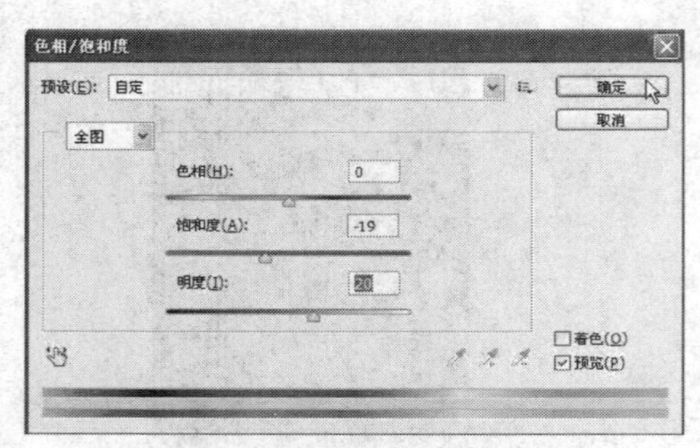

图12-92 【色相/饱和度】对话框

图12-93 调整色相/饱和度后的效果

10 在【图层】面板中设置图层1副本的混合模式为“叠加”，如图12-94所示，即可得到如图12-95所示的效果。

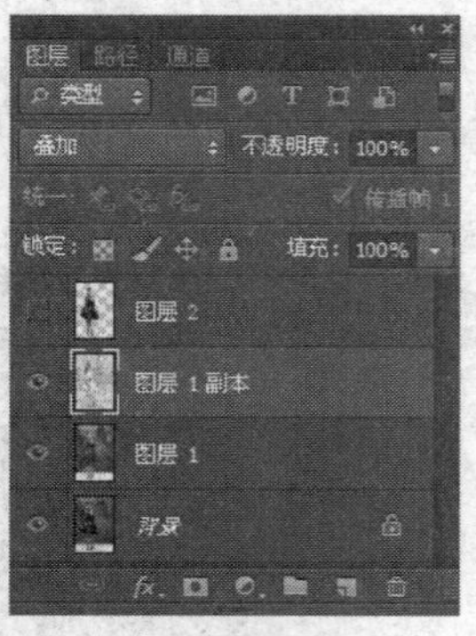

图12-94 【图层】面板

图12-95 改变混合模式后的效果

11 按【Ctrl+O】键打开一个用于添加色彩的风景图片（05.psd），如图12-96所示，按【Ctrl+A】键全选，再按【Ctrl+C】键进行拷贝。

12 显示正在编辑的人物图片，按【Ctrl+V】键进行粘贴，即可将风景图片复制到该图片

中，并设置其混合模式为“叠加”，【不透明度】为“50%”，如图 12-97 所示，即可得到如图 12-98 所示的效果。

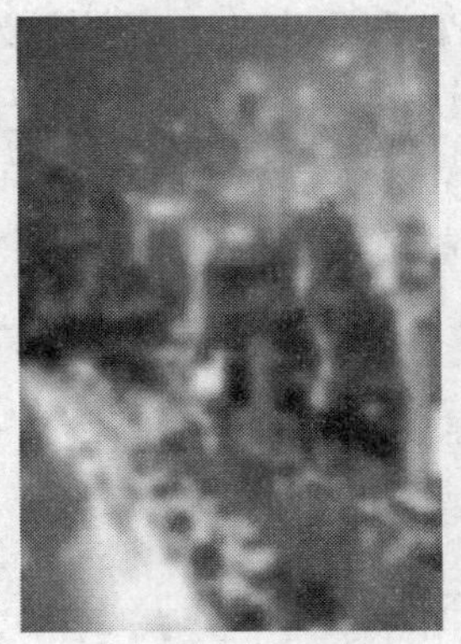

图 12-96　打开的图片

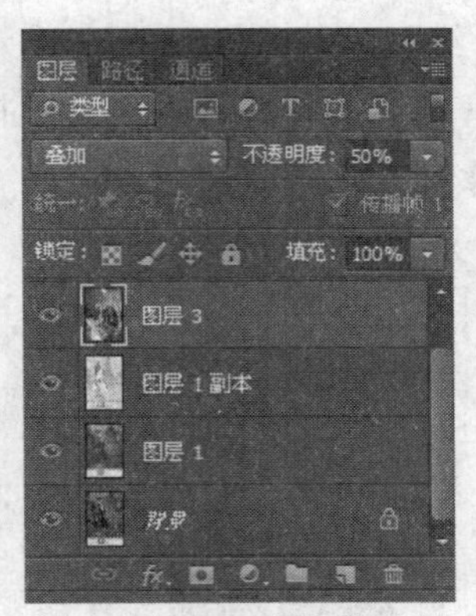

图 12-97　【图层】面板

图 12-98　改变混合模式与不透明度后的效果

13 在【图层】面板中显示图层 2，并激活它，以它为当前图层，如图 12-99 所示，画面效果如图 12-100 所示。

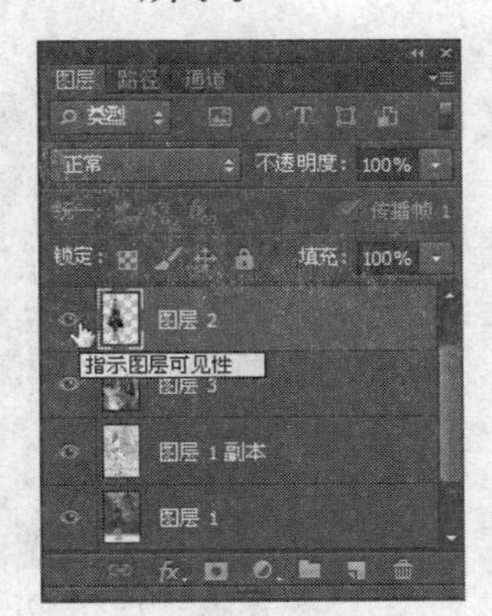

图 12-99　【图层】面板

图 12-100　显示图层后的效果

14 在【图层】面板的底部单击【创建新的填充或调整图层】按钮，弹出一个菜单，在其中选择【曲线】命令，如图 12-101 所示；显示【属性】面板，在其中将网格中的直线调整为曲线，并将画面调亮，如图 12-102 所示，图片就处理好了，画面效果如图 12-103 所示。

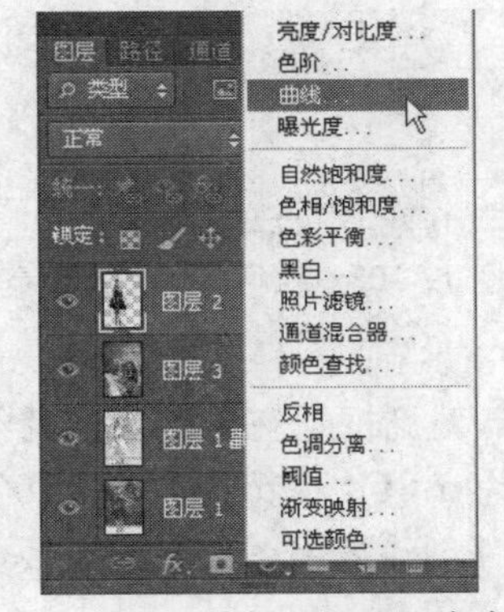

图 12-101　选择【曲线】命令

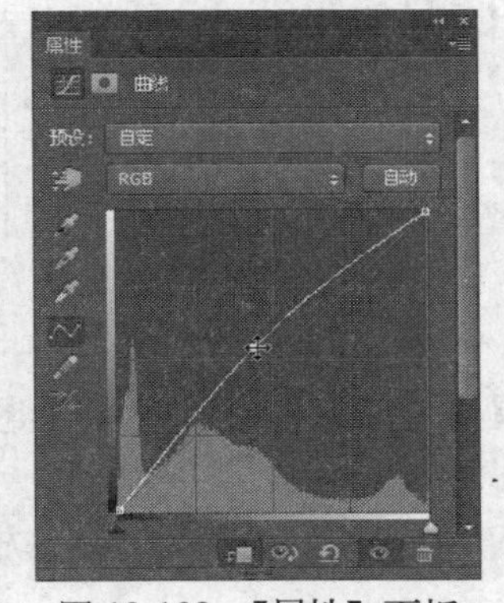

图 12-102　【属性】面板

图 12-103　最终效果图

12.7 用滤镜制作水珠效果

先用新建图层、【填充】、【纤维】、【纹理】、【石膏效果】将新建图层中的内容处理为有气泡的效果，再用魔棒工具、混合模式、图层蒙版等命令将新建图层的气泡处理为水杯中的气泡。实例效果如图 12-104 所示。

图 12-104 实例效果图

上机实战 用滤镜制作水珠效果

1 按【Ctrl+O】键从配套光盘的素材库中打开一张要添加水珠的图片（06.jpg），如图 12-105 所示。

图 12-105 打开的图片

2 显示【图层】面板，在其中单击【创建新图层】按钮，新建图层 1，再设置背景色为白色，按【Ctrl+Delete】键将图层 1 填充为白色，如图 12-106 所示。

3 设置前景色为黑色，在【滤镜】菜单中执行【渲染】→【纤维】命令，弹出【纤维】对话框，应用默认值，如图 12-107 所示，单击【确定】按钮，即可得到如图 12-108 所示的效果。

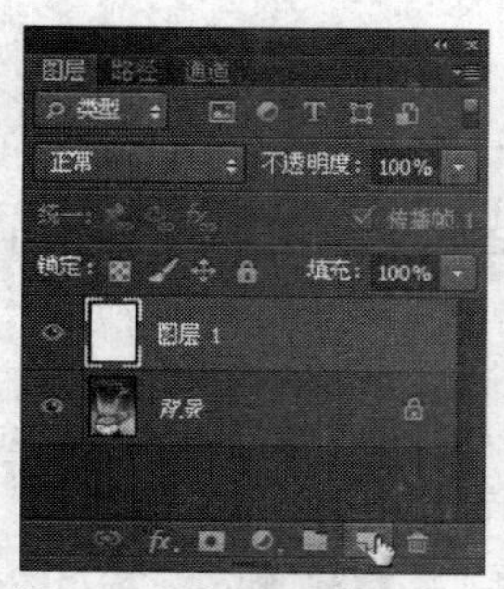

图 12-106 【图层】面板

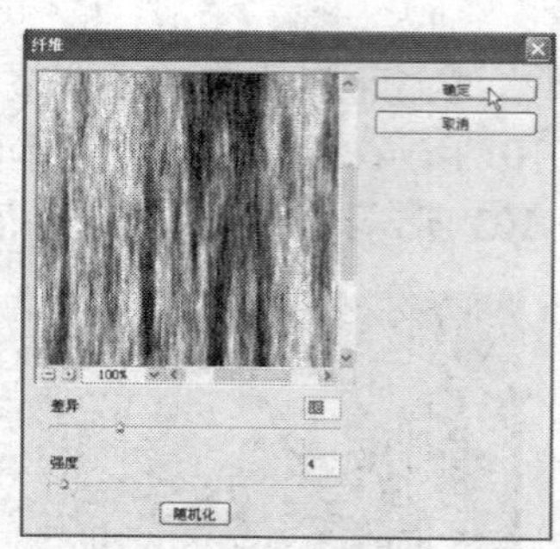

图 12-107 【纤维】对话框

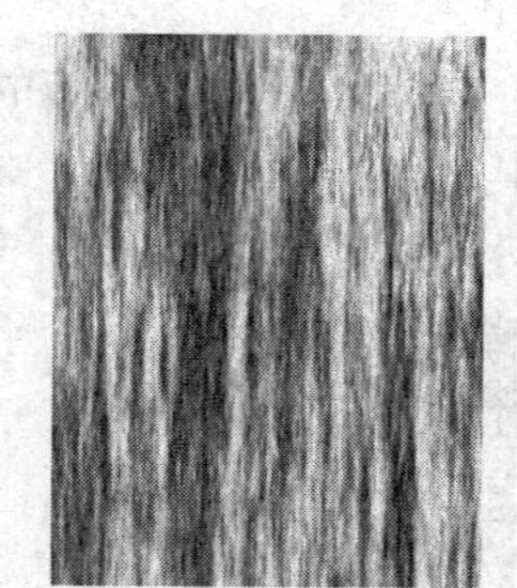

图 12-108 执行【纤维】命令后的效果

4 在【滤镜】菜单中执行【滤镜库】命令，弹出【滤镜库】对话框，在其中展开【纹理】滤镜，再单击【染色玻璃】滤镜，然后设置【单元格大小】为 6，【边框粗细】为“10”，【光照强度】为“1”，如图 12-109 所示；在对话框的右下方单击【创建效果图层】按钮，创建一个效果图层，如图 12-110 所示。

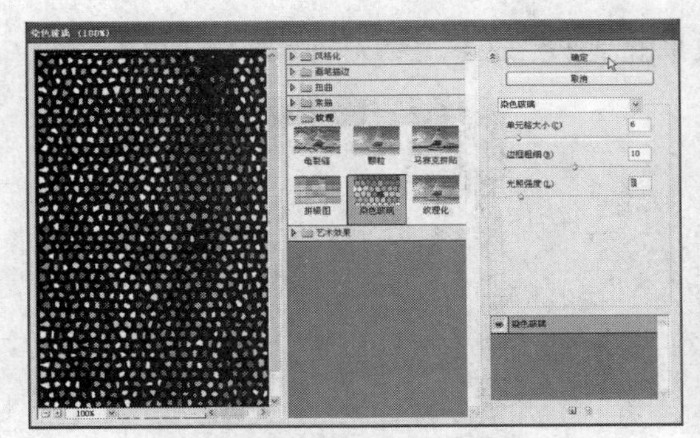
图 12-109 【滤镜库】对话框

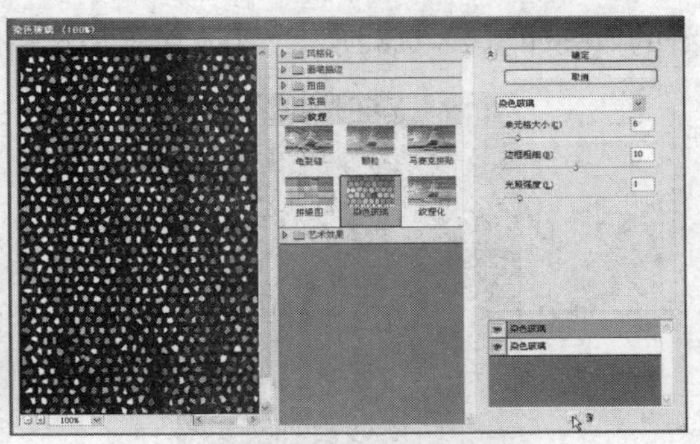
图 12-110 【滤镜库】对话框

5 在【滤镜库】中显示【素描】滤镜，单击【石膏效果】滤镜，然后设置【图像平衡】为“20”，【平滑度】为“8”，【光照】为“上”，如图 12-111 所示，设置好后单击【确定】按钮，即可得到如图 12-112 所示的效果。

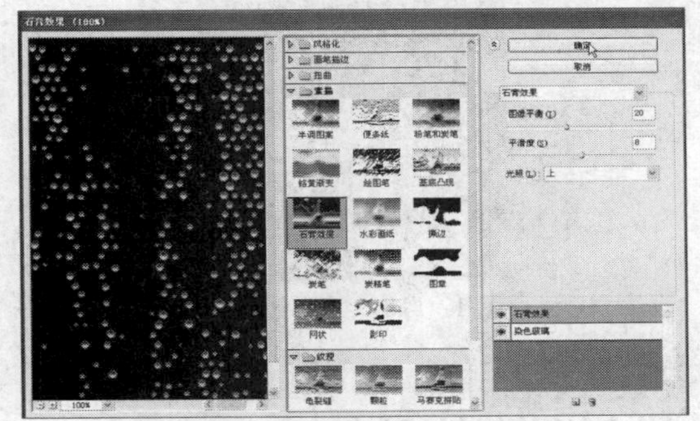
图 12-111 【滤镜库】对话框

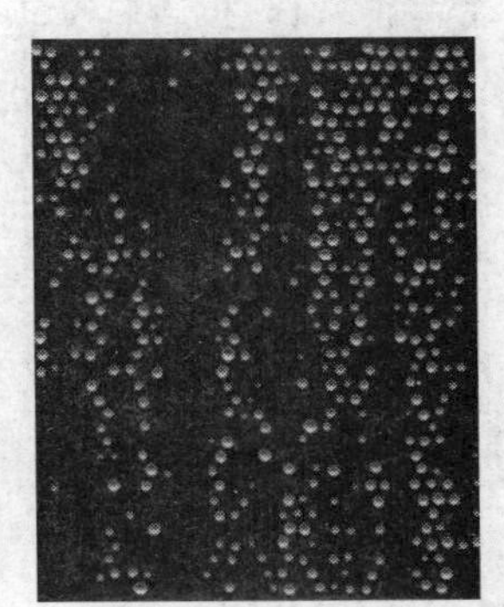
图 12-112 执行【滤镜】命令后的效果

6 在工具箱中选择魔棒工具，采用默认值，在画面中黑色部分上单击以选择黑色区域，如图 12-113 所示，再按【Delete】键将选区内容删除，然后按【Ctrl+D】键取消选择，得到如图 12-114 所示效果。

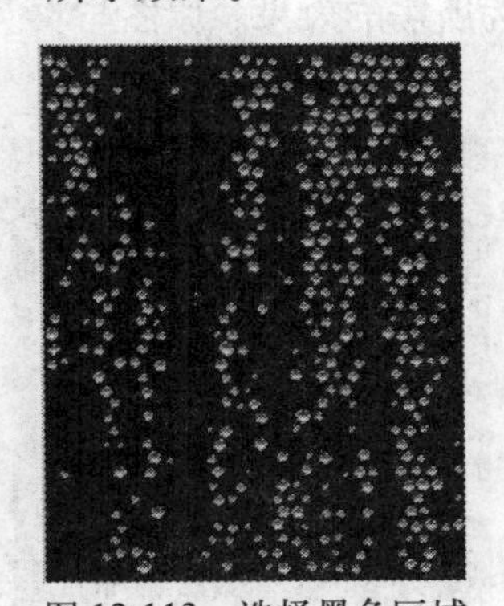
图 12-113 选择黑色区域

图 12-114 删除选区内容后的效果

7 在【图层】面板中设置其混合模式为“叠加”，如图 12-115 所示，将水珠融入画面中，如图 12-116 所示。

8 在【图层】面板的底部单击【添加图层蒙版】按钮，给图层 1 添加图层蒙版，如图 12-117 所示，然后点选画笔工具，设置前景色为黑色，在画面中将多余的水珠隐藏掉，隐藏好的效果如图 12-118 所示。为水杯添加水珠效果就制作完成了。

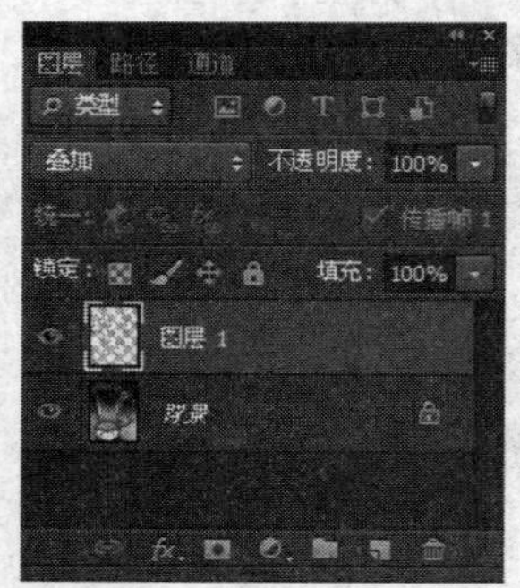

图 12-115 【图层】面板

图 12-116 改变混合模式后的效果

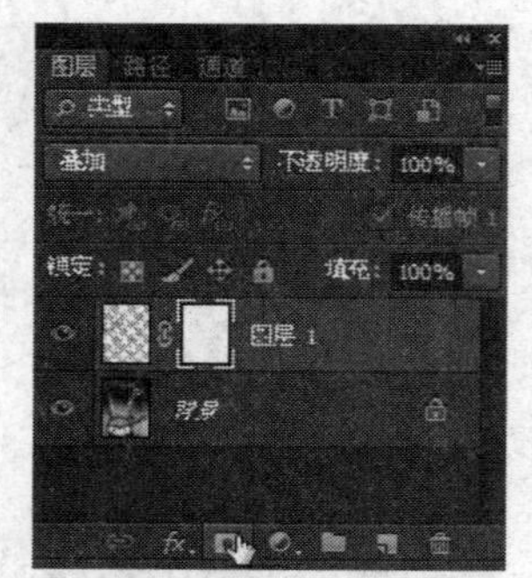

图 12-117 【图层】面板

图 12-118 最终效果图

12.8 用外挂滤镜（Topaz 滤镜）进行图片处理

先下载 Topaz 滤镜并解压与复制到安装 Photoshop 的滤镜（Plug-Ins）目录中，再用这个滤镜对图片进行清楚与纹理处理，然后用【减少杂色】、套索工具、【蒙尘与划痕】、【匹配颜色】、混合模式、盖印图层、【曲线】等命令将图片处理为所需的效果。原图与实例效果图如图 12-119、图 12-120 所示。

图 12-119 原图像

图 12-120 实例效果图

上机实战 使用 Topaz 滤镜处理图片

(1) 安装外挂滤镜

1 先到网上下载 Topaz 滤镜，下载好后将其解压，解压后的文档，如图 12-121 所示，

然后将 tlsharpen 文件复制到 Photoshop CS6 安装文件夹中的滤镜（Plug-Ins）目录中——比如笔者用的是 Photoshop CS6 安装在 C 盘中，那么路径就是：C:\Program Files\Adobe\Adobe Photoshop CS6\Plug-ins 目录中。

2　将 tlpsplib10.dll 文件复制到 C:\Program Files\Adobe\Adobe Photoshop CS6 中，复制好后重新启动 Photoshop CS6 软件，这样就可以在【滤镜】菜单里找到新的滤镜，如图 12-122 所示。

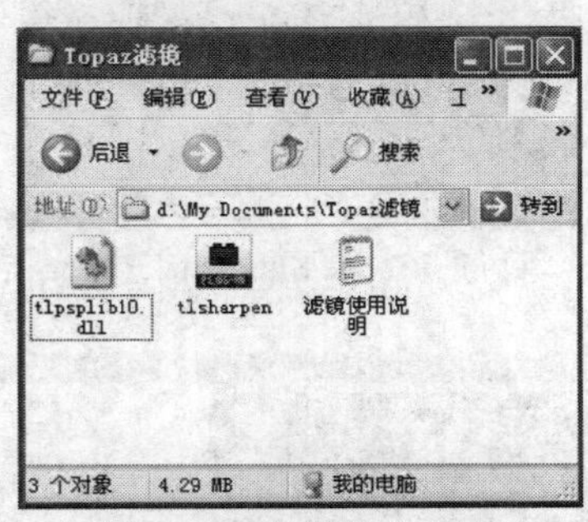

图 12-121　文件夹窗口

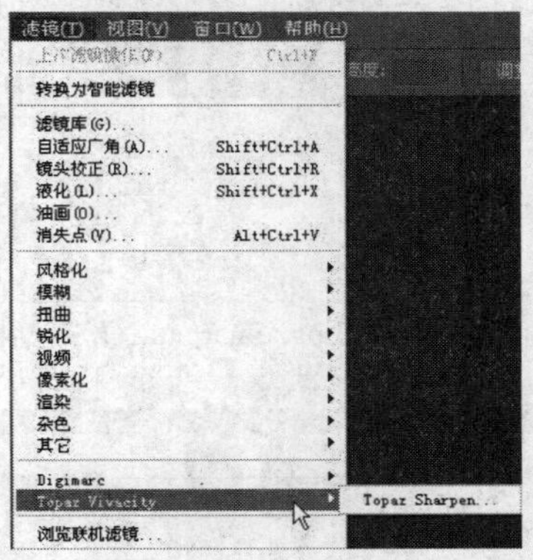

图 12-122　滤镜菜单

（2）图片处理

3　按【Ctrl+O】键从配套光盘的素材库中打开 07.jpg 文件，如图 12-123 所示，再按【Ctrl+J】键复制一层，得到图层 1，如图 12-124 所示。

图 12-123　打开的图像

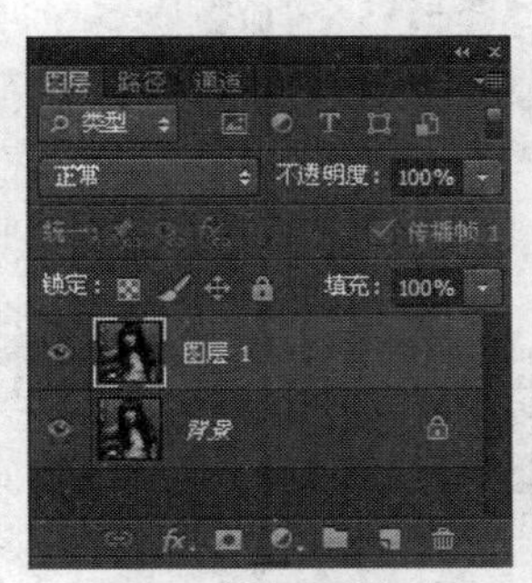

图 12-124　复制图层

4　在【滤镜】菜单中执行【Topaz Vivacity】→【Topaz Sharpen...】命令，弹出【Topaz Sharpen...】对话框，在其中设置【线性特色】为“1”，【模糊】为“2”，【水平效果削减】为“1”，【垂直效果削减】为“1”，如图 12-125 所示，设置好后单击【确定】按钮，即可得到如图 12-126 所示的效果。

5　在【滤镜】菜单中执行【杂色】→【减少杂色】命令，弹出【减少杂色】对话框，在其中单击【每通道】标签，显示其内容，再在其中设置【通道】为“红”，【强度】为“10”，【保留细节】为“100%”，如图 12-127 所示。

6　在【减少杂色】对话框【每通道】面板中设置【通道】为“绿”，【强度】为“10”，【保留细节】为“7%”，如图 12-128 所示；再在【每通道】面板中设置【通道】为“蓝”，【强度】为“10”，【保留细节】为“4%”，如图 12-129 所示，单击【确定】按钮，即可得到如图 12-130 所示的效果。

图 12-125 【Topaz Sharpen...】对话框

图 12-126 执行【Topaz Sharpen...】命令后的效果

图 12-127 【减少杂色】对话框

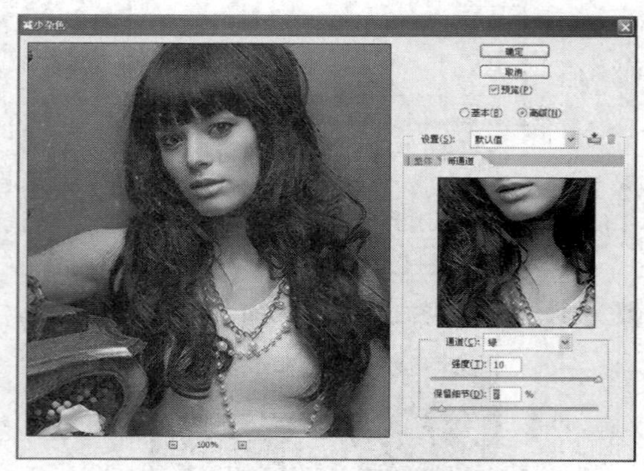

图 12-128 【减少杂色】对话框

图 12-129 【减少杂色】对话框

图 12-130 减少杂色后的效果

7 在工具箱中点选套索工具，在选项栏中设置【羽化】为“1 像素”，然后在画面中勾选出下嘴唇，如图 12-131 所示。

8 在【滤镜】菜单中执行【杂色】→【蒙尘与划痕】命令，弹出【蒙尘与划痕】对话框，在其中设置【半径】为“1”像素，【阈值】为“0”色阶，如图 12-132 所示，单击【确定】按钮，即可得到如图 12-133 所示的效果。再按【Ctrl+D】键取消选择。

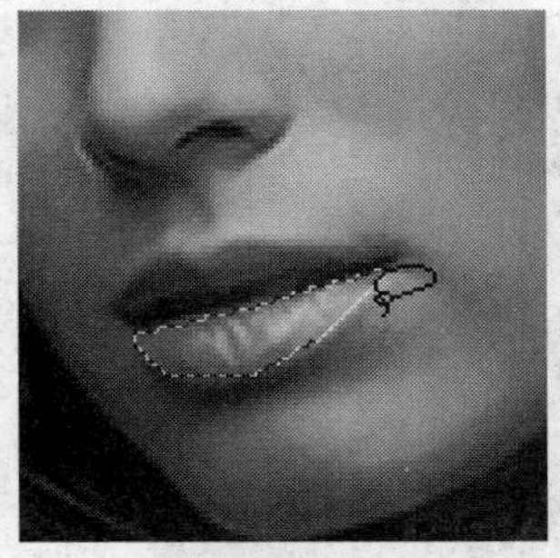

图 12-131　用套索工具选择下嘴唇

图 12-132　【蒙尘与划痕】对话框

图 12-133　执行【蒙尘与划痕】命令后的效果

9　在【图像】菜单中执行【调整】→【匹配颜色】命令，弹出【匹配颜色】对话框，在其中勾选【中和】选项，如图 12-134 所示，单击【确定】按钮，即可得到如图 12-135 所示的效果。

图 12-134　【匹配颜色】对话框

图 12-135　匹配颜色后的效果

10 按【Ctrl+J】键复制一层，并将其图层混合模式改为“柔光”，【不透明度】为“40%”，如图 12-136 所示，即可得到如图 12-137 所示的效果。

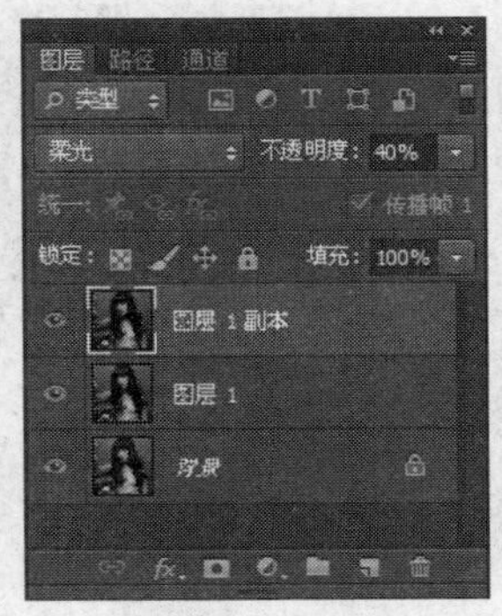

图 12-136　复制图层并改变混合模式与不透明度

图 12-137　改变混合模式与不透明度后的效果

11 按【Shift+Ctrl+Alt+E】键盖印图层，在菜单中执行【图像】→【调整】→【照片滤镜】命令，弹出【照片滤镜】对话框，在其中的【滤镜列】表中选择“冷却滤镜（82）”，再设置【浓度】为“25%”，其他不变，如图 12-138 所示，单击【确定】按钮，即可得到如图 12-139 所示的效果。

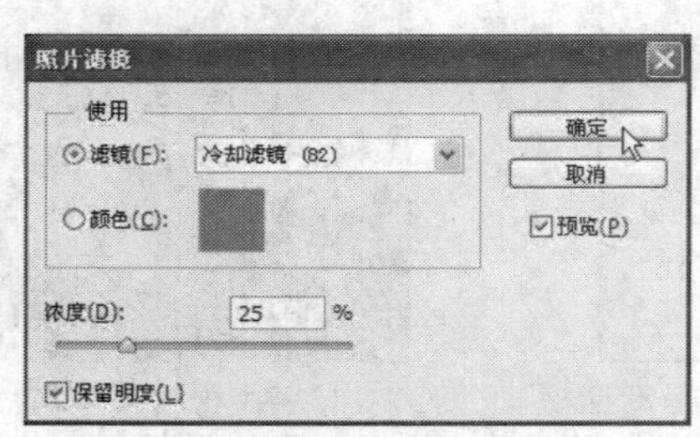

图 12-138 【照片滤镜】对话框

图 12-139 设置冷却滤镜后的效果

12 将合并后的图层 2 的【不透明度】改为“70%”，如图 12-140 所示，将刚添加的冷色调降低，其画面效果如图 12-141 所示。

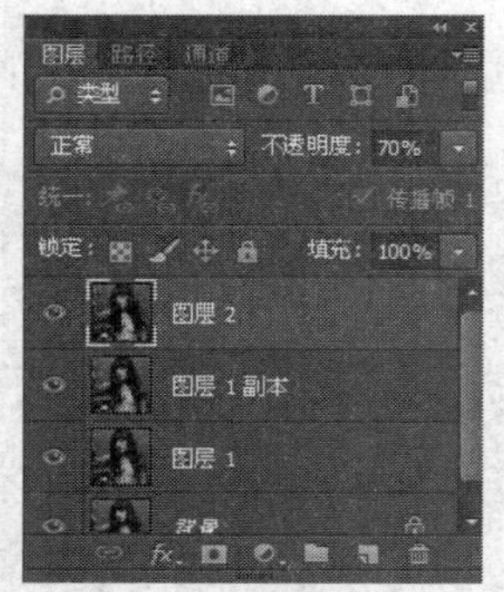

图 12-140 【图层】面板

图 12-141 改变不透明度后的效果

13 在【图层】面板的底部单击【创建新的填充或调整图层】按钮，弹出一个菜单，在其中选择【曲线】命令，如图 12-142 所示；显示【属性】面板，在其中将网格中的直线调整为曲线，以将画面调亮，如图 12-143 所示，图片就处理好了，画面效果如图 12-144 所示。

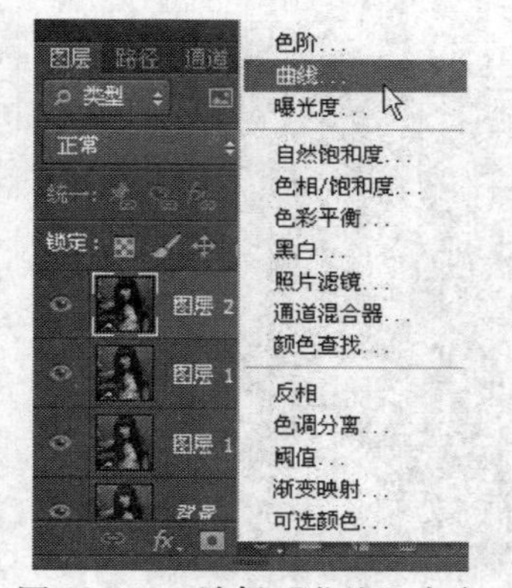

图 12-142 选择【曲线】命令

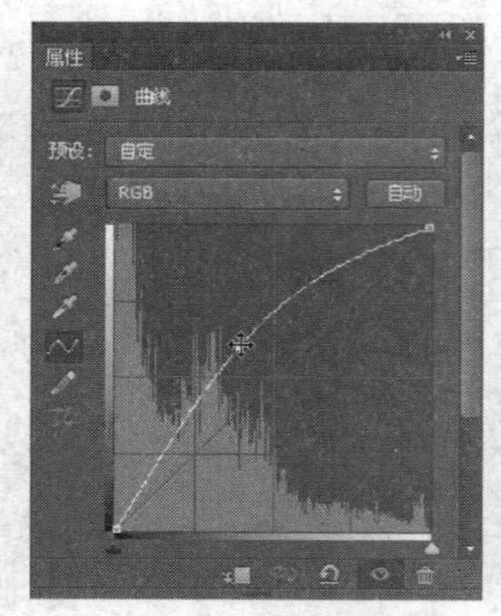

图 12-143 【属性】面板

图 12-144 最终效果图

12.9 本章习题

根据所学内容，为如图 12-145 所示的图片添加一些光束，实例效果如图 12-146 所示。

图 12-145　原图像

图 12-146　处理后的效果

操作提示：先用【新建】、【云彩】、【分层云彩】、【铜板雕刻】、【径向模糊】、【高斯模糊】、【图层混合模式】等命令将图像处理出光照效果，然后用【图层混合模式】将光照效果添加到图片中。

第 13 章 动 画 制 作

教学目标

本章通过制作光束环绕动画、放射效果以及制作眨眼动画 3 个实例介绍在 Photoshop CS6 中动画功能的运用。

13.1 制作光束环绕动画

先用钢笔工具在人物上勾画出一条曲线路径并描边，再用多边形套索工具将需要隐藏的描边勾选，并建立蒙版以将其隐藏，然后用矩形选框工具、渐变工具、【羽化】、【复制所选帧】、过渡动画帧、【存储为 Web 所用格式】等命令将描边不需要显示的隐藏，需要显示的描边显示，同时复制所选帧创建多个动画帧，即可制作出所需的光束环绕动画了。实例效果如图 13-1 所示。

图 13-1 实例效果图

上机实战 制作光束环绕动画

1 按【Ctrl+O】键从配套光盘的素材库中打开 01.psd 文件，如图 13-2 所示。在【图层】面板中单击【创建新图层】按钮，新建图层 1，如图 13-3 所示。

2 在工具箱中点选（钢笔工具），在选项栏中选择“路径”，显示【路径】面板，在其中单击【创建新路径】按钮，新建路径 1，如图 13-4 所示，然后在画面中勾画出一条围绕人物旋转的路径，如图 13-5 所示。

图 13-2 打开的文件

图 13-3 【图层】面板

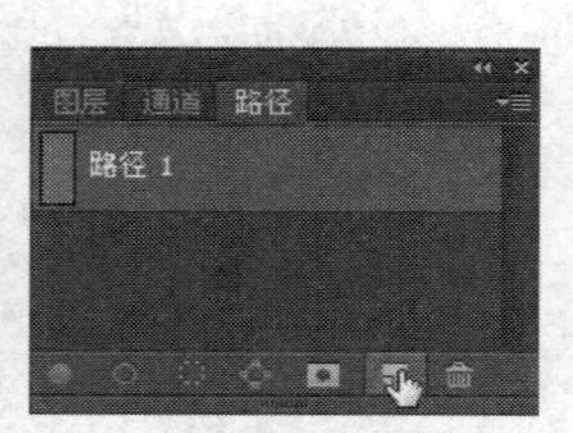

图 13-4 【路径】面板

图 13-5 勾画路径

3 设置前景色为“#1e8fc9”，点选画笔工具，在【画笔】弹出式面板中选择硬边圆，设置【大小】为“1 像素”，如图 13-6 所示。接着在【路径】面板中单击【用画笔描边路径】

按钮，如图 13-7 所示，给路径进行描边，结果如图 13-8 所示。

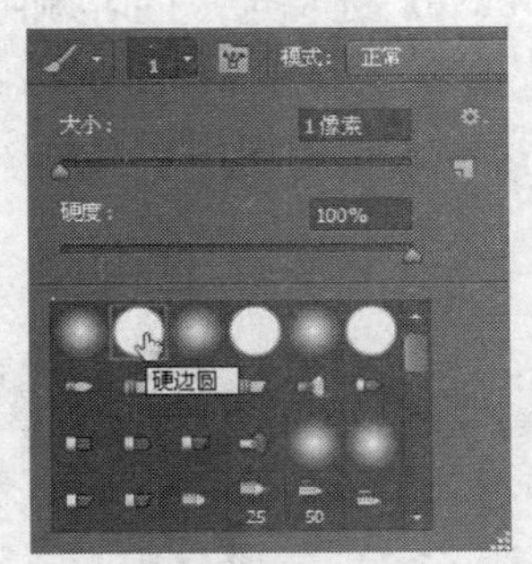

图 13-6　在画笔弹出式面板中选择硬边圆

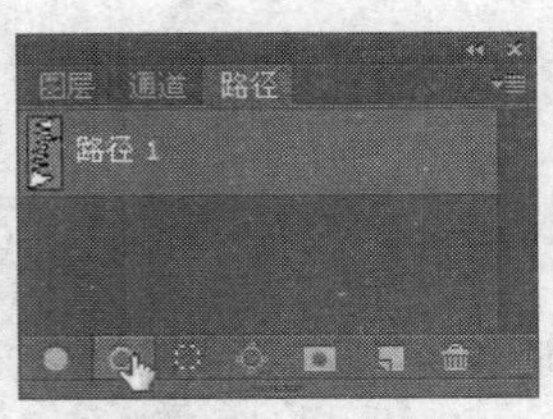

图 13-7　【路径】面板

图 13-8　给路径进行描边

4　显示【画笔】面板，在其中选择【画笔笔尖形状】选项，选择“柔角 30”画笔笔尖，设置其【大小】为“5 像素”，【间距】为“25%”，勾选【散布】选项，如图 13-9 所示。再单击【形状动态】选项，显示【形状动态】的相关选项，在其中设置【大小抖动】为“100%”，其他不变，如图 13-10 所示。然后单击【散布】选项，显示【散布】的相关选项，勾选【两轴】选项，设置【散布】为“360%”，【数量】为“1”，【数量抖动】为“11%”，其他不变，如图 13-11 所示。

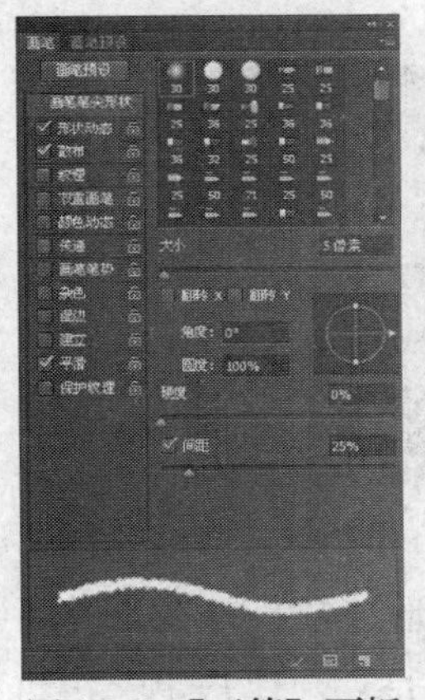
图 13-9　【画笔】面板

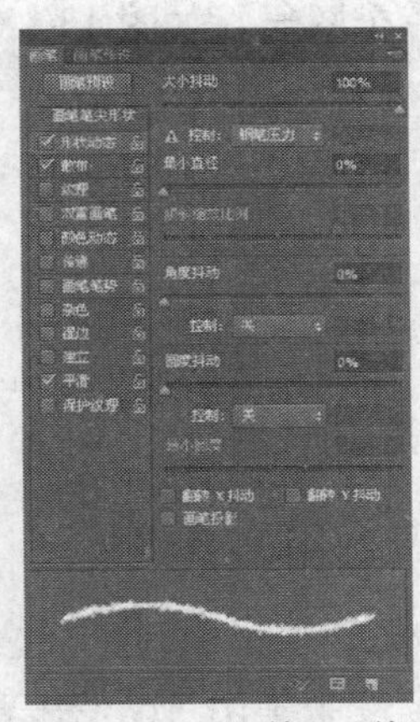
图 13-10　【画笔】面板

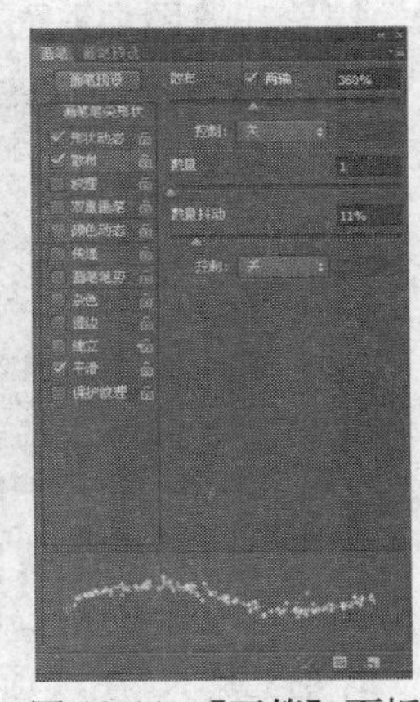
图 13-11　【画笔】面板

5　在【路径】面板中单击【用画笔描边路径】按钮，如图 13-12 所示，给路径进行描边，再按【Shift】键单击路径 1 隐藏路径，得到如图 13-13 所示的效果。

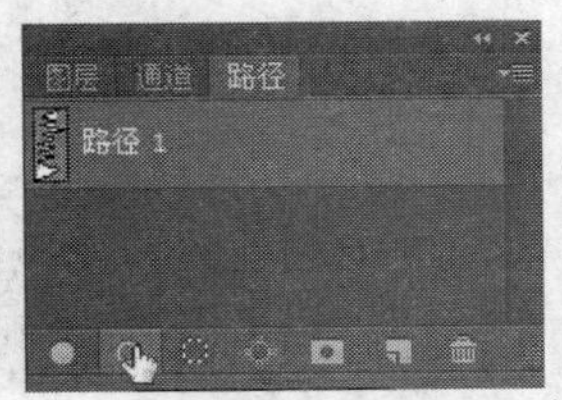

图 13-12　【路径】面板

图 13-13　给路径进行描边

6 在工具箱中点选 （多边形套索工具），在选项栏中选择 （添加到选区）按钮，然后在画面中将不需要的描边勾选，如图13-14所示；再按【Delete】键将选区内容删除，删除后的效果如图13-15所示。

7 按【Ctrl】键在【图层】面板中单击图层1的图层缩览图，使图层1载入选区，得到如图13-16所示的选区。

图13-14 将不需要的描边勾选

图13-15 删除后的效果

图13-16 使图层1内容载入选区

8 在【图层】面板中单击【添加图层蒙版】按钮，由选区建立图层蒙版，如图13-17所示。接着在【图层】面板中创建一个图层，如图13-18所示。

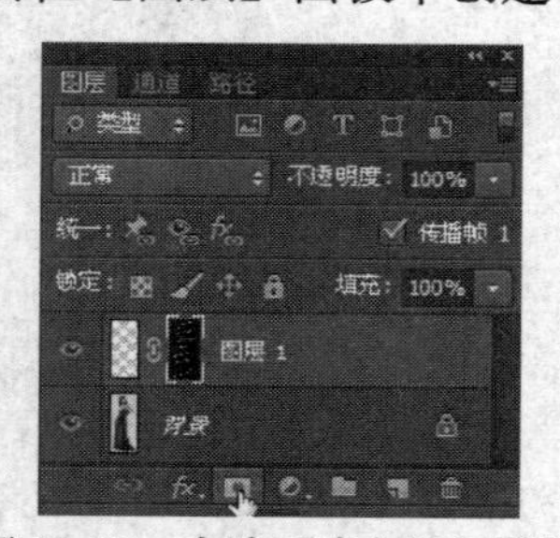

图13-17 由选区建立图层蒙版

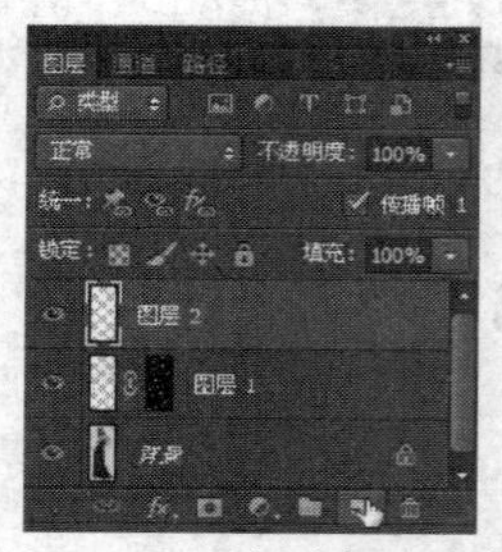

图13-18 创建新图层

9 在工具箱中点选矩形选框工具，在画面的底部绘制一个矩形选框；再在工具箱中点选 （渐变工具），在选项栏中单击渐变条弹出【渐变编辑器】对话框，并在其中编辑所需的渐变，如图13-19所示，单击【确定】按钮，然后在画面中选区内拖动，给选区进行渐变填充，填充渐变颜色后的效果如图13-20所示。

10 用矩形选框工具在刚进行渐变填充的矩形上方绘制一个矩形选框，如图13-21所示。

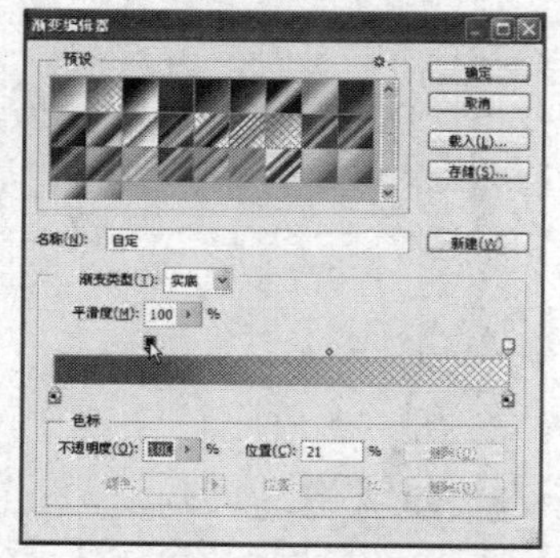

图13-19 【渐变编辑器】对话框

图13-20 给选区进行渐变填充

图13-21 绘制矩形选框

11 在【选择】菜单中执行【修改】→【羽化】命令，显示【羽化选区】对话框，在其中设置【羽化半径】为“5”像素，如图13-22所示，单击【确定】按钮，将选区进行羽化，然后在键盘上按【Delete】键2次，将刚进行的渐变颜色边缘柔化，得到所需的效果后按【Ctrl+D】键取消选择，结果如图13-23所示。

图13-22　【羽化选区】对话框

12 在【图层】面板中将图层1图层蒙版缩览图拖动到图层2，如图13-24所示，将图层1的蒙版应用到图层2中，如图13-25所示。

图13-23　将渐变颜色边缘柔化

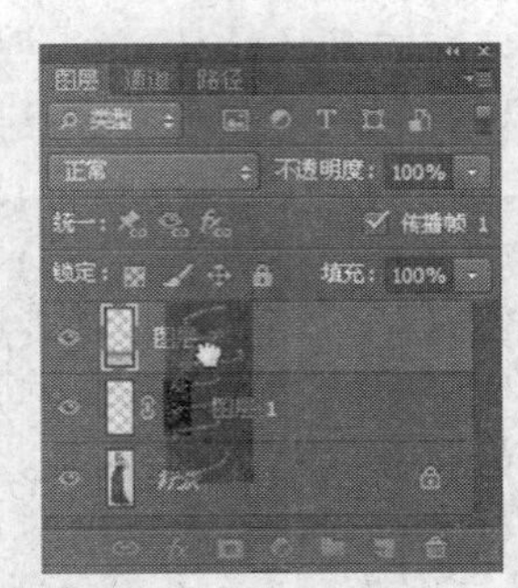

图13-24　拖动图层蒙版缩览图

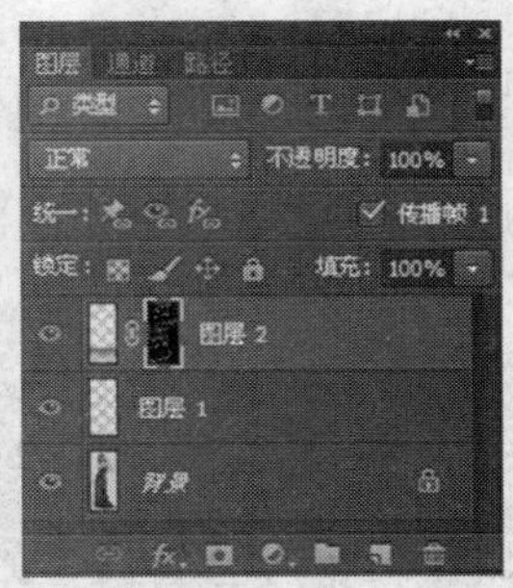

图13-25　【图层】面板

13 在【图层】面板中关闭图层1，如图13-26所示，画面效果如图13-27所示。

14 在【图层】面板中单击图层2的图层蒙版缩览图与图层缩览图之间的链接图标，将其隐藏，如图13-28所示。

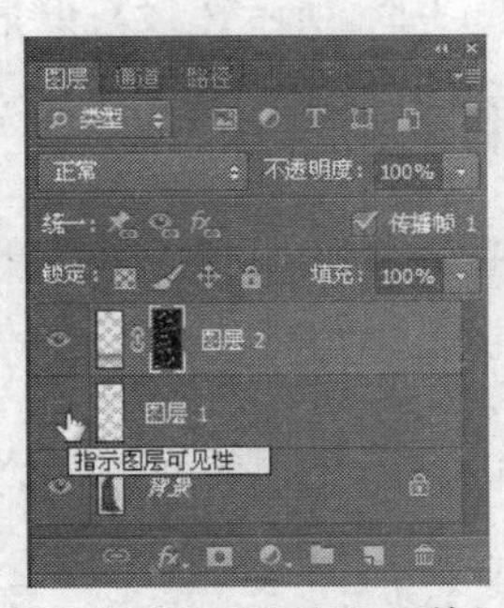

图13-26　【图层】面板

图13-27　添加图层蒙版后的效果

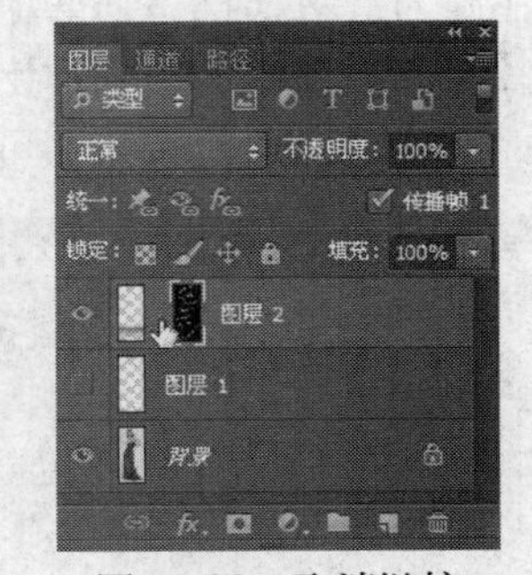

图13-28　取消链接

15 在【时间轴】面板中将延迟时间设置为“无延迟”，如图13-29所示，再在【图层】面板中激活图层2的缩览图，进入图层编辑，如图13-30所示。

16 将描边向下拖动，直到看不到线条，如图13-31所示。

17 在【时间轴】面板中单击【复制所选帧】按钮，复制一帧，再用移动工具并按住Shift键，把图层2中的曲线向上移动，直到看不到线条为止，如图13-32所示。

图 13-29 【时间轴】面板

图 13-30 进入图层模式编辑

图 13-31 拖动线条

18 在【时间轴】面板中选择第 1 帧，如图 13-33 所示，再单击 (过渡动画帧) 按钮，弹出【过滤】对话框，在其中设置【要添加的帧数】为“60”，其他不变，如图 13-34 所示，单击【确定】按钮，即可在【时间轴】面板中添加了 60 帧。

图 13-32 拖动线条

图 13-33 在【时间轴】面板中选择第 1 帧

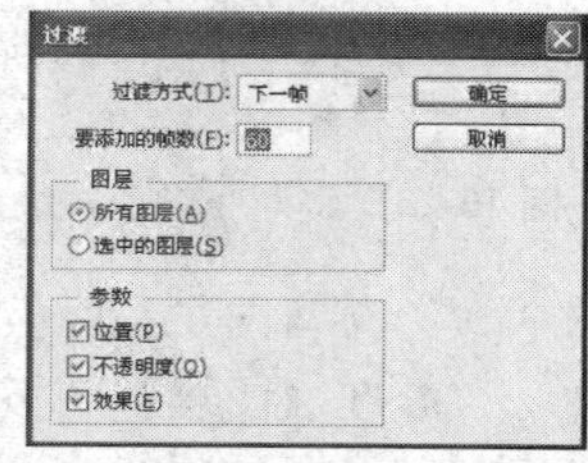

图 13-34 【过滤】对话框

19 在【文件】菜单中执行【存储为 Web 所用格式】命令，显示如图 13-35 所示的【存储为 Web 所用格式】对话框，采用默认值直接单击其中【存储】按钮，接着弹出【将优化结果存储为】对话框，在其中给文件命名并选择要保存的位置，如图 13-36 所示，设置好后单击【保存】按钮，它会弹出一个警告对话框，在其中勾选【不再显示】选项，如图 13-37 所示，单击【确定】按钮即可。制作的动画就保存为 GIF 动画了。

图 13-35 【存储为 Web 所用格式】对话框

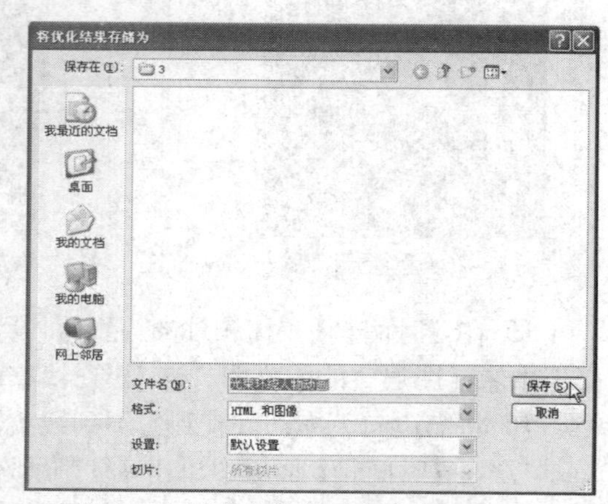

图 13-36 【将优化结果存储为】对话框

20 打开保存时选择的文件夹，即可在其中看到保存的文件，如图 13-38 所示，双击它就可以看到制作好的动画，如图 13-39 所示。

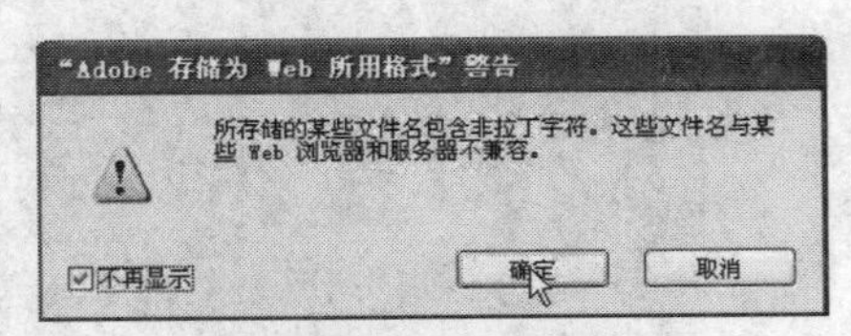

图 13-37　警告对话框

图 13-38　保存时选择的文件夹

图 13-39　预览动画

13.2　放射效果

先用参考线、直线工具与【自由变换】等工具与命令绘制出多条围绕中心旋转的直线段，再用渐变工具、【创建剪贴蒙版】、盖印图层、【水平翻转】、【添加图层蒙版】、通过拷贝的图层、【自由变换】、【复制所选帧】等命令与工具制作出放射效果，然后将其保存为 GIF 动画。实例效果如图 13-40 所示。

图 13-40　实例效果图

上机实战　制作放射效果

1　设置前景色为白色，背景色为黑色，按【Ctrl+N】键弹出【新建】对话框，在其中设置【宽度】为“500”像素，【高度】为“500”像素，【分辨率】为“72”像素/英寸，【背景内容】为“背景色”，如图 13-41 所示，单击【确定】按钮，即可新建一个文件。

2　按【Ctrl+R】键调出标尺栏，再从标尺栏中拖出两条参考线，使它们垂直交叉与画布的中心，如图 13-42 所示。

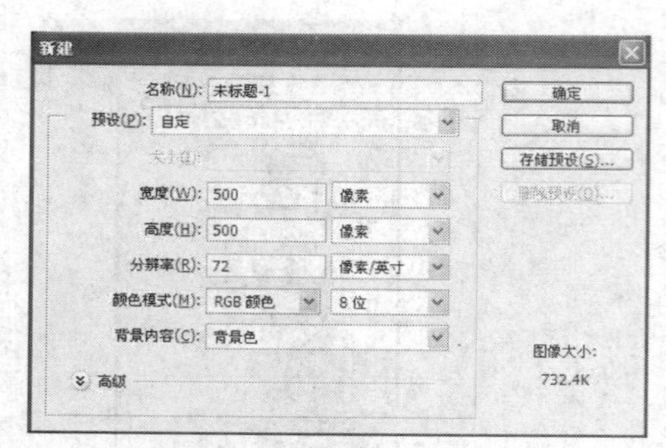

图 13-41 【新建】对话框

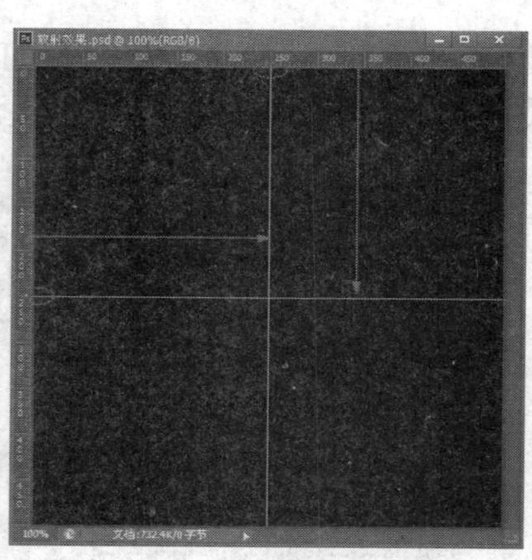

图 13-42 拖出两条参考线

3 在【图层】面板中单击【创建新图层】按钮，新建图层 1，如图 13-43 所示，接着在工具箱中点选直线工具，并在选项栏中选择“像素”，设置【粗细】为“5 像素”，然后在画面中绘制直线使之角度为 40 度，如图 13-44 所示。

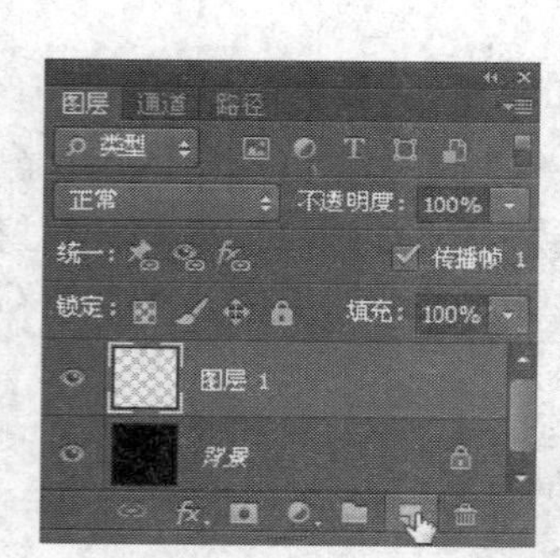

图 13-43 【图层】面板

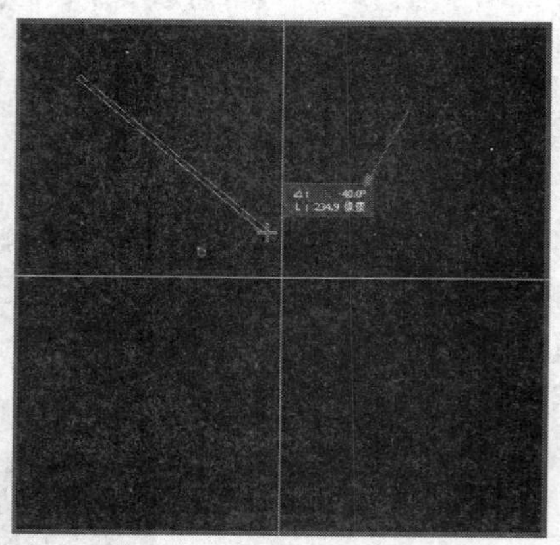

图 13-44 绘制直线

4 按【Ctrl】键在【图层】面板中单击图层 1 的图层缩览图，如图 13-45 所示，使直线载入选区，如图 13-46 所示。

5 按【Ctrl+T】键执行【自由变换】命令，显示变换框，再将变换框的中心点拖至参考线的交叉点上，如图 13-47 所示。

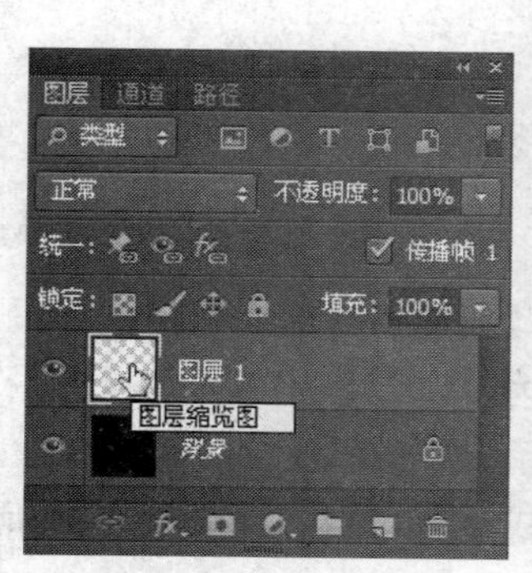

图 13-45 【图层】面板

图 13-46 使直线载入选区

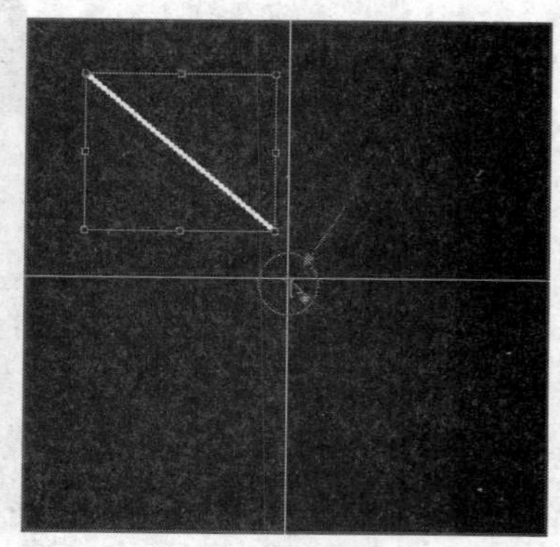

图 13-47 改变变换中心点

6 在选项栏的（旋转角度）文本框中输入“15”并按【Enter】键，将选区内容进行15度旋转，如图13-48所示。

7 按【Shift+Alt+Ctrl+T】键多次以旋转并复制出多条同心直线，如图13-49所示，再按【Ctrl+D】键取消选择。

8 在【图层】面板中单击【创建新图层】按钮，新建图层2，如图13-50所示。

图13-48 旋转变换框

图13-49 旋转并复制

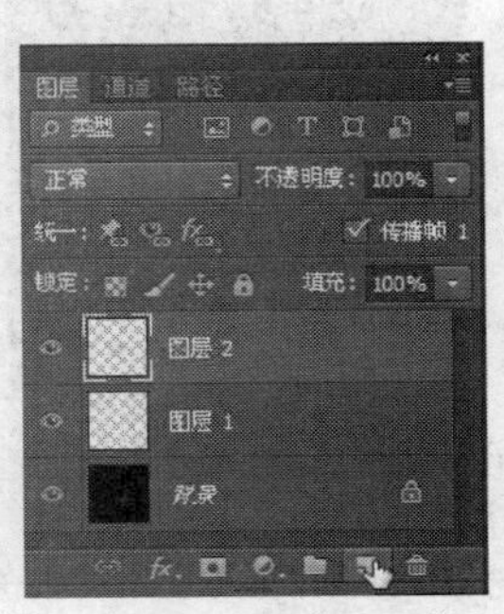

图13-50 【图层】面板

9 在工具箱中点选（渐变工具），在选项栏中选择【径向渐变】按钮，再在【渐变拾色器】中选择“色谱”渐变，如图13-51所示，然后从参考线的交叉点按下左键向外拖动，如图13-52所示，松开左键后即可得到如图13-53所示的渐变效果。

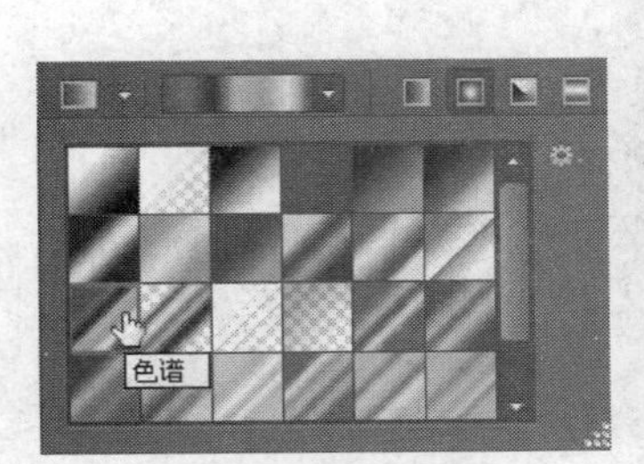

图13-51 【渐变拾色器】面板

图13-52 拖动时的状态

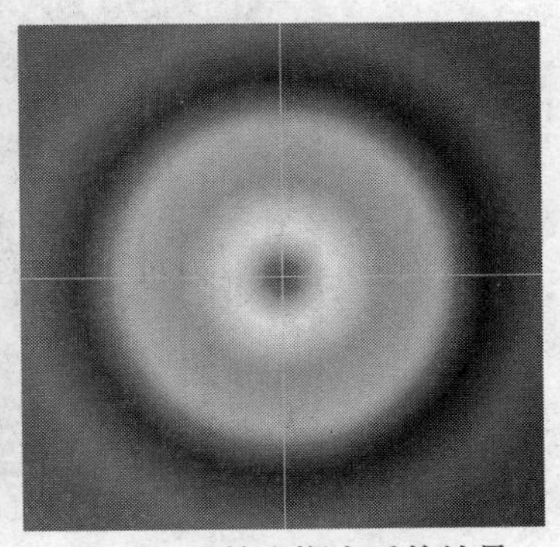
图13-53 填充渐变后的效果

10 在【图层】菜单中执行【创建剪贴蒙版】命令或按【Alt+Ctrl+G】键，创建剪贴蒙版组，如图13-54所示。接着按【Ctrl+;】键将参考线隐藏，得到如图13-55所示的效果。

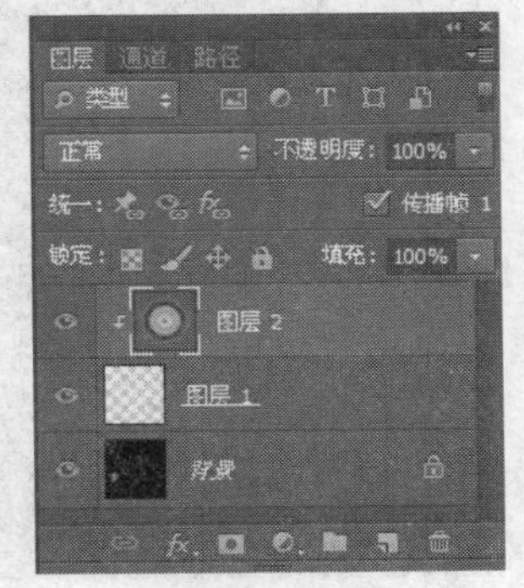

图13-54 【图层】面板

图13-55 创建剪贴蒙版后的效果

11 在【图层】面板中单击背景层前面的眼睛图标，使之隐藏，如图 13-56 所示，以关闭背景层，画面效果如图 13-57 所示。

12 按【Shift+Ctrl+Alt+E】键将所有可见图层合并为一个新图层（也称为盖印图层），如图 13-58 所示。

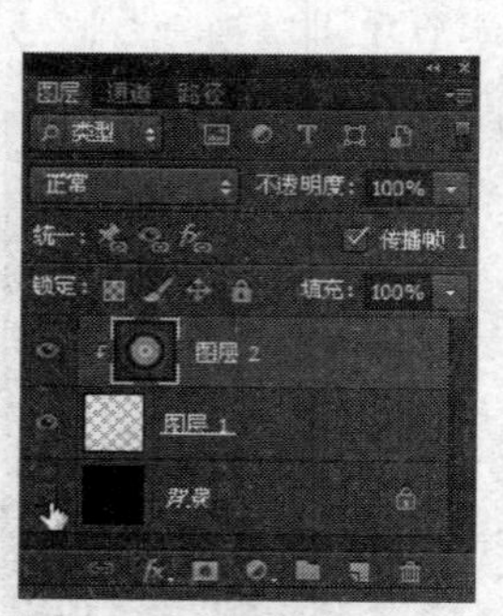

图 13-56 【图层】面板

图 13-57 关闭背景层后的效果

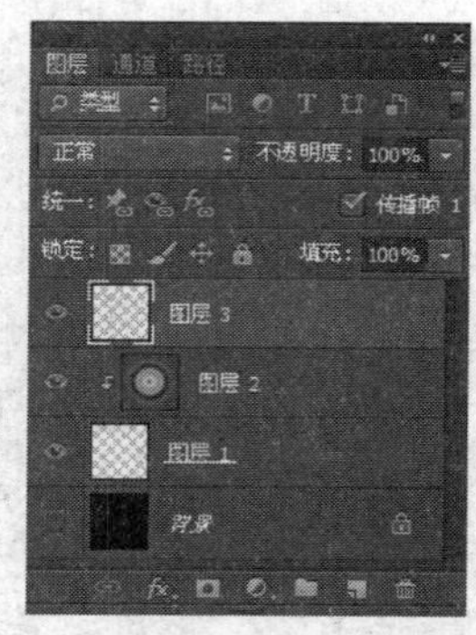

图 13-58 【图层】面板

13 在【图层】面板中激活图层 1，以它为当前图层，如图 13-59 所示。接着在【编辑】菜单执行【变换】→【水平翻转】命令，得到如图 13-60 所示的效果。

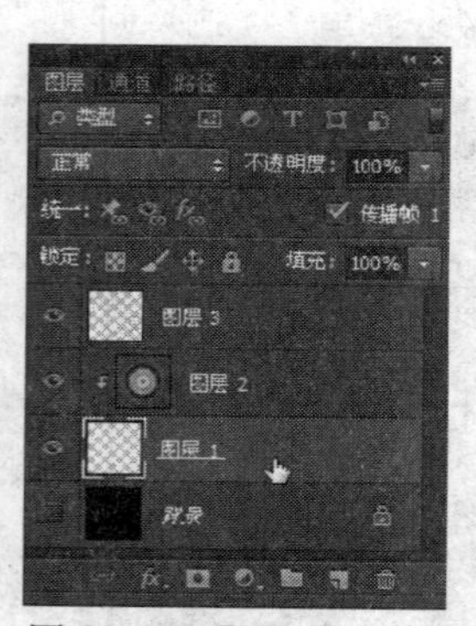

图 13-59 【图层】面板

图 13-60 执行【水平翻转】命令后的效果

14 在【图层】面板中显示背景层，并按【Ctrl】键单击图层 1 的图层缩览图，如图 13-61 所示，使之载入选区，再关闭图层 1，如图 13-62 所示，得到如图 13-63 所示的选区。

图 13-61 【图层】面板

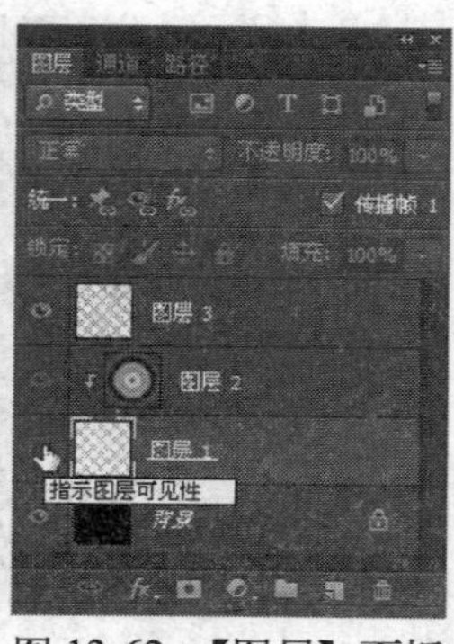

图 13-62 【图层】面板

图 13-63 载入选区

15 在【图层】面板单击【添加图层蒙版】按钮，给图层 3 添加图层蒙版，如图 13-64 所示，得到如图 13-65 所示的画面效果。

16 在【图层】面板中单击图层缩览图与蒙版缩览图之间的链接图标，使它们不再链接，如图 13-66 所示。

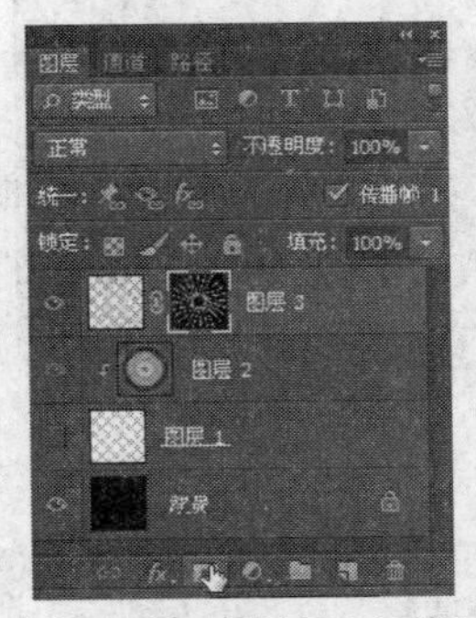

图 13-64　【图层】面板

图 13-65　添加图层蒙版后的效果

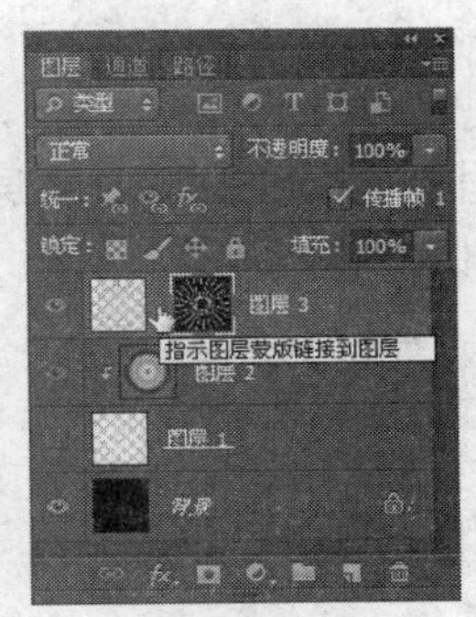

图 13-66　【图层】面板

17 按【Ctrl+J】键复制一个副本，如图 13-67 所示，再单击图层 3 副本的图层蒙版缩览图，如图 13-68 所示，进行蒙版编辑。

18 按【Ctrl+T】键执行【自由变换】命令，显示变换框，在选项栏中设置【旋转角度】为“5”，即可将变换框旋转 5 度，如图 13-69 所示，再在变换框中双击确认变换调整。

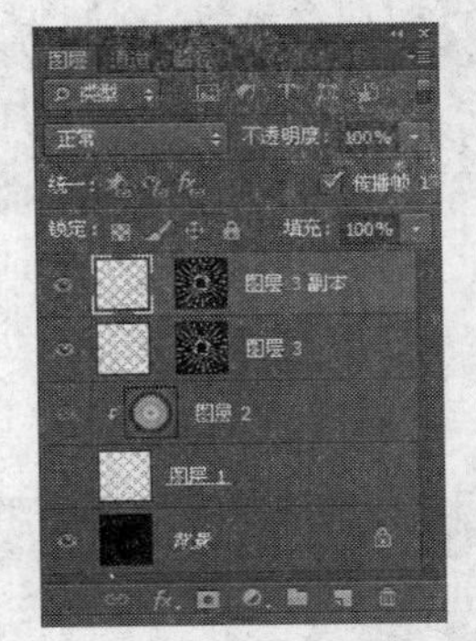

图 13-67　【图层】面板

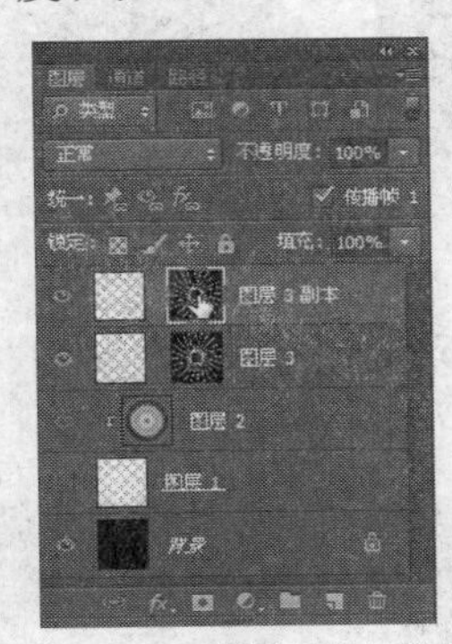

图 13-68　【图层】面板

图 13-69　自由变换调整

19 按【Ctrl+J】键复制一个副本，同样单击图层 3 副本 2 的图层蒙版缩览图，如图 13-70 所示，进入蒙版编辑。按【Ctrl+T】键显示变换框，并在选项栏中设置【旋转角度】为“5”度，结果如图 13-71 所示，然后在变换框中双击确认变换。

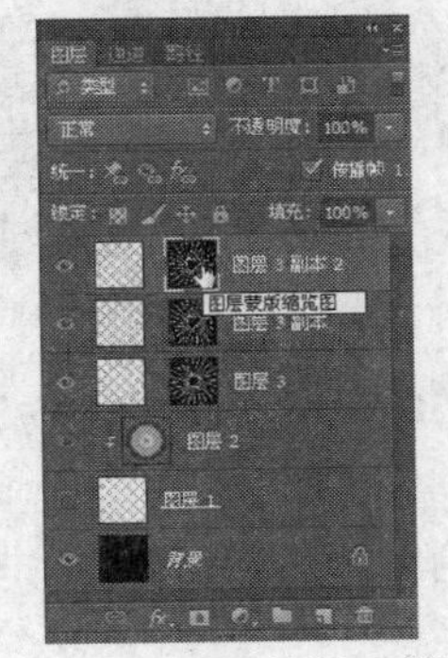

图 13-70　【图层】面板

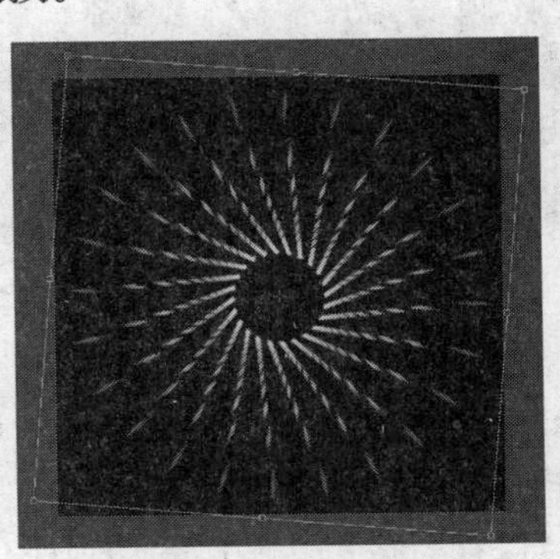

图 13-71　自由变换调整

20 在【图层】面板中将图层 3 副本 2 拖至图层 3 副本的下方，如图 13-72 所示，因为图层 3 副本 2 中的光圈比图层 3 副本中的光圈小，所以将它们互换一下位置。

21 在【时间轴】面板中将当前帧的延迟时间设为“0.1 秒”，如图 13-73 所示，再在【图层】面板中关闭图层 1、图层 3 副本 2 与图层 3 副本，如图 13-74 所示。

22 在【时间轴】面板中单击【复制所选帧】按钮，复制一帧，然后在【图层】面板中显示图层 3 副本 2，关闭图层 3，如图 13-75 所示。

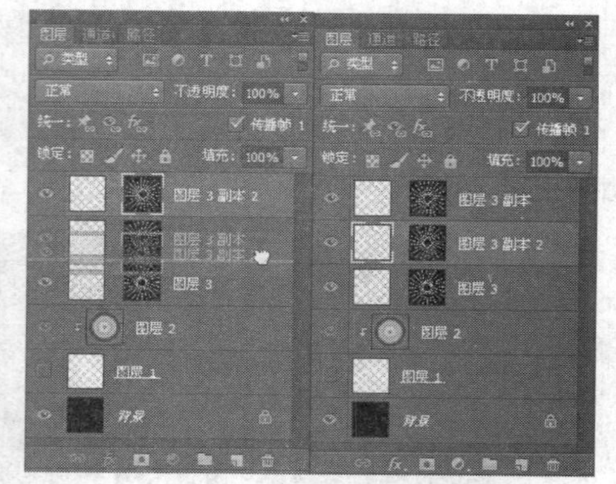

图 13-72 【图层】面板

图 13-73 【时间轴】面板

图 13-74 编辑动画

23 在【时间轴】面板中单击【复制所选帧】按钮，复制一帧，然后在【图层】面板中显示图层 3 副本，关闭图层 3 副本 2，如图 13-76 所示。

图 13-75 编辑动画

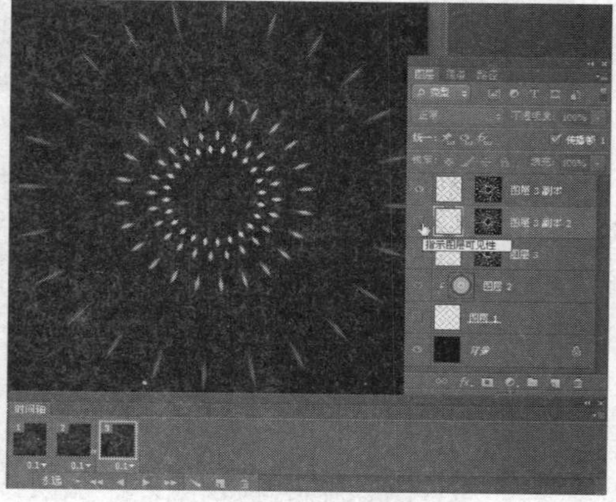

图 13-76 编辑动画

24 在【文件】菜单中执行【存储为 Web 所用格式】命令，显示如图 13-77 所示的【存储为 Web 所用格式】对话框，采用默认值直接在其中单击【存储】按钮，接着弹出【将优化结果存储为】对话框，并在其中给文件命名并选择要保存的位置，如图 13-78 所示，设置好后单击【保存】按钮。制作的动画保存为 GIF 动画了。

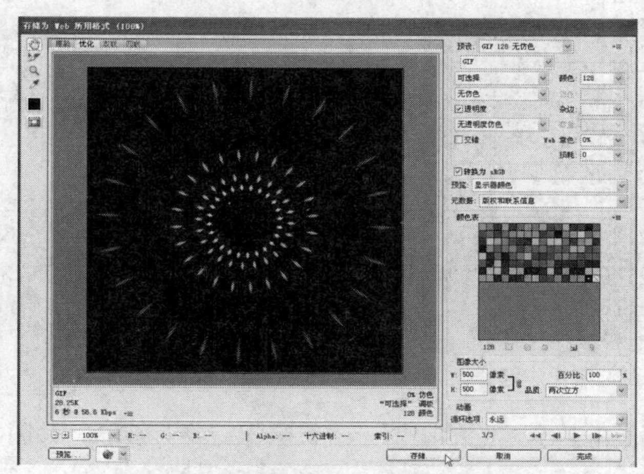

图 13-77 【存储为 Web 所用格式】对话框

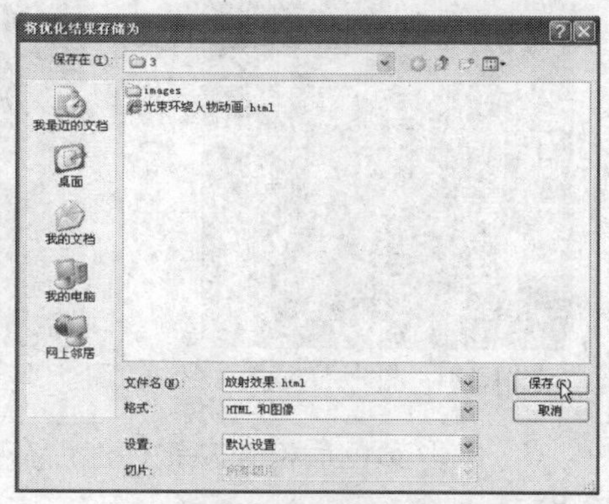

图 13-78 【将优化结果存储为】对话框

13.3　制作眨眼动画

先用通过拷贝的图层复制一个图层，再用仿制图章工具、创建新图层、画笔工具、橡皮擦工具等工具与命令将其人物中的眼睛绘制成闭着的，然后用复制所选帧与显示或隐藏图层等命令制作出眨眼效果，最后将其保存为 GIF 动画。实例效果如图 13-79 所示。

图 13-79　实例效果图

上机实战　制作眨眼动画

1　按【Ctrl+O】键从配套光盘的素材库中打开一个要制作眨眼动画的人物图片（03.psd），如图 13-80 所示。

图 13-80　打开的文件

2　按【Ctrl+J】键复制一个副本，如图 13-81 所示，接着在工具箱中点选（仿制图章工具），在选项栏中选择硬边圆，再设置【大小】为“19 像素”，如图 13-82 所示，然后按【Alt】键在要修复眼睛的周围吸取相似的颜色，如图 13-83 所示。

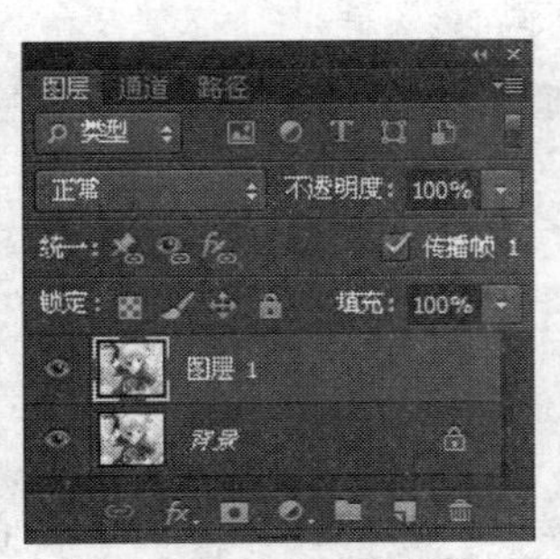

图 13-81 【图层】面板

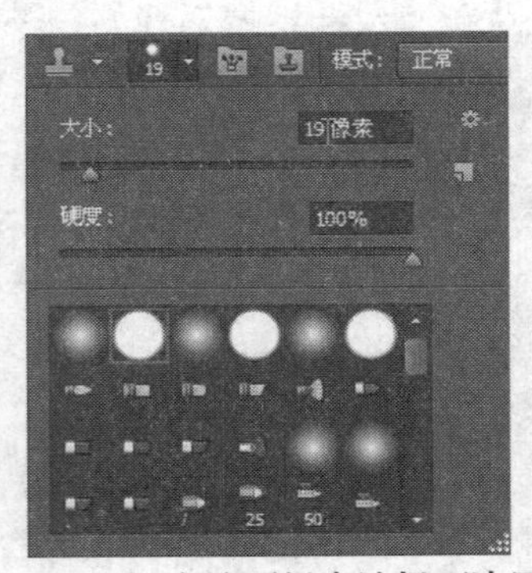

图 13-82 在选项栏中选择硬边圆

图 13-83 吸取相似的颜色

3 吸取颜色后松开左键，然后在画面中需要擦除的眼睛上进行涂抹，将其擦除，如图 13-84 所示。

4 按下【Alt】键吸取所需的颜色，如图 13-85 所示，松开左键后再对眼睛进行涂抹，只留一点点眼线就行了，如图 13-86 所示。

图 13-84 进行涂抹

图 13-85 吸取相似的颜色

图 13-86 进行涂抹

5 用同样的方法对另一只眼睛进行处理，处理后的效果如图 13-87 所示。

6 在【图层】面板中单击【创建新图层】按钮，新建图层 2，如图 13-88 所示。

图 13-87 对另一只眼睛进行处理

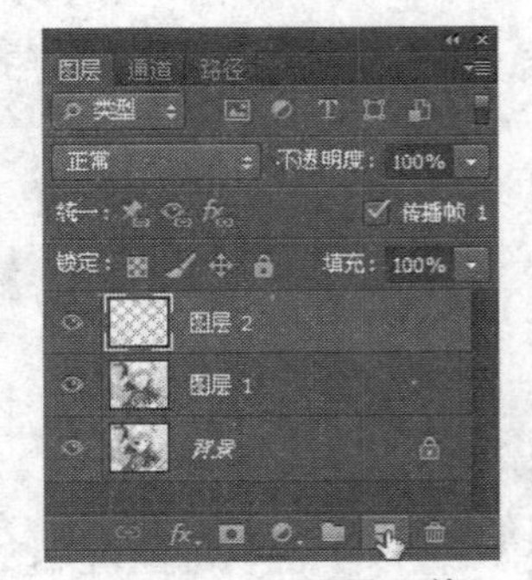

图 13-88 【图层】面板

7 在工具箱中点选画笔工具，在选项栏中设置【不透明度】为“50%”，在【画笔】弹出式面板中选择硬边圆，设置【大小】为“1 像素”，如图 13-89 所示，然后在画面中眼睛上绘制出眼睫毛，绘制好后的效果如图 13-90 所示。

8 在工具箱中点选 （橡皮擦工具），在选项栏中设置【不透明度】为“30%”，再在【画笔】弹出式面板中选择柔边圆，设置【大小】为“13 像素”，如图 13-91 所示，然后在画面中对眼睫毛的末端进行擦除，擦除后的效果如图 13-92 所示。

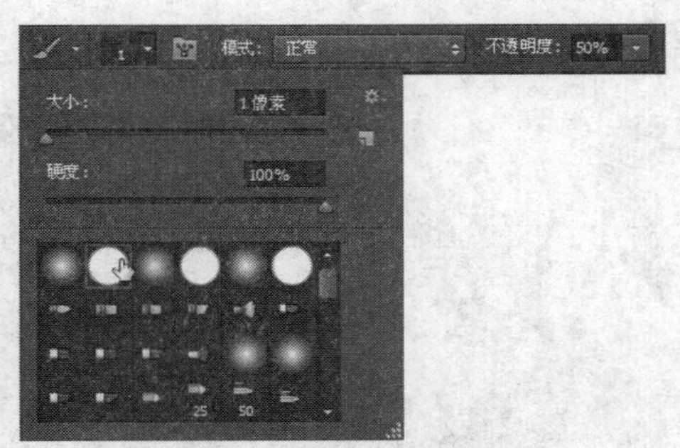

图 13-89　设置画笔

图 13-90　绘制眼睫毛

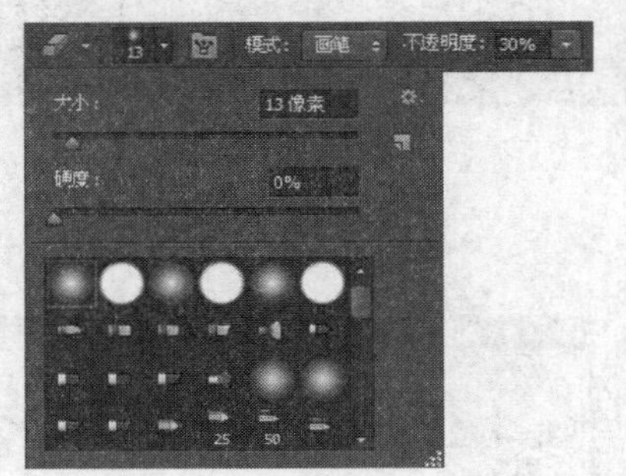

图 13-91　设置画笔

图 13-92　对眼睫毛的末端进行擦除

9 按【Ctrl+−】键将画面缩小到 100%显示，完全看到整个画面，绘制好后的效果如图 13-93 所示。

10 在【图层】面板中关闭图层 2 与图层 1，显示睁着眼睛的人物图像，在【窗口】菜单中执行【时间轴】命令，显示【时间轴】面板，如图 13-94 所示。

图 13-93　绘制好后的整体效果

图 13-94　编辑动画

11 在【时间轴】面板中单击（复制所选帧）按钮，复制一帧，再在【图层】面板中显示图层 1 与图层 2，如图 13-95 所示，显示闭着眼睛的人物图像。

12 在【时间轴】面板中单击（复制所选帧）按钮，复制一帧，再在【图层】面板中关闭图层 1 与图层 2，如图 13-96 所示，显示睁着眼睛的人物图像。

13 在【文件】菜单中执行【存储为 Web 所用格式】命令，显示如图 13-97 所示的【存储为 Web 所用格式】对话框，采用默认值直接在其中单击【存储】按钮，接着弹出【将优化结果存储为】对话框，在其中给文件命名并选择要保存的位置，如图 13-98 所示，设置好后

单击【保存】按钮。制作的动画就保存为GIF动画了。

图13-95　编辑动画

图13-96　编辑动画

图13-97　【存储为Web所用格式】对话框

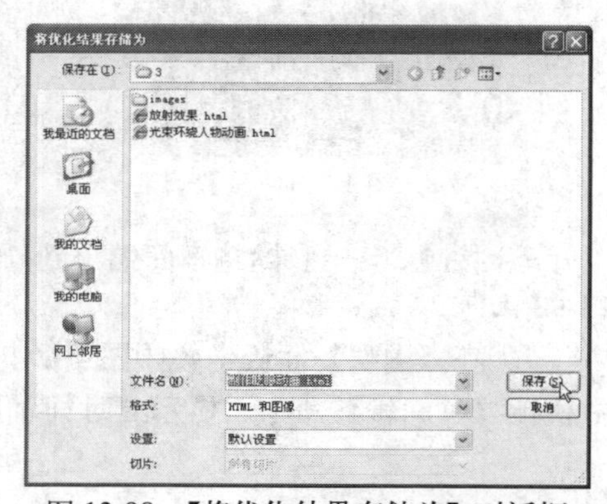

图13-98　【将优化结果存储为】对话框

13.4　本章习题

根据所学内容绘制一个有闪光与艺术字的画面，然后制作成闪光动画。

图13-99　处理后的效果

操作提示：先用【新建】、横排文字工具、画笔工具将要制作动画的整体效果绘制出来，注意要动的内容必须是分别在各自的图层中，然后用【复制当前帧】命令与显示或隐藏图层来制作出动画效果。

第 14 章　综 合 应 用

教学目标

本章通过 8 个综合实例的制作过程，全面、系统地介绍 Photoshop CS6 的具体应用技巧。

14.1　给茶具添加纹理与咖啡

先用打开、复制图层、混合模式等命令为茶具添加纹理，再用矩形选框工具、自由变换、添加图层蒙版、画笔工具等工具与命令为杯子添加咖啡。处理前与处理后的效果如图 14-1、图 14-2 所示。

图 14-1　原图像

图 14-2　处理后的效果

上机实战　给茶具添加纹理与咖啡

1　按【Ctrl+O】键从配套光盘的素材库中打开要添加纹理的茶具（01.psd）与一张纹理图片（02.jpg），如图 14-3、图 14-4 所示。

图 14-3　打开的文件

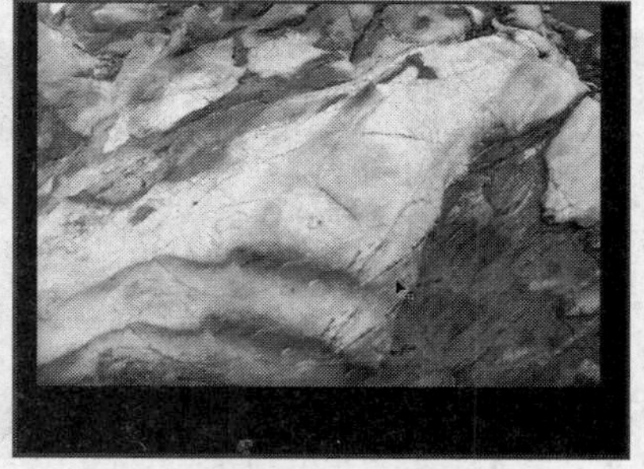

图 14-4　打开的文件

2　将纹理图片所在的文档拖出文档标题栏，然后用移动工具将其拖动到茶具文件中，并排放到所需的位置，排放图片与【图层】面板如图 14-5 所示。

3　在【图层】面板中设置混合模式为“柔光”，【不透明度】为“30%”，如图 14-6 左所示，得到如图 14-6 右所示的效果。

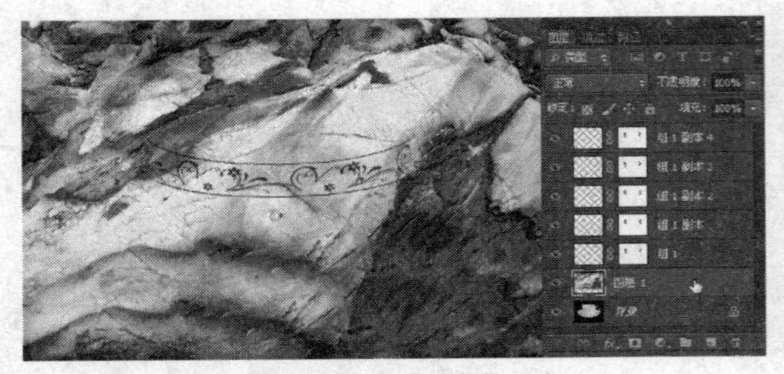

图 14-5　复制并排放图片

图 14-6　设置混合模式后的效果

4　从配套光盘的素材库中打开已经准备好的标志文件（标志文件.jpg），如图 14-7 所示，将其复制到的画面中，并进行自由变换调整，如图 14-8 所示，在变换框中双击确认变换。

图 14-7　打开的标志文件

图 14-8　复制后进行变换调整

5　从配套光盘的素材库中打开已经准备好的茶具文件（茶具.jpg），在工具箱中点选矩形选框工具，在画面中框选所需的部分，如图 14-9 所示，然后用移动工具将其拖动并复制到画面中，如图 14-10 所示。

6　按【Ctrl+T】键执行【自由变换】命令，显示变换框，按【Shift】键对刚复制的内容进行大小调整，并排放到适当位置，如图 14-11 所示。

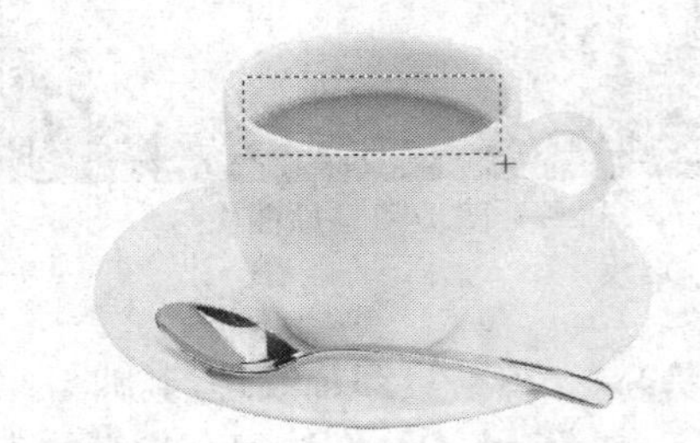

图 14-9　打开的文件并框选对象

图 14-10　复制对象

图 14-11　变换调整

7　在【图层】面板中单击【添加图层蒙版】按钮，给图层 2 添加图层蒙版，如图 14-12 左所示，再在工具箱中点选画笔工具，在选项栏中设置画笔为 15 像素柔边圆，其他为默认值，然后在画面中不需要的内容上进行涂抹，将其隐藏，如图 14-12 右所示。

8　在工具箱中点选矩形选框工具，在画面中绘制一个矩形选框框选杯口的一部分，如

图 14-13 所示，接着在【图层】面板中激活背景层，然后按【Ctrl+J】键由选区建立一个新图层，如图 14-14 所示。

图 14-12 用画笔工具修改蒙版后的效果

图 14-13 框选杯口的一部分

9 在【图层】面板中将刚复制的图层拖动到图层 2 的上层，并给它添加图层蒙版，如图 14-15 左所示，再用黑色的画笔工具将不需要的部分隐藏，隐藏后的效果如图 14-15 右所示。为茶具添加纹理与咖啡就制作完成了。

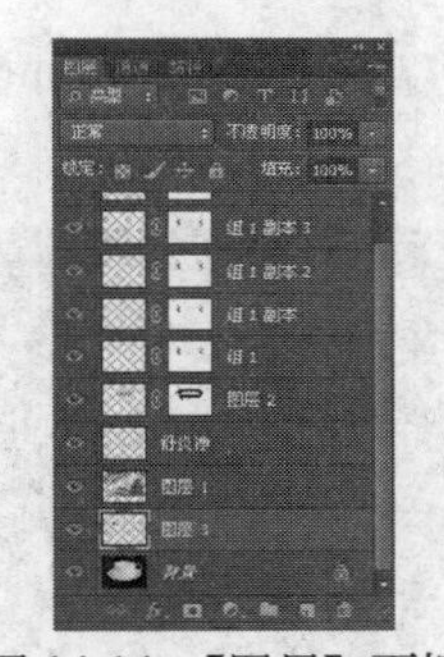

图 14-14 【图层】面板

图 14-15 【图层】面板与最终效果图

14.2 将图像合成为虚幻场景

先用打开、复制图层、混合模式等命令为主题图片添加纹理，再用添加图层蒙版、画笔工具、通过拷贝的图层等工具与命令添加一些划痕效果。实例效果如图 14-16 所示。

图 14-16 实例效果图

上机实战　将图像合成为虚幻场景

1　按【Ctrl+O】键从配套光盘的素材库中打开两张图片，一张有鸟的图片（03.jpg），如图 14-17 所示，一张有边框的图片（04.psd），如图 14-18 所示。

图 14-17　打开的文件

图 14-18　打开的文件

2　将有边框的文档拖离文档标题栏，再用移动工具将边框拖动到有鸟的文档中，如图 14-19 所示。

3　在【图层】面板中设置图层 1 的混合模式为“叠加”，如图 14-20 所示，得到如图 14-21 所示的效果。

图 14-19　复制并排放图片

图 14-20　【图层】面板

图 14-21　设置混合模式后的效果

4　从配套光盘的素材库中打开两张图片，一张有文字的图片（05.psd），如图 14-22 所示，另一张是有云彩的图片（06.psd），如图 14-23 所示。

图 14-22　打开的文件

图 14-23　打开的文件

5　用同样的方法分别将它们拖动到有鸟的文档中，在【图层】面板中设置有文字的所在图层的混合模式为“叠加”；有云彩所在图层的混合模式为“叠加”，【不透明度】为“30%”，

如图 14-24 所示，主要目的是为了添加画面中的纹理，增加神秘感，画面效果如图 14-25 所示。

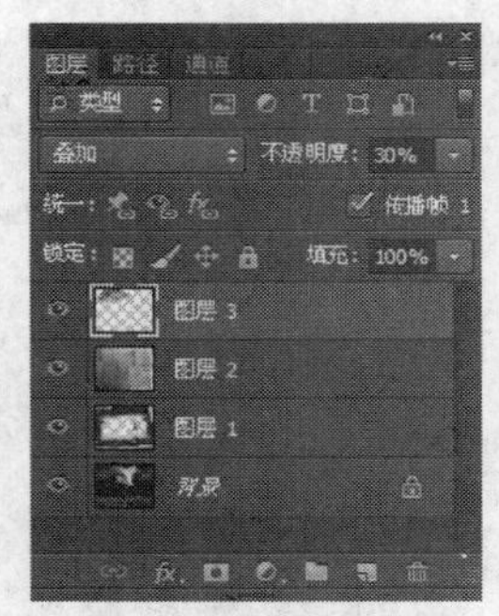

图 14-24　【图层】面板

图 14-25　设置混合模式后的效果

6　从配套光盘的素材库中打开一张有纹理的图片（07.psd），如图 14-26 所示，同样将其复制到正在编辑的画面中，并在【图层】面板中设置其混合模式为“柔光”，【不透明度】为“50%”，如图 14-27 所示，得到如图 14-28 所示的效果。

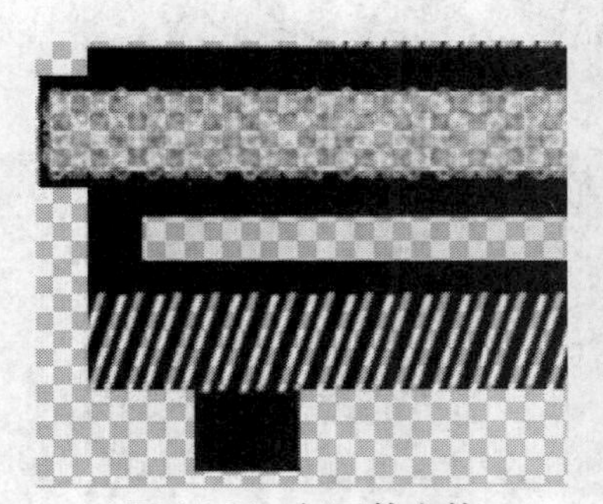
图 14-26　打开的文件

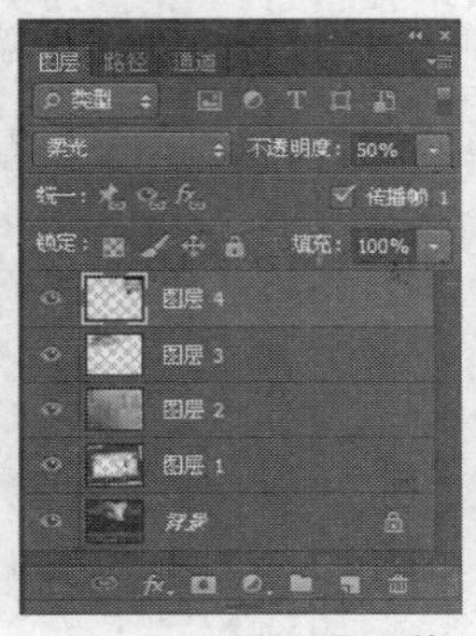

图 14-27　【图层】面板

图 14-28　设置混合模式后的效果

7　从配套光盘的素材库中打开一张有单色的纹理图片（08.psd），如图 14-29 所示，用同样的方法将其复制到画面中，并在【图层】面板中设置其混合模式为“叠加”，如图 14-30 所示，调整画面的整体色调，画面效果如图 14-31 所示。

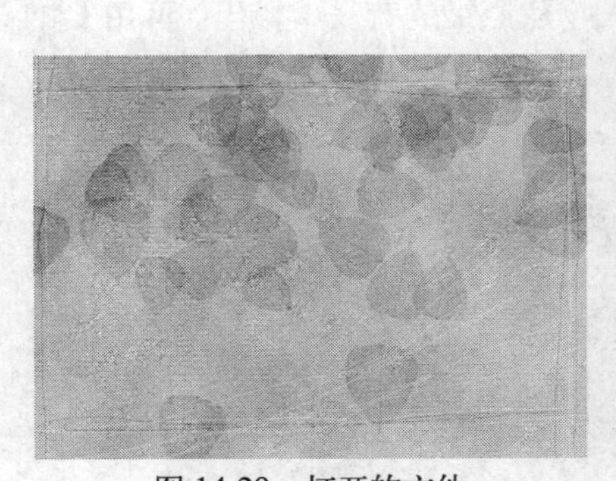
图 14-29　打开的文件

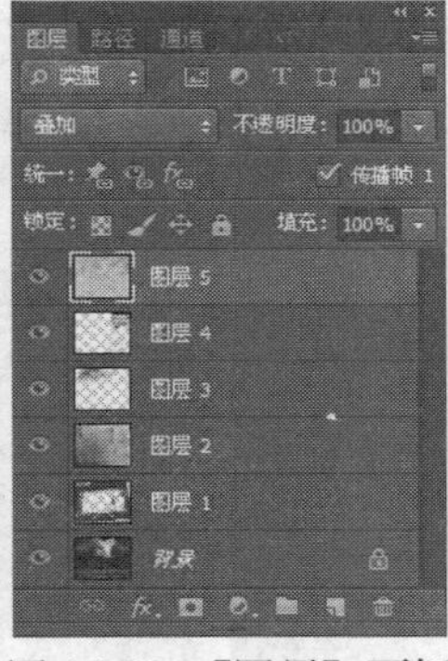

图 14-30　【图层】面板

图 14-31　设置混合模式后的效果

8　在【图层】面板中单击【添加图层蒙版】按钮，给图层 5 添加图层蒙版，如图 14-32 所示，再在工具箱中点选（画笔工具），在选项栏中设置【不透明度】为“50%”，在【画笔】弹出式面板中选择所需的画笔，如图 14-33 所示，然后在画面中随意拖出几条笔刷痕迹，

绘制后的效果如图 14-34 所示。

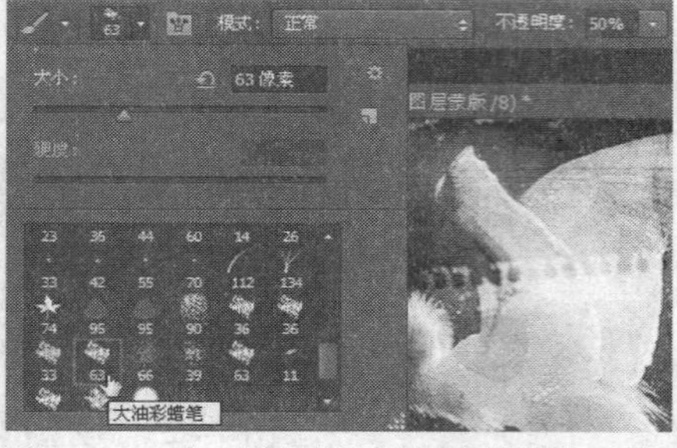

图 14-32 【图层】面板　图 14-33 在画笔面板中选择所需的画笔　图 14-34 绘制笔刷痕迹

9 按【Ctrl+J】键复制一个副本，如图 14-35 所示，以加强效果，画面效果如图 14-36 所示。虚幻效果合成就制作完成了。

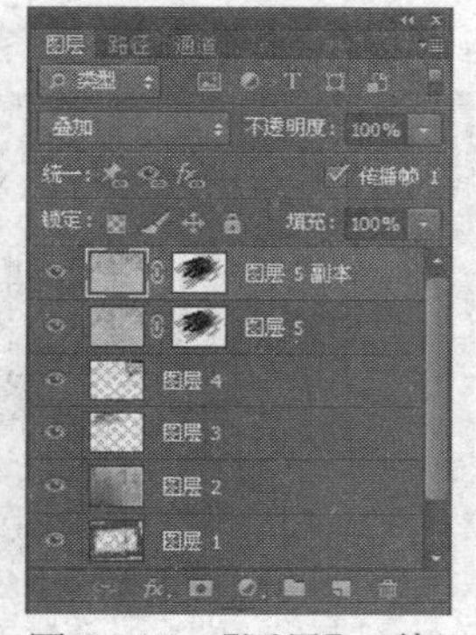

图 14-35 【图层】面板　图 14-36 最终效果图

14.3 将图像中的人物抠出并换背景

先用【打开】、磁性套索工具、【调整边缘】等命令将人物从原来的背景中抽出，再用【打开】、画笔工具、修改蒙版等命令与工具为人物换一个背景。处理前与处理后的效果对比图，如图 14-37、图 14-38 所示。

图 14-37 处理前的效果　图 14-38 处理后的效果

上机实战　将图像中的人物抠出并换背景

1　按【Ctrl+O】键从配套光盘的素材库中打开 09.psd 文件，再用磁性套索工具将画面中的人物勾选出来，如图 14-39 所示。

2　在选项栏中单击【调整边缘】按钮，弹出【调整边缘】对话框，在其中的【视图】列表中选择“黑底”，如图 14-40 所示。

3　在【边缘检测】栏中勾选【智能半径】选项，设置【半径】为“2.0 像素”，然后用调整半径工具在画面中人物的边缘进行涂抹，将一些杂乱的头发添加到选区，如图 14-41 所示。

图 14-39　打开的文件

图 14-40　【调整边缘】对话框

图 14-41　用调整半径工具在人物边缘进行涂抹

4　在【输出】栏中勾选【净化颜色】选项，再设置【数量】为“50%”，如图 14-42 所示，单击【确定】按钮，即可将人物从背景中抠出来，画面效果如图 14-43 所示。

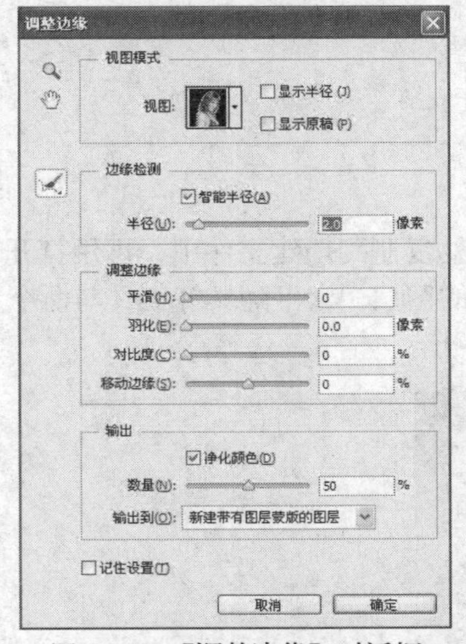

图 14-42　【调整边缘】对话框

图 14-43　将人物从背景中抠出来

5　从配套光盘的素材库中打开一个要作为背景的图片（010.psd），如图 14-44 所示，将其复制到刚抠出人物的图像文件中，并排放到背景层的上层，如图 14-45 所示，作为主题人物的背景，画面效果如图 14-46 所示。

图 14-44　打开的文件

图 14-45　【图层】面板

图 14-46　添加背景后的效果

6 在【图层】面板中单击背景副本图层的图层蒙版缩览图，进入蒙版编辑，如图 14-47 所示。

7 设置前景色为黑色，再点选画笔工具，在选项栏中设置画笔为柔角圆，【大小】为“24 像素”，【不透明度】为“50%”，然后在画面中多余的地方进行涂抹，以将其隐藏，涂抹后的效果如图 14-48 所示。

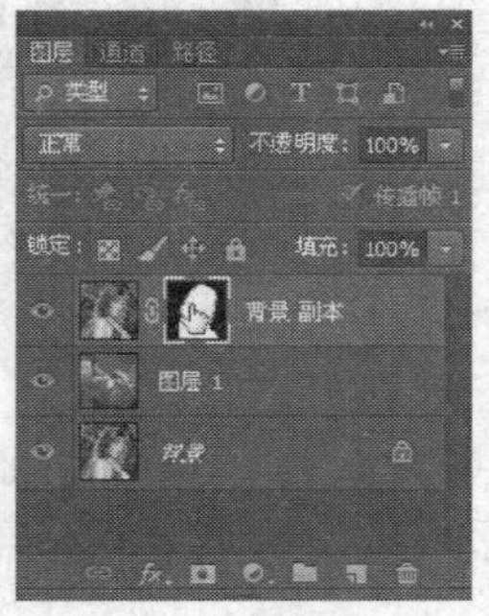

图 14-47　【图层】面板

图 14-48　最终效果图

14.4　化妆品广告

先用新建、打开、复制图层等命令将广告的背景与人物复制到新建文件中，再用打开、复制图层、多边形套索工具、填充、取消选择、通过拷贝的图层、水平翻转等工具与命令为图像添加主题宣传物与一些装饰物。实例效果如图 14-49 所示。

图 14-49　实例效果图

上机实战 制作化妆品广告

1 按【Ctrl+N】键新建一个大小为580×550像素，【分辨率】为“96”像素/英寸的空白文件。

2 从配套光盘的素材库中打开011.psd和012.psd文件，如图14-50、图14-51所示，再将它们分别复制到新建的文件中，并进行适当摆放，摆放好后的效果如图14-52所示。

图14-50 打开的文件

图14-51 打开的文件

图14-52 复制并排放图片

3 将前面已经抠出的人物复制到刚新建的文件中（如果抠图的文件已经关闭，则需要将其打开），并排放到所需的位置，如图14-53所示。

图14-53 复制并排放图片

4 从配套光盘的素材库中打开一个有相框的文件（013.psd），并且相框单独在一个图层，如图14-54所示，将其复制到画面中，并在【图层】面板中将其拖动到图层2的上面，然后将其排放到适当位置，画面效果如图14-55所示。

5 在【图层】面板中先激活图层2，再新建一个图层，设置其【不透明度】为“20%”，如图14-56所示，接着在工具箱中点选（多边形套索工具），在选项栏中选择（添加到选区）按钮，然后在画面中绘制出几个条形选区，用来绘制表示镜面中的光线，如图14-57所示。

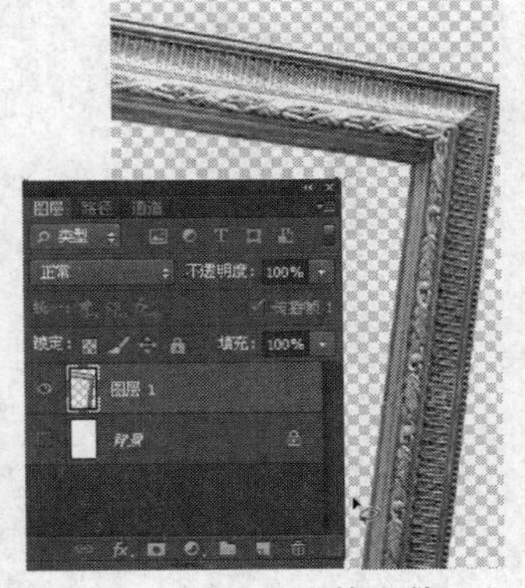

图14-54 打开的文件

图14-55 复制并排放图片

6 设置前景色为白色，再按【Alt+Delete】键填充白色，按【Ctrl+D】键取消选择后的效果如图 14-58 所示。

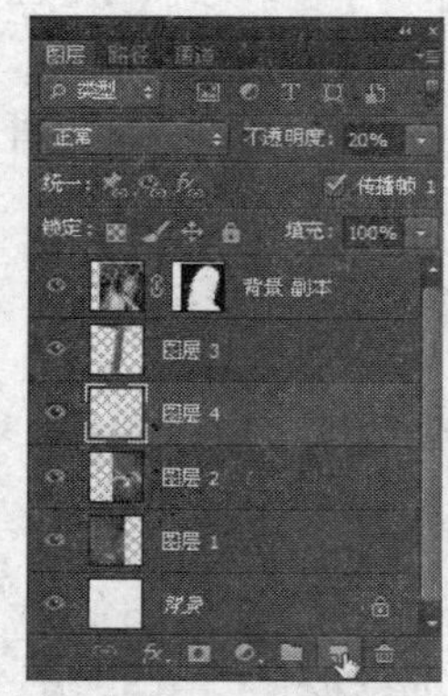

图 14-56 【图层】面板

图 14-57 绘制光线选区

图 14-58 填充白色后的效果

7 在【图层】面板中先激活背景副本图层，以它为当前图层，再按【Ctrl+J】键复制一个副本，然后再以背景副本图层为当前图层，如图 14-59 所示。

8 在【图层】面板中设置背景副本图层的【不透明度】为"30%"，在【编辑】菜单中执行【变换】→【水平翻转】命令，将背景副本中的内容进行水平翻转，再移动到适当位置，效果如图 14-60 所示。

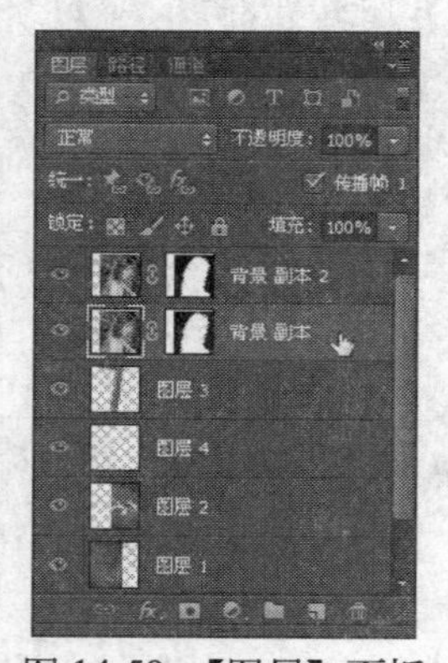

图 14-59 【图层】面板

图 14-60 调整图像后的效果

9 从配套光盘的素材库中打开一张有花的图片（014.psd），如图 14-61 所示，主要是用它来给背景添加纹理的，同样将其复制到画面中，在【图层】面板中将其拖动到顶层，并设置其混合模式为"正片叠底"，【不透明度】为"70%"，如图 14-62 所示，然后将其拖动到画面的右上角适当位置，如图 14-63 所示。

10 按【Ctrl+Alt】键将复制的花再复制到左上角，复制并移动后的效果如图 14-64 所示。

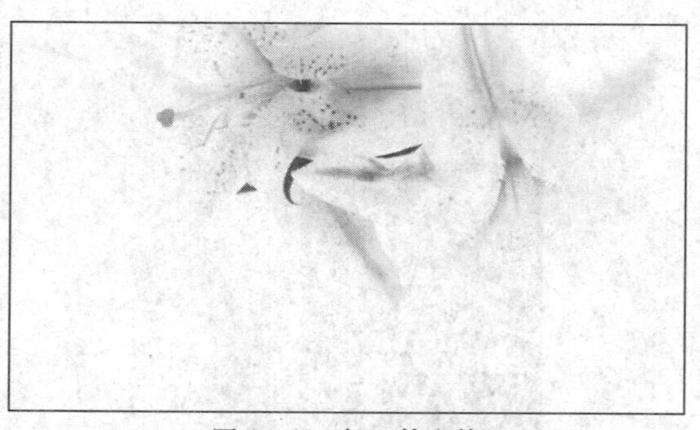

图 14-61 打开的文件

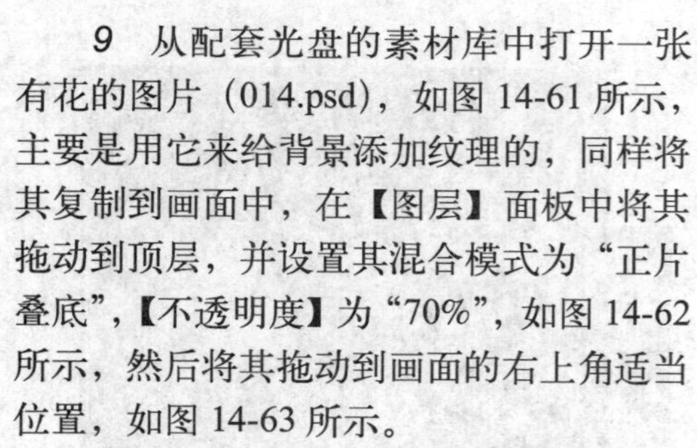

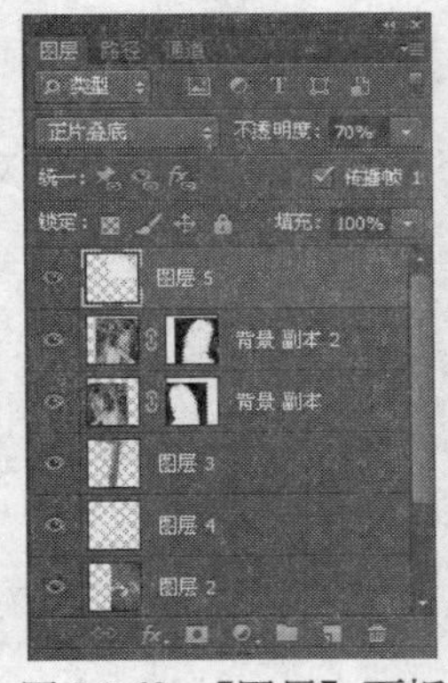

图 14-62 【图层】面板

图 14-63 设置混合模式后的效果

图 14-64 复制并排放图片

11 从配套光盘的素材库中打开一张有蝴蝶翅膀的图片（015.psd），如图 14-65 所示，同样将其复制到画面中，再在【图层】面板中设置混合模式为“叠加”，【不透明度】为“10%”，如图 14-66 所示，然后将其拖动到所需的位置，摆放好后的效果如图 14-67 所示。

图 14-65 打开的文件

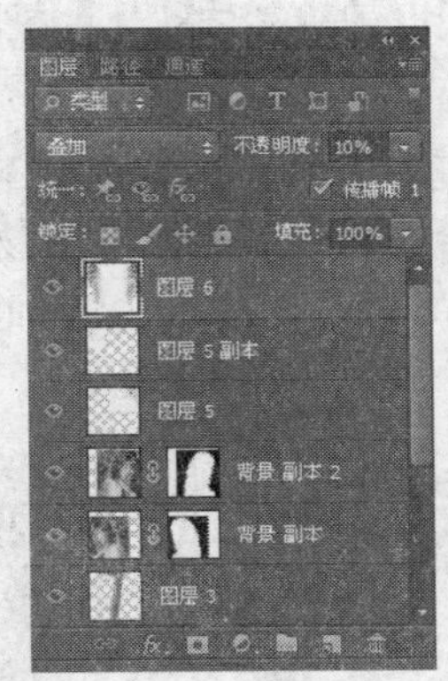

图 14-66 【图层】面板

图 14-67 设置混合模式后的效果

12 从配套光盘的素材库中打开主题图片（016.psd），如图 14-68 所示，同样将其复制到画面中，并摆放到画面的左下角，如图 14-69 所示。

图 14-68 打开的文件

图 14-69 复制并排放图片

13 从配套光盘的素材库中打开一个有艺术字的文件（017.psd），并将艺术字复制到画面右下方的适当位置，这样，化妆品广告就制作好了，画面效果如图 14-70 所示。

图 14-70　最终效果图

14.5　宣传单设计——房地产广告

先用新建、打开、复制图层、矩形工具、椭圆选框工具、填充、羽化选区、删除、渐变工具、添加图层蒙版等命令将要宣传的户外效果图与人物复制到新建文件中并添加一点装饰图，再用打开、横排文字工具等工具与命令为广告添加标志与一些宣传语。实例效果如图 14-71 所示。

图 14-71　实例效果图

上机实战　制作房地产广告

1　按【Ctrl+N】键新建一个大小为 680×450 像素的空白文件。

2　从配套光盘的素材库中打开一张有楼盘的效果图（018.psd），将其复制到新建的文件中，并摆放到左边，画面效果如图 14-72 所示。

3　从配套光盘的素材库中打开一张有人物的图片（019.psd），将其复制到新建的文件中，并摆放到画面的右边，画面效果如图 14-73 所示。

图 14-72 复制并排放图片

图 14-73 复制并排放图片

4 在【图层】面板中单击【创建新图层】按钮，新建一个图层，如图 14-74 所示；在工具箱中设置前景色为黑色，点选矩形工具，在选项栏中工具图标后的列表中选择“像素”，然后在画面的底部绘制一个黑色的矩形，绘制好后的效果如图 14-75 所示。

5 从配套光盘的素材库中打开一张有树枝的图片（020.psd），将其复制到新建的文件，摆放到画面的左上角，画面效果如图 14-76 所示。

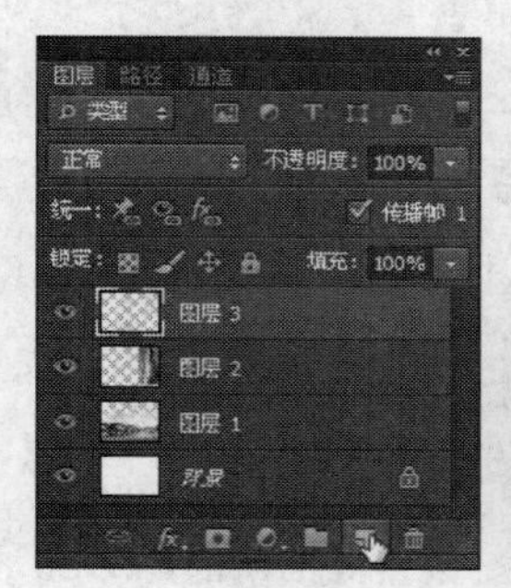

图 14-74 【图层】面板

图 14-75 在画面底部绘制一个矩形

图 14-76 复制并排放图片

6 在【图层】面板中单击【创建新图层】按钮，新建一个图层，如图 14-77 所示，接着在工具箱中设置前景色为白色，点选椭圆选框工具，在画面中拖出一个适当大小的椭圆，按【Alt+Delete】键填充白色，即可得到如图 14-78 所示的效果。

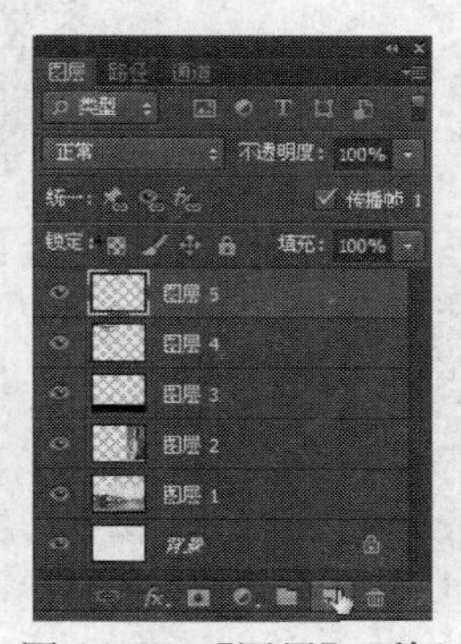

图 14-77 【图层】面板

图 14-78 绘制椭圆

7 按【Shift+F6】键弹出【羽化选区】对话框，在其中设置【羽化半径】为“15”像素，如图 14-79 所示，单击【确定】按钮，将选区进行羽化，再按【Delete】键将选区内容删除，取消选择后的效果如图 14-80 所示。

羽化选区
羽化半径(R): 15 像素
确定
取消

图 14-79 【羽化选区】对话框

图 14-80 删除选区内容后的效果

8 从配套光盘的素材库中打开一个有墙壁的图片（021.psd），如图 14-81 所示，同样将其复制到画面中并排放到画面的左上方，如图 14-82 所示。

图 14-81 打开的文件

图 14-82 复制并排放图片

9 在【图层】面板中单击【添加图层蒙版】按钮，给图层 6 添加图层蒙版，如图 14-83 所示，接着在工具箱点选（渐变工具），在选项栏中设置渐变为“黑, 白渐变”，渐变方式为“线性渐变”，【不透明度】为“100%”，然后从刚复制图片的下方向上方拖动，对蒙版进行编辑，显示墙壁下方下层的内容，画面效果如图 14-84 所示。

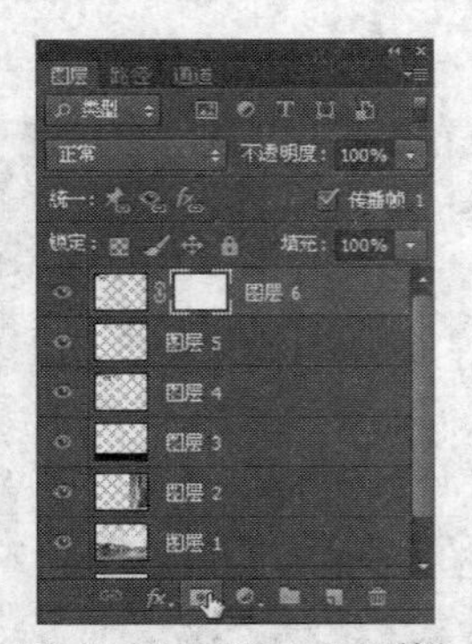

图 14-83 【图层】面板

图 14-84 对蒙版编辑后的效果

10 从配套光盘的素材库中打开一个有水印文字的图片（022.psd），同样将其复制到画面中并排放到画面的墙壁上，如图 14-85 所示。

11 从配套光盘的素材库中打开一个有文字的图片（023.psd），并将其复制到画面中，如图 14-86 所示。也可以用横排文字工具在画面中适当位置单击并输入所需的文字。

图 14-85　复制并排放图片

图 14-86　复制并排放图片

12 在【图层】面板中双击刚复制的图层，并在弹出的【图层样式】对话框中选择【描边】选项，再在【描边】栏中设置【大小】为“2”像素，【颜色】为白色，如图 14-87 所示，设置好后单击【确定】按钮，即可得到如图 14-88 所示的效果。

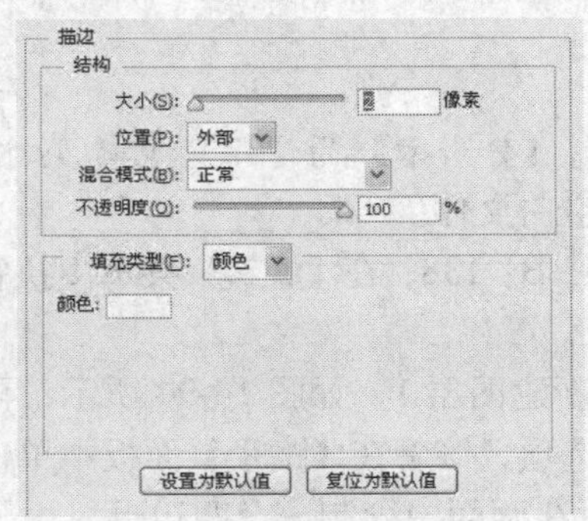

图 14-87　【图层样式】对话框

图 14-88　添加【图层样式】后的效果

13 从配套光盘的素材库中打开准备好的标志文件（024.psd），如图 14-89 所示，然后将其复制到画面中来，排放好后的效果如图 14-90 所示。

图 14-89　打开的文件

14 用横排文字工具在画面中黑色矩形上单击并输入所需的文字，然后根据需要设置所需的字体、字体大小与文字颜色，设置好后的效果如图 14-91 所示。房地产宣传单就制作完成了。

图 14-90　复制并排放图片

图 14-91　最终效果图

14.6 医药广告

先用新建、云彩、创建新图层、钢笔工具、创建新路径、将路径作为选区载入、渐变工具、取消选择、打开、复制图层等工具与命令来制作广告的背景，然后用横排文字工具、渐变叠加、打开等工具与命令将广告的主题语与宣传语添加到画面中。实例效果如图 14-92 所示。

图 14-92　实例效果图

上机实战　制作医药广告

1 按【Ctrl+N】键新建一个大小为 770×225 像素，【分辨率】为“72”像素/英寸，【颜色模式】为“RGB 颜色”，【背景内容】为“白色”的空白文件。

2 设置前景色为白色，背景色为 R：158、G：215、B：138，在【滤镜】菜单中执行【渲染】→【云彩】命令，即可得到如图 14-93 所示的效果。

3 在【图层】面板中单击【创建新图层】按钮，新建图层 1，如图 14-94 所示，再在工具箱中点选 （钢笔工具），在选项栏中选择“路径”选项，接着在【路径】面板中单击【创建新路径】按钮，新建路径 1，如图 14-95 所示，然后在画面中绘制一个四边形，用于绘制光束的路径，如图 14-96 所示。

图 14-93　执行【云彩】命令后的效果

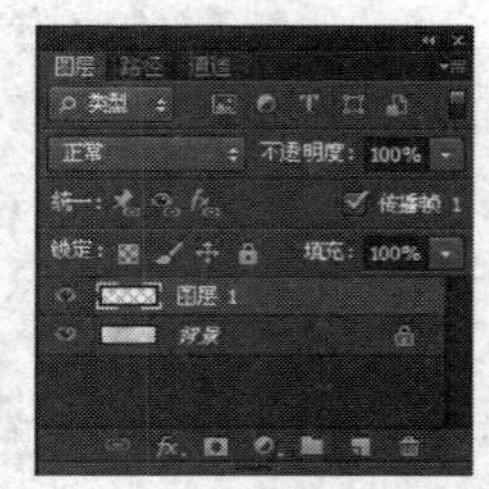

图 14-94　【图层】面板

图 14-95　【路径】面板

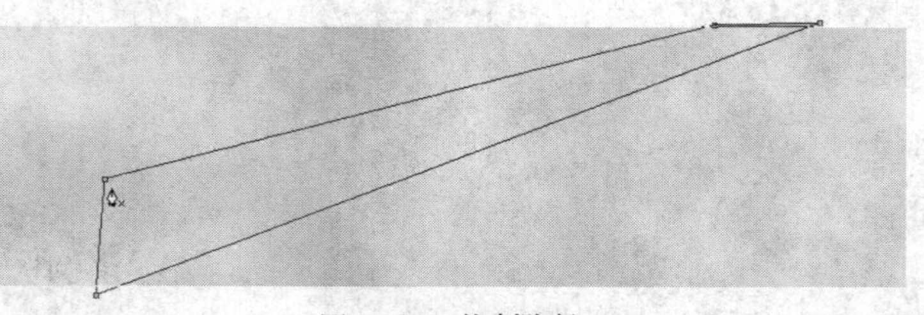

图 14-96　绘制路径

4 使用钢笔工具在画面中绘制多个四边形路径，用于绘制光束的，绘制好的结果如图 14-97 所示。

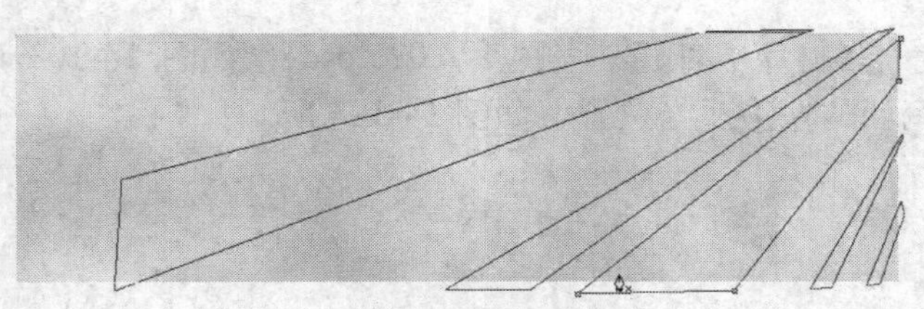

图 14-97　绘制路径

5　按【Ctrl】键在画面中单击要编辑的路径，再在【路径】面板中单击【将路径作为选区载入】按钮，将选择的路径载入选区，如图 14-98 所示。

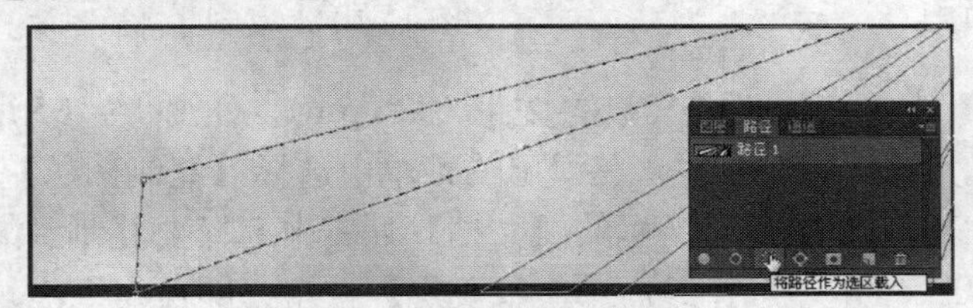

图 14-98　将路径作为选区载入

6　设置前景色为白色，再点选 (渐变工具)，在选项栏中勾选“反向”选项，在渐变拾色器中选择“前景色到透明渐变”，如图 14-99 所示，然后在画面中选框内进行拖动，给选区进行渐变填充，填充渐变颜色后的效果如图 14-100 所示。

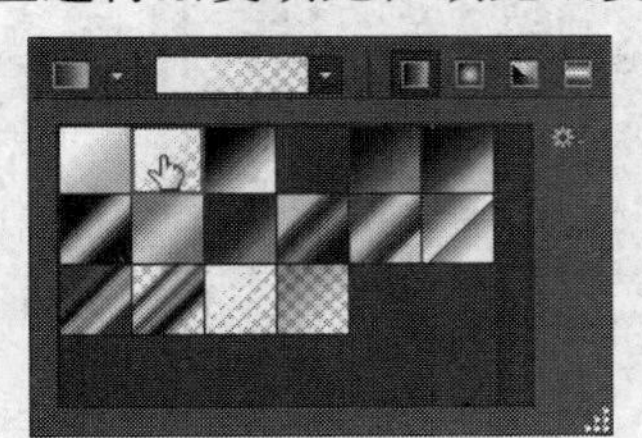

图 14-99　选择渐变颜色

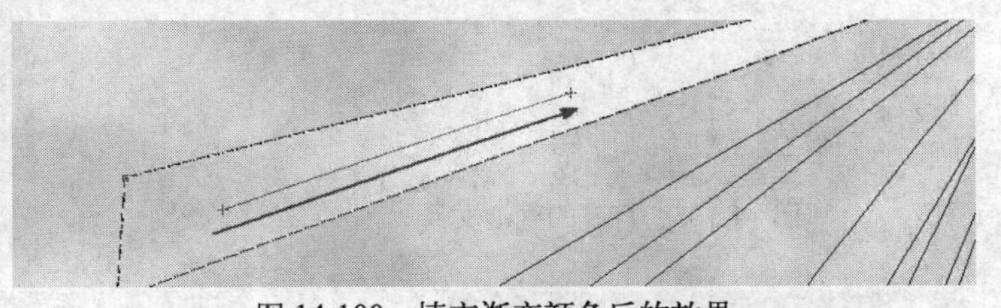

图 14-100　填充渐变颜色后的效果

7　用上步同样的方法将其他的路径分别载入选区，然后用渐变工具分别对它们进行渐变填充，填充好渐变颜色后的效果如图 14-101 所示。

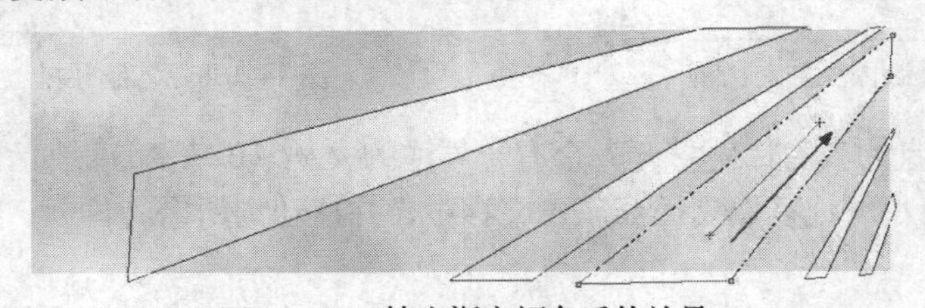

图 14-101　填充渐变颜色后的效果

8　按【Ctrl+D】键取消选择，在【路径】面板的灰色区域单击隐藏路径，如图 14-102 所示。

图 14-102　隐藏路径后的效果

9 从配套光盘的素材库中打开一张图片（025.psd），如图 14-103 所示，将其复制到画面中来，并移动到画面的左边适当位置，如图 14-104 所示。

图 14-103 打开的图片

图 14-104 复制并排放图片

10 按【Ctrl+O】键打开一张有气泡的文件（026.psd），如图 14-105 所示，其中的气泡单独在一个图层中，在图层 1 上右击，在弹出的菜单中选择【复制图层】命令，如图 14-106 所示，再在弹出的【复制图层】对话框的【文档】列表中选择要复制到的文档，如“医药广告.psd”，如图 14-107 所示，选择好后单击【确定】按钮，即可将气泡复制到医药广告文档中，再移到所需的位置，如图 14-108 所示。

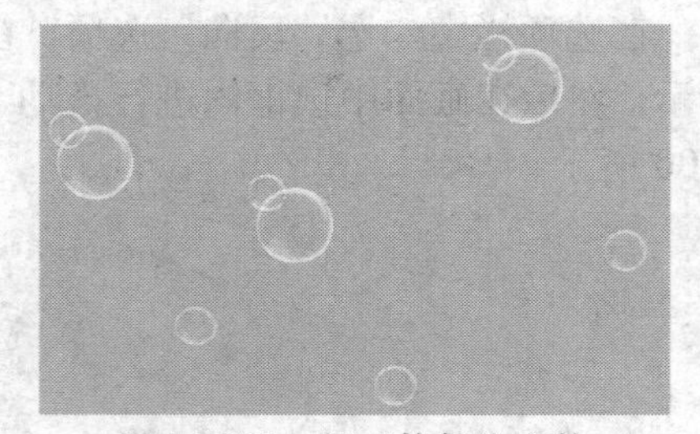

图 14-105 打开的气泡文件

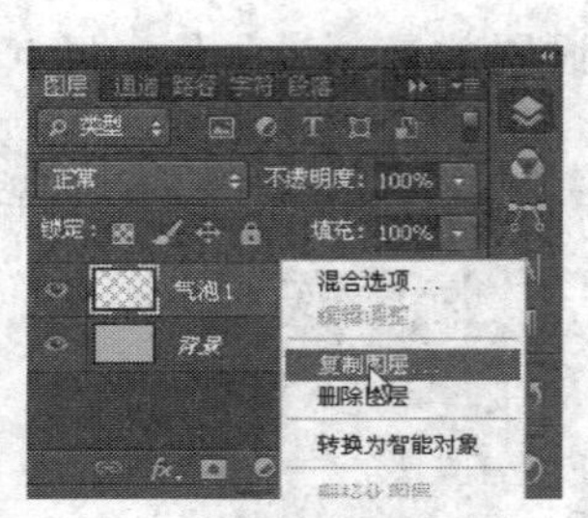

图 14-106 【图层】面板

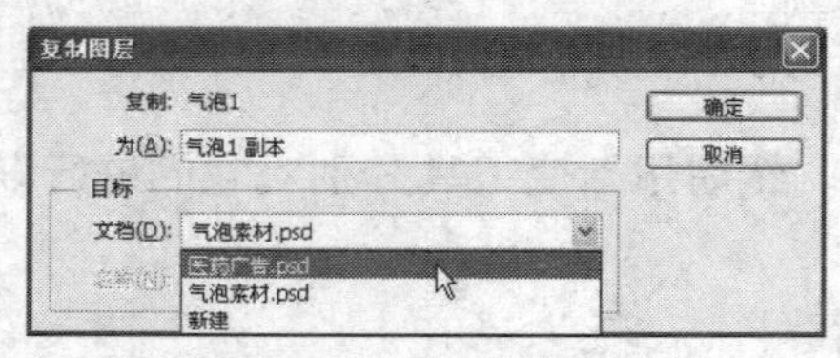

图 14-107 【复制图层】对话框

图 14-108 复制并排放气泡

11 从配套光盘的素材库中打开一个有小气泡的文档（027.psd），如图 14-109 所示，用上步同样的方法将小气泡复制到医药广告文档中，并移动到所需的位置，复制好后的效果如图 14-110 所示。

图 14-109 打开的文件

图 14-110 复制并排放气泡

12 从配套光盘的素材库中打开一个有闪光点的文档（028.psd），如图 14-111 所示，用上步同样的方法将闪光点复制到医药广告文档中，并移动到所需的位置，复制好后的效果如图 14-112 所示。

图 14-111　打开的文件

图 14-112　复制并排放图片

13 从配套光盘的素材库中打开一个有叶子的文档（029.psd），如图 14-113 所示，用上步同样的方法将叶子复制到医药广告文档中，并移动到所需的位置，复制好后的效果如图 14-114 所示。

图 14-113　打开的文件

图 14-114　复制并排放图片

提示： 这里是为了讲解方便，所以一次打开一个素材文档，在操作时，可以将所需的所有素材一次性打开，然后将它们分别摆放到所需的位置就可以了。

14 设置前景色为 R：30、G：84、B：52，点选横排文字工具，在选项栏中单击▤按钮，显示【字符】面板，在其中设置【字体】为“文鼎特粗黑简”，【字体大小】为“60 点”，设置【所选字符的字距】为“450”，如图 14-115 所示，然后在画面中单击并输入所需的文字，如图 14-116 所示。

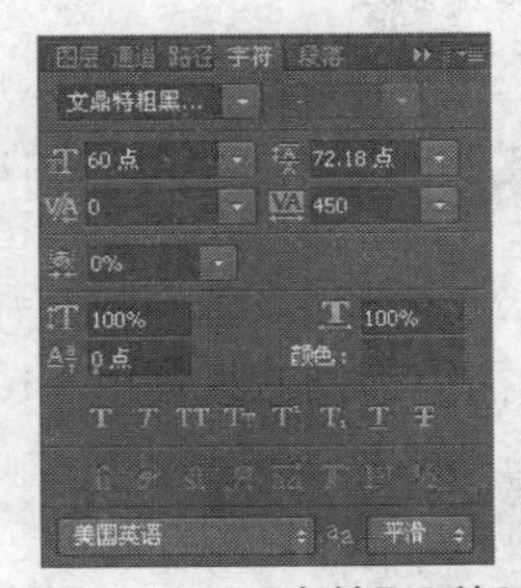

图 14-115　【字符】面板

图 14-116　输入文字

15 在菜单中执行【图层】→【图层样式】→【渐变叠加】命令，弹出【图层样式】对话框，在其中设置渐变颜色为橘红色（R：255、G：194、B：10）到白色，如图 14-117 所示，画面效果如图 14-118 所示，此时不要单击【确定】按钮，因为后面还要进行几步设置。

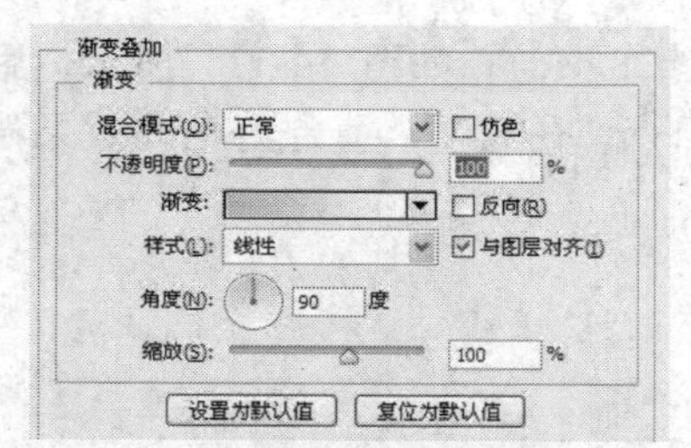

图 14-117 【图层样式】对话框

图 14-118 添加图层样式后的效果

16 在【图层样式】对话框的左边栏中选择【描边】选项，在右边栏中设置【大小】为“3”像素，其他为默认值，如图 14-119 所示；接着在左边选择【外发光】选项，并在右边栏中设置【扩展】为“10%”，【大小】为“25”像素，其他不变，如图 14-120 所示，设置好后单击【确定】按钮，即可得到如图 14-121 所示的效果。

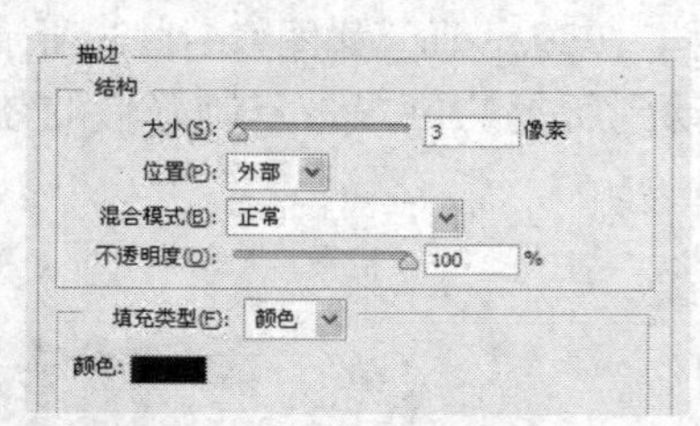

图 14-119 【图层样式】对话框

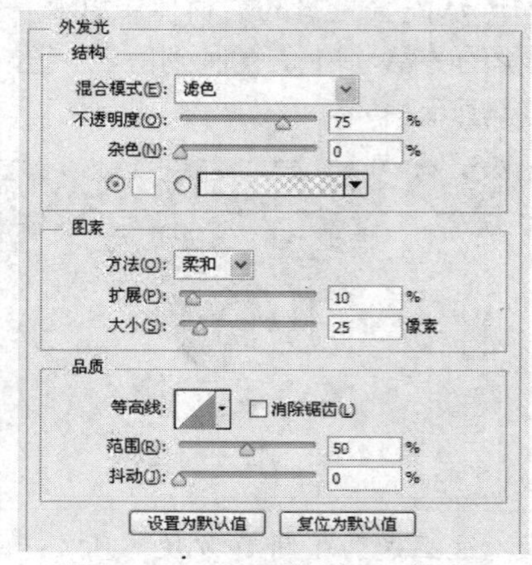

图 14-120 【图层样式】对话框

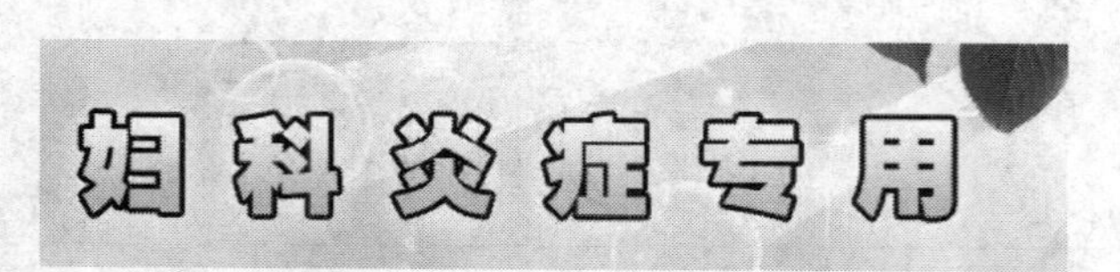

图 14-121 添加图层样式后的效果

17 用上面同样的方法在画面中输入所需的文字，并根据需要设置所需的字体与字体大小，设置好后的效果如图 14-122 所示。

图 14-122 输入文字

18 对“源自神秘湘西的祖传秘方”文字进行白色描边，描边后的效果如图 14-123 所示。

图 14-123 对文字进行描边

19 按【Ctrl+O】键打开已经准备好的标志（标志文件.psd），如图 14-124 所示，它单独在一层，其【图层】面板如图 14-125 所示。

图 14-124 打开的文件

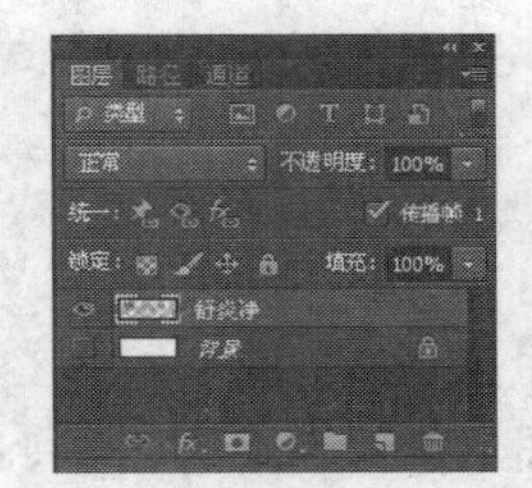

图 14-125 【图层】面板

20 用前面同样的方法将标志复制到画面中，并排放到所需的位置，如图 14-126 所示。

图 14-126 复制并排放图片

21 在菜单中执行【图层】→【图层样式】→【外发光】命令，弹出【图层样式】对话框，在其中设置外发光颜色为“白色”，【混合模式】为“正常”，【扩展】为“5%”，【大小】为“20”像素，其他不变，如图 14-127 所示，画面效果如图 14-128 所示。

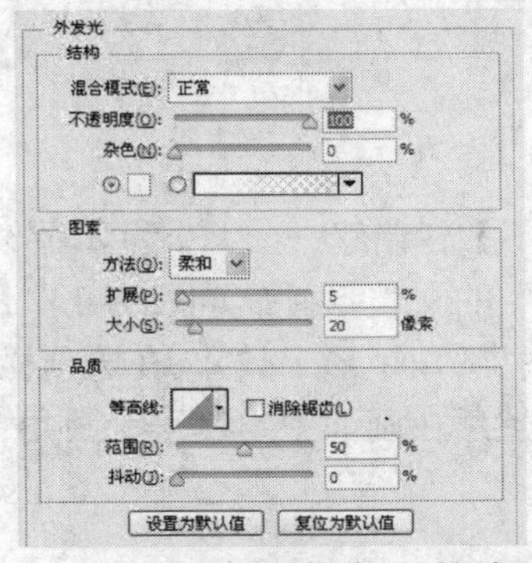

图 14-127 【图层样式】对话框

图 14-128 添加图层样式后的效果

22 在【图层样式】对话框的左边栏中选择【描边】选项，在右边栏中设置【大小】为“2”像素，【颜色】为“白色”，其他为默认值，如图 14-129 所示，设置好后单击【确定】按钮，即可得到如图 14-130 所示的效果。

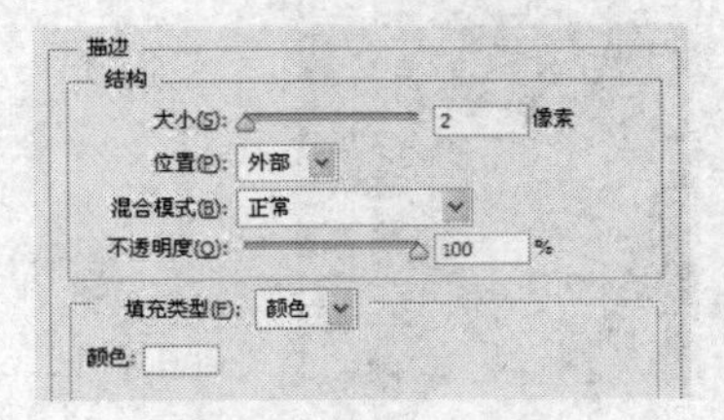

图 14-129 【图层样式】对话框

图 14-130 添加图层样式后的效果

14.7 包装设计

本实例包括包装正面设计、包装侧面设计、包装顶面设计和包装立体设计。

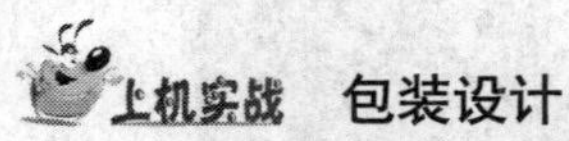

包装设计

（1）包装正面设计

先用新建、圆角矩形工具、钢笔工具、将路径作为选区载入、创建新图层、渐变工具、添加图层蒙版等工具与命令绘制出背景。再用自由变换工具、打开、复制图层、横排文字工具、创建新图层、直线工具等工具与命令为包装正面添加相关内容。实例效果如图 14-131 所示。

图 14-131　实例效果图

1　设置背景色为 R：222、G：222、B：220，按【Ctrl+N】键新建一个大小为 220×390 像素，【分辨率】为“72”像素/英寸，【背景内容】为“背景色”的文档，画布如图 14-132 所示。

2　设置前景色为 R：30、G：84、B：52，再点选▢（圆角矩形工具），在选项栏中设置工具模式为“像素”，【半径】为“10 像素”，其他不变，然后在画面中绘制一个圆角矩形，绘制好后的效果如图 14-133 所示。

图 14-132　新建的文档

图 14-133　绘制圆角矩形

3　在工具箱中点选 （钢笔工具），在选项栏中设置工具模式为“路径”，然后在画面中勾画出所需的路径，如图 14-134 所示。

4　在【路径】面板中单击【将路径作为选区载入】按钮，如图 14-135 所示，将路径 1 载入选区，画面效果如图 14-136 所示。

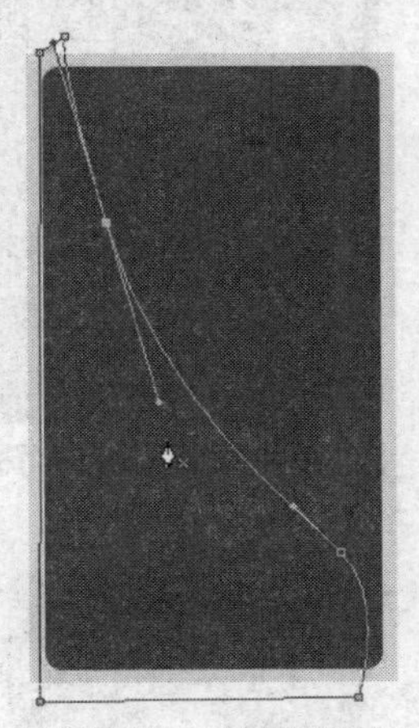

图 14-134　勾画路径

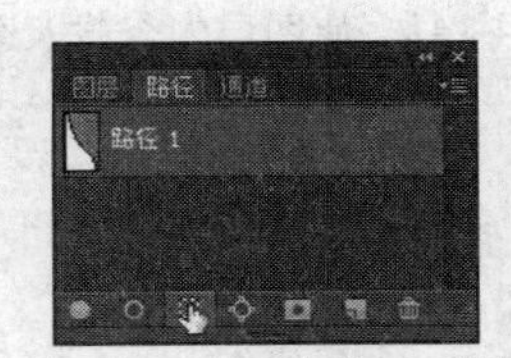

图 14-135　【路径】面板

图 14-136　将路径作为选区载入

5　设置前景色为 R：76、G：140、B：52，在【图层】面板中单击【创建新图层】按钮，新建图层 2，如图 14-137 所示，再点选 （渐变工具），在选项栏中取消【反向】的勾选，在渐变拾色器中选择“前景色到透明渐变”，如图 14-138 所示，然后在选区内拖动，以给选区进行渐变填充，填充渐变颜色后的效果如图 14-139 所示。

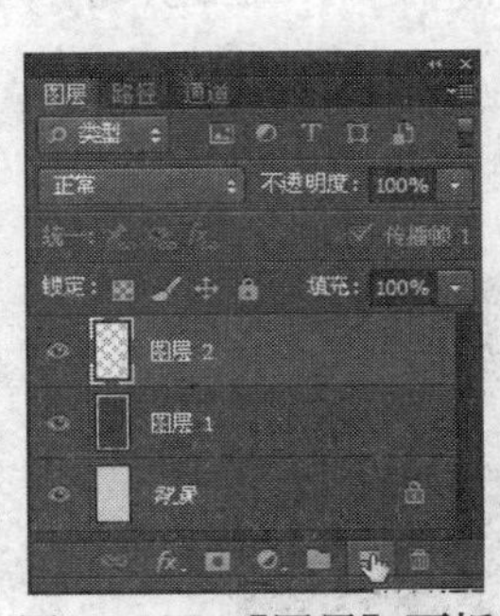

图 14-137　【图层】面板

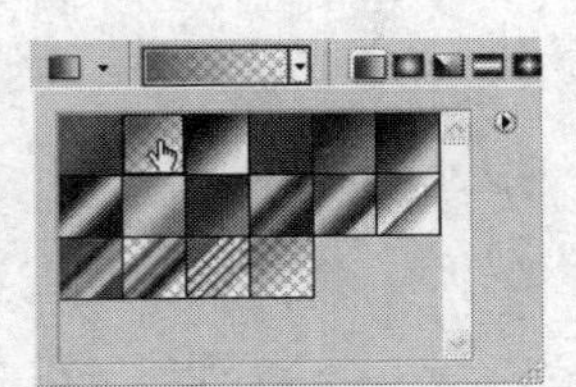

图 14-138　选择渐变颜色

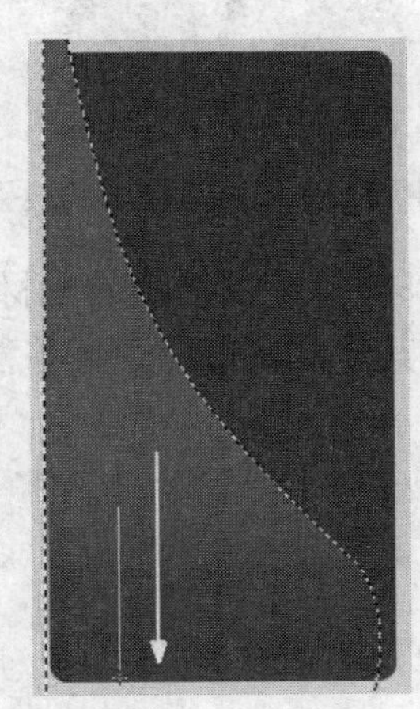

图 14-139　进行渐变填充

6　按【Ctrl】键在【图层】面板中单击图层 1 的图层缩览图，如图 14-140 所示，使图层 1 中的内容载入选区，如图 14-141 所示。

7　在【图层】面板中单击【添加图层蒙版】按钮，如图 14-142 所示，由选区给图层 2 添加蒙版，将选区外的内容隐藏，得到如图 14-143 所示的效果。

8　从配套光盘的素材库中打开一个有标志的文件，如图 14-144 所示，然后将其复制到要制作包装的画面中，再按【Ctrl+T】键对其进行大小调整，直到所需的大小为止，如图 14-145 所示。

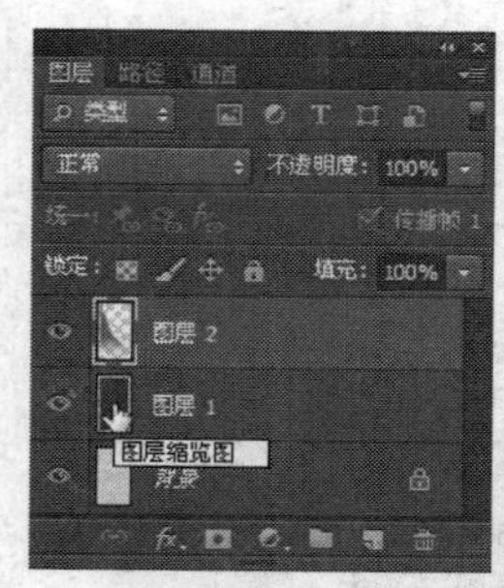

图 14-140 【图层】面板

图 14-141 使图层内容载入选区

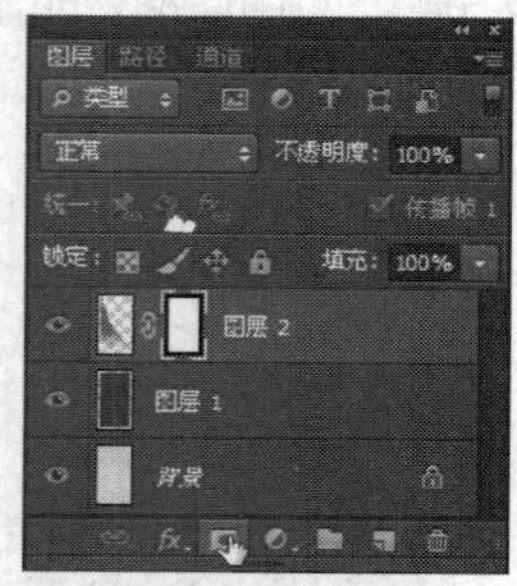

图 14-142 【图层】面板

图 14-143 添加蒙版后的效果

图 14-144 打开的文件

图 14-145 复制并调整标志

9 从配套光盘的素材库中打开另一个有文字的按钮（030.psd），如图 14-146 所示，然后将其复制到画面中，并移动到所需的位置，如图 14-147 所示。

图 14-146 打开的文件

图 14-147 复制并排放图片

10 在工具箱中点选 T （横排文字工具），在选项栏中设置【字体】为“黑体”，【字体大

小】为“24 点”，然后在画面中输入所需的文字，如图 14-148 所示。

11 用同样的方法在画面中输入所需的文字，输入文字后的效果如图 14-149 所示。

12 在【图层】面板中单击【创建新图层】按钮，如图 14-150 所示，新建一个图层 3，在工具箱中点选 （直线工具），在选项栏中选择“像素”，设置【粗细】为“2 像素”，其他不变，然后在画面中绘制一条白色的直线，如图 14-151 所示。

图 14-148　输入文字

图 14-149　输入文字

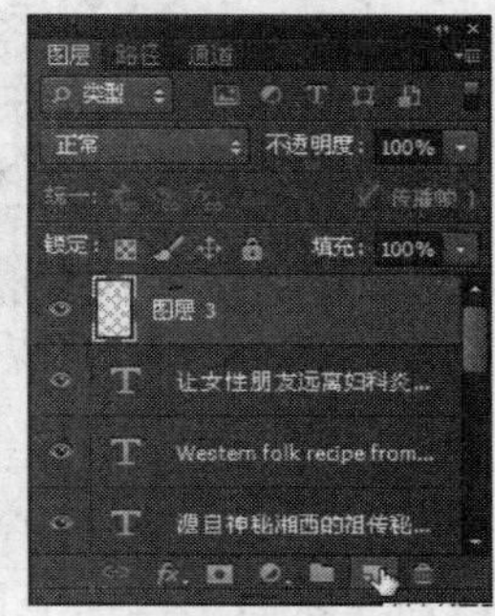

图 14-150　【图层】面板

13 用直线工具在画面中绘制多条直线，如图 14-152 所示，作为辅助图形来装饰画面。包装正面就绘制完成了，将其保存并命名为包装正面。

（2）包装侧面设计

先用存储为、删除图层、链接图层、移动工具等工具与命令将包装正面中不需要的图层删除并进行排放，再用复制图层、矩形选框工具、添加图层蒙版、创建新图层、将蒙版载入选区、描边、横排文字工具等工具与命令为包装侧面添加相关的内容。实例效果如图 14-153 所示。

图 14-151　绘制直线

图 14-152　包装正面效果图

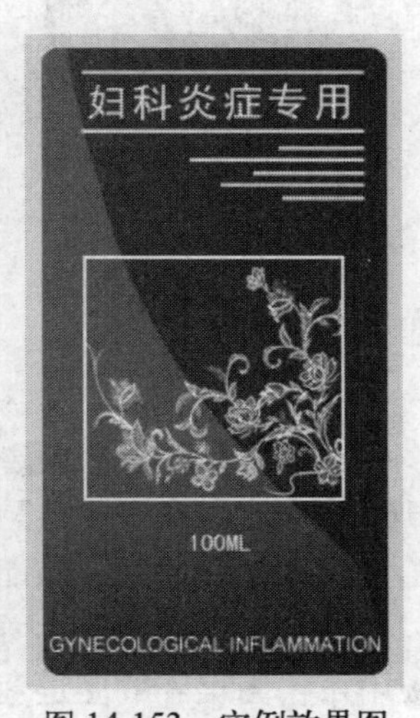

图 14-153　实例效果图

14 以包装正面为当前文档，其【图层】面板与效果图如图 14-154 所示，将其另存为包

装侧面，并在【图层】面板中将不需要的图层删除，删除后的效果与【图层】面板如图 14-155 所示。

图 14-154 【图层】面板与实例效果图

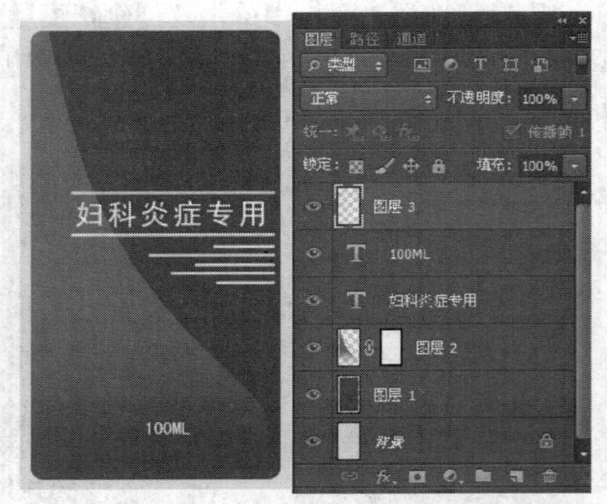
图 14-155 【图层】面板与删除一些内容后的效果

15 按 Ctrl 键在【图层】面板中单击“妇科炎症专用”文字图层，同时选择这两个图层，并在【图层】面板的底部单击按钮，如图 14-156 所示，将两个图层链接在一起，以便于一起移动，然后用移动工具将这两个图层的内容向上移至所需的位置，如图 14-157 所示。

16 从配套光盘的素材库中打开一个图案文档（031.psd），如图 14-158 所示，其中的图案单独在一层，所以不需要进行抠图；然后将图案复制到画面中，并排放到所需的位置，如图 14-159 所示。

图 14-156 【图层】面板

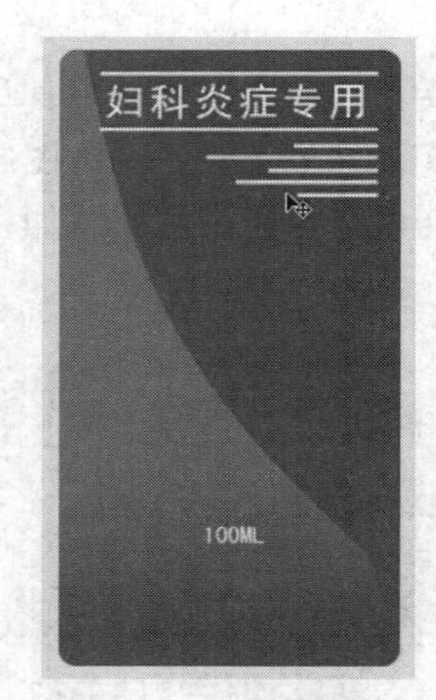

图 14-157 移动图层内容

图 14-158 打开的文件

17 在工具箱中点选矩形选框工具，在画面中拖出一个选框，框住需要的图案，如图 14-160 所示，再在【图层】面板的底部单击【添加图层蒙版】按钮，如图 14-161 所示，由选区给图层 4 添加蒙版，从而将选区外的图案隐藏，隐藏后的效果如图 14-162 所示。

18 在【图层】面板中单击【创建新图层】按钮，新建图层 5，再按【Ctrl】键在【图层】面板中单击图层 4 的图层蒙版缩览图，使蒙版载入选区，如图 14-163 所示。

19 在【编辑】菜单中执行【描边】命令，弹出【描边】对话框，在其中设置【宽度】为“2”，【颜色】为“白色”，【位置】为“内部”，其他不变，如图 14-164 所示，设置好后单击【确

定】按钮，即可给选区进行白色描边，按【Ctrl+D】键取消选择后的效果如图 14-165 所示。

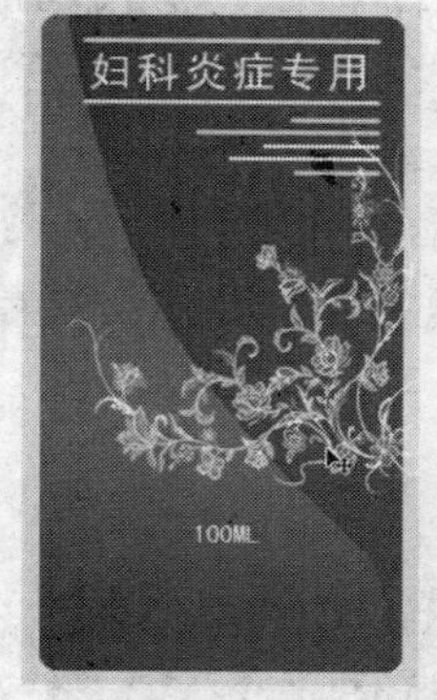

图 14-159　复制并排放图片

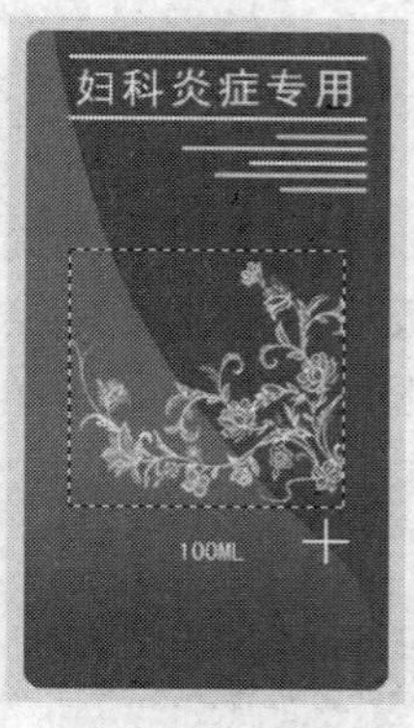

图 14-160　框选图案

图 14-161　【图层】面板

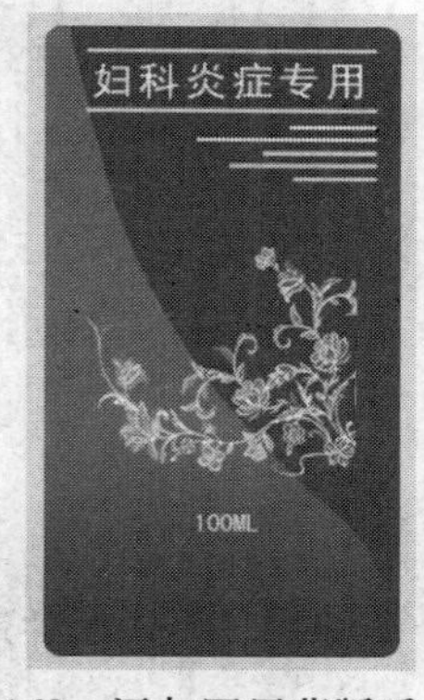

图 14-162　添加图层蒙版后的效果

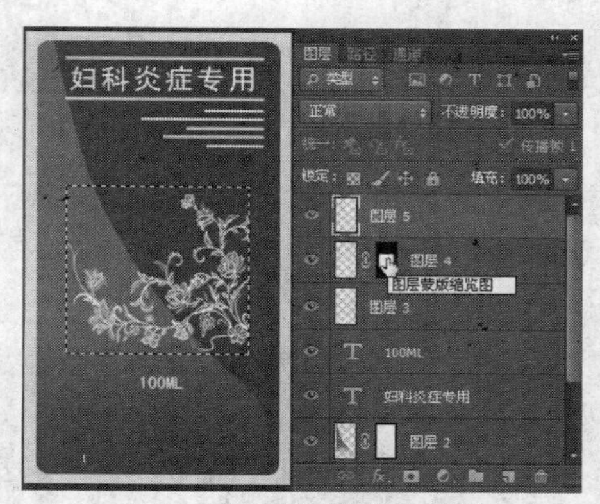

图 14-163　使蒙版载入选区

20 在工具箱中点选横排文字工具，在画面中适当位置单击并输入所需的文字，再根据需要设置所需的字体与字体大小，输入好文字后的画面如图 14-166 所示，按【Ctrl+S】键将其保存。包装侧面就绘制完成了。

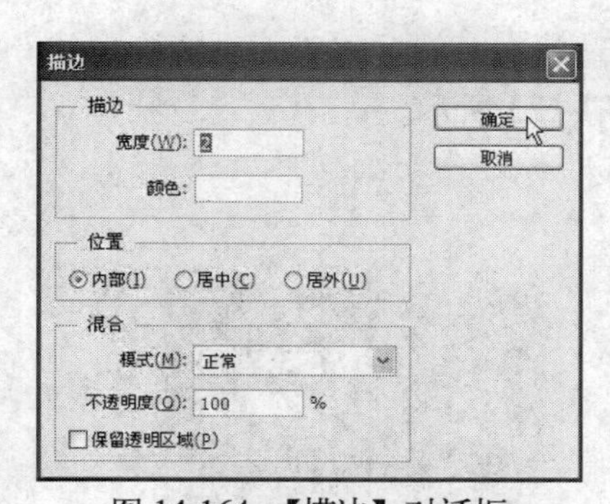

图 14-164　【描边】对话框

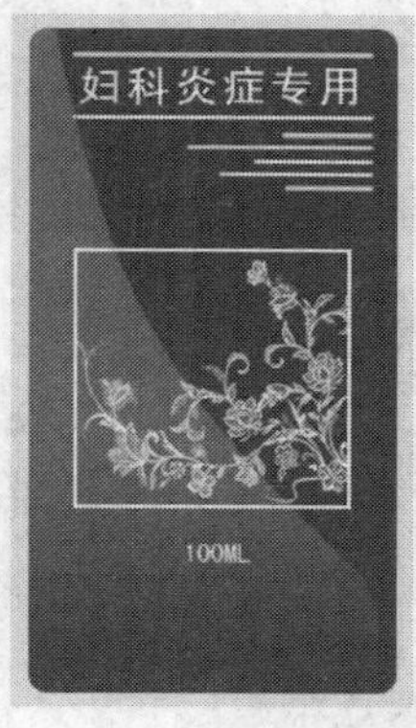

图 14-165　描边后的效果

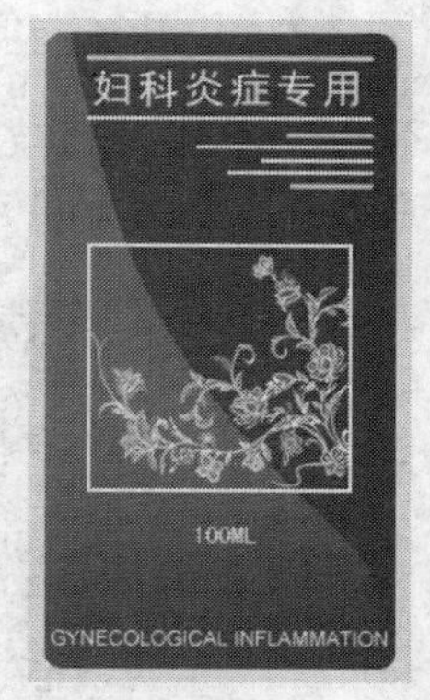

图 14-166　输入文字后的效果

（3）包装顶面设计

先用新建、创建新图层、圆角矩形工具、钢笔工具、将路径载入选区、渐变工具等工具与命令绘制包装顶面背景，再用复制图层与移动工具等工具与命令将包装正面的相关内容复制到顶面中并进行适当的排放。实例效果如图 14-167 所示。

21 设置前景色为 R：30、G：84、B：52；背景色为 R：222、G：222、B：220，按【Ctrl+N】键新建一个大小为 220×220 像素，【分辨率】为“72”像素，【颜色模式】为“RGB 颜色”，【背景内容】为“背景色”的文档。

22 在【图层】面板中单击【创建新图层】按钮，新建图层 1，如图 14-168 所示，接着在工具箱中点选（圆角矩形工具），在选项栏中选择“像素”，设置【半径】为“10 像素”，其他为默认值，然后在画面中绘制一个圆角矩形，绘制好的效果如图 14-169 所示。

图 14-167 实例效果图

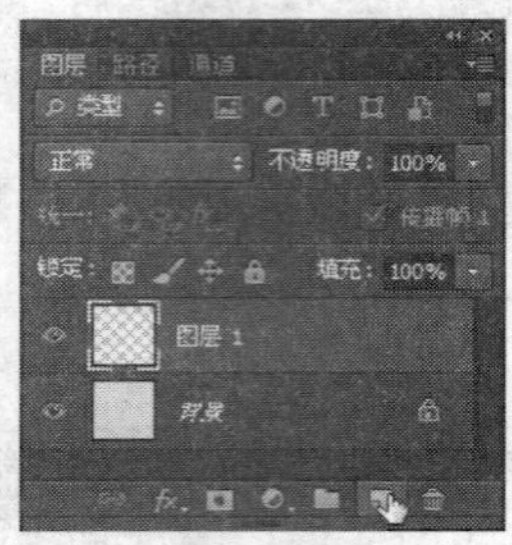

图 14-168 【图层】面板

图 14-169 绘制圆角矩形

23 用绘制正面的方法，用钢笔工具在画面中绘制一个路径，如图 14-170 所示，并将路径载入选区，然后对其进行渐变填充，填充渐变颜色后取消选择并隐藏路径的显示，得到如图 14-171 所示的效果。

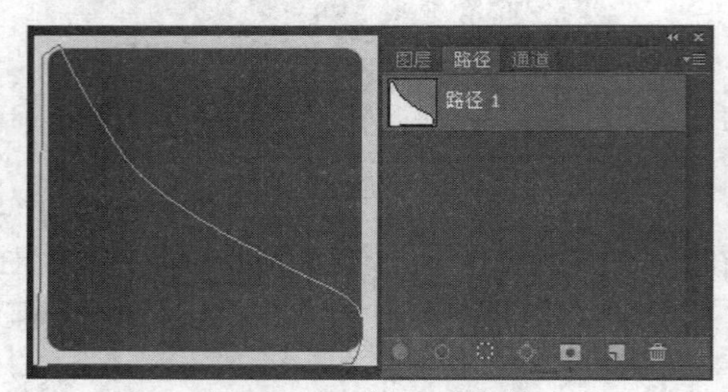

图 14-170 绘制一个路径

图 14-171 填充渐变颜色

24 显示包装正面文档，并将其拖出文档标题栏，呈浮动状态，然后将正面中的标志复制到顶面中，如图 14-172 所示，并排放到适当位置，如图 14-173 所示。

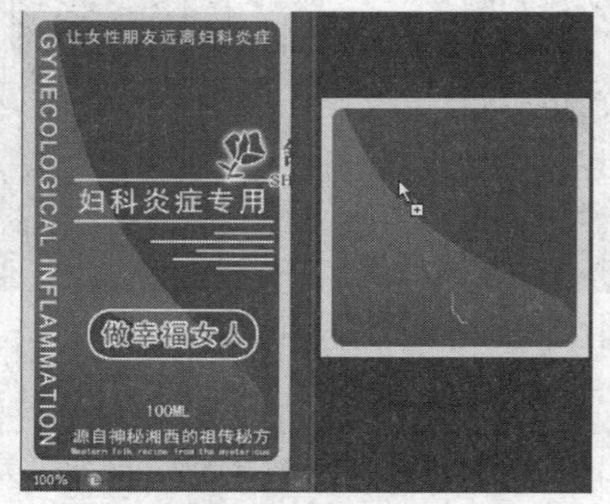

图 14-172 复制标志时的状态

图 14-173 复制标志

25 用同样的方法将其他所需的内容复制到顶面中，并排放到适当位置，排放好的效果如图 14-174 所示。

26 用横排文字工具在画面中单击并输入所需的文字，并根据需要设置所需的字体与字体大小，输入好文字后的效果如图 14-175 所示。包装顶面就绘制完成了。

图 14-174　复制并排放文字图形

图 14-175　输入好文字后的效果

（4）包装立体效果图

先用打开、合并所有可见图层、移动工具、自由变换等工具与命令将各个面分别复制到立体模型中并进行对齐。再用图层编组、复制图层等工具与命令将二个立体效果图进行排放以使画面漂亮。实例效果如图 14-176 所示。

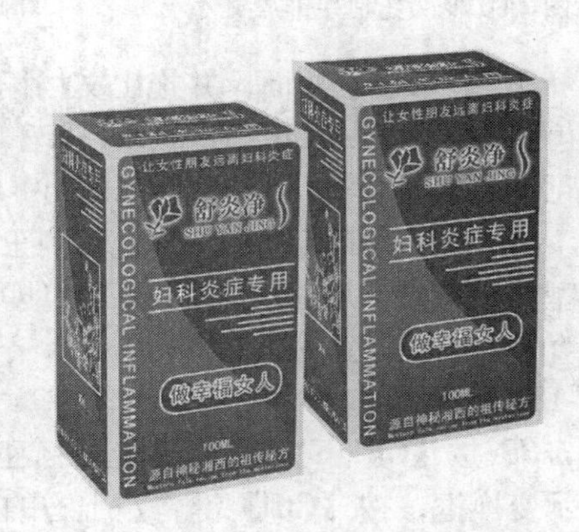

图 14-176　实例效果图

27 按【Ctrl+O】键从配套光盘的素材库中打开一个已经准备好的模型（模型.psd），如图 14-177 所示。

28 显示包装正面文件，并拖出文档标题栏，使之成为浮停状态，再按【Ctrl+Shift+Alt+E】键将所有可见图层合并为一个新图层，如图 14-178 所示。

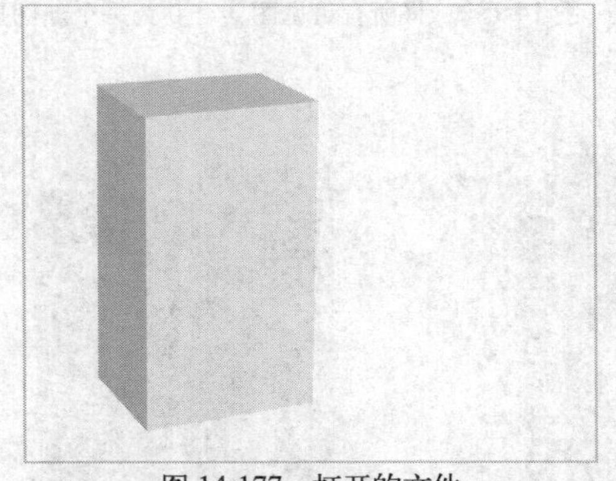

图 14-177　打开的文件

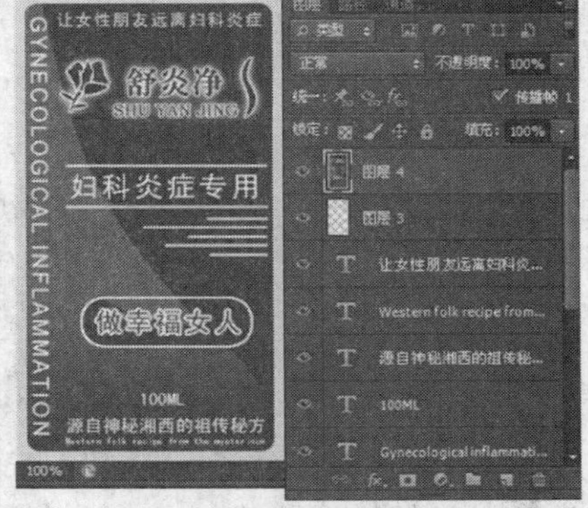

图 14-178　将所有可见图层合并为一个新图层

29 用移动工具将包装正面效果图拖动到立体模型文档中来，并排放到适当位置，如图 14-179 所示。

30 按【Ctrl+T】键执行【自由变换】命令，显示变换框，按【Ctrl】键将左上方的控制柄拖动到模型正面的左上顶点上，并与其对齐，如图 14-180 所示。再用同样的方法将正面的

右上角顶点与模型正面的右上角顶点对齐，正面的右下角顶点与模型正面的右下角顶点对齐，调整好后的结果如图 14-181 所示，然后在变换框中双击确认变换。

图 14-179　复制并排放文件

图 14-180　自由变换调整

图 14-181　自由变换调整

31 显示包装侧面，并拖出文档标题栏成为浮停状态，再按【Ctrl+Shift+Alt +E】键将所有可见图层合并为一个新图层，如图 14-182 所示。

32 用移动工具同样将其拖动到正在编辑的模型文档中来，并排放到适当位置（即可将其左下角顶点与模型的左下角顶点对齐），如图 14-183 所示。

33 按【Ctrl+T】键执行【自由变换】命令，显示变换框，按【Ctrl】键将左上方的控制柄拖动到模型侧面的左上顶点上，并与其对齐，如图 14-184 所示。再用同样的方法将其他相应点进行对齐，调整好后的结果如图 14-185 所示，然后在变换框中双击确认变换。

图 14-182　将所有可见图层合并为一个新图层

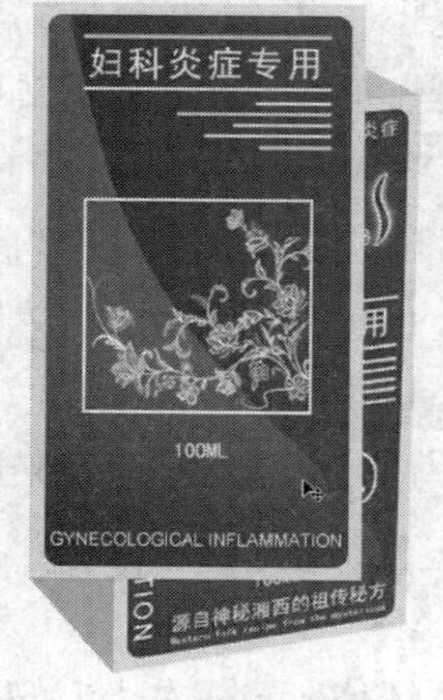

图 14-183　复制并排放文件

图 14-184　自由变换调整

图 14-185　自由变换调整

34 显示包装顶面，并拖出文档标题栏成为浮停状态，再按【Ctrl+Shift+Alt+E】键将所有可见图层合并为一个新图层，如图 14-186 所示。

35 用移动工具同样将其拖动到正在编辑的模型文档中，并排放到适当位置（即将其左上角顶点与模型的左上角顶点对齐），如图 14-187 所示，同样用【自由变换】命令对其进行变换调整，调整后的结果如图 14-188 所示，再在变换框中双击确认变换，即可得到如图 14-189 所示的效果。这样，一个立体包装效果图就完成了。

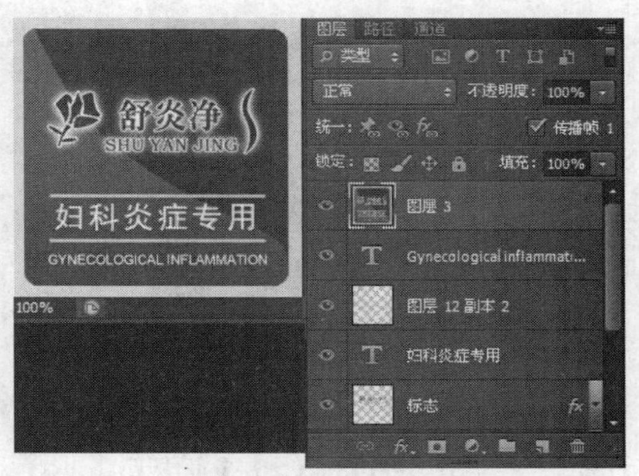

图 14-186　将所有可见图层合并为一个新图层

图 14-187　复制并排放文件

图 14-188　自由变换调整

图 14-189　包装立体效果图

36 按【Shift】键在【图层】面板中单击图层 1，同时选择立体包装效果图所在的所有图层，如图 14-190 所示，再按【Ctrl+G】键将他们编成一组，如图 14-191 所示。

37 按【Ctrl+J】键复制一个副本组，【图层】面板如图 14-192 所示，画面效果没有发生变化。在【图层】面板中单击组 1，以它为当前组，如图 14-193 所示，接着在工具箱中点选移动工具，在选项栏中勾选【自动选择】选项，在列表中选择"组"，然后将组 1 中的内容拖动到所需的位置，如图 14-194 所示。包装立体效果图就绘制完成了。

图 14-190　【图层】面板

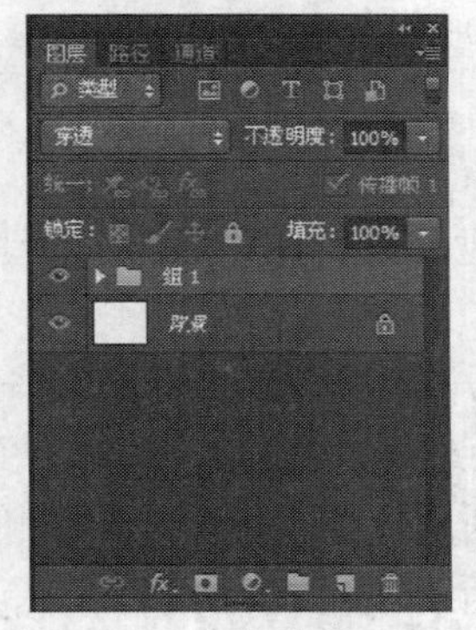

图 14-191　【图层】面板

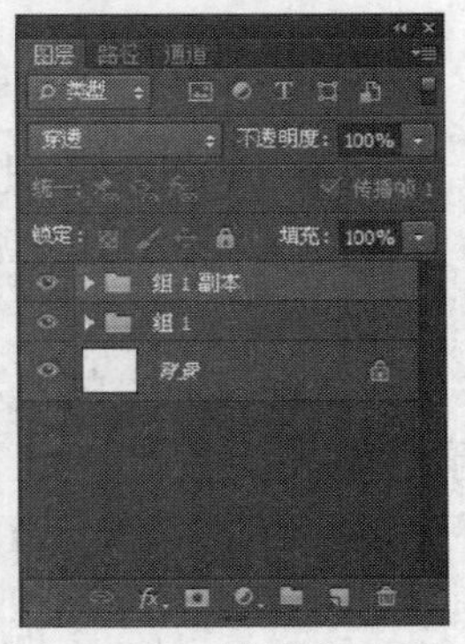

图 14-192　【图层】面板

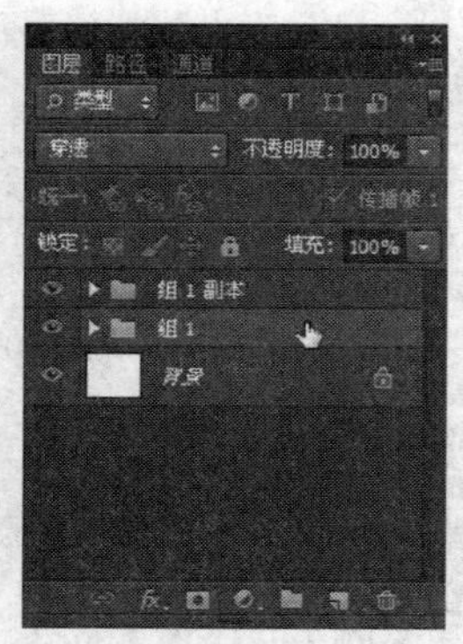

图 14-193 【图层】面板

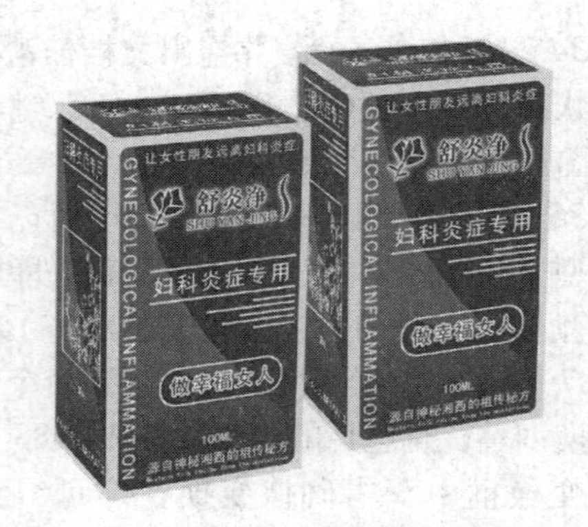

图 14-194 包装立体效果图

14.8 网站主页设计

先用打开、图层编组、移动工具、横排文字工具、合并所有可见图层等工具与命令将医药广告中的相关内容与立体效果图复制到网站主页中；再用打开、移动工具、自由变换、横排文字工具、直线工具等工具与命令为网站主页添加相关的修饰图片与一些宣传语；然后用切片工具、切片选择工具等工具与命令对网站主页进行划分，并对一些需要添加链接的内容添加链接地址与相关内容。实例效果如图 14-195 所示。

图 14-195 实例效果图

上机实战 网站主页设计

1 按【Ctrl+O】键从配套光盘的素材库中打开一个用来作背景的图片（032.psd），如图 14-196 所示。

2 从配套光盘的素材库中打开前面绘制的医药广告，并将其拖出文档标题栏，使之成为浮停状态，按【Shift】键将需要编组的图层选择，如图 14-197 所示，再按【Ctrl+G】键将它们编成一组，结果如图 14-198 所示。

3 用移动工具将组 1 中的所有内容拖动到背景图片中，并排放到画面的上部，如图 14-199 所示。

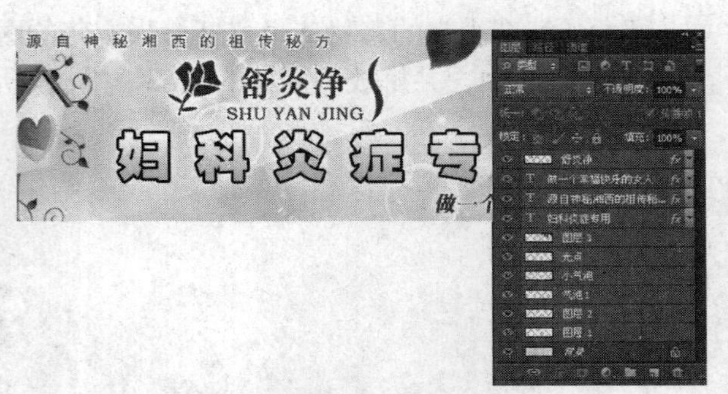

图 14-196　打开的文件　　图 14-197　打开的文件

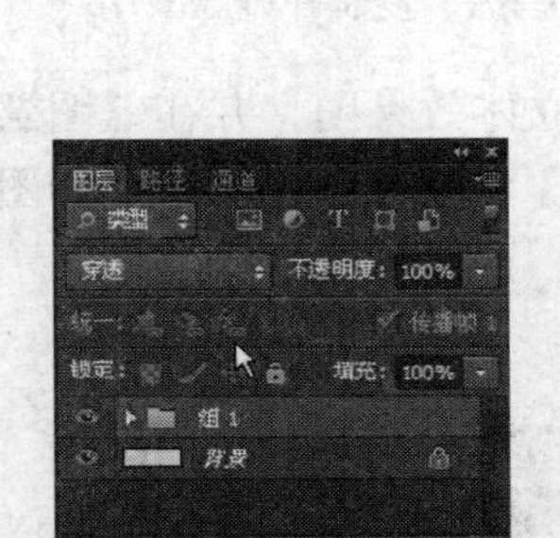

图 14-198　【图层】面板

图 14-199　复制并排放文字内容

4　在【图层】面板中展开组 1，再在移动工具的选项栏中保持【自动选择】选项的勾选，并在其后的列表中选择“图层”，以便自动选择图层，然后在画面中对一些内容进行适当的位置调整，调整后的效果如图 14-200 所示。

图 14-200　移动并排放图片内容

5　用横排文字工具在画面中选择要改变字间距的文字，如图 14-201 所示，然后在【字符】面板中设置【所选字符的字距】为“200”，其他不变，再将其进行适当的排放，调整好后的结果如图 14-202 所示，在选项栏中单击✓按钮，确认文字修改。

图 14-201　编辑文字

图 14-202　编辑文字

6 从配套光盘的素材库中打开一张有花的图片（033.psd），如图 14-203 所示，然后将其复制到画面中，并排放到画面的底部，排放好后的效果如图 14-204 所示。

图 14-203　打开的文件

图 14-204　复制并排放图片

7 从配套光盘的素材库中打开我们前面绘制好的包装立体效果图，并在【图层】面板中关闭背景层，如图 14-205 所示，然后按【Ctrl+Shift+Alt+E】键盖印图层，结果如图 14-206 所示。

图 14-205　打开的文件

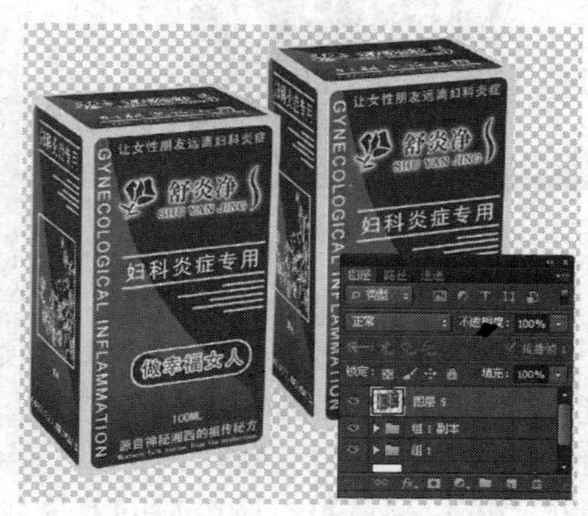

图 14-206　盖印图层

8 将包装立体效果图复制到正在编辑的画面中，如图 14-207 所示，再按【Ctrl+T】键对包装立体效果图进行大小调整，并将其排放到所需的位置，如图 14-208 所示，调整好后在变换框中双击确认变换。

图 14-207　复制并排放图片

图 14-208　调整包装立体效果图大小

9 设置前景色为 R：30、G：84、B：52，再用横排文字工具在画面中单击并输入所需的文字，然后根据需要对其字体与字体大小进行设置，输入好文字后的效果如图 14-209 所示。

10 在工具箱中点选直线工具，在选项栏中选择“像素”，同样设置【粗细】为“2 像素”，其他为默认值，然后在画面中绘制多条直线以装修文字，如图 14-210 所示。

图 14-209　输入文字

图 14-210　绘制多条直线

11 打开已经准备好的项目符号与 QQ 在线图片（034.psd），如图 14-211 所示，然后将它们分别复制到网站主页设计文件中，并排放到所需的位置，如图 14-212、图 14-213 所示。

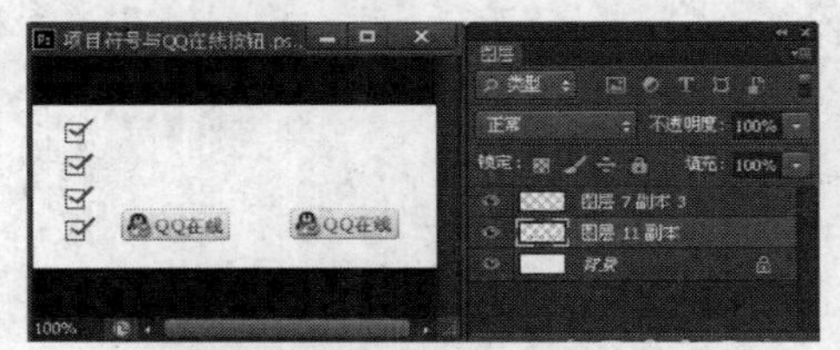

图 14-211　打开的文件

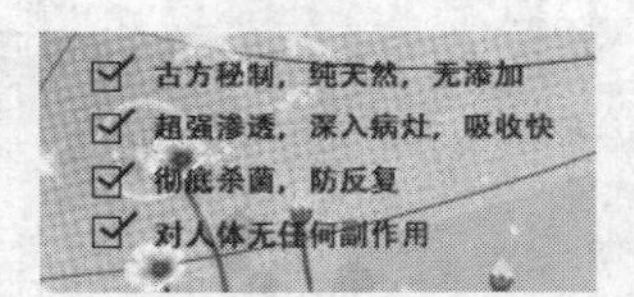

图 14-212　复制并排放图片内容

图 14-213　复制并排放图片内容

12 用横排文字工具在“QQ 在线”按钮的上方单击并输入所需的文字，如图 14-214 所示；这时的整体效果如图 14-215 所示。

图 14-214　输入文字

图 14-215　画面整体效果

13 在工具箱中点选（切片工具），在画面中沿着“QQ 在线”按钮边缘划出一个矩形框，生成一个用户切片，同时生成多个自动切片，如图 14-216 所示，再沿着另一个“QQ 在线”按钮边缘划出一个矩形框，如图 14-217 所示。

图 14-216　用切片工具划分切片

图 14-217　用切片工具划分切片

14 为了提高下载速度，对另个图形也进行切片，划分为多个切片，如图 14-218 所示。

15 在工具箱中点选 (切片选择工具)，在画面中单击第 1 个切片，以选择它，如图 14-219 所示；在选项栏中单击按钮，显示【切片选项】对话框，并在其中的【URL】中输入所需的地址如图 14-220 所示。

图 14-218　用切片工具划分切片

图 14-219　选择切片

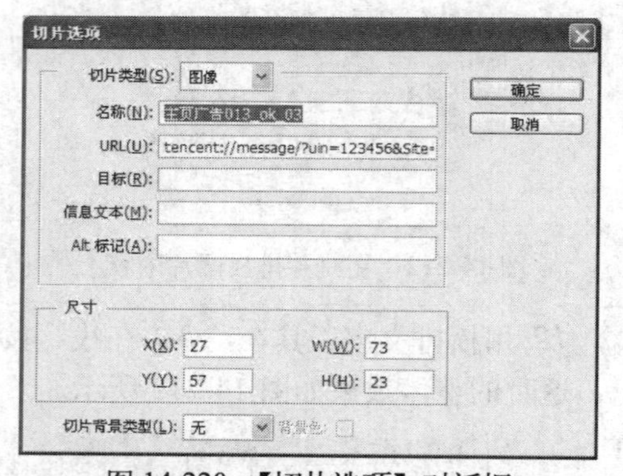

图 14-220　【切片选项】对话框

提示： 在【URL】文本框中输入“tencent://message/?uin=QQ 号&Site=网站名称&Menu=yes”文字，其中的 QQ 号改成你的 QQ 号或公司的客服 QQ 号，网站名称随意填写或填写你公司的网站名称。例如 QQ 是 123456，网站名称是爱心，那么代码就是 tencent://message/?uin=123456&Site=爱心&Menu=yes。这个是直接点击该图片，就可以出现在线对话框的代码。

---

16 在【文件】菜单中执行【存储为 Web 所用格式】命令，弹出【存储为 Web 所用格式】对话框，采用默认值，如图 14-221 所示，直接单击【存储】按钮，接着会弹出【将优化结果存储为】对话框，在其中选择要保存的位置与给文件命名，如图 14-222 所示，单击【保存】按钮，弹出一个警告对话框，单击【确定】按钮即可将该文件保存为 Web 所用格式的文件了。

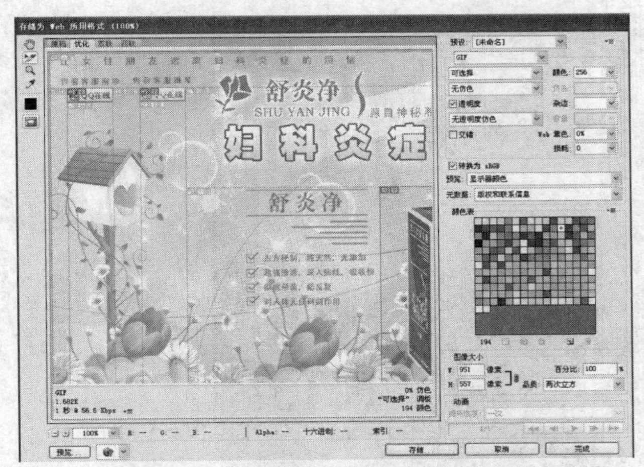
图 14-221　【存储为 Web 所用格式】对话框

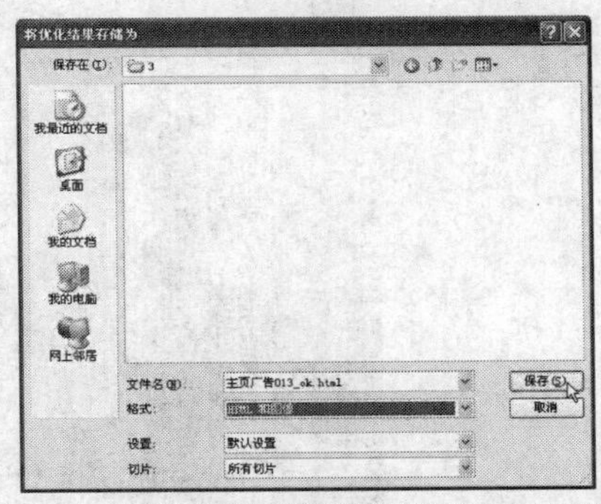
图 14-222　【将优化结果存储为】对话框

17 打开刚保存时选择的文件夹，在其中找到刚保存的文件双击，如图 14-223 所示，即可用 IE 浏览器打开该文件了，画面效果如图 14-224 所示，可以在其中单击【QQ 在线】按钮进行测试，接着弹出一个提示对话框，问您是否要加为好友，如图 14-225 所示，单击【添加好友】按钮，即可与客服进行对话了。

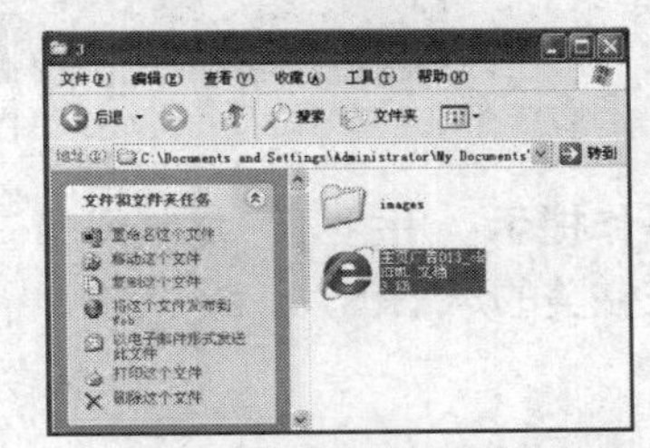
图 14-223　保存时选择的文件夹

图 14-224　用 IE 浏览器打开文件

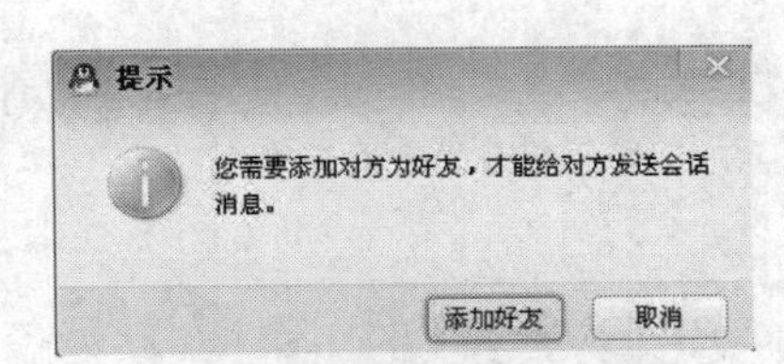

图 14-225　添加好友对话框

14.9　本章习题

将如图 14-226、图 14-227 所示的两张图片合成为如图 14-228 所示的风景图片。

图 14-226　原图像

图 14-227　原图像

图 14-228　处理后的效果

操作提示：用打开、复制图层、通过拷贝的图层、图层蒙版、画笔工具将两张图片组合成一张完美的风景图片。

习题答案

第 1 章

一、填空题

1. 点阵图像　许多点　像素　对象　形状 。

2. 向量图形　被称为矢量的数学对象　几何特性

3. 分辨率　任意尺寸　任意分辨率

二、选择题

1. C、2. B、3. CD

三、简答题

1. 像素大小为位图图像的高度和宽度的像素数量。图像在屏幕上的显示尺寸由图像的像素尺寸和显示器的大小与设置决定。

分辨率是指在单位长度内所含有的点（像素）的多少，其单位为像素/英寸或是像素/厘米，例如分辨率为 200dpi 的图像表示该图像每英寸含有 200 个点或像素。了解分辨率对于处理数字图像是非常重要的。

2. 位图图像（也称为点阵图像）是由许多点组成的，其中每一个点称为像素，而每个像素都有一个明确的颜色。在处理位图图像时，用户所编辑的是像素，而不是对象或形状；

矢量图形(也称为向量图形)，它是由被称为矢量的数学对象定义的线条和曲线组成。矢量根据图像的几何特性描绘图像。

第 2 章

一、填空题

1. 9　矩形　多边形　椭圆

2. 矩形选框工具　椭圆选框工具　单行选框工具　单列选框工具

二、选择题

1. A、2. 、A

第 3 章

一、填空题

1.【合并拷贝】　【剪切】　【选择性粘贴】

2. 移动工具　【拷贝】　【合并拷贝】　【剪切】　【选择性粘贴】　【粘贴】

3.【顶边】　【垂直居中】　【左边】　【右边】

二、选择题

1. D、2. ABC、3. A

第 4 章

一、填空题

1. 内阴影　内发光　外发光　斜面和浮雕　光泽　颜色叠加　渐变叠加　图案叠加

2. 背景层　背景层　背景层

二、选择题

1. B、2. C、3. A、4. B

第 5 章

一、简答题

1. 有样式、区域、容差、不透明度、画笔、模式等属性。

2. 有画笔、模式、不透明度、流量、喷枪工具等属性。

二、选择题

1. B、2. C、3. C

第6章

一、填空题

1. 字体　字体大小　字间距　行距　缩放

2. 横排文字工具　直排文字工具　直排文字蒙版工具

3. 定界框　格式化　定界框　重新排列　定界框　定界框

4. 点文字　段落文字

5. 工作路径　工作路径　工作路径

二、选择题

1. D、2. C

第7章

一、填空题

1.“色相”　“饱和度”　“颜色”　“亮度”

2.【取样】　【图案】

二、选择题

1. D、2. C、3. B、4. B、5. D

第8章

一、填空题

1. 正方形　椭圆　圆　圆角矩形　多边形　复杂的形状

2. 删除锚点工具　转换点工具　路径选择工具　直接选择工具

3. 直线　曲线　自由的线条　路径形状

二、选择题

1. A、2. B、3. D、4. C

第9章

一、填空题

1. 预混油墨　(CMYK) 油墨

2. 56　尺寸　像素数目　像素信息

二、选择题

1. D、2. A、3. C、4. D

第10章

一、填空题

1. 色相　饱和度　明度

2. 暗调　中间调　高光　色调范围　色彩平衡

二、选择题

1. D、2. A、3. D、4. C

第11章

一、填空题

1. 文件　子文件夹

2. 宽度　高度　长宽比

二、选择题

1. B、2. B、3. A